普通高等教育电气工程与自动化（应用型）规划教材

电器控制与 PLC

（西门子 S7—300 机型）

第 2 版

柳春生　编著

机械工业出版社

本书是在 2010 年出版的浙江省"十一五"重点教材建设项目《电器控制与 PLC（西门子 S7—300 机型）》一书的基础上，考虑到近年来电气控制技术已发展到了一个相当高的程度，比如计算机网络通信技术的飞速发展促进了智能电器、可通信电器以及基于现场总线的控制系统的发展与应用；同时也对近年来国内出版的同类教材进行分析后，全面修改和更新而成。

西门子 S7—300 PLC 是国内应用范围广、市场占有率很高的可编程序控制器产品。故本书以西门子 S7—300 PLC 为基础，主要介绍了常用低压电器和电器控制线路；S7—300 PLC 硬件组成及工作原理；PLC 的编程基础；S7—300 PLC 指令系统及编程；STEP7 结构化程序设计；PLC 控制系统设计。此外，为了方便教学和自学，各章叙述详细、全面、易懂，并配有大量例题和习题可供读者选择。

本书注重应用型和实用型，并反映本学科的最新技术，可作为高等院校的电气工程及其自动化、电力系统自动化、自动化、机电一体化、建筑电气与智能化等专业的教材，也可供工程技术人员自学和作为培训教材使用，对 S7—300 PLC 的用户也有很大的参考价值。

图书在版编目（CIP）数据

电器控制与 PLC：西门子 S7—300 机型/柳春生编著. —2 版. —北京：机械工业出版社，2015. 12（2023. 8 重印）

ISBN 978-7-111-51963-8

Ⅰ . ①电…　Ⅱ . ①柳…　Ⅲ . ①电气控制②可编程序控制器
Ⅳ . ①TM571

中国版本图书馆 CIP 数据核字（2015）第 256691 号

机械工业出版社（北京市百万庄大街 22 号　邮政编码 100037）
策划编辑：牛新国　责任编辑：间洪庆　责任校对：刘怡丹
封面设计：鞠　杨　责任印制：邰　敏
中煤（北京）印务有限公司印刷
2023 年 8 月第 2 版第 7 次印刷
184mm×260mm · 27.5 印张 · 682 千字
标准书号：ISBN 978-7-111-51963-8
定价：58.00 元

前　　言

本书是在 2010 年出版的浙江省"十一五"重点教材建设项目《电器控制与 PLC（西门子 S7—300 机型）》一书的基础上，考虑了近年来电气控制技术已发展到了一个相当高的程度，比如计算机网络通信技术的飞速发展促进了智能电器、可通信电器以及基于现场总线的控制系统的发展与应用；同时也对近年来国内出版的同类教材进行分析后，全面修改和更新而成。

全书共分两篇八章。第一篇是电器控制，分两章介绍了常用低压电器和电器控制线路。第二篇是可编程序控制器，分六章介绍了 PLC 的产生、基本特点和主要功能；PLC 的硬件组成及工作原理；PLC 的编程基础；S7—300 PLC 指令系统及编程；STEP7 结构化程序设计和 PLC 控制系统设计。此外，为了方便教学和自学，各章叙述详细、全面、易懂，并配有大量例题和习题可供读者选择。

本书具有以下特点：

1）应用型。特别注重基本理论与工程实际相结合，体现工程应用特色。

2）实用型。主要内容通俗易懂，大量的例题来自现场实际，非常实用。

3）内容全面更新，且增加了电气控制系统应用非常多的或先进的器件、设备和技术，如光电开关、变频器、微型断路器、电磁阀和伺服电动机等常用执行电器、可编程通用逻辑控制继电器、可通信低压电器、西门子 PLC 网络通信技术以及现场总线控制技术等。

4）PLC 原理及指令全，每条指令都有例题，讲解详细，便于自学和掌握。

5）STEP7 结构化程序设计及 PLC 控制系统设计内容全且详细，便于应用。

本书注重应用型和实用型，并反映本学科的最新技术，可作为高等院校的电气工程及其自动化、电力系统自动化、自动化、机电一体化、建筑电气与智能化等专业的教材，也可供工程技术人员自学和作为培训教材使用，对 S7—300 PLC 的用户也有很大的参考价值。

本书由浙江科技学院柳春生教授编著，杭州华电华源环境工程有限公司柳钊参加了第一章第七节变频器、第八节可通信低压电器、第九节常用执行电器、第七章 STEP7 结构化程序设计和附录等内容的编写。在本书的撰写和出版过程中，得到了浙江省教育厅高校重点建设教材项目的资助、机械工业出版社的悉心指导以及作者所在单位的领导和同仁的全力支持与帮助，在此一并表示衷心的感谢！

由于作者水平有限，不妥之处在所难免，希望广大读者批评指正。

作　者

目 录

第二篇 可编程序控制器

第一篇 电器控制

本篇主要学习常用低压电器的结构、工作原理和电器控制线路的组成、基本规律及其设计方法，并对交流异步电动机的起动、制动和调速的方法及其典型控制线路也作简要介绍。

第一章 常用低压电器

第一节　低压电器的作用、分类及发展概况

一、电器的定义及作用

凡是能自动或手动接通和断开电路，以及对电路或非电对象能进行切换、控制、保护、检测、变换和调节的电器元件系统称为电器。简单地说，电器就是电的控制工具。

由此定义可以看出电器的作用：即接通和断开电路；对电路或非电对象进行切换、控制、保护、检测、变换和调节。

电器的用途广泛、功能多样、种类繁多、构造各异，其分类方法很多。下面介绍几种常用的分类方法。

二、电器的分类

（一）按工作电压等级分

高压电器——指交流额定电压高于1200V或直流额定电压高于1500V的电器。

低压电器——指交流额定电压为1200V及以下或直流额定电压为1500V及以下的电器。

（二）按动作原理分

手动电器——指需要人直接操作才能完成指令任务的电器，如按钮、转换开关、隔离开关等。

自动电器——指不需要人操作，而是按照电信号或非电信号自动完成指令任务的电器，如接触器、继电器、电磁阀等。

（三）按应用场合分

分为一般工业用电器、特殊工矿用电器（如防爆电器）、农用电器、其他场合用电器（如航空及船舶用电器）。

（四）按用途分

控制电器——用于各种控制电路和控制系统的电器，如接触器、继电器、电动机起动器等。

主令电器——用于自动控制系统中发送控制指令的电器，如按钮、主令开关、转换开关等。

执行电器——用于某种完成动作或传送功能的电器，如电磁阀、电磁离合器等。

配电电器——用于电能的输送和分配的电器，如高压断路器、隔离开关、母线等。

保护电器——用于保护电路及用电设备的电器，如熔断器、避雷器等。

三、电力拖动自控系统常用的低压电器

电力拖动自控系统常用的低压电器主要有接触器、继电器、断路器、行程开关、熔断器及其他电器（如按钮、刀开关等）。

四、低压电器的发展概况

（一）我国低压电器的发展概况

新中国成立前，我国的低压电器工业基本上是一片空白。从 1953 年开始至今，我国低压电器工业的发展经历了全面模仿苏联、自行设计、更新换代、技术引进、跟踪国外新产品等几个阶段，在品种、水平、生产总量、新技术应用、检测技术与国际标准接轨等方面都取得了巨大成就。至"七五"末期，我国共开发了各类低压电器产品 600 多个系列、实际生产的 400 多个系列（其中 100 多个系列产品目前已经淘汰），1200 多个品种，几万种规格。"八五"期间，我国一方面对"七五"及以前形成的更新换代产品和技术引进产品进行推广应用，另一方面对其进行二次开发，使其进一步完善和提高，为开发新一代产品奠定了基础。"九五"期间，我国的低压电器产品开发主要是跟踪国外新技术、新工艺、新产品，并且自行开发、设计、试制。这一时期是我国低压电器产业突飞猛进的时期。目前已有大批新产品、新品种面市，有的产品已达到国外同类产品的先进水平，并出口国外。新型电器包括可通信低压电器，如智能化框架断路器、智能化塑壳断路器、智能配电装置、智能化接触器、模数化终端保护电器等，并已批量投入生产，推广应用。综合上述，我国的低压电器产品主要经历了 4 代。

第 1 代产品，从 20 世纪 60 年代初至 70 年代初，是自行开发设计的统一设计产品，以 CJ10、DZ10、DW10 等系列为代表，共约 29 个系列。这代产品总体技术性能相当于国外 20 世纪 50 年代水平，有的是 20 世纪 40 年代水平，现已被淘汰。但这一代产品对我国低压配电和控制系统的发展起了重要作用。

第 2 代产品，从 20 世纪 70 年代后期到 80 年代，是完成的更新换代和引进国外技术生产的产品。更新换代产品以 CJ20、DZ20、DW15 等系列为代表，共约 56 个系列。引进技术制造产品以 ME、3WE、B、3TB、LCI-D 系列等为代表，约 34 个系列。这批产品总体技术性能水平相当于国外 20 世纪 70 年代末、80 年代初的水平、目前市场占有率约 50%。随着新型电器的出现其市场占有率有下降趋势（注：ME 系列，引进 AEC 公司技术，国内型号为 DW17 系列；3WE 系列、3TB 系列，引进西门子公司技术；3TB 系列国内型号为 CJX3 系列；B 系列，引进 ABB 公司技术；LCI-D 系列，引进 TE 公司技术，国内型号为 CJX4

系列）。

第 3 代产品，在 20 世纪 90 年代跟踪国外新技术、新产品、自行开发、设计、研制的产品，以 DW40、DW45、DZ40、CJ40、S 系列等为代表的十多个系列。与国外合资生产的 M、F、3TF 系列等，约 30 个系列。这些产品总体技术性能达到或接近国外 20 世纪 80 年代末、90 年代初水平。

第 3 代电器产品具有高性能、小型化、电子化、智能化、模块化、组合化、多功能化等特征。但受制于通信能力的限制，不能很好地发挥智能产品的作用，市场占有率仅有 5% ~ 10%，如智能断路器、软起动器等。

20 世纪 90 年代末随着智能化低压电器的诞生以及现场总线技术在低压电器领域的应用，国内低压电器向网络化、可通信发展。截至 2003 年底，国内低压电器元件获 3C 认证 13000 多个单位，低压成套装置获 3C 认证 6000 多个单位，生产的低压电器产品近 1000 个系列、产值约 200 亿人民币。

第 4 代产品，21 世纪初到目前开发的现场总线低压电器的产品。这种产品除了具有第 3 代低压电器产品的特征外，其主要技术特征是可通信，能与现场总线系统连接，概括起来有以下 6 大技术特征：

1）带有通信接口。能与多种开放式现场总线进行双向通信，实现低压电器可通信、网络化。

2）强调系统集成。产品包括硬件、软件。同时，第 4 代低压电器元件与成套装置同步开发。

3）强调标准化。第 4 代产品除结构、技术性能标准化外，其通信协议、通信规约必须标准化，同公司产品具有较好的互操作性。

4）提高产品综合性能。包括技术性能、外观、使用性能、维护性能。

5）强调环保要求。逐步发展"绿色"产品，包括产品材料选用、制造过程及使用过程不污染环境。

6）具有高可靠性。开展可靠性设计，产品生产过程进行可靠性控制（大力推进在线检测装置），可靠性出厂检验及可靠性增长，特别强调电子器件可靠性及电磁兼容要求。

智能化、可通信低压电器的产品结构特征及基本功能有：

1）低压电器产品中装有微处理器。

2）低压电器带有通信接口，能与现场总线连接。

3）采用标准化结构，具有互换性，内部可更换部件采用模块化结构。

4）保护功能齐全。

5）外部故障记录显示。

6）参数批量显示。

7）内部故障自诊断。

8）能进行双向通信。

当前，我国低压电器的发展正向着更高层次迈进，新产品已发展到 12 大类、380 个系列、1200 多个品种、几万种规格，在传统低压电器向着高性能、高可靠、小型化、多功能、组合化、模块化、电子化、智能化和零部件通用化方向发展的同时，随着计算机网络的发展与应用，又在研制开发、生产和推广应用各种可通信智能化电器、模数化终端组合电器及节能电器。可以肯定的是，随着国民经济的发展，我国的低压电器工业将会大大缩短与先进国家的差距，发展到更高的水平，以满足国内外市场的需要。

(二) 国内外低压电器的发展趋势

不断吸收应用各种相关新技术是国内外低压电器发展的一大趋势，它主要包括以下几个方面。

1. 现代设计技术的应用

现代设计技术主要表现在三维计算机辅助设计系统与制造软件系统的引入、电器开关特性的计算机模拟和仿真、现代化的样机测试手段等3个方面。其中，三维计算机辅助设计系统集设计、制造和分析（CAD/CAM/CAE）于一体，它能实现设计与制造的自动化与优化，从零件设计、装配到产品总装、仿真运行等均可在计算机上完成，并能让设计者在三维空间完成零部件设计和装配，并在此基础上自动生成工程图样，大幅度缩短开发周期与开发费用，提高产品性能与缩小体积。它的辅助制造部分能自动完成零件的模具设计和加工工艺，并生成相应的数控代码，直接带动数控机床。它的分析仿真部分能进行产品的应力分析，热场甚至电磁场的计算，机构的静态和动态特性分析，并能通过分析使产品的设计达到优化，获得最佳的性能和最小的体积。目前国内外一些著名的电器公司已广泛采用三维设计系统来开发产品，国内在20世纪90年代初首先由常熟开关厂依靠UG三维设计系统开发CMI系列高分断性能的塑壳断路器获得成功，该产品由于其优异的性能，加上极短的开发周期，一方面很快占领了市场，使工厂取得了显著的经济效益；另一方面也带动其他工厂纷纷引进这种新技术，目前已被广泛采用。

2. 低压电器专用计算机应用软件

上述的CAD/CAM/CAE系统一般是指通用软件。为完善设计和提高设计效率，除建立必需的数据、符号、标准元件库外，还需要一些专用分析、计算软件，如磁系统三维分析、计算软件包、电器开关特性的计算机模拟和仿真、低压电器合闸和分断过程动态仿真、电磁机构和触点运动过程动态仿真、电弧产生与熄灭过程的动态仿真、样机测试等软件包。用ANSYS有限元分析软件可进行触点灭弧系统和脱扣器的磁场分析及电器机壳的强度分析；用ADAMS软件可进行操纵机构的动态特性分析，用CFX-F3D三维流体计算软件分析灭弧过程中电弧等离子体微观参数等。

3. 计算机网络系统的应用

计算机网络系统的应用是指微处理机技术和计算机技术的引入及计算机网络技术和信息通信技术的应用，一方面使低压电器智能化，另一方面使智能化电器与中央控制计算机进行双向通信。进入20世纪90年代，随着计算机通信网络的发展，低压电器与控制系统已统一形成了智能化监控、保护与信息网络。它由智能化电器、监控器、中央计算机包括可编程序控制器（PLC）及网络元件4部分组成。监控器在网络中起参数测量与显示、某些保护功能、通信接口作用，并代替传统的指令电器、信号电器和测量仪表。网络元件用于形成通信网络，主要有现场总线、操作器与传感器接口、地址编码器及寻址单元等。

计算机网络系统的应用，不仅提高了低压配电与控制系统的自动化程度，并且实现了信息化，使低压配电、控制系统的调度、操作和维护实现了四遥（遥控、遥信、遥测、遥调），提高了整个系统的可靠性。实现区域联锁，使选择性保护匹配合理。采用新型监控元件，使可提供的信息量大幅度增加，实现信息共享，减少信息重复和信息通道，简化二次控制线路，接线简单，安装方便，提高工作可靠性。随着计算机网络的应用，对低压电器产品提出了新的要求，如：如何实现低压电器元件与网络的连接、用户和设备之间的开放性和兼容性、标准化的通信规约（协议）以及可靠性问题、电磁兼容性 EMC（Electro Magnetic Compatibility）要求等。

在计算机网络中，为了保证数据通信的双方能正确自动地进行通信，必须制定一套关于信息传输的顺序、信息格式和信息内容的约定，这种约定称为通信协议。国际标准化组织制定了开放系统互联 ISO/OSI 参考模型，共 7 层，包括传输规程和用户规程等。一些国家和公司按照 ISO/OSI 参考模型相继推出了各自的现场总线标准，如欧洲标准 PROFIBUS、我国的《低压电器数据通信规约（V1.0）》等。由于现场总线技术的出现，为构造分布式计算机控制系统提供了条件，并且它即插即用，扩充性好、维护方便，因此由智能化电器与中央计算机通过接口构成的自动化通信网络正从集中式控制向分布式控制发展，因而目前这种技术成为国内外关注的热点。

4. 可靠性技术

随着低压电器和控制系统的大型化、复杂化，系统元器件越来越多，一个元器件故障将可能导致系统瘫痪。因此，国内外重点研究以下几个方面：可靠性物理研究，即产品失效机理研究；可靠性指标与考核方法研究；可靠性实验装置研究；提高可靠性研究。

5. 新的灭弧系统和限流技术

由于电力系统发展的需要，对低压开关电器提出了高性能和小型化的要求，传统意义上的灭弧系统已不能满足对低压开关电器开断能力的要求，因此，国内外致力于研究新的灭弧系统和限流技术，实现开关电器"无飞弧"。如采用一种三维磁场集中驱弧技术来提高塑壳断路器的开断性能；采用旋转式双断点的限流结构，并在前后级保护特性配合方面实现"能量匹配"以提高开关电器开断能力；采用新的绝缘材料抑制由于电极的金属蒸气扩散至绝缘器壁上形成的金属粒子堆积层，加强对电弧的冷却作用等。

习　题

1. 什么叫电器？其作用是什么？
2. 电器按用途不同可以分为哪几类？
3. 国内第四代低压电器产品主要是什么产品？该产品有哪些技术特征？
4. 智能化、可通信低压电器的产品结构特征及基本功能有哪些？

第二节　接　触　器

接触器实际上是一个能频繁通断的由电磁铁带动的负荷开关。与其他开关相比，它可以频繁通断主电路的正常工作电流，但不能分断主电路的短路电流。短路电流通常用断路器或熔断器来分断。因此，接触器常用于电路的频繁通断和电气设备（如电动机）的近、远距离控制，程序控制等。

一、接触器的结构与工作原理

（一）结构

接触器结构如图 1-1 所示。其主要部件有线圈、铁心、衔铁、主触点、辅助触点、灭弧罩等。在控制电路中只画出线圈和触点。

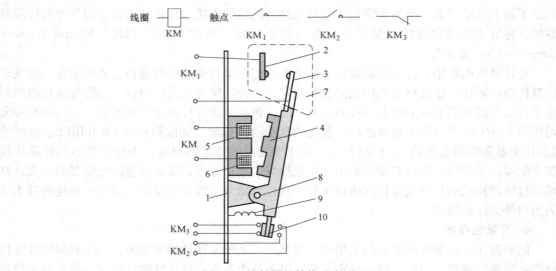

图 1-1 接触器的结构示意图

1—绝缘板 2—主静触点 3—主动触点 4—衔铁 5—铁心 6—线圈
7—灭弧罩 8—转轴 9—反作用弹簧 10—辅助触点

1. 触点形式

触点形式如图 1-2 所示。

点接触——允许通过电流小。

线接触——允许通过电流中等。

面接触——允许通过电流大。

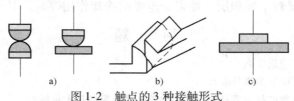

图 1-2 触点的 3 种接触形式

a) 点接触 b) 线接触 c) 面接触

2. 触点种类

（1）主触点

主触点容量大，用于通断高电压、大电流电路。

常开触点——多见，其符号为 ⟍⟋

常闭触点——少见，其符号为 ⟍⟍

（2）辅助触点

辅助触点容量小，用于通断低电压、小电流电路（如控制电路）。

常开触点，⟍⟋

常闭触点，⟍⟍

3. 接触器的动作过程

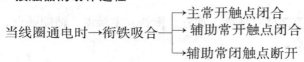

当线圈断电时→衔铁释放→┌主常开触点打开
                        ├辅助常开触点打开
                        └辅助常闭触点闭合

接触器的触点是最容易损坏的部件。其损坏的原因主要是磨损和电弧烧损，其中电弧烧损最为严重。为了保护触点、提高触点的分断能力，就必须加灭弧装置。如上面的灭弧罩就是灭弧装置之一。接触器能分断电流的大小与灭弧装置的灭弧能力的大小有直接关系，因此，需要对灭弧装置的灭弧原理作一下介绍。

（二）电弧的产生与灭弧装置

1. 电弧的产生

当接触器触点分断电路时，如果电路中电压超过 $10 \sim 12V$ 和电流超过 $80 \sim 100mA$，即：功率约 1W，在拉开的两个触点之间将出现强烈的火花。当电流越大时，电火花越强烈。当电流大到一定强度时，电火花就会变成"电弧"，这实际上是一种气体放电现象，如图 1-3 所示。

2. 灭弧装置

接触器中的灭弧装置只能熄灭正常的工作电流产生的电弧，不能熄灭短路电流产生的电弧，故接触器不能用来分断短路电流，其常与熔断器配合使用。接触器用来分断正常的工作电流，靠熔断器来分断短路电流。

图 1-3 开关电弧

在接触器中常用以下 3 种灭弧装置：

磁吹式灭弧装置（吹弧线圈 + 灭弧罩）——灭弧能力最强，多用于直流接触器。

带灭弧栅的灭弧装置（灭弧栅 + 灭弧罩）——灭弧能力强，多用于交流接触器。

灭弧罩（由陶土和石棉水泥制成）——灭弧能力差，用于小容量的交、直流接触器。

（1）灭弧罩的灭弧原理

灭弧罩是最为简单的灭弧装置，主要是通过冷却降温来灭弧，同时也起隔弧的作用，防止电弧飞溅。

（2）带灭弧栅的灭弧装置的灭弧原理

灭弧栅的灭弧原理如图 1-4 所示。当出现电弧时，电弧周围的磁场将灭弧栅片（即小钢片）磁化，

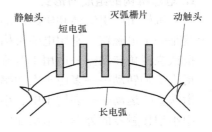

图 1-4 灭弧栅灭弧原理

于是灭弧栅片将电弧吸入其中，将原来的长电弧分割成短电弧。当交流电流过量时，电弧自燃熄灭，此时去电离作用最强，介质的绝缘强度也在迅速恢复。更主要的是也在此时，电流极性发生改变，由于近阴极效应，使得多个短电弧的弧隙压降串起来比较大，在 $150 \sim 250V$ 之间，只有当加在栅片间的电压达到 $150 \sim 250V$ 时，电弧才可能重燃。实际上，交流电流过零时，加在栅片间的电压也比较低（纯电阻负荷时，此电压为零；电感负荷时，此电压也不大）。这样一来，电源电压不足以维持电弧，同时由于栅片的散热作用，电弧自燃熄灭后很难重燃，于是电弧便很快熄灭。这种方法广泛用于交流接触器灭弧。

（3）磁吹式灭弧装置

这种灭弧装置的灭弧原理如图 1-5 所示。带铁心的吹弧线圈与主电路相串联，吹弧线圈

里的电流就是负荷电流，方向如图 1-5 所示，根据右手定则判断可见，吹弧线圈的正面是北极（N 极），背面是南极（S 极）。两磁极通过两块钢夹板（导磁颊片）将磁力传导到主触点周围，其磁力线方向如图 1-5 所示。根据左手定则可判断电磁力 F 的方向如图 1-5 所示。电磁力 F 使电弧越拉越长，且沿着熄弧角（与静触点相连的引弧触点）向上运动，将热量传递给罩壁。两者联合作用，电弧很快熄灭。

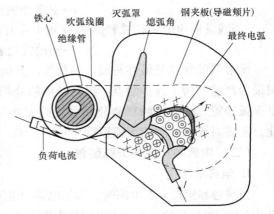

图 1-5　磁吹式灭弧装置

采用多断口触点（如桥式触点）可以使电弧长度及触点分断速度成倍提高，有利于灭弧。接触器辅助触点常采用桥式触点正是这个道理，如图 1-6 所示。

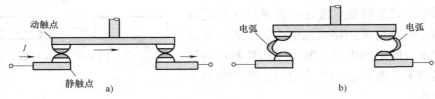

图 1-6　桥式触点

a）闭合状态　b）断开状态

（三）电磁机构

1. 电磁机构的组成与形式

电磁机构由吸引线圈和磁路两部分组成。磁路包括铁心、衔铁、空气隙等。电磁机构实际上就是一个电磁铁。常用电磁机构如图 1-7 所示，按衔铁的运动方式可作如下分类：

衔铁绕棱角转动——适用于直流接触器，如图 1-7a 所示。

衔铁绕轴转动——多用于大功率的交流接触器，如图 1-7b 所示。

衔铁直线运动——多用于中、小功率的交流接触器，如图 1-7c 所示。

中小型接触器的外形和结构如图 1-8 所示。

2. 电磁机构的工作特性

电磁机构把电磁能转换成机械能，使衔铁运动，即衔铁吸合与释放。电磁机构的工作特性常用吸力特性与阻力特性来表征。

（1）吸力特性

电磁机构的吸力 F 与气隙 δ 之间的关系，称为吸力特性，即 $F = f(\delta)$。它随励磁电流种类（交流或直流）、线圈的连接方式（串联或并联）而有所差异。

电磁机构的吸力可按下式近似计算：

$$F = 4 \times 10^5 B^2 S \ （即 F \propto B^2）\tag{1-1}$$

式中　F——吸力，单位为 N；

　　　B——磁通密度，单位为 T，$1\,\mathrm{T} = 1\,\mathrm{Wb/m^2}$；

　　　S——吸力处的铁心截面积，单位为 $\mathrm{m^2}$。

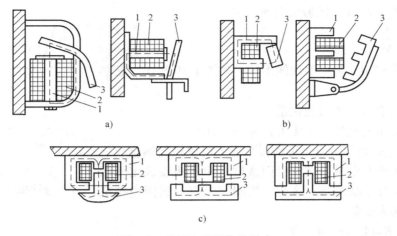

图 1-7 常用电磁机构的形式

a）衔铁绕棱角转动 b）衔铁绕轴转动 c）衔铁直线运动
1—铁心 2—线圈 3—衔铁

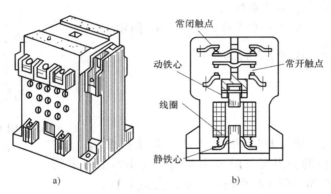

图 1-8 中小型接触器的外形和结构

a）外形 b）结构图

因为 $B = \phi/S$，而 S 一定，所以 $F \propto \phi^2$。

根据式（1-1），可推出直、交流电磁机构（均为电压线圈）的吸力特性。

1）直流电磁机构的吸力特性：直流电磁机构如图 1-9 所示。对直流电磁机构的电压线圈，当外加电压和线圈电阻不变时，流过线圈的电流为一常数，与气隙 δ 大小无关，即无电感效应。

即

$$电流 \quad I = f(\delta) = C（常数）。$$

因为磁通 $\Phi = \dfrac{IN}{R_m} \propto \dfrac{1}{R_m}$ 且 $F \propto \phi^2$

式中 R_m——磁路的磁阻；

IN——磁势（I 为线圈的电流，N 为线圈匝数）。

所以 $F \propto \dfrac{1}{R_m^2}$

图 1-9 直流电磁机构

又因为 $R_m \propto \delta$　（气隙截面积 S 一定）

所以 $F \propto \dfrac{1}{\delta^2}$

故吸力特性 $F = f(\delta)$ 为二次曲线形状，如图 1-10 所示。它具有以下特点：

① 衔铁吸合前后吸力变化很大；

② 线圈电流与气隙大小无关，为一常数。

2）交流电磁机构的吸力特性：对交流电磁机构的电压线圈，当外加电压不变时，交流吸引线圈的阻抗主要决定于线圈的电抗，电阻可以忽略。显然，线圈电流仅与线圈电抗成反比，即有电感效应。

因为 $U \approx E = 4.44 f \cdot \Phi \cdot N$

所以当 U、f、N 一定时，Φ 为常数

又因为 $F \propto \Phi^2$

所以吸力　$F = f(\delta) = C$（常数）

故吸力特性 $F = f(\delta)$ 为一水平线，如图 1-11 所示。

又因为　$\Phi = \dfrac{IN}{R_m}$　而 Φ、N 都为常数

故 $I \propto R_m$

而 $R_m \propto \delta$

所以 $I \propto \delta$

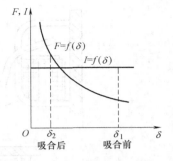

图 1-10　直流电磁
机构的吸力特性

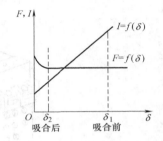

图 1-11　交流电磁
机构的吸力特性

故 $I = f(\delta)$ 为一直线，如图 1-11 所示。它具有以下特点：

① 交流电磁机构的吸力与气隙大小 δ 无关（实际上考虑到漏磁的作用，吸力 F 随气隙 δ 减小略有增加，见图 1-11）。

② 衔铁吸合后电流很小，即不需多大电流就能维持衔铁吸合。

③ 衔铁吸合前后线圈电流变化很大，衔铁吸合前电流将达到吸合后额定电流的 $5 \sim 6$ 倍（U 形结构）；E 形衔铁铁心机构可高达 $10 \sim 15$ 倍。如果衔铁卡住不能吸合或者频繁动作，线圈可能被烧坏，故交流接触器不宜频繁动作。这就是对于可靠性要求高或频繁动作的控制系统采用直流电磁机构而不采用交流电磁机构的原因。

（2）阻力特性及其与吸力特性的配合

电磁机构转动部分静阻力与气隙的关系，称为阻力特性。阻力的大小与反力弹簧、摩擦阻力以及衔铁重量有关。欲使衔铁吸合，在整个吸合过程中，吸力需大于阻力。吸力特性与阻力特性的配合如图 1-12 所示。

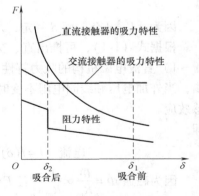

图 1-12　吸力特性与阻力
特性的配合

在 $\delta_1 - \delta_2$ 的区域内，阻力随气隙减小略有增大。到达 δ_2 位置，动触点开始与静触点接触，这时触点上的初压力作用到衔铁上，阻力骤增、曲线突变。其后在 $\delta_2 - O$ 的区域内，气隙越小触点压得越紧，阻力越大，线段较 $\delta_1 - \delta_2$ 段陡。

这就是整个吸合过程中的阻力特性。

为了保证吸合过程中衔铁能正常吸合,吸力在各个位置上必须大于阻力,但也不能过大,否则会影响接触器的机械寿命,如图 1-12 所示。在使用中常常调整反力弹簧或触点初压力以改变阻力特性,使之与吸力特性配合良好。

二、交、直流接触器的特点对比

交、直流接触器在结构上基本相同,但各有其特点。

(一) 直流接触器

主触点控制直流电路,且线圈也须通入直流电进行控制;主触点用磁吹灭弧;衔铁吸合前后,线圈电流不变,适合于频繁动作。但主触点断开时会产生较高的过电压,故工作电压不允许过高(440V 以下)。

(二) 交流接触器

主触点控制交流电路,且线圈多采用交流电进行控制,也有用直流电控制的,但须在线圈里串入电阻限流;主触点用灭弧栅灭弧;衔铁吸合前后线圈电流变化很大,可相差 10 ~ 15 倍,当衔铁卡住或频繁动作时线圈易烧坏,不适合频繁动作。另外,对单相交流电磁机构,须在铁心上套一短路环。

(三) 交流接触器的短路环的作用

短路环的作用是防止交流单相电磁机构的衔铁抖动,以减小噪声,并防止触点抖动、电弧烧坏触点。

对交流接触器的单相电磁机构,必须在铁心端面上装一个用铜制成的短路环(又称分磁环),如图 1-13 所示,方能正常工作。这是因为线圈电流是交变的,一周期之内有两次电流过零,此时,磁力消失,衔铁要释放;当电流过零后,磁力恢复,衔铁要吸合。故在电流的交变过程中,衔铁会出现抖动并发出噪声,同时触点也会发生抖动,电弧频繁,易烧坏触点。

由于短路环的存在,使铁心截面 A 的磁通 Φ_A 落后铁心截面 B 的磁通 Φ_B 一个 θ 角度,于是在 Φ_B 为零时,Φ_A 不为零,总的合成磁通不会随着电流的交变而为零,当然吸力也就不为零。故在电流的交变过程中,衔铁会一直吸合,不会抖动。从物理概念上来讲,当线圈电流过零时,铁心里磁通变化率最大。根据焦耳-楞次定律可知,此时短路环会产生感应电动势且最大,由于短路环是闭合的,故此时短路环会产生最大的感应电流,该感应电流将产生一个磁力继续吸住衔铁。因此,在电流的交变过程中,不会出现磁力为零的情况,故铁心不

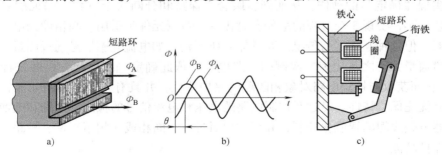

图 1-13　短路环及其工作原理图

a) 短路环外形　b) Φ_A、Φ_B 特性曲线　c) 短路环工作原理

会抖动，上述问题便迎刃而解。

三、接触器的主要技术数据

1）额定电压：指主触点的工作电压，不是指线圈的。

2）额定电流：指接触器安装在敞开式控制屏上，触点工作不超过额定温升，负荷为间断-长期工作制时的电流值。若上述条件改变，需根据实际情况相应修正其电流。

3）间断-长期工作制：指接触器连续通电时间不超过8h的工作制。若超过8h，须空载开闭触点三次以上，以消除触点表面氧化膜。

4）直流接触器断开时会产生较高的过电压（因为直流是强迫为零，di/dt 很大）。过电压倍数可高达 10~20 倍。故不宜采用高电压等级（440V 已停止生产）。

5）额定操作频率：即每小时接通的次数。交流接触器最高的接通次数为 600 次/h；直流接触器可高达 1200 次/h。因此，交流负荷频繁动作时可采用直流吸引线圈的接触器。

四、智能接触器简介

智能化接触器的主要特征是装有智能化电磁系统，并具有与数据总线及与其他设备之间互相通信的功能，其本身还具有对运行工况自动识别、控制和执行的能力。

智能化接触器一般由基本系列的电磁接触器及附件构成。附件包括智能控制模块、辅助触点组、机械联锁机构、报警模块、测量显示模块、通信接口模块等，所有智能化功能都集成在一块以微处理器或单片机为核心的控制板上。从外形机构上看，与传统产品不同的是智能化接触器在出线端位置增加了一块带中央处理器及测量线圈的机电一体化的电路板。

（一）智能化电磁系统

智能化接触器的核心是具有智能化控制的电磁系统，它对接触器的电磁系统进行动态控制。由接触器的工作原理可见，其工作过程可分为吸合过程、保持过程和分断过程 3 部分，是一个变化规律十分复杂的动态过程。电磁系统的动作质量依赖于控制电源电压、阻尼机构和反力弹簧等，电磁系统不可避免地存在不同程度的动、静铁心的"撞击"、"弹跳"等现象，甚至造成"触点熔焊"和"线圈烧损"等，即传统的电磁接触器的动作具有被动的"不确定"性。智能化接触器是对接触器的整个动态工作过程进行实时控制，根据动作过程中检测到的电磁系统的参数，如线圈电流、电磁吸力、运动位移、速度和加速度、正常吸合门槛电压和释放电压参数，进行实时数据处理，并依此选取事先存储在控制芯片中的相应控制方案以实现"确定"的动作，从而同步吸合、保持和分断 3 个过程，保证触点开断过程的电弧能量最小，实现 3 个过程的最佳实时控制。检测元件是采用了高精度的电压互感器和电流互感器，但这种互感器与传统的互感器有所区别，如电流互感器是通过测量一次电流周围产生的磁通量并使之转化为二次侧的开路电压，依此确定一次电流，再通过计算得出 I^2 及 I^2t 值，从而获取与控制电路对象相匹配的保护特性，并具有记忆、判断功能，能够自动调整和具有优化保护特性。经过对控制电路的电压和电流信号的检测、判别和变换过程，实现对接触器电磁线圈的智能化控制，并可实现对过载、断相或三相不平衡、短路、接地故障等现象的保护功能。

（二）双向通信与控制接口

智能化接触器能够通过通信接口直接与自动控制系统的通信网络相连，通过数据总线可输出工作状态参数、负荷数据和报警信息等，另一方面可接受上位控制计算机及可编程序控制器（PLC）的控制指令，其通信接口可以与当前工业上应用的大多数低压电器数据通信规约兼容。

目前智能化接触器的产品尚且不多，已面世的产品在一定程度上代表了当今智能化接触器技术发展的动向和水平，是智能化接触器产品的发展方向。如日本富士电机公司的 NewSC 系列交流接触器、美国西屋公司的"A"系列智能化接触器、ABB 公司的 AF 系列智能化接触器、金钟-默勒公司的 DIL-M 系列智能化接触器等。国内已有将单片机引入交流接触器的控制技术。

习　题

1. 交、直流接触器的灭弧装置有什么不同？哪一个灭弧能力强？
2. 直流接触器为什么能比交流接触器更频繁地动作？
3. 交、直流接触器的吸力特性各有什么特点？线圈电流在衔铁吸合前后有何变化？
4. 交流接触器短路环的作用及作用原理是什么？
5. 名词解释：（1）吸力特性；（2）阻力特性；（3）间断-长期工作制；（4）额定操作频率。

第三节　继　电　器

一、继电器的定义及与接触器的区别

（一）定义
继电器——实际上是一种由特定形式的电气量（如电流，电压）或非电气量（如速度，温度）自动控制开闭的小开关。

（二）继电器与接触器的区别
继电器——没有主、辅触点之分，主要用在低电压、小电流的控制电路中，其控制量可以是电气量，也可以是非电气量。

接触器——有主、辅触点之分，其中主触点用在高电压、大电流的主电路中，辅助触点用在低电压、小电流的控制电路中，其控制量仅仅是电气量，即电压控制。

二、继电器的种类及其特点

继电器的种类很多，在控制系统中常用的有：

（一）电磁式继电器
电磁式继电器结构与接触器类似。

电流继电器——线圈匝数少、导线粗
电压继电器——线圈匝数多、导线细 } 结构一样，动作灵敏、触点容量小，且只有一个触点。

中间继电器——触点容量大且数量多。起中间放大和转换小继电器触点数量和容量的作用。

（二）磁电式继电器

磁电式继电器结构与电流表类似。灵敏度高，能反映信号的极性，触点容量小，常用于微弱信号的检测。

（三）时间继电器

时间继电器指继电器通电（或断电）到其触点动作有一些延时，不是同步。时间继电器可分为以下几种：

电磁式（铜套阻尼式）——靠铜套延时，仅有断电延时，延时误差大，仅延时几秒。

空气阻尼式——靠气囊延时，延时误差大，可延时几秒到几分。

电动机式——靠齿轮变速延时，体积大、价格高，延时准确，可延时几秒到几小时。

半导体式——靠电容充、放电延时，体积小、价格低，延时准确，可延时几秒到几小时。

（四）舌（干）簧继电器

舌簧继电器的触点容量小，动作快，灵敏度高，用永磁体驱动可反映非电信号。

（五）热继电器

热继电器可以看作是由热元件驱动的小开关。作过载保护用，控制量为过载电流。

（六）速度继电器

速度继电器可以看作是由类似于小电动机驱动的小开关。控制量为速度，动作有方向性。

三、继电器触点的种类

（一）瞬动触点

常开触点（动合触点）

常闭触点（动断触点）

（二）延时触点

延时闭合触点

延时断开触点

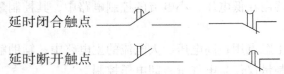

四、继电器的特性

继电器的主要特性即工作特性是输入—输出特性，它是一个矩形特性，这一矩形特性曲线，称为继电特性曲线，如图1-14所示。

当继电器输入 X（如线圈电流）由 0 增至为 X_2 之前，继电器输出量 Y（如通过常开触点输出

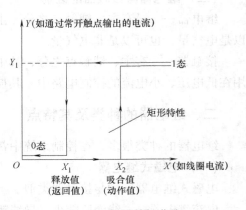

图1-14　继电特性曲线

的电流）为零；当输入增加到 X_2 值时，继电器吸合，通过其触点的输出量为 Y_1 值；当 X 值再增加，Y 值不变；当 X 减少到 X_1 时，继电器释放，输出由 Y_1 降到零，X 再减小，Y 值永远为零。

由此可见：继电器输出只有两种状态，要么为0态，要么为1态，即继电器的触点要么断开，要么闭合。

图1-14中的X_2称为吸合值（或动作值），X_1称为释放值（或返回值）。释放值X_1与吸合值X_2之比称为继电器的返回系数，用K表示。即返回系数

$$K = \frac{X_1}{X_2} = 返回值/动作值$$

说明：返回系数是继电器的重要参数之一，不同的场合对返回系数的要求也不同。

1）一般控制用继电器：$K = 0.1 \sim 0.4$，这表明继电器的矩形特性宽，动作可靠，但不够灵敏。

2）保护用继电器：$0.6 < K < 1$，这表明继电器的矩形特性窄，动作灵敏，但易误动，不可靠。

3）返回系数越高，继电器动作越灵敏，但动作不可靠。所以保护用继电器的返回系数都很高。

4）返回系数越低，继电器动作越可靠，所以控制用继电器的返回系数都很低。

5）返回系数不能等于1，否则，继电器的返回值与动作值相等，使继电器动作状态不确定，无法工作。

很显然，接触器也有这种继电器特性，它可以看成是一种大功率的有主、辅触点的特殊继电器。

五、继电器的结构及原理

（一）电磁式继电器

结构同接触器类似，靠电磁铁驱动，如图1-15所示。

（二）磁电式继电器

结构同电流表类似，靠通电线圈在磁场中受力来驱动。改变线圈中的信号电流方向，则改变驱动方向，故磁电式继电器能反映信号的极性，如图1-16所示。

（三）舌（干）簧继电器

结构如图1-17所示。舌（干）簧继电器靠外加磁场使舌片磁化不同的极性来驱动。外加磁场可以用通电线圈产生，也可用永磁体产生。当用永磁体时，可反应非电信号，如限位及行程控制就是用永磁体来驱动的。

（四）时间继电器

1. 电磁式（铜套阻尼式）

结构如图1-18所示，电磁式时间继电器靠铜（铝）套阻尼延时。当线圈断电时主磁通锐减，磁通变化率最大，铜套上感应出涡流，涡流产生的磁通继续维持衔铁吸合，达到延时释放的目的。

2. 空气阻尼式

结构如图1-19所示，靠气囊阻尼延时。当线圈得电时，铁心（或衔铁）向下运动，活塞下降，但由于进气孔进气不畅，室内空气稀薄，使得活塞里外出现大气压力差，即活塞外大气压力大，活塞内大气压力小，从而阻碍活塞缓慢向下运动，以达到延时碰动微动开关造成延时的目的。

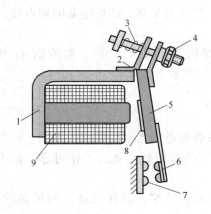

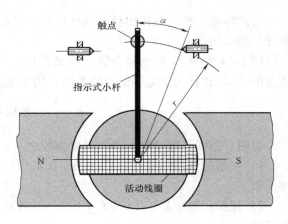

图 1-15　电磁式继电器原理图

1—铁心　2—旋转棱角　3—释放弹簧
4—调节螺母　5—衔铁　6—动触点
7—静触点　8—非磁性垫片　9—线圈

图 1-16　磁电式继电器结构原理图

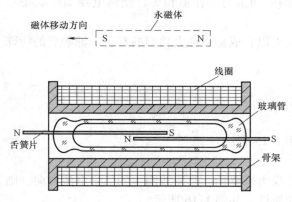

图 1-17　舌（干）簧继电器结构原理图

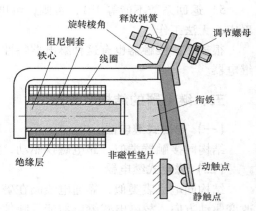

图 1-18　带有阻尼铜套的电磁式时间继电器

3. 电动机式

电动机式时间继电器靠电动机驱动，靠齿轮变速来延时。

4. 半导体式

工作原理如图 1-20 所示，靠电容充电达到延时的目的。

当接通 220V 电压时，18V 的线圈和 12V 的线圈分别给电容 C_4 充电，当充电到使 A 点电位高于 B 点电位时，V_1 基极高电位，V_1 截止，V_2 导通，小继电器 K 带电吸合，K_2 打开，K_1 闭合，电容 C_4 放电，为下次继电器的动作做准备。

（五）速度继电器

速度继电器的结构如图 1-21 所示，动作原理同

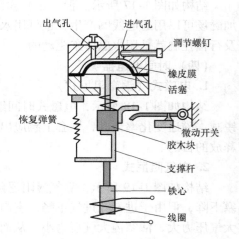

图 1-19　空气阻尼式时间继电器示意图

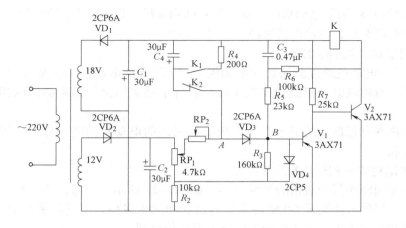

图 1-20　JSJ 系列半导体式时间继电器工作原理图

笼型电动机类似，动作有方向性。

（六）热继电器

1. 结构与作用

热继电器可以看成是由发热元件驱动的小开关，常用于电动机的过载保护和断相保护。热继电器的结构如图 1-22 所示。

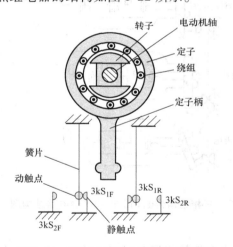

图 1-21　JY1 速度继电器结构原理图

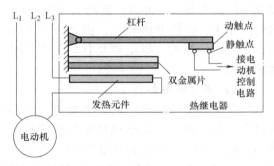

图 1-22　热继电器结构示意图

2. 动作与保护原理

热继电器的发热元件串在被保护电动机的主电路中。当电动机发生过载时，电动机主电路的电流增大，大于其额定电流，故发热元件的发热量增大，双金属片（由热膨胀系数不同的两个金属片叠成）因受发热元件的加热而膨胀，并向上弯曲顶着杠杆，使杠杆带动小开关的动触点向上运动，其常闭触点断开，切断电动机控制回路，使电动机停电，以防电动机因过载而烧坏。

3. 种类及其适用场合

（1）两相结构式热继电器

用于丫（星形）联结的电动机的过载保护和断相保护（因丫联结电动机断相必过载），而且是用在三相电流对称，电动机绕组绝缘良好的情况。

（2）三相结构式热继电器

用于丫联结的电动机的过载保护和断相保护（因丫联结电动机断相必过载），尤其是在三相电流严重不对称或电动机绕组绝缘不好的情况下必采用之，绝不能用两相结构式热继电器。

以上两种热继电器都不能用于△（三角形）联结的电动机的断相保护。因△联结电动机断相未必过载。

（3）三相结构带断相保护的热继电器

它是带有专用断相保护机构的热继电器，如图1-23所示。它常用于△联结电动机的过载和断相保护，当然也能用于丫联结电动机的过载和断相保护，不过经济性稍差。对丫联结电动机的过载和断相保护，采用前两种热继电器比较合理。

JR16系列为断相保护热继电器。部分结构如图1-23所示。

当电流为额定值时，3个热元件均正常发热，其端部均向左弯曲推动上、下导板同时左移但到不了动作线，继电器不会动作。

当电流过载到达整定值时，双金属片弯曲较大，把导板和杠杆推到动作位置，继电器动作。

当一相（设A相）断路时，A相（右侧）发热元件温度由原正常发热状态下降，双金属片由弯曲状态伸直，推动上导板右移；同时由于B、C相电流较大，推动下导板向左移，使杠杆扭转，继电器动作，起到断相保护作用。

（七）温度继电器

当电动机发生过电流时，会使其绕组温升过高，前已述及，热继电器可以起到保护作用。但当电网电压升高不正常时，即使电

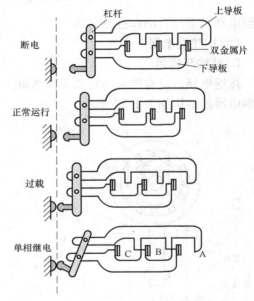

图1-23　三相结构带断相保护的热继电器结构图

动机不过载，也会导致铁损增加而使铁心发热，这样也会使绕组温升过高；或者电动机环境温度过高以及通风不良等，也同样会使绕组温升过高。在这些情况下，若用热继电器则不能正常反映电动机的故障状态。为此，需要一种利用发热元件间接反映绕组温度并根据绕组温度进行动作的继电器，这种继电器称作温度继电器。

温度继电器大体上有两种类型：一种是双金属片式温度继电器；另一种是热敏电阻式温度继电器。以下介绍双金属片式温度继电器。

双金属片式温度继电器结构组成如图1-24所示。在结构上它是封闭式的，其内部有盘式双金属片2。双金属片受热后产生线膨胀，由于两层金属的线膨胀系数不同，且两层金属又紧密地贴合在一起，因此，使得双金属片向被动层一侧弯曲，由双金属片弯曲产生的机械力带动触点动作。

在图 1-24 中，温度继电器的双金属片 2 左面为主动层，右面为被动层。动触点 8 铆在双金属片上，且经由导电片 3、外壳 1 与连接片 9 相连。静触点 6 与连接片 4 相连。当电动机发热部位温度升高时，产生的热量通过外壳 1 传导给其内部的双金属片；当达到一定温度时双金属片开始变形，双金属片及动触点向图中左方瞬动地跳开，从而控制接触器使电动机断电以达到过热保护的目的。当故障排除后，发热部位温度则降低，双金属片也反向弹回而使触点重新复位。双金属片式温度继电器的动作温度是以电动机绕组绝缘等级为基础来划

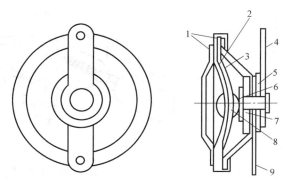

图 1-24　温度继电器
1—外壳　2—双金属片　3—导电片　4、9—连接片
5、7—绝缘垫片　6—静触点　8—动触点

分的，它有 50℃、60℃、70℃、80℃、95℃、105℃、115℃、125℃、135℃、145℃ 和 165℃，共 11 个规格。继电器的返回温度因动作温度而异，一般比动作温度低 5~40℃。

双金属片式温度继电器用作电动机保护时，是将其埋设在电动机发热部位，如电动机定子槽内、绕组端部等，可直接反映该处发热情况。无论是电动机本身出现过载电流引起温度升高，还是其他原因引起电动机温度升高，温度继电器都可起保护作用。不难看出，温度继电器具有"全热保护"作用。此外，双金属片式温度继电器因价格便宜，常用于热水器外壁、电热锅炉炉壁的过热保护。

双金属片式温度继电器的缺点是加工工艺复杂，且双金属片又容易老化。另外，由于体积偏大而多置于绕组的端部，故很难直接反映温度上升的情况，以致发生动作滞后的现象。同时，也不宜保护高压电动机，因为过强的绝缘层会加剧动作的滞后现象。

温度继电器（双金属片式）的触点在电路图中的图形符号和文字符号如图 1-25a 所示。一般的温度控制开关表示符号如图 1-25b 所示，图中表示当温度低于设定值时动作，把"<"改为">"后，温度控制开关就表示当温度高于设定值时动作。

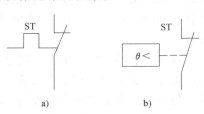

a)　　　　　　b)

图 1-25　温度控制开关触点表示符号
a）温度继电器（双金属片式）
b）温度控制开关

（八）液位继电器

某些锅炉和水柜需根据液位的高低变化来控制水泵电动机的起停，这一控制可由液位继电器来完成。

图 1-26a 为液位继电器的结构示意图。浮筒置于被控锅炉或水柜内，浮筒的一端有一根磁钢，锅炉外壁装有一对触点，动触点的一端也有一根磁钢，与浮筒一端的磁钢相对应。当锅炉或水柜内的水位低于极限值时，浮筒下落使磁钢端绕支点 A 上翘，使动触点的磁钢端不动，触点 1-1 接通，触点 2-2 断开；反之，当锅炉或水柜内的水位升高到上限位置时，浮筒上浮使磁钢端绕支点 A 下移，由于磁钢异性相吸的作用，使动触点的磁钢端被吸上移，动触点的另一端绕支点 B 下落，使触点 1-1 断开，触点 2-2 接通。显然，液位继电器的安装位置决定了被控的液位。液位继电器价格低廉，主要用于不精确的液位控制场合。液位继电器触点的图形符号和文字符号如图 1-26b 所示。

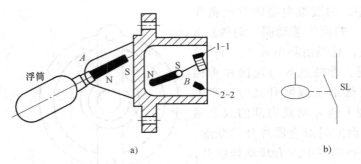

图 1-26　液位继电器结构示意图

a）液位继电器　b）触点表示符号

（九）压力继电器

通过检测各种气体和液体压力的变化，压力继电器可以发出信号，实现对压力的检测和控制。压力继电器在液压、气压等场合应用较多。其工作实质是当系统压力达到压力继电器的设定值时，发出电信号，使电气元件（如电磁铁、电动机、电磁阀等）动作，从而使液路或气路卸压、换向或关闭电动机使系统停止工作，起到安全保护作用等。

压力继电器有柱塞式、膜片式、弹簧管式和波纹管式四种结构形式。图 1-27a 所示为柱塞式压力继电器。它主要由微动开关、压力传送及感应装置、给定装置（调节螺母和平衡弹簧）、外壳等部分组成。当从下端进油口进入的液体压力达到调定压力值时，推动柱塞上移，此位移通过杠杆放大后推动微动开关动作。对继电器进行调整时，改变弹簧的压缩量，可以调节继电器的动作压力。

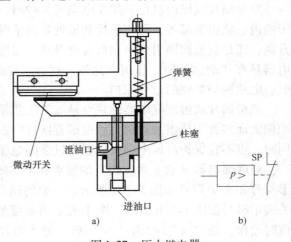

图 1-27　压力继电器

a）柱塞式压力继电器结构原理图　b）表示符号

压力继电器须放在压力有明显变化的地方才能可靠地工作。它价格低廉，主要用于测量和控制精度要求不高的场合。压力继电器触点的图形符号和文字符号如图 1-27b 所示。

六、交流固态继电器简介

交流固态继电器（SSR）是一种无触点通断电子开关，为四端有源器件。其中两个端子为输入控制端，另外两端为输出受控端，中间采用光电隔离，作为输入输出之间的电气隔离（浮空）。在输入端加上直流或脉冲信号，输出端就能从关断状态转变成导通状态（无信号时呈阻断状态），从而控制较大负载。整个器件无可动部件及触点，可实现相当于常用的机械式电磁继电器一样的功能。光耦合式固态继电器的工作原理图如图 1-28 所示。

SSR 按使用场合可以分成交流型和直流型两大类，它们分别在交流或直流电源上做负荷的开关，不能混用。

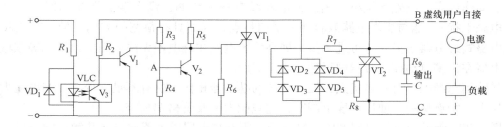

图 1-28 光耦合式固态继电器的工作原理图

下面以交流型的 SSR 为例来说明光耦合式固态继电器的工作原理，图 1-24 所示为它的工作原理图，其中的部件 VT_1、VD_6、VLC、$VD_2 \sim VD_5$ 构成交流 SSR 的主体，从整体上看，SSR 只有两个输入端（＋和－）及两个输出端（B 和 C），是一种四端器件。工作时只要在 ＋、－上加上一定的控制信号，就可以控制 B、C 两端之间的"通"和"断"，实现"开关"的功能，其中耦合电路的功能是为 ＋、－端输入的控制信号提供一个输入/输出端之间的通道，但又在电气上断开 SSR 中输入端和输出端之间的（电）联系，以防止输出端对输入端的影响，耦合电路用的元件是"光耦合器"，它动作灵敏、响应速度高、输入/输出端间的绝缘（耐压）等级高；由于输入端的负荷是发光二极管，这使 SSR 的输入端很容易做到与输入信号电平相匹配，在使用时可直接与计算机输出接口相接，即受"1"与"0"的逻辑电平控制。触发电路的功能是产生合乎要求的触发信号，驱动开关电路（VD_6）工作，但由于开关电路在不加特殊控制电路时，将产生射频干扰并以高次谐波或尖峰等污染电网，为此特设"过零控制电路"。"过零"是指当加入控制信号，交流电压过零时，SSR 即为通态；而当断开控制信号后，SSR 要等待交流电的正半周与负半周的交界点（零电位）时，SSR 才为断态。这种设计能防止高次谐波的干扰和对电网的污染。吸收电路（R_9 和 C）是为防止从电源中传来的尖峰、浪涌（电压）对开关器件双向晶闸管的冲击和干扰（甚至误动作）而设计的，一般是用"R-C"串联吸收电路或非线性电阻（压敏电阻器）。

直流型的 SSR 与交流型的 SSR 相比，无过零控制电路，也不必设置吸收电路，开关器件一般用大功率开关晶体管，其他工作原理相同。不过，直流型 SSR 在使用时应注意：

1）负荷为感性负荷时，如直流电磁阀或电磁铁，应在负荷两端反向并联一只二极管以吸收电磁能，极性要正确，二极管的电流应等于工作电流，电压应大于工作电压的 4 倍。

2）SSR 工作时应尽量把它靠近负载，其输出引线应满足负载电流的需要。

3）使用电源是经交流降压整流所得的，其滤波电解电容的容量应足够大。

根据触发形式 SSR 固态继电器可分为零压（Z）型和调相（P）型两种。在输入端施加合适的控制信号 V_{IN} 时，P 型 SSR 立即导通。当 V_{IN} 撤销后，负载电流低于双向晶闸管维持电流时（交流换向），SSR 关断。

Z 型 SSR 内部包括过零检测电路，在施加输入信号 V_{IN} 时，只有当负载电源电压达到过零区时，SSR 才能导通，并有可能造成电源半个周期的最大延时。Z 型 SSR 关断条件与 P 型 SSR 相同，但由于负载工作电流近似于正弦波，高次谐波干扰小，所以应用广泛。

固态继电器与电磁式继电器相比，是一种没有机械运动，不含运动零件的继电器，但它具有与机电继电器本质上相同的功能。由于固态继电器的接通和断开没有机械接触部件，所以与电磁式继电器相比具有控制功率小、开关速度快、工作频率高、使用寿命长、抗干扰能力强、动作可靠、电磁干扰小（固态继电器没有输入线圈，没有触点燃弧和回跳，因而减少了电磁干扰）、能与逻辑电路兼容等一系列特点，因而具有很宽的应用领域，有逐步取代传统电磁式继电器之势，并可进一步扩展到传统电磁式继电器无法应用的计算机等领域。固态继电器在许多自动控制装置中得到了广泛应用。

尽管固态继电器有众多优点，但与传统的继电器相比，仍有不足之处，如漏电流大，接触电压大，触点单一，使用温度范围窄，过载能力差及价格偏高等。

图 1-29a 所示为一款典型的固态继电器，固态继电器驱动器件以及其触点的图形符号和文字符号如图 1-29b、c 所示。

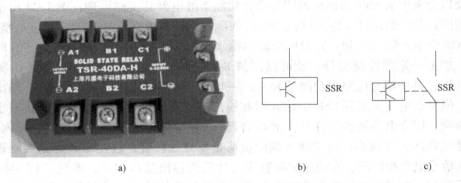

a)   b)   c)

图 1-29 固态继电器及其表示符号

a) 实物   b) 驱动器件   c) 触点

七、可编程通用逻辑控制继电器简介

可编程序控制器应用广泛，但每一种机型都要配备一台编程器。不少厂商开发出将编程器与主机一体化的超小型可编程序控制器，如通用逻辑控制器（LOGO!）。LOGO! 是西门子可编程序控制器的新一代超小型控制器，亦称可编程通用逻辑控制继电器或可编程通用逻辑控制模块，如图 1-30 所示。

可编程通用逻辑控制继电器是近十几年发展应用的一种新型通用逻辑控制继电器，它将顺序控制程序预先存储在内部存储器中，用户程序采用梯形图或功能图语言编程，形象直观，简单易懂；由按钮、开关等输入开关量信号，通过顺序执行程序对输入信号进行规定的逻辑运算、模拟量比较、计时、计数等，另外还有显示参数、通信、仿真运行等功能，其集成的内部软件功能和编程软件可替代传统逻辑控制器件及继电器电路，并具有很强的抗干扰抑制能力。另外，其硬件是标准化的，要改变控制功能只需改变程序即可。因此，在继电逻辑控制系统中，可以"以软代硬"替代其中的时间继电器、中间继电器、计数器等，以简化电路设计，并能完成较复杂的逻辑控制，甚至可以完成传统继电器逻辑控制方式无法实现的功能。因此，在工业自

图 1-30 LOGO! 的可编程
通用逻辑控制继电器

动化控制系统、小型机械和装置、建筑电器等中广泛应用。在智能建筑中，适用于照明系统、取暖通风系统、门、窗、栅栏和出入口等的控制。

可编程通用逻辑控制继电器基本型的宽度为 72mm，相当于 8 个模数的尺寸，加长型和总线型的宽度相当于 14 个模数宽，可卡装在 35mm 导轨上。常用产品主要有德国金钟-默勒公司的"easy"、西门子公司的"LOGO!"、日本松下公司的可选模式控制器——存储式继电器等。

1. 可编程通用逻辑继电器的特点

1）编程操作简单：编程器与主机一体化，只需接通电源就可以在本机上直接编程。

2）编程语言简单、易懂：只需把需要实现的功能用编程接点、线圈或功能块连接起来就行，就像使用中间继电器、时间继电器，通过导线连接一样简单方便。

3）参数显示、设置方便：可以直接在显示面板上设置、更改和显示参数。

4）输出能力大：输出端能承受 10A（阻性负载电流）、3A（感性负载电流）。

5）通信功能：可编程通用逻辑控制继电器具有 AS—I 通信功能，它可以作为远程 I/O 使用。

2. 基于 LOGO！的可编程通用逻辑控制继电器的基本功能

LOGO！是德国西门子（Siemens）公司的可编程通用逻辑控制继电器系列产品，具有 29 种基本功能和特殊功能供编程（将控制电路转换为 LOGO！程序）使用。LOGO！系列包括有标准型、无显示型、模拟量型、加长型和总线型 5 个类型，电源有 DC 12V、DC 24V、AC 24V 和 AC 230V 几种，外形尺寸有 70mm×90mm×55mm 和 126mm×90mm×55mm 两种。其中，标准型为 6 点输入和 4 点输出，无显示型为 6 点输入和 4 点输出，模拟量型为 8 点输入和 4 点输出，加长型为 12 点输入和 8 点输出，总线型为 12 点输入和 8 点输出，并增加了 AS—I 总线接口，通过总线系统的 4 点输入和 4 点输出进行数据传输。

LOGO！的基本功能有 8 种，见表 1-1。

表 1-1 LOGO！的基本功能

基本功能	电路图的表达	LOGO！中的表达
AND（与）	常开触点的串联	$\begin{smallmatrix}1\\2\\3\end{smallmatrix}$ & Q
AND 带 RLO 边缘检查		$\begin{smallmatrix}1\\2\\3\end{smallmatrix}$ &↑ Q
NAND（与非）	常闭触点的并联	$\begin{smallmatrix}1\\2\\3\end{smallmatrix}$ & o- Q
NAND 带 RLO 边缘检查		$\begin{smallmatrix}1\\2\\3\end{smallmatrix}$ &↓ o- Q
OR（或）	常开触点的并联	$\begin{smallmatrix}1\\2\\3\end{smallmatrix}$ ≥1 Q
NOR（或非）	常闭触点的串联	$\begin{smallmatrix}1\\2\\3\end{smallmatrix}$ ≥1 o- Q

（续）

基本功能	电路图的表达	LOGO! 中的表达
XOR（异或）	双换相触点	$\frac{1}{2}$ =1 —Q
NOT（非，反相器）	反相器	1— 1 —Q

1）AND（与）：此功能块为只有所有输入的状态均为 1 时，输出（Q）的状态才为 1（即输出闭合）。如果该功能块的一个输入引线未连接（X），则将该输入赋值为 X = 1。

2）AND 带 RLO（Result of Logic Operation，逻辑运算结果）边缘检查：只有当所有输入的状态为 1，以及在前一个周期中至少有一个输入的状态为 0 时，即至少有一个输入从 0 变到 1 产生一个上升沿（也称正跳沿）时，该 AND 带 RLO 边缘检查的输出状态才为 1。如果该功能块的一个输入引线未连接（X），则将该输入赋值为 X = 1。

3）NAND（与非）：此功能块只有所有输入的状态均为 1 时，输出（Q）的状态才为 0。如果该功能块的一个输入引线未连接（X），则将该输入赋值为 X = 1。

4）NAND 带 RLO 边缘检查：只有当至少有一个输入的状态为 0，以及在前一个周期中所有输入的状态都为 1 时，即至少有一个输入从 1 变到 0 产生一个下降沿（也称负跳沿）时，该 NAND 带 RLO 边缘检查的输出状态才为 1。如果该功能块的一个输入引线未连接（X），则将该输入赋值为 X = 1。

5）OR（或）：此功能块为输入至少有一个状态为 1（即闭合），则输出（Q）为 1。如果该功能块的一个输入引线未连接（X），则该输入赋值为 X = 0。

6）NOR（或非）：此功能块只在所有输入均断开（状态 0）时，输出才接通（状态 1）；若任意一个输入接通（状态 1），则输出断开（状态 0）。如果该功能块的一个输入引线未连接（X），则将该输入赋值为 X = 0。

7）XOR（异或）：此功能块为当输入的状态不同时，输出的状态为 1。如果该功能块的一个输入引线未连接（X），则将该输入赋值为 X = 0。

8）NOT（非，反相器）：此功能块输入状态为 0，则输出（Q）为 1，反之亦然。换句话说，NOT 是输入点的反相器。应用 NOT 功能可将常开触点反相为常闭触点。

3. 基于 LOGO! 的可编程通用逻辑控制继电器的特殊功能

LOGO! 的特殊功能包括时间功能、记忆功能和程序中使用的各种参数化选择，共有 21 种，见表 1-2。

表 1-2　LOGO! 的特殊功能

特殊功能	电路图表示	LOGO! 中的表示
接通延时	▨	Trg T —Q
断开延时	▨	Trg R T —Q
通/断延时		Trg Par —Q

（续）

特殊功能	电路图表示	LOGO！中的表示
保持接通延时继电器		
RS 触发器		
脉冲触发器		
脉冲继电器/脉冲输出		
边缘触发延时继电器		
时钟		
日历触发开关		
加/减计数器		
运行时间计数器		
对称时钟脉冲发生器		
异步脉冲发生器		
随机发生器		
频率发生器		
模拟量触发器		
模拟量比较器		
楼梯照明开关		
双功能开关		
文本/参数显示		

（1）接通延时

当 Trg 输入的状态从 0 变为 1 时，定时器 T 开始计时（T 为 LOGO！内部定时器）。如果 Trg 输入保持 1 至少为参数 T 时间，则经过定时时间 T 后，输出设置为 1（输入接通到输出接通之间有时间延迟，故称为接通延迟）。如果 Trg 输入的状态在定时时间到达之前变为 0，则定时器复位。当 Trg 输入状态为 0 时，输出复位为 0。电源故障时，定时器复位。

（2）断开延时

当 Trg 输入接通状态为 1，输出（Q）立即变为状态 1。如果 Trg 输入从 1 变为 0，LOGO！内部定时器 T 启动，输出（Q）仍保持为状态 1，T 时间到达设置值时，输出（Q）复位为 0。如果 Trg 输入再次从接通到断开，则定时器再次启动。在定时时间到达之前，通过 R（复位）输入可复位定时器和输出。电源故障时，定时器复位。

（3）通/断延时

当 Trg 输入的状态由 0 变为 1 时，定时器 T_H 启动。如果 Trg 输入的状态至少在 T_H 的定时时间内保留为 1 时，T_H 定时时间到达之后，输出置为 1（输入接通到输出接通之间有时间延迟）。如果 Trg 输入的状态在 T_H 的定时时间到达之前变为 0，则定时器复位。

当输入的状态由 1 变为 0 时，定时器 T_L 启动，输出（Q）仍保持为状态 1。如果 Trg 输入的状态在 T_L 定时时间内保留为 0 时，T_L 定时时间到达之后，输出置为 0（输入断开到输出断开之间有时间延迟）。如果在 T_L 定时时间到达之前，Trg 输入的状态返回到 1，则定时器复位。电源故障时，定时器复位。

（4）保持接通延时继电器

如果 Trg 输入的状态从 0 变为 1，则定时器 T 启动。当定时时间到达后，输出（Q）置位为 1，Trg 输入状态又改变（即从 1 变为 0），对 T 没有影响，直到 R 输入再次变为 1 时，输出（Q）和定时器 T 才复位为 0。电源故障时，定时器复位。

（5）RS 触发器

R 输入（复位）将输出（Q）复位为 0，S 输入（置位）将输出（Q）置位为 1，若 S 和 R 同时为 1，则输出（Q）为 0（即复位优先级高于置位），若 S 和 R 同时为 0，则输出状态保持为原数值。Par 参数用于接通或断开掉电保持功能。如果掉电保持功能被接通，则在电源故障后，故障前的有效信号置于输出端。

（6）脉冲触发器

输出由输入的一个短脉冲进行置位和复位。当 Trg 输入的状态从 0 变为 1 时，输出（Q）的状态也随之从 0 变为 1 并保持到第二个短脉冲输入，即 Trg 输入的状态再次从 0 次变为 1 时，输出（Q）的状态也随之从 1 变为 0。通过 R 输入可将脉冲触发器复位为初始状态，即输出置为 0。电源故障后，如果未接通掉电保持功能，则脉冲触发器复位，输出 Q 变为 0。

（7）脉冲继电器/脉冲输出

当 Trg 输入状态为 1，Q 输出立即为状态 1，同时定时器 T 启动而输出保持为 1，当 T 的定时时间到时，输出复位为 0（脉冲输出）。如果在 T 的定时时间到达前 Trg 输入由 1 变为 0，则输出立即从 1 变为 0。

（8）边缘触发延时继电器

当 Trg 输入的状态从 0 变为 1 时，输出（Q）立即变为状态 1，同时 T 启动运行。待 T 的定时时间到达时，输出 Q 才复位为 0（脉冲输出）。如果 T 的定时时间未到，Trg 输入再次从 0 变为 1，则 T 复位后重新启动，而输出仍保持 1 状态直到 T 的定时时间到达后再复位为 0。

（9）时钟

每个时间开关可以设置 3 个时间段（No1、No2 和 No3），在接通时间时，如果输出未接通则时间开关将输出接通；在断开时间时，如果输出未断开则时间开关将输出断开。如果在一个时间段上设置的接通时间与另一个时间段上设置的断开时间相同，则接通时间与断开时间发生冲突，此时，时间段 3 优先权高于时间段 2，时间段 2 优先权高于时间段 1。

（10）日历触发开关

由 No 输入，No 参数为日历触发开关设置时间段的接通和断开时间（接通和断开时间的第一个值标明月份，第二个值标明日期）。在接通时间，日历触发开关将输出置位，在断开时间，将输出断开。断开日期即输出复位为 0 的日期。

（11）加/减计数器

通过 R（复位）输入复位内部计数器值并将输出清零。在 Cnt（计数）输入时，计数器只计数从状态 0 到状态 1 的变化，而从状态 1 到状态 0 的变化是不计数的，输入连接器最大的计数频率为 5Hz。通过 Dir（方向）输入来指定计数的方向，$Dir = 0$ 为加计数，$Dir = 1$ 为减计数。Par 参数 Lim 为计数阈值，当内部计数器到达该值，输出置位；Rem 为激活掉电保持。当计数值到达时，输出（Q）接通。

（12）运行时间计数器

$R = 0$、$Ral \neq 1$ 时，允许计数。$R = 1$ 时停止计数。通过 R（复位）输入复位输出。En 是监视输入。LOGO! 测量输入为 En 置位状态的时间。$Ral = 0$、$R \neq 1$ 时，允许计数。$Ral = 1$ 时停止计数。通过 Ral（全部复位）复位计数器和输出。Par 参数 M_1 以小时设定服务区间，M_1 可以为 0～9999h 之间的任何数。服务时间到时，Q 输出置 1。

（13）对称时钟脉冲发生器

通过 T 参数设定输出脉冲的通断时间。通过使能端 En 输入使对称时钟脉冲发生器工作。时钟脉冲发生器输出为 1 并保持 T 时间，然后输出为 0，同样保持 T 时间，如此周期运行，直到使能端（En）输入为 0 时，对称脉冲发生器停止工作，输出 Q 为 0。

（14）异步脉冲发生器

用 Par 参数设置脉冲持续时间 T_H 和脉冲间隔时间 T_L。通过 En 输入使异步脉冲发生器工作。Inv 输入用于异步脉冲发生器运行时将其输出信号反转。

（15）随机发生器

用 Par 参数将接通延时时间随机地设定在 0s～T_H 之间，将断开延时时间随机地设定在 0s～T_L 之间。

En 输入从 0 变到 1 时，则在 0s～T_H 之间随机确定一个时间作为接通延时时间，并启动随机发生器。如果在接通延时时间内，En 状态保持为 1，则在接通延时时间结束后输出置位为 1（如果在接通延时时间结束前 En 输入状态变为 0，则定时器复位）。En 输入在从 1 变回为 0 时，则在 0s～T_L 之间随机确定一个时间作为断开延时时间，并启动随机发生器。如果在断开延时时间内，En 状态保持为 0，则在断开延时时间结束后输出置位为 0（如果在断开延时时间结束前 En 输入状态返回到 1，则定时器复位）。电源故障时，已经过的时间被复位。

（16）频率发生器

用 Par 参数设定接通阈值 SW↑、断开阈值 SW↓ 和测量脉冲的时间区间 G-T。Fre 输入提供需计数的脉冲。

阈值开关测量 Fre 输入的信号，如果在时间 G-T 内测量的脉冲数大于接通阈值，则输出接通，如果在时间 G-T 内测量的脉冲数小于或等于断开的阈值，则输出断开。

（17）模拟量触发器

用 Par 参数设定接通阈值 SW↑ 和断开阈值 SW↓，在 Ax 输入需要计算的模拟量信号，如果模拟量值超出参数化的接通阈值，则输出开关接通（ON），如果模拟量值回落到参数化断开阈值以下，则输出开关断开（OFF）。

（18）模拟量比较器

用 Par 参数设定阈值 △，在 Ax 和 Ay 输入口加上需要比较计算其差值的模拟量信号，如果 Ax 和 Ay 的差值（Ax – Ay）超出设定的阈值，输出开关接通（ON）。

（19）楼梯照明开关

利用 Trg 输入脉冲，启动楼梯照明开关（Q 置位 1），当 Trg 状态从 1 变为 0 时，T 启动，T 的定时时间到达前 15s，Q 输出从 1 变为 0，持续 1s 再变为 1，待 T 的定时时间到达时，Q 输出复位为 0。如果 T 的定时时间未到达时，再次启动 Trg 输入，则 T 被复位。电源故障时，已经过的时间复位。

（20）双功能开关

此开关有 2 种不同的功能，即带断开延时的当前脉冲和长久照明功能。通过 Trg 输入（断开延时或长久照明），使 Q 输出接通。当 Q 输出为开时，可通过 Trg 使它复位。

Par 参数设定输出断开的延时时间 T_H 和从输入到使长久照明功能启动的时间。当 Trg 输入状态从 0 变为 1 时，T 启动，Q 输出置位为 1，Trg 输入状态从 1 变为 0 时，Q 仍为 1，如果 T 到 T_H 时，输出才复位为 0（断开延时）。如果 T 未到 T_H 时，Trg 再次从 0 变为 1，则 Q 和 T 同时复位。电源故障时，经过的时间被复位。

当 Trg 输入状态从 0 变为 1，且 1 状态保持至少 T_L 时间，则激励长久照明功能，Q 输出开关持久接通，要待 Trg 再次从 0 变为 1 时，Q 输出开关才被关断。

（21）文本/参数显示

当 En 输入从 0 变为 1 时，启动信息文本的输出，已经参数化了的信息文本在 RUN 方式下显示，如果输入状态从 1 变为 0，则不显示信息文本。Q 的状态和 En 输入状态保持一致。

P 参数是信息文本的优先权，Par 是信息输出的文本。如果在 En = 1 时触发几个信息文本（最多有 5 个信息文本功能），则显示具有最高优先权的信息文本。若按 ▼ 键，则依次显示低优先权的信息。

习 题

1. 继电器与接触器有哪些主要区别？
2. 中间继电器有什么特点？其主要作用是什么？
3. 在低压电器中，有哪几种时间继电器？分别用什么方法延时？请简述。
4. 控制用继电器的返回系数要求是高点好还是低点好？为什么？
5. 保护用继电器的返回系数要求是高点好还是低点好？为什么？

6. 继电器的返回系数能否等于1？为什么？

7. 热继电器按其保护功能不同可分为哪几种？分别用在什么场合？

8. 两相热继电器或三相热继电器为什么都不能作为三角形联结的电动机的断相保护？

9. 温度继电器为什么能实现全热保护？

10. 简述固态继电器的优缺点。

11. 可编程通用逻辑控制继电器是一种什么电器？它有何特点？

12. 名词解释：（1）继电器；（2）接触器；（3）继电器的返回系数。

第四节　低压熔断器

一、熔断器的功能

熔断器属于保护电器。它的灭弧能力很强，能分断短路电流。所以，熔断器是一种最简单又最可靠的过电流（短路、过负荷等）保护装置，主要对低压电路及电气设备进行短路保护，有的也具有过负荷保护功能。

低压熔断器主要由外壳和熔体构成，如图1-31所示。熔体用熔点为200～400℃的铅锡锌合金制成。熔体是串接在电路中的，当电路发生短路或严重过负荷时，大电流产生的高温使熔体熔断，切断故障电流，实现保护目的。

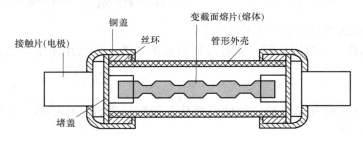

图1-31　RM型熔断器的结构图

二、熔断器的种类与型号

（一）熔断器

R型——管式（R-熔断器）

RM型——密闭管式（M-密闭），无填料，无限流作用。

RT型——填料管式（T-填料），限流式，有限流作用。

NT型——引进德国AEG公司技术，国内生产。有填料，密闭管式，有限流作用。

RC型——瓷插式（C-瓷插），无填料，无限流作用。

RL型——螺塞式（L-螺塞）无填料，无限流作用。

RZ型——自复式（Z-自复），采用钠熔体，有限流作用，是熔断器的发展方向之一。

常用熔断器的结构及图形符号如图1-32所示。

低压熔断器按分断范围又可分为a类熔断器和g类熔断器：

1）a类熔断器：部分范围分断。无过负荷保护功能，主要用于电动机和电容器等设备

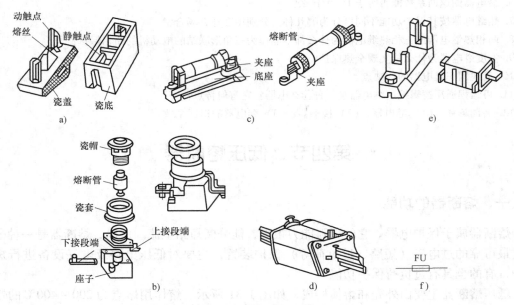

图 1-32 常用熔断器的结构及图形符号

a）RC1A 系列瓷插式 b）RL1 系列螺旋式 c）RM 系列无填料密闭管式
d）RT0 系列有填料密闭管式 e）NT 系列有填料密闭管式 f）图形符号

的短路保护，常配置热继电器来保护过负荷。

2）g 类熔断器：全范围分断。兼有过负荷保护功能，主要用于配电线路的短路保护和过负荷保护。

（二）熔体

当电流大于规定值并超过规定时间后熔化的熔断体部件，称熔体。熔体成片状者称熔片，呈丝状者称熔丝。

熔丝即常规保险丝。

熔片有变截面的和恒截面的两种。变截面熔片用在 RM 型的熔断器上有助于灭弧。

笼状（栅状）熔体与 RT0 型熔断器配套使用。金属钠在大电流的作用下迅速汽化，切断电路。金属钠熔体与 RZ 型自复式熔断器配套使用。

熔体按使用类别又可分为"G"类熔体，一般用途；"M"类熔体，电动机回路用；"Tr"类熔体，变压器用。如 gG、aM、gTr 熔断器等。

三、熔断器的安秒特性

熔断器的作用原理或保护特性可用安秒特性来表示，即熔化电流与熔化时间的关系，如图 1-33 所示。由图中可以看出，电流越大，熔断的时间越短，这种特性又称反时限特性。其作用有如下三点：

1）安秒特性是熔断器保护与设备过负荷曲线配合的基础。

2）安秒特性是熔断器之间选择性（上下两级）配合的

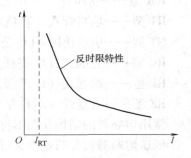

图 1-33 熔断器的安秒特性

基础。

3）安秒特性是熔断器与其他保护装置（如继电保护）之间选择性配合的基础。

四、熔断器的选择

（一）熔断器额定电压、额定电流的选择

$$U_{FN} \geq U_N$$

$$I_{FN} \geq I_n \geq I_N$$

式中　U_{FN}、U_N——分别为熔断器的额定电压、线路的额定电压；

I_{FN}、I_n、I_N——分别为熔断器的额定电流、熔体的额定电流和负荷的额定电流。

（二）熔体的选择（主要针对短路保护）

1）单台长期工作的电动机：选择 $I_n \geq (1.5 \sim 2.5)I_N$。

2）单台频繁起动的电动机：选择 $I_n \geq (3 \sim 3.5)I_N$。

3）多台电动机：选择 $I_n \geq (1.5 \sim 2.5)I_{Nmax} + \sum_{1}^{n-1} I_{Ni}$

式中　I_{Nmax}——n 台电动机中额定电流最大的一台的额定电流；

$\sum_{1}^{n-1} I_{Ni}$——其余电动机额定电流之和，如图 1-34 所示，$\sum_{1}^{n-1} I_{Ni} = \sum_{1}^{3} I_{Ni}$。

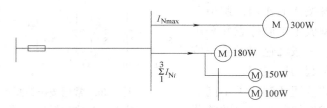

图 1-34　熔断器保护多台电动机示意图

4）单台变压器：选择 $I_n \geq (1.5 \sim 2)I_N$ 的熔断器。

5）照明：选择 $I_n \geq 1.05I_N$ 的熔断器。

习　　题

1. 常用的熔断器有哪几种类型？各有何特点？

2. 常用的熔体有哪几种类型？各有何特点？

3. 什么叫熔断器的安秒特性？它有何作用？

4. 保护多台电动机时，熔体该如何选择？

第五节　主 令 电 器

主令电器是一种在电器控制线路中起发送或转换控制指令作用的电器，常用于接通或断开控制电路，再通过接触器、继电器间接控制主电路的接通与断开，但主令电器不能直接用于主电路的分合。电器控制线路中常用的主令电器主要有控制按钮、行程开关和转换开关等。

一、控制按钮

控制按钮主要用于低压控制电路中，手动发出控制信号，以控制接触器、继电器等，按钮触点允许通过的电流较小，一般不超过5A。

（一）控制按钮结构

按钮外形和结构如图1-35所示，当手动按下按钮帽时，动断（常闭）触点断开，动合（常开）触点闭合；当手松开时，复位弹簧将按钮的动触点恢复原位，从而实现对电路的控制。

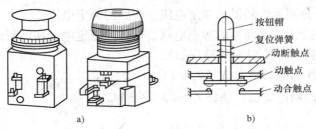

图1-35　按钮外形和结构

a）外形　b）结构

控制按钮有单式按钮、组合按钮和三联式按钮等形式，常用按钮的图形和文字符号如图1-36所示。

为了便于识别各按钮的作用，避免误操作，在按钮帽上制成了不同标志并采用不同颜色以示区别，一般红色表示停止按钮，绿色或黑色表示起动按钮。

不同场合使用的按钮还制成了不同的结构，例如，紧急式按钮装有突出的蘑菇形按钮帽以便于紧急操作，旋钮式按钮通过旋转进行操作，指示灯式按钮在透明的

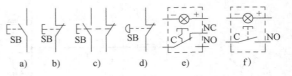

图1-36　常用按钮的图形和文字符号

a）动合按钮　b）动断按钮　c）组合按钮　d）紧急按钮
e）按钮带锁及带灯　f）按钮带灯

按钮帽内装有信号灯进行信号显示，钥匙式按钮必须用钥匙插入方可旋转操作等。

（二）控制按钮型号

控制按钮型号标注形式为

$$\underset{①}{L}\ \underset{②}{A}\ \underset{③}{\square}—\underset{④}{\square}\ \underset{⑤}{\square}\ \underset{⑥}{\square}$$

① 为主令电器代号；

② 表示按钮；

③ 为设计代号；

④ 为动合触点数量；

⑤ 为动断触点数量；

⑥ 为按钮结构形式（K—开启式，H—保护式，S—防水式，F—防腐式，J—紧急式，Y—钥匙式，X—旋钮式，D—带指示灯式，DJ—紧急带指示灯式）。

（三）控制按钮的选用

按钮类型的选用应根据使用场合和具体用途确定。例如，控制柜面板上的按钮一般选用

开启式,需显示工作状态则选用带指示灯式,重要设备为防止无关人员误操作就需选用钥匙式。按钮颜色根据工作状态指示和工作情况要求进行选择,见表1-3。

表1-3 按钮颜色及其含义

按钮颜色	含 义	说 明	应 用 示 例
红	紧急	危险或紧急情况时操作	急停
黄	异常	异常情况时操作	干预制止异常情况
绿	正常	正常情况时起动操作	—
蓝	强制性	要求强制动作情况下操作	复位功能
白	未赋予特定含义	除急停以外的一般功能的起动	起动/接通(优先)、停止/断开
灰			起动/接通、停止/断开
黑			起动/接通、停止/断开(优先)

按钮数量应根据电气控制线路的需要选用。例如,需要正、反和停三种控制处,应选用三只按钮并装在同一按钮盒内;只需起动及停止控制时,则选用两只按钮并装在同一按钮盒内等。

二、行程开关

工作原理与按钮相类似,不同的是行程开关触点动作不靠手工操作,而是利用机械运动部件的碰撞使触点动作,从而将机械信号转换为电信号,再通过其他电器间接控制机床运动部件的行程、运动方向或进行限位保护等。

(一)行程开关结构

常用行程开关外形如图1-37所示,有直动式、单轮旋转式和双轮旋转式等。

直动式行程开关结构如图1-38所示,当运动机械的挡铁撞到行程开关的顶杆1时,顶杆受压触动使动断触点3断开,动合触点5闭合;顶杆上的挡铁移走后,顶杆在弹簧2的作用下复位,各触点回至原始通断状态。

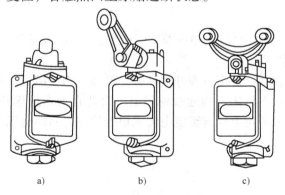

图1-37 行程开关外形

a)直动式 b)单轮旋转式 c)双轮旋转式

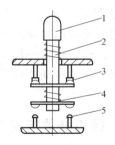

图1-38 直动式行程开关结构

1—顶杆 2—弹簧 3—动断触点
4—触点弹簧 5—动合触点

旋转式行程开关结构如图1-39所示,当运动机械的挡铁撞到行程开关的滚轮1时,行程开关的杠杆2连同转轴3、凸轮4一起转动,凸轮将撞块5压下,当撞块被压至一定位置时便推动微动开关 7 动作，使动断触点断开，动合触点闭合；当滚轮上的挡铁移走后，复位弹簧 8 就使行程开关各部件恢复到原始位置。

行程开关触点的图形和文字符号如图 1-40 所示。

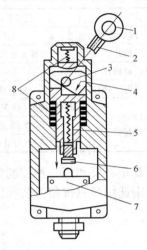

图 1-39　旋转式行程开关结构
1—滚轮　2—杠杆　3—转轴　4—凸轮　5—撞块
6—调节螺钉　7—微动开关　8—复位弹簧

图 1-40　行程开关触点的图形和文字符号
a）行程开关动合触点　b）行程开关动断触点

（二）行程开关系列

常用行程开关有 LX19 和 JLXK1 等系列，其型号标注形式为

$$LX\ \square—\square\ \square$$

①　②　③　④

① 为行程开关类别代号；
② 为设计代号；
③ 为操作机构形式（1—直杆型，2—直杆滚轮型，3—单臂滚轮型，4—卷簧万向型）；
④ 为外壳形式（Q—防护型，S—防水型）。

行程开关选用时应根据使用场合和控制对象确定行程开关种类。例如，当机械运动速度不太快时，通常选用一般用途的行程开关，在机床行程通过路径上不宜装直动式行程开关，而应选用凸轮轴转动式行程开关。行程开关额定电压与额定电流则根据控制电路的电压与电流选用。

三、接近开关与光电开关

（一）接近开关

随着电子技术的发展，出现了非接触式的行程开关，即接近开关。接近开关又称作无触点行程开关。当某种物体与之接近到一定距离时就发出动作信号，它不像机械行程开关那样需要施加机械力，而是通过其感应头与被测物体间介质能量的变化来获取信号。接近开关的应用已远超出一般行程控制和限位保护的范畴，例如用于高速计数、测速、液面控制、检测金属体的存在、零件尺寸以及无触点按钮等。即使用于一般行程控制，其定位精度、操作频率、使用寿命和对恶劣环境的适应能力也优于一般机械式行程开关。接近开关按工作原理可以分为电感型（高频振荡型）、电容型、霍尔型、超声波型和光电型等几种类型。

电感型（高频振荡型）接近开关基于金属触发原理，主要由高频振荡器、集成电路（或晶体管放大电路）和输出电路三部分组成。其基本工作原理是，振荡器的线圈在开关的作用表面产生一个交变磁场，当金属检测体接近此作用表面时，在金属检测体中将产生涡流；由于涡流的去磁作用使感应头的等效参数发生变化，由此改变振荡回路的谐振阻抗和谐振频率，使振荡停止。振荡器的振荡和停振这两个信号，经整形放大后转换成开关信号输出。电感型接近开关的感应头是一个具有铁氧体磁心的电感线圈，故只能检测金属物体的接近。

电容型接近开关主要由电容式振荡器及电子电路组成。它的电容即感应头是一个圆形平板电极，位于传感器表面，这个电极与振荡电路的地线形成一个分布电容。当有导体或介质接近感应头时，电容量增大，改变了其耦合电容值而使振荡器停振，输出电路发出信号进行控制。由于电容型接近开关既能检测金属，又能检测非金属及液体，因而在国外应用得十分广泛，国内也有 LXJ15 和 TC 系列等产品。

霍尔型接近开关由霍尔元件组成，是将磁信号转换为电信号输出。内部的磁敏元件仅对垂直于传感器端面磁场敏感；当磁极 S 正对接近开关时，接近开关的输出产生正跳变，输出为高电平。若磁极 N 正对接近开关，输出产生负跳变，输出为低电平。

超声波型接近开关的工作原理则是，开关以一定周期发送超声波脉冲，这些脉冲信号像声音一样会被物体反射回来，开关捕捉到回波并将它转换成一个输出信号。通过发射时间与接收反射信号时间的比较，可以确定物体到开关的距离。选择使用超声波型接近开关时要注意的是开关的工作盲区，因为从技术上讲，开关在发出超声波脉冲后，需要一定的减振时间，然后才能接收反射回来的信号。为保证开关正常工作，在盲区内不应有任何物体。

接近开关的图形符号和文字符号如图 1-41 所示。

接近开关的工作电压有交流和直流两种，输出形式有两线、三线和四线三种；有一对常开、常闭触点；晶体管输出类型有 NPN、PNP 两种；外形有方形、圆形、槽形和分离型等多种。

接近开关的主要参数有动作行程、工作电压、动作频率、响应时间、输出形式以及触点电流和容量等，在产品说明书中有详细说明。

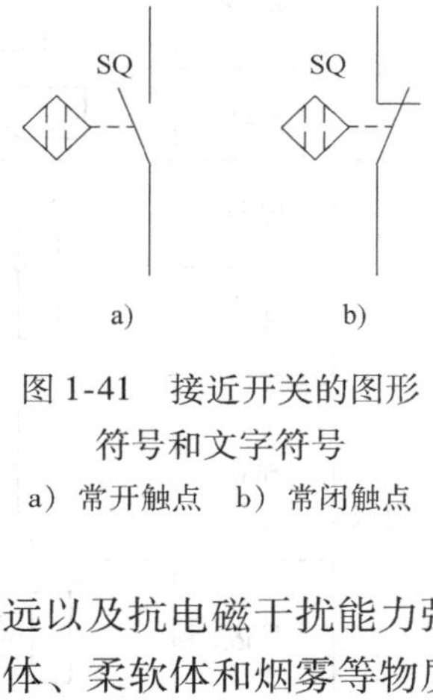

图 1-41 接近开关的图形
符号和文字符号

a) 常开触点 b) 常闭触点

（二）光电开关

光电开关除克服了接触式行程开关存在的诸多不足外，还克服了接近开关的作用距离短、不能直接检测非金属材料等缺点。它具有体积小、功能多、寿命长、精度高、响应速度快、检测距离远以及抗电磁干扰能力强等优点，还可非接触、无损伤地检测和控制各种固体、液体、透明体、柔软体和烟雾等物质的状态和动作。目前，光电开关已被用于物位检测、液位控制、产品计数、宽度判别、速度检测、定长剪切、孔洞识别、信号延时、自动门传感、色标检出以及安全防护等诸多领域。

光电开关按检测方式可分为反射式、对射式和镜面反射式三种类型。表 1-4 给出了光电开关的检测分类方式及特点说明。

图 1-42a 所示为反射式光电开关的工作原理框图。图中，由振荡回路产生的调制脉冲经

发射电路后，由发光二极管 VL 辐射出光脉冲。当被测物体进入受光器作用范围时，被反射回来的光脉冲进入光敏晶体管 VT；并在接收电路中将光脉冲解调为电脉冲信号，再经放大器放大和同步选通整形，然后用数字积分或阻容积分方式排除干扰，最后经延时（或不延时）触发驱动输出光电开关控制信号。

光电开关的图形符号和文字符号图 1-42b 所示。

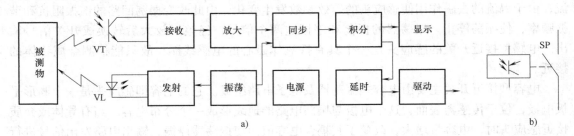

a)

b)

图 1-42 光电开关

a）反射式光电开关工作原理框图 b）表示符号

表 1-4 光电开关的检测分类方式及特点

检测方式		光　路		特　点
对射式	扩散		检测不透明体	检测距离远,也可检测半透明物体的密度(透过率)
	狭角			光束发散角小,抗邻组干扰能力强
	细束			擅长检出细微的孔径、线型和条状物
	槽形			光轴固定不需调节,工作位置精度高
	光纤			适宜空间狭小、电磁干扰大、温差大、需防爆的危险环境
反射式	限距		检测透明体和不透明体	工作距离限定在光束交点附近,可避免背景影响
	狭角			无限距型,可检测透明物后面的物体
	标志			颜色标记和孔隙、液滴、气泡检出,测电表、水表转速
	扩散			检测距离远,可检出所有物体,通用性强
	光纤			适宜空间狭小、电磁干扰大、温差大、需防爆的危险环境
镜面反射式				反射距离远,适宜远距检出,还可检出透明、半透明物体

光电开关一般都具有良好的回差特性，即使被检测物在小范围内晃动也不会影响驱动器的输出状态，从而可使其保持在稳定工作区。同时，自诊断系统还可以显示受光状态和稳定工作区，以随时监视光电开关的工作。

光电开关外形有方形、圆形等几种，主要参数有动作行程、工作电压、输出形式等，在产品说明书中有详细说明。光电开关的产品种类十分丰富，应用也非常广泛。

（三）接近开关产品简介

下面主要介绍德国西门子公司（Siemens）生产的 3RG4、3RG6、3RG7 和 3RG16 系列接近开关。

1. 3RG4 系列电感式接近开关

3RG 系列电感式接近开关具有能可靠、快速地检测金属物体、特别高的开关精度和操作频率以及使用寿命长等特点。它作为行程开关工作，没有运动或接触，甚至没有机械的离合动作，因此具有很高的可靠性，长期操作而无须维护，在开关频率很高的情况下，总是以足够的精度和很高的速度来执行开关动作，不论其处于怎样苛刻的环境中，使用都很灵活。该系列接近开关的外形如图 1-43 所示。

3RG4 系列电感式接近开关操作距离为 0.6 ~ 75mm，型号超过 1000 种。任何特殊的要求都能够被满足。如其中的 PLC 应用型可用于与 PLC 通信，漏电流和电压降完全适合 PLC 的输出要求，由 PLC 提供电源；交直流型既可采用交流供电，也可采用直流电压作为工作电源，因此与电压配备极其方便，同时对电源电压波动极不敏感；特殊型产品则有高度紧凑型（尺寸小至直径仅 3mm，适合应用在狭小空间）、开关距离增大型（感应距离达到相当于标准型的 3 倍以上）、极端环境下应用型（具有特殊浇注的紧固护罩，完全密封，可确保在油污、水溅等条件下使用）、无衰减系数型（对于不同类型的金属物体，其感应距离完全一样，修正系数为 1）和适合在具有极高压力的场合使用的压力保护型等。

图 1-43　3RG4 系列电感式接近开关外形

2. 3RG6 系列超声波式接近开关

3RG6 系列超声波式接近开关，在 0.06 ~ 10m 的范围内可达到毫米级的精度。其工作方式有直接反射式、回归反射式、对射式等几种。直接反射式是直接将被测物体作为反射器，开关接收到被测物体反射的超声波脉冲而输出信号；回归反射式是开关与一固定的反射器（如反射盘）配合使用，当物体处于开关和反射器之间时，开关即产生输出；对射式有一个专门的发射器和接收器，当发射器和接收器间的超声波信号被物体隔断时便产生输出信号。该系列接近开关中具有模拟输出功能的还能将所测量的距离值转换成相应比例的模拟量信号（0 ~ 10V，0 ~ 20mA，4 ~ 20mA）输出。M18 紧凑型开关，能够实现多个开关的同步，利用这一功能可以避免在多个开关同时工作时相互干扰，此时，开关的使能端相互连接在一起。3RG6 系列接近开关的外形如图 1-44 所示。

3. 3RG7 系列光电式接近开关

3RG7 系列光电式接近开关利用可见红光、红外线或激光束工作，与其他接近开关一样，因没有电器或机械触点而造成的任何机械磨损，且在很远的距离上它们依然能够高速地反应，精确地开关至需要的开关点上，因此成为可应用在几乎任何工业领域的多面手。

图 1-44　3RG6 系列超声波式
接近开关外形

该系列接近开关包括直接反射式、反射镜回归反射式、对射式、颜色检出式和色标检出式等多种类型。直接反射式把发射和接收装置集成为一体，若配合光纤电缆使用，可以检测诸如螺钉、弹簧之类的细小物体；反射镜回归反射式同样是将发射和接收装置集成于一体，与特殊的三角锥式反射镜配合使用，通过光线的极化处理，确保开关只接收来自反射镜的回归反射光线，这样当物体处于开关和反射镜之间时，就可以完全实现准确检测，这种产品常用于门、通道、传送带及汽车制造等领域；对射式开关由发射器和接收器两个独立的部分组成，光束处于反射器和接收器之间，当被测物体阻断光线时，开关便产生信号输出，其检出距离可高达到 50m，在入口监视、自动处理机械（如包装设备）和大型自动生产线等方面经常使用这种开关；颜色检出式应用光导纤维，实现对十分细小物体的检测，通过集成在开关内部的红、绿、蓝三原色光源来识别不同颜色的物体；色标检出式因不同颜色的对比（如颜色的深浅等）而产生输出，主要应用于印刷、包装等行业。3RG7 系列光电式接近开关的外形如图 1-45 所示。

4. 3RG16 系列电容式接近开关

3RG16 系列电容式接近开关外形如图 1-46 所示。该系列开关可用于检测任何物质。尤其适合非金属物质如玻璃、陶瓷、塑料、木材、油料、水和纸张等的检测。常用于金属处理和制瓶工艺的自动化监测以及所有日用消费品的计数、测量等。

图 1-45　3RG7 系列光电式接近开关

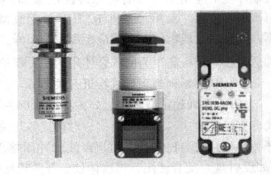

图 1-46　3RG16 系列电容式接近开关外形

四、转换开关

转换开关在电气控制线路中常用于 5kW 以下的电动机的起动、停止、变速、换向和星形、三角形起动，还可用于电气测量仪表的转换。

（一）转换开关结构

图 1-47 所示为专用于小功率异步电动机的正反转控制转换开关。开关右侧装有 3 副静

触点，标注号分别为 L_1、L_3 和 W，左侧也装有 3 副静触点，标注号分别为 U、V、L_3。转轴上固定有两组共 6 个动触点。开关手柄有"倒"、"停"、"顺"3 个位置，当手柄置于"停"位置时，两组动触点与静触点均不接触。

当手柄置于"顺"位置时，一组 3 个动触点分别与左侧 3 副静触点接通；当手柄置于"倒"位置时，转轴上另一组 3 个动触点分别与右侧 3 副静触点接通。

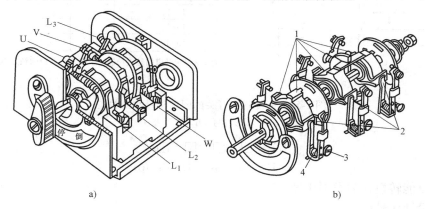

图 1-47　转换开关
a）外形　b）结构
1—动触点　2—静触点　3—调节螺钉　4—触点压力弹簧

图 1-48 所示为转换开关的图形和文字符号。图中小黑点表示开关手柄在不同位置上各支路的通断状况。开关手柄置于"停"位置时支路 1～6 均不接通，置于"顺"位置时支路 1、2、3 接通，置于"倒"位置时则支路 4、5、6 接通。

（二）万能转换开关

万能转换开关是一种具有更多操作位置和触点，能够连接多个电路的手动控制电器。由于它的挡位多、触点多、可控制多个电路，故能适应复杂线路的控制要求（如用于电气测量仪表的转换），也因此称之为万能转换开关。万能转换开关的结构如图 1-49 所示。万能转换开关的图形符号和开关表如图 1-50 所示。

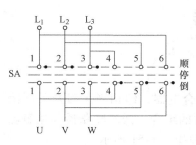

图 1-48　转换开关的图形和文字符号

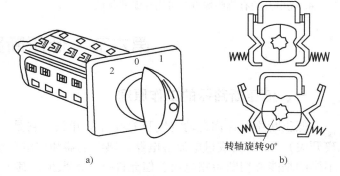

图 1-49　万能转换开关的结构图
a）外形　b）凸轮通断触点示意图

（三）转换开关系列

转换开关型号标注形式为

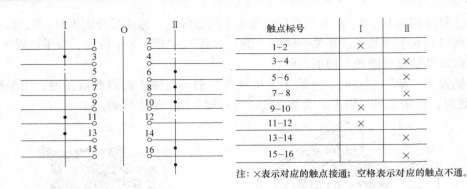

注：×表示对应的触点接通；空格表示对应的触点不通。

触点标号	I	II
1–2	×	
3–4		×
5–6		×
7–8		×
9–10	×	
11–12	×	
13–14	×	
15–16		×

a)　　　　　　　　　　　　　b)

图 1-50　万能转换开关的图形符号和开关表

a）图形符号　b）开关表

LW　□—□　□　□/□
①　②　③　④　⑤⑥

① 为万能转换开关类别代号；

② 为设计代号；

③ 为额定电流值（A）；

④ 为定位特征代号（字母）；

⑤ 为接线图编号（数字）；

⑥ 为触点组件节数（数字）。

转换开关选用时，应按额定电压与额定电流等参数选择合适的系列规格，并按操作需要选择手柄形式和定位特征，而触点数量和接线图编号则根据不同控制要求选用。

习　　题

1. 什么是主令电器？常用的主令电器有哪几种？

2. 什么是行程开关？常用的行程开关有哪几种？

3. 什么是接近开关？常用的接近开关有哪几种？各有何特点？

4. 光电开关有哪些优点？可用在哪些领域？

第六节　低压断路器

一、低压断路器的工作原理

低压断路器曾称自动空气开关或自动开关。它是一种组合电器，即相当于刀开关（隔离开关），熔断器或过电流继电器、热继电器和欠电压继电器的组合。低压断路器与接触器不同的是能够切断短路电流，但允许操作次数少，其工作原理如图 1-51 所示。

当发生短路或严重过负荷（统称为过电流）时，过电流脱扣器衔铁吸合，断路器触点自动断开。当出现过负荷时，热脱扣器的双金属片向上弯曲，断路器的触点自动断开。当断路器的电源侧失电压或欠电压时，欠电压脱扣器衔铁释放，断路器的触点自动断开。

二、低压断路器的功能

低压断路器既是控制电器，也是保护电器，故有以下功能：

1）正常时，手动或电动操作开、闭，控制电路的接通与分断。

2）故障（即在短路、过负荷和失电压或欠电压时）时能自动跳闸。即断路器有短路保护，过负荷保护和失、欠电压保护等3种保护功能。

顺便指出，用断路器保护短路比熔断器要方便得多。断路器不像熔断器那样熔体熔断后需更换熔体，这样比较麻烦。断路器跳闸后，排除电路故障，合上断路器，即可恢复正常工作。

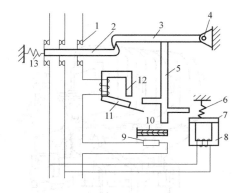

图 1-51 低压断路器原理图

1—触点 2—锁键 3—搭钩 4—转轴 5—杠杆 6—弹簧
7—衔铁 8—欠电压脱扣器 9—加热电阻丝
10—热脱扣器双金属片 11—衔铁
12—过电流脱扣器 13—弹簧

三、低压断路器的种类

1）塑壳式断路器：又称封闭式断路器，如 DZ10 系列，其结构外形如图 1-52 所示。通常装设在低压配电柜（箱）中，作为配电线路或电动机回路的控制与保护开关。

2）万能式断路器：又称框架式断路器，保护方案和操作方式多，如 DW10、DW16 系列，其结构外形如图 1-53 所示。主要安装在低压配电柜中作为进线开关、母联开关和大电流出线开关，用于控制和保护低压配电网络。

3）微型断路器：常简称"空开"，即空气开关。如 DZ47 系列、CH2 系列，其结构外形如图 1-54 所示。微型断路器只能手动操作，一般具有过载保护（用热脱扣器）和短路保护（用瞬时脱扣器，即电磁脱扣器或过电流脱扣器）。微型断路器是组成模数化终端组合电器的主要元件。结构上具有外形尺寸模数化（9mm 的倍数）和安装导轨化

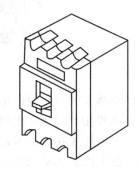

图 1-52 DZ10 系列断路器外形图

的特点。有的产品有报警开关、辅助触点组、分励脱扣器、欠电压脱扣器和漏电脱扣器等附件。微型断路器是用来作为住宅及其类似建筑物内的并供非熟练人员使用的断路器，其结构适用于非熟练人员使用，且不能自行维修，整定电流不能自行调节，可作为供、配电线路和用电设备的电源开关及控制和保护用。

四、低压断路器的选择

1）根据电气装置的要求确定低压断路器的类型，如塑壳式断路器、微型断路器等。电力拖动与自动控制线路中常使用塑壳式断路器和微型断路器。

2）断路器额定电压不低于线路的额定电压。

3）断路器额定电流不小于线路的额定电流。

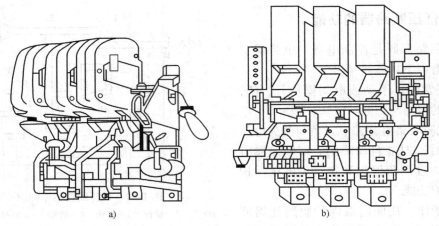

图 1-53 DW10 和 DW16 系列三相低压断路器的外形图

a) DW10 系列 b) DW16 系列

图 1-54 DZ47 系列微型断路器外形图

4）断路器的极限分断电流大于线路最大短路电流。

5）热脱扣器的额定电流应与所控制负载（比如电动机）的额定电流一致。

6）欠电压脱扣器的额定电压等于线路的额定电压。

7）过电流脱扣器的额定电流 I_n 大于或等于线路的最大负载电流。对于单台电动机来说，可按电动机起动电流的 1.5～1.7 倍计算；对于多台电动机来说，可按最大一台电动机的起动电流加上其余电动机的额定电流之和再乘以安全系数 1.5～1.7 计算。

8）初步选定低压断路器的类型和各项技术参数后，还要与上、下级开关或保护电器作保护特性的选择性配合。

五、智能断路器简介

传统的断路器保护功能是利用热磁效应原理，通过机械系统的动作来实现的。智能断路器的特征则是采用了以微处理器或单片机为核心的智能控制器（智能脱扣器），它不仅具备普通断路器的各种保护功能，同时还具备定时显示电路中的各种电气参数（如电流、电压、功率、功率因数等），对电路进行在线监视、自行调节、测量、试验、自诊断、可通信等功能，还能够对各种保护功能的动作参数进行显示、设定和修改，保护电路动作时的故障参数能够存储在非易失存储器中以便查询。智能断路器原理框图如图 1-55 所示。

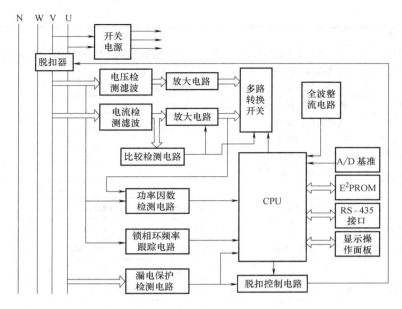

图 1-55　智能断路器原理框图

下面简要介绍 CM1E 系列和 CM1Z 系列智能断路器。

CM1E 系列和 CM1Z 系列智能断路器是国内生产厂商用 CAD/CAM/CAE 技术研制、开发的具有国际先进水平的塑料外壳断路器。它们均具有较精确的三段式保护电路和报警功能电路，各种控制参数可调。CM1Z 系列还具有参数显示功能。其额定工作电压为 400V，额定工作电流为 800A。

CM1E 系列采用单片机控制，以单片机为核心的控制板装在壳体内的下部，它对通过互感器采集的信息进行数据分析和处理，从而指挥和控制断路器的运行状态，各种控制参数可调。

CM1Z 系列采用外置的多功能智能型控制器方式，智能控制器核心部分采用了微处理器技术并具有通信功能，它通过穿心式互感器采集信息，并进行数据分析和处理，从而控制断路器的运行参数，智能控制器采用了先进的 SMT 贴片制造技术，其质量和可靠性较高，并具有较强的抗干扰功能，技术参数见表 1-5。

表 1-5　CM1Z 系列智能化塑料外壳式断路器主要技术参数

序号	技术性能	内　　容
1	三段保护	①过载保护，长延时反时限保护，整定电流 I_{r1} 可调，延时时间 t_1 可调 ②短路短延时保护，短延时反时限保护，整定电流 I_{r2} 可调，延时时间 t_2 可调 ③短路瞬时保护，短路整定电流 I_{r3} 可调
2	不平衡脱扣断开	电动机保护用断路器当三相电流不平衡度达到30%（允差±5%）时，断路器应自动断开。延时时间可调节（5～800s）
3	显示功能（数码管显示）	①电流显示功能，I_U、I_V、I_W、I_N ②电压显示功能，U_{UV}、U_{VW}、U_{WU} ③功率显示功能，$\cos\varphi$ ④整定值显示功能 ⑤故障显示功能，剩余电流、过电压、欠电压、断相、长延时、短延时、瞬动

（续）

序号	技术性能	内 容
4	过载报警	当断路器出现过载而还未脱扣时,智能控制器发出报警信号,即相应故障指示灯闪烁
5	热模拟功能	脱扣器具有模拟热双金属片特性的热模拟功能
6	自诊断功能	当计算机发生故障时,脱扣器立即发出报警信号
7	整定功能	通过功能切换和选择,可调整参数 $I_{r1},I_{r2},I_{r3},t_1,t_2$
8	试验功能	过电流保护试验
额定工作电压 U_e/V		400（AC 50Hz）
额定绝缘电压 U_i/V		800（AC 50Hz）
工频耐受电压 U		3000V/min（AC 50Hz）
中性极 I_N/A		50% I_N;100% I_N

额定极限短路分断能力 I_{cu}/kA（有效值）	型号	CM1Z—100		CM1Z—225		CM1Z—400		CM1Z—800	
	分断级别	M	H	M	H	M	H	M	H
	额定电流 I_N/A	10~32,32~100		100~225		200~400		400~800	
	极数	3	4	3	4	3	4	3	4
	AC 400V	50	85	50	85	65	100	75	100
额定运行短路分断能力 I_{cs}/kA（有效值）	AC 400V	35	50	35	50	42	65	50	65
额定短时耐受电流（1s）I_{cw}/kA（有效值）	AC 400V	—		—		5		10	
飞弧距离/mm		≤50				≤100			
操作性能	电气寿命/次 AC 400V	6500		2000		1000		500	
	机械寿命/次 AC 400V	8500		7000		4000		2500	

第七节 变 频 器

一、概述

改变供电电压的频率可以实现对交流电动机的速度控制，这就是变频调速。现在变频器在电气自动化控制系统中的使用越来越广泛，这得益于变频调速性能的提高和变频器价格的大幅度降低。

1. 变频器的发展过程

实现变频调速的关键因素有两点：一是大功率开关器件。虽然早就知道变频调速是交流调速中最好的方法，但受限于大功率电力电子器件的实用化问题，变频调速直到 20 世纪 80 年代才取得了长足的发展。二是微处理器的发展加上变频控制方式的深入研究使得变频控制技术实现了高性能、高可靠性。

早期的变频调速系统基本上采用变压变频调速（即改变压频比 U/f）的控制方式。矢量控制技术的发明，一改过去传统方式中仅对交流电量（电压、电流、频率）的量值进行控制的方法，实现了在控制量值的同时也控制其相位的新控制思想。使用坐标变换的方法，实现定子电流的磁场分量和转矩分量的解耦控制，可以使交流电动机像直流电动机一样具有良好的调速性能。

微处理器的进步使数字控制成为现代控制器的发展方向。各种控制规律软件化的实施，大规模集成电路微处理器的出现，基于电动机、机械模型、现代控制理论和智能控制思想等控制策略的矢量控制、磁场控制、转矩控制、模糊控制等高水平控制技术的应用，使变频控制进入了一个崭新的阶段。

2. 变频器的特点

变频调速的特点有：可以使用标准电动机（如无须维护的笼型电动机），可以连续调速；可通过电子回路改变相序、改变转速方向，其优点是起动电流小，可调节加、减速度；能够大大提高生产设备的工艺水平、加工精度和工作效率，从而提高产品的质量；能够大大减小生产机械的体积和质量，减少金属耗用量；对风机和水泵类负载，采用变频调速技术，可显著地节约电能，电动机可以高速化和小型化，防爆容易，保护功能齐全（如过载保护、短路保护、过电压和欠电压保护）等。

3. 变频器的应用领域

变频调速的应用领域非常广泛。它应用于机床，如车床、机械加工中心、钻床、铣床、磨床，主要目的是提高生产设备的工艺水平、加工精度和工作效率，从而提高产品的质量。

它应用于风机、泵、搅拌机、挤压机、精纺机和压缩机，原因是节能效果显著。因为这类负载的机械转矩基本不变或变化小，所以电动机的转差率 s 基本不变或变化小。按照交流异步电动机的基本原理，从定子传入转子的电磁功率 P_m（$P_m = P_2 + sP_m$）可分为两部分：一部分是拖动负载的有效功率 P_2；另一部分是转差功率 sP_m，与转差率 s 成正比。转差功率中转子铜损部分的消耗是不可避免的，从能量转换的角度上看，转差功率是否增大，是消耗掉还是得到回收，显然是评价调速系统效率高低的一种标志。从这点出发，对风机和水泵类负载，采用变频调速技术，可显著地节约电能。

它广泛应用于同步电动机的调速。原因是同步电动机没有转差，也就没有转差率，所以同步电动机调速只能是转差功率不变型，变磁极对数调速和变频调速属于这一类。同步电动机转子极对数又是固定的，因此只能靠变频调速，没有别的形式。从控制频率的方式来分，同步电动机调速有他控变频调速和自控变频调速两类。

它也广泛应用于其他领域，如各种传送带的多台电动机同步、调速和起重机械等。

二、变频调速的基本概念

1. 变频调速的基本原理

由 $n_1 = 60f_1/p$ 和 $n = n_1(1-s)$ 可知，当极对数 p 不变时，同步转速（旋转磁场转速）n_1 和电源频率 f_1 成正比。在电动机负载不变（即负载转矩不变）的情况下，转差率也不变，连续地改变供电电源频率 f_1，就可以平滑地调节同步转速 n_1，进而改变电动机的转速 n，达到调速的目的，这就是变频调速的基本原理。变频调速具有很好的调速性能，在交流调速方式中具有重要意义，应用相当广泛，是可与直流双闭环调速系统竞争的调速方式。

2. 变频调速的基本调频方式

（1）恒磁通调频方式

在电动机调速过程中，希望电磁转矩保持不变。电动机的电磁转矩是磁通和电流相互作用的结果，如果主磁通太小，没有充分利用电动机的铁心，是一种浪费，同时还会使输出转矩减小，使电动机拖动负载的能力减弱，使电动机功率因数和效率显著下降。

如果主磁通过分增大，又会使铁心饱和，使得励磁电流过大，功率因数降低。电动机的电流大小要受到温升的限制，是不允许超过其额定电流的。过大的励磁电流，严重时会因绕组过热而损坏电动机。

磁通是定子和转子磁动势合成产生的，在变频调速过程中，为了使励磁电流和功率因数基本保持不变，保持磁通恒定是非常重要的。由电机学可知，三相异步电动机定子每相感应电动势（反电动势）的有效值是 $E_g = 4.44f_1N_1k_{N1}\varphi_m$（$k_{N1}$ 为基波绕组系数，N_1 为定子每相绕组串联匝数）。在 N_1、k_{N1} 确定的条件下，保持 φ_m 不变的方法是使反电动势 E_g 与定子频率 f_1 的比值恒定不变。当调节定子频率 f_1 时，必须按恒定的电动势频率比的调节方式同时调节 E_g，即保持 E_g/f_1 为常数，这种调频方式称为恒磁通调频方式。

（2）恒压频比的调频方式（属于恒转矩调速）

电动机定子绕组中的感应电动势 E_g 的大小是无法从外部加以控制的，所以恒磁通调频方式只是理论上的调频方式，不实用。

由于加在电动机定子绕组中的相电压 $U_1 = E_g + \Delta U$（$\Delta U = I_1Z_1$ 为定子绕组的阻抗压降，I_1 为定子电流；Z_1 为定子绕组阻抗），所以，高频时，由于反电动势 E_g 较高，定子绕组阻抗压降可以忽略不计，定子相电压 U_1 与电动势 E_g 近似相等，此时 $E_g/f_1 \approx U_1/f_1$。由此可见，在频率 f_1 较高时，只要保持电压 U_1 与频率 f_1 同步变化，就可以近似代替反电动势 E_g 与频率 f_1 同步变化，从而确保在调速过程中，主磁通 φ_m 和电磁转矩不变。所以，变频的同时必须变压，这种调频方式称为恒压频比的调频方式。

低频时，由于 U_1 和 E_g 都比较小，定子阻抗压降 ΔU 不能再忽略了，为了保证 E_g 与 f_1 的比恒定，可以人为地稍微把 U_1 抬高一些，来近似补偿定子绕组的阻抗压降，即 E_g 相应抬高减小了定子绕组的阻抗压降的影响。即按带定子压降补偿的外恒压频比控制特性来调速。

一般生产机械的负载多为恒转矩负载，希望在调速过程中保持最大转矩不变，使电动机的过载能力不变，要求保持主磁通 φ_m 不变。当频率 f_1 从额定值向下调节时，必须同时降低定子相电压 U_1，可采用恒压频比的控制方式。在基频 f_{1N} 以下磁通恒定时转矩也恒定，故属于恒转矩调速。

恒压频比的调频方式是基于恒磁通调频方式的一种实用方式，也是目前通用变频器产品中使用较多的一种调频方式。

（3）恒功率调频方式

电动机在额定转速以上调速时，频率允许从基频 f_{1N} 往上增加，而电压 U_1 不允许超过额定电压，由公式 $U_1 \approx E_g = 4.44 f_1 N_1 k_{N1} \varphi_m$ 可知，将迫使主磁通 φ_m 与频率成反比降低。这与直流电动机在额定转速以上弱磁升速相似。这种调速方式由于定子电压额定值不变，当频率升高时，转矩减小，但转速上升，所以属于恒功率调速。将恒转矩调速与恒功率调速两种情况结合起来的控制特性曲线如图 1-56 所示。

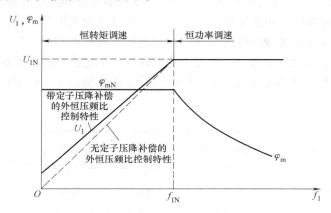

图 1-56　异步电动机变压变频调速控制特性

三、变频器的分类

变频调速的实现必须使用变频器，变频器的类型有多种，其分类方法也有多种。变频器的分类有五种方式：按变流环节不同分类，按直流电路的滤波方式分类，按输出电压的调制方式分类，按控制方式分类，按输入电流的相数分类。

（一）按变流环节不同分类

从结构上看，变频器可分为间接变频器和直接变频器两类。目前应用较多的是间接变频器，所以我们主要研究交-直-交变频器，它属于间接变频器。

1. 交-直-交变频器

先把恒压恒频率的交流电"整流"成直流电，再把直流电"逆变"成电压和频率均可调的三相交流电。由于把直流电逆变成交流电的环节比较容易控制，所以该方法在频率的调节范围和改善变频后电动机的特性方面都具有明显的优势。大多数变频器都属于交-直-交型。

交-直-交变频器按不同的控制方式又分三种：

（1）用可控整流器整流改变电压、逆变器改变频率的交-直-交变频器

如图 1-57 所示，调节电压与调节频率分别在两个环节上进行，通过控制电路协调配合，使电压和频率在调节过程中保持压频比恒定。这种结构的变频器结构简单、控制方便。其缺点是由于输入环节采用可控整流形式，当电压和频率调得较低时，功率因数较小，输出谐波较大。

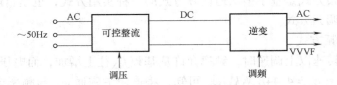

图 1-57 可控整流器变压、逆变器变频

（2）用不可控整流器整流、斩波器变压、逆变器变频的交-直-交变频器

如图 1-58 所示，这种电路的整流电路采用二极管不可控整流，直流环节加一个斩波器，用改变方波脉冲幅值调压，用逆变环节调频。恒压恒频的交流电经过整流环节转变为恒定的直流电压，再经过直流斩波器转变为可调的直流电压，最后经过逆变环节逆变为电压和频率都可调、压频比恒定的交流电源，实现交流变频调速。从电路结构上看多了一个直流斩波环节，但输入侧采用不可控整流控制方式，使输入功率因数提高了。但输出仍存在谐波较大的问题。

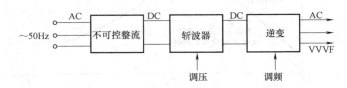

图 1-58 不可控整流、斩波器变压、逆变器变频

（3）用不可控整流器整流、PWM 逆变器同时变压变频的交-直-交变频器

如图 1-59 所示，整流电路采用二极管不可控整流器，逆变器采用可控关断的全控式器件，称为正弦脉宽调制（SPWM）逆变器。电网的恒压恒频正弦交流电，经过不可控整流器转变为恒定的直流，再经过 SPWM 逆变器逆变成电压和频率均可调的正弦交流电，实现交流变频调速。

用不可控整流，可使功率因数提高；用 SPWM 逆变器，可使谐波分量减少，由于采用可控关断的全控式器件，使开关频率大大提高，输出波形几乎为非常逼真的正弦波。这种交-直-交变频器已成为当前最有发展前途的一种变频器。

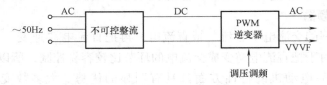

图 1-59 不可控整流 PWM 逆变器变压变频

2. 交-交变频器

交-交变频器的结构如图 1-60 所示。交-交变频器只有一个变换环节，可以把恒压恒频（CVCF）的交流电源直接变换成变压变频（VVVF）的交流电源，因此又称"直接"变压变频器或周波变换器，它属于直接变频器。

交-交变频器输出的每一相都是一个两组晶闸管整流反并联的可逆线路，正、反向两组晶闸管整流装置按一定周期相互切换，在负载上就得到了交变的输出电压 u_o，输出电压的

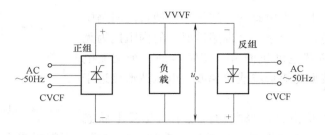

图 1-60　交-交变频器

幅值决定于各组整流装置的控制角 α，输出电压的频率决定于两组整流装置的切换频率。

交-交变频器虽然在结构上只有一个变换环节，但所用元器件数量多，总设备较为庞大。

交-交变频器具有过载能力强、效率高、输出波形好等优点。但同时存在着输出频率低，最高输出频率不超过电网频率的 $1/3 \sim 1/2$，使用功率器件多，功率因数低等缺点。该类变频器只适合在低转速、大容量的系统，如轧钢机、球磨机、水泥回转窑等场合使用。

为了更清楚地表明两类变频器的特点，下面用表格的形式加以对比，见表 1-6。

表 1-6　交-直-交变频器与交-交变频器主要特点比较

类别 比较项目	交-直-交变频器	交-交变频器
换能形式	两次换能，效率略低	一次换能，效率较高
换流方式	强迫换流或负载谐振换流	电源电压换流
装置元器件数量	元器件数量较少	元器件数量较多
调频范围	频率调节范围宽	一般情况下，输出最高频率为电网频率的 $1/3 \sim 1/2$
电网功率因数	用可控整流调压时，功率因数在低压时较低；用斩波器或 PWM 方式调压时，功率因数高	较低
适用场合	可用于各种电力拖动装置、稳频稳压电源和不间断电源	特别适用于低速大功率拖动

（二）按直流电路的滤波方式分类

当逆变器输出侧的负载为交流电动机时，在负载和直流电源之间将有无功功率的交换，在直流环节可加电容或电感储能元件用于缓冲无功功率。按照直流电路的滤波方式不同，变频器分成电压型变频器和电流型变频器两大类。

1. 电压型变频器

在交-直-交电压型变频器中，中间直流环节的滤波元件为电容，如图 1-61 所示。当采用大电容滤波时，直流电压波形比较平直，相当于一个理想情况下的内阻抗为零的恒压源。对负载电动机而言，变频器是一个交流电源，输出电压是矩形波或阶梯波，在不超过容量的情况下，可以驱动多台电动机并联运行。

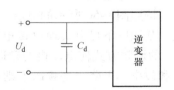

图 1-61　电压型交-直-交变频器

在电压型变频器中，由于能量回馈给直流中间电路的电容，并使直流电压上升，应有专用的放电电路，以防止换流器件因电压过高而被破坏。

2. 电流型变频器

电流型变频器主电路的典型构成方式如图 1-62 所示。电流型变频器的中间直流环节采用大电感滤波方式，由于大电感的滤波作用，使直流回路中的电流波形趋于平稳，相当于一个理想情况下的内阻抗为无穷大的恒流源。对负载电动机而言，变频器是一个交流电源，电动机的电流波形为矩形波或阶梯波，电压波形接近于正弦波。

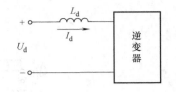

图 1-62　电流型交-直-交变频器

电流型变频器的优点是，当电动机处于再生发电状态时，回馈到直流侧的再生电能可以方便地回馈到交流电网，不需要在主电路内附加任何设备。这种电流型变频器的突出特点是容易实现回馈制动，调速系统动态响应快，适用于频繁急加减速的大容量电动机的传动系统。

对于变频调速系统来说，由于异步电动机是感性负载，不论它是处于电动状态还是处于发电制动状态，功率因数都不会等于 1。所以在中间直流环节与电动机之间总存在无功功率的交换，这种无功能量只能通过直流环节中的储能元件来缓冲，电压型和电流型变频器的主要区别是用什么储能元件来缓冲无功能量。表 1-7 列出了电压型和电流型交-直-交变频器主要特点比较。

表 1-7　电压型和电流型交-直-交变频器主要特点比较

变频器类别 比较项目	电　压　型	电　流　型
直流回路滤波环节 （无功功率缓冲环节）	电容	电感
输出电压波形	矩形波	决定于负载，对异步电动机负载近似为正弦波
输出电流波形	决定于负载的功率因数，有较大的谐波分量	矩形波
输出阻抗	小	大
回馈制动	需在电源侧设置反并联逆变器	方便，主电路不需附加设备
调速动态响应	较慢	快
对晶闸管的要求	关断时间要短，对耐压要求一般较低	耐压高，对关断时间无特殊要求
适用范围	多电动机拖动，稳频稳压电源	单电动机拖动，可逆拖动

（三）按控制方式分类

按控制方式不同变频器可以分为 U/f 控制、转差频率控制和矢量控制等三种类型。

1. U/f 控制

按照图 1-56 所示的电压、频率关系对变频器的频率和电压进行控制，称为 U/f 控制方式。基频以下可以实现恒转矩调速，即改变频率的同时控制变频器输出电压，用恒压频比 U/f 的调频方式使电动机的磁通保持一定，在较广泛的范围内调速运转时，电动机的功率因数和效率不下降。基频以上则可以实现恒功率调速，这种调速方式由于定子电压额定值不变，当频率升高时，转矩减小，但转速上升。

U/f 控制是转速开环控制，无需速度传感器，控制电路简单，通用性强，经济性好，是目前通用变频器产品中使用较多的一种控制方式。但开环方式下不能达到较高的控制性能。U/f 控制方式多用于通用变频器，如风机和泵类机械的节能运行、生产流水线的传送控制和空调、电冰箱、洗衣机等家用电器中。

U/f 控制方式变频器的特点如下：

1）它是最简单的一种控制方式，不用选择电动机，通用性优良。

2）与其他控制方式相比，在低速区内电压调整困难，故调速范围窄，通常在1:10左右的调速范围内使用。

3）急加速、急减速或负载过大时，抑制过电流能力有限。

4）不能精密控制电动机实际速度，不适合用于同步运转场合。

2. 转差频率控制

在 U/f 控制方式下，如果负载变化，转速也会随之变化，转速的变化量与转差率 s 成正比。U/f 控制的静态调速精度较差，可采用转差频率控制方式来提高调速精度。

转差频率控制方式是闭环控制。根据速度传感器的检测，求出转差频率，再把它与速度设定值相叠加，以该叠加值作为逆变器的频率设定值，实现了转差补偿的闭环控制，这种控制方式称为转差频率控制方式。由于转差补偿的作用，调速精度提高了。同时，与 U/f 控制方式相比，调速范围可增加一倍，达到1:20左右。

3. 矢量控制

U/f 控制方式和转差频率控制方式的控制思想都建立在异步电动机的静态数学模型上，因此动态性能指标不高，急加速、急减速控制有限。采用矢量控制方式可提高变频调速的动态性能。

根据交流电动机的动态数学模型，利用坐标变换的手段，将交流电动机的定子电流分解成磁场分量电流和转矩分量电流，并分别加以控制，即模仿直流电动机的控制方式对电动机的磁场和转矩分别进行控制，以此获得类似于直流电动机调速系统的较高的动态性能。矢量控制方式使交流异步电动机具有与直流电动机相同的控制性能，目前采用这种控制方式的变频器已广泛应用于生产实际中。

矢量控制变频器的特点如下：

1）需要使用电动机参数，一般用作专用变频器。

2）调速范围在1:100以上。

3）速度响应性极高，适合于急加速、急减速运转和连续四象限运转，能适用于任何场合。

变频器3种控制方式的特性比较见表1-8。

表1-8　变频器3种控制方式的特性比较

		U/f 控制	转差频率控制	矢量控制
加减速特性		急加减速控制有限度,四象限运转时在零速度附近有空载时间,过电流抑制能力小	急加减速控制有限度（比 U/f 控制有提高）,四象限运转时通常在零速度附近有空载时间,过电流抑制能力中	急加减速时的控制无限度,可以进行连续四象限运转,过电流抑制能力大
速度控制	范围	1:10	1:20	1:100 以上
	响应	—	5~10rad/s	30~100rad/s
	控制精度	根据负载条件转差频率发生变动	与速度检出精度、控制运算精度有关	模拟:最大值的0.5%数字:最大值的0.05%
转矩控制		原理上不可能	除车辆调速等外,一般不适用	适用可以控制静止转矩
通用性		基本上不需要因电动机特性差异进行调整	需要根据电动机特性给定转差频率	按电动机不同的特性需要给定磁场电流、转矩电流、转差率等多个控制量
控制构成		最简单	较简单	稍复杂

（四）按输出电压的调制方式分类

在变频调速过程中，为保证电动机主磁通恒定，需要同时调节逆变器的输出电压和频率。对输出电压的调节主要有两种方式：一种是脉冲幅值调制（Pulse Amplitude Modulation，PAM）方式；另一种是脉冲宽度调制（Pulse Width Modulation，PWM）方式。

1. 脉冲幅值调制（PAM）方式

这种调制方式是通过改变直流电压的幅值来实现调压的。在变频器中，逆变器只负责调节输出频率，而输出电压的调节是由直流斩波器通过调节直流电压来实现的，如图1-63所示。

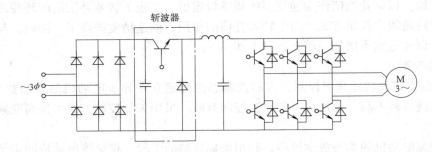

图 1-63 采用直流斩波器的 PAM 方式

PAM 控制方式高压和低压时的输出线电压波形如图1-64所示。采用直流斩波器调压时，供电电源的功率因数在不考虑谐波影响时，可以达到近似 1。

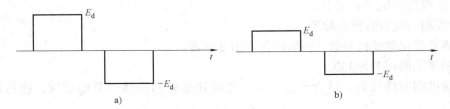

图 1-64 PAM 控制方式时的输出线电压
a）高压时 b）低压时

2. 脉冲宽度调制（PWM）方式

脉冲宽度调制方式在改变输出频率的同时也改变了电压脉冲的占空比。PWM 方式只需控制逆变电路即可实现。通过改变脉冲宽度来改变电压幅值，通过改变调制周期可以控制其输出频率。

脉冲宽度调制方式常见的主电路如图1-65所示。变频器中的整流采用不可控的二极管整流电路，变频器的输出频率和输出电压的调节均由逆变器按 PWM 方式来完成，这种装置仍是一个交-直-交变频装置。

不可控整流输出电压经电容滤波后，形成恒定幅值的直流电压，加在逆变器上，通过控制逆变器中的功率开关器件导通或关断，在输出端获得一系列宽度不等的矩形脉冲波形，如图1-67所示。通过改变矩形脉冲的宽度，可以控制逆变器输出交流基波电压的幅值，通过改变调制周期，可以控制其输出频率，从而实现在逆变器上同时进行输出电压幅值与频率的控制，满足变频调速对电压与频率协调控制的要求。

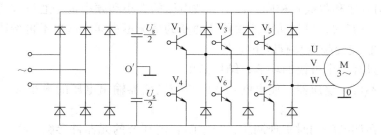

图 1-65　SPWM 变频器主电路原理图

通用变频器中，采用正弦脉冲宽度调制（Sinusoidal Pulse Width Modulation，SPWM）方式调压是一种最常用的方案，如图 1-66 所示。

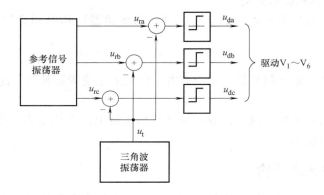

图 1-66　SPWM 变频器控制电路原理框图

图 1-66 中，由参考信号发生器提供一组三相对称的正弦参考电压信号 u_{ra}、u_{rb}、u_{rc}，正弦参考电压信号的频率决定逆变器输出的基波频率，在所要求的输出频率范围内通过调节正弦参考电压信号频率来调节输出频率。正弦参考电压信号的幅值决定输出电压的大小。通过调节正弦参考电压的幅值来调节输出电压的大小。三角波载波信号 u_t 是共用的。u_t 分别与每相正弦参考电压比较后，输出"正"或"零"，产生 SPWM 脉冲序列波 u_{da}、u_{db}、u_{dc}（见图 1-67）作为驱动控制信号，控制逆变器功率开关器件，如图 1-66 所示。

SPWM 变频器有两种控制方式：一种是单极式，另一种是双极式。把正弦波正、负半周分别用正、负脉冲等效的 SPWM 波形称作单极式 SPWM。图 1-67 为单极式脉宽调制波的形成。

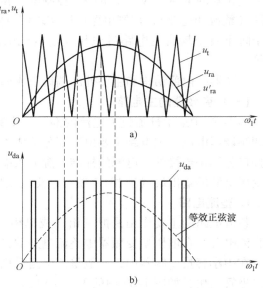

图 1-67　单极式脉宽调制波的形成

a）正弦调制波与三角载波　b）输出 SPWM 波形

双极式调制方法和单极式相同，输出基波电压的大小和频率也是通过改变正弦参考信号的幅值和频率来改变的，只是功率开关器件通断的情况不一样，这里不再赘述。

SPWM 交-直-交变频器具有以下特点：

1）主电路只有一个可控的环节，结构简单。

2）使用了不可控整流器，使电网功率因数与逆变器输出电压的大小无关，功率因数接近于1。

3）逆变器在调频的同时实现调压，与中间直流环节的元器件参数无关，加快了系统的动态响应。

4）可获得更好的输出电压波形，能抑制或消除低次谐波，使负载电动机可在近似正弦波的交变电压下运行，转矩脉动小、调速范围宽，提高了系统的性能。

（五）按输入电压的相数分类

按输入电压的相数分为三相变频器（三进三出变频器）和单相变频器（单进三出变频器）。

1. 三相变频器

变频器的输入侧和输出侧都是三相交流电。绝大多数变频器都属于此类。

2. 单相变频器

变频器的输入侧是单相交流电，输出侧是三相交流电。家用电器里的变频器均属此类，单相变频器通常容量较小。

四、变频器的基本结构

变频器的种类很多，其内部结构各有不同，但它们的基本结构是相似的。下面以交-直-交电压型通用变频器为例，介绍变频器的基本结构和各部分电路的主要功能。

变频器的电路一般由主电路、控制电路和保护电路等部分组成。主电路用来完成电能的转换（整流和逆变）；控制电路用以实现信息的采集、变换、传送和系统控制；保护电路除用于防止因变频器主电路过电压、过电流引起的损坏外，还应保护异步电动机及传动系统等。

变频器的内部结构和主要外部端口组成如图 1-68 所示。

（一）变频器的主电路

图 1-68 中最上部流过大电流的部分为变频器的主电路，它进行电力变换，为电动机提供调频调压电源。主电路主要由三部分组成：整流器、中间直流环节和逆变器。主电路的外部接口分别是连接外部电源的标准电源输入端（可以是三相或单相），以及为电动机提供变频变压电源的输出端（三相）。交-直-交电压型通用变频器的主电路如图 1-69 所示。

1. 整流电路

整流电路的主要作用是把三相（或单相）交流电转变成直流电，为逆变电路提供所需的直流电源，在电压型变频器中整流电路的作用相当于一个直流电压源。

在中小容量变频器中，一般整流电路采用不可控的桥式电路，整流器件采用整流二极管或二极管模块，如图 1-69 中的 $VD_1 \sim VD_6$。

2. 滤波及限流电路

滤波电路通常由若干个电解电容并联成一组，如图 1-69 中 C_{F1} 和 C_{F2}。由于电解电容的

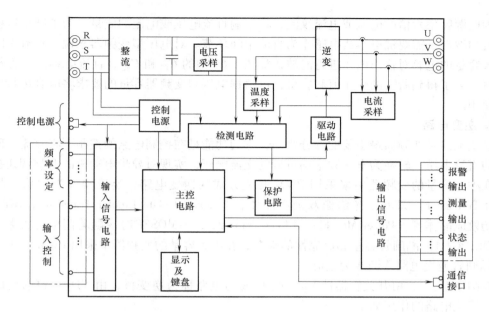

图 1-68 变频器的内部结构框图和主要外部端口组成

电容量有较大的离散性，可能使各电容承受的电压不相等，为了解决电容 C_{F1} 和 C_{F2} 均压问题，在两电容旁各并联一个阻值相等的均压电阻 R_{C1} 和 R_{C2}。在图 1-69 中，串接在整流桥和滤波电容之间的限流电阻 R_S 和短路开关 S_S 组成了限流电路。变频器在接入电源之前，滤波电容 C_{F1} 和 C_{F2} 上的直流电压 $U_S=0$。当变频器接入电源的瞬间，将有一个很大的冲击电流经整流桥流向滤波电容，整流桥可能因电流过大而在接入电源的瞬间受到损坏，限流电阻 R_S 可以削弱该冲击电流，起到保护整流桥的作用。限流电阻 R_S 如果长期接在电路内，会影响直流电压和变频器输出电压的大小，所以当直流电压增大到一定值时，接通短路开关 S_S，把 R_S 切除。S_S 大多由晶闸管构成，小容量变频器中，也常由继电器的触点构成。

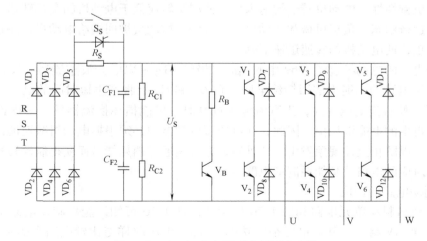

图 1-69 交-直-交电压型变频器主电路

3. 直流中间电路

由整流电路可以将电网的交流电源整流成直流电压或直流电流，但这种电压或电流含有频率为电源频率六倍的电压或电流纹波，将影响直流电压或电流的质量。为了减小这种电压或电流的波动，需要加电容或电感作为直流中间环节。对电压型变频器来说，直流中间电路通过大容量的电容对输出电压进行滤波，如图 1-69 中的 C_{F1} 和 C_{F2}。直流电容为大容量铝电解电容。为了得到所需的耐压值和容量，可根据电压和变频器容量的要求将电容进行串联和并联使用。

4. 逆变电路

逆变电路是变频器最主要的部分之一，它的功能是在控制电路的控制下将直流中间电路输出的直流电压，转换为电压频率均可调的交流电压，实现对异步电动机的变频调速控制。

在中小容量的变频器中多采用 PWM 开关方式的逆变电路，换流器件为大功率晶体管（Giant Transistor，GTR）、绝缘栅双极型晶体管（Isolated Gate Bipolar Transistor，IGBT）或功率场效应晶体管（Power Mos Field Effect Transistor，P-MOSFET）。随着门极可关断（Gate Turn Off，GTO）晶闸管容量和可靠性的提高，在中大容量的变频器中采用 PWM 开关方式的 GTO 晶闸管逆变电路逐渐成为主流。

在图 1-69 中，由开关管器件 $V_1 \sim V_6$ 构成的电路称为逆变桥，由 $VD_7 \sim VD_{12}$ 构成续流电路。续流电路的作用如下：

1）为电动机绕组的无功电流返回直流电路提供通路。

2）当频率下降使同步转速下降时，为电动机的再生电能反馈至直流电路提供通路，并以发热的形式消耗。

3）为电路的寄生电感在逆变过程中释放能量提供通路。

5. 能耗制动电路

在电动机制动过程中，在变频器主电路中需要设置制动电路。

（1）制动电路的作用

在变频调速中，电动机的降速和停机是通过减小变频器的输出频率，从而降低电动机的同步转速的方法来实现的。当电动机减速时，在频率刚减小的瞬间，电动机的同步转速随之降低，由于机械惯性，电动机转子转速未变，使同步转速低于电动机的实际转速，电动机处于发电制动运行状态，负载机械和电动机所具有的机械能量被回馈给电动机，并在电动机中产生制动转矩，使电动机的转速迅速下降。

电动机再生的电能经过图 1-69 中的续流二极管 $VD_7 \sim VD_{12}$ 全波整流后，反馈到直流电路，由于直流电路的电能无法回馈给电网，在 C_{F1} 和 C_{F2} 上将产生短时间的电荷堆积，形成"泵生电压"，使直流电压升高，当直流电压过高时，可能损坏换流器件。必须提供一条放电回路，将再生的电能消耗掉。因此，在电压型变频器中必须根据电动机减速的需要专门设置制动电路，以防止上述现象发生。这种制动方式是通过消耗能量而获得制动转矩的，属于能耗制动，对应的电路就是能耗制动电路。

（2）制动电路的构成

能耗制动和制动单元电路如图 1-70 所示。由图 1-70 可知，能耗制动电路由制动电阻 R_B 和制动单元 BV 组成。制动单元是由功率管 V_B、电压取样与比较电路和驱动电路组成。功率管 V_B 主要用于接通与关断能耗制动电路，常选用 GTR 或 IGBT 器件。

（3）制动电路的工作原理

当检测到直流电压 U_S 超过规定的电压时，功率管 V_B 导通，并以 $I_B = U_S/R_B$ 的放电电流进行放电；而当检测到直流电压 U_S 达到事先设定的某一电压下限时，则功率管关断，电容重新进入充电过程，从而达到限制直流电压上升过高的目的。

6. 主电路的外部接线

主电路的外部接线如图 1-71 所示。在做变频器主电路的外部接线时，应注意以下几点：

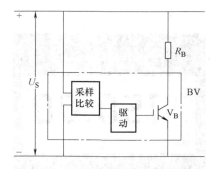

图 1-70　能耗制动和制动单元电路

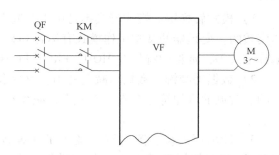

图 1-71　主电路的外部接线

1）对输入侧，在电源和变频器之间，通常应接入断路器与接触器。接触器主要是为了便于控制，断路器的作用是在安装与维修变频器时起隔离作用，同时当变频器发生故障时，能迅速切断变频器的电源。

2）变频器输出侧通常直接接电动机，在变频器和电动机之间，一般不允许接入接触器。

3）由于变频器内具有热保护功能，所以一般情况下，可以不接热继电器。

4）变频器的输出侧不允许接电容。

（二）变频器的控制电路

变频器控制电路的主要作用是为主电路提供所需要的驱动信号。不同品牌的变频器控制电路差异较大，但其基本结构大致相同，主要由主控板、键盘与显示屏、控制电源板等构成，如图 1-68 所示。

1. 主控板

变频器主控板的中心是一个带高性能微处理器的主控电路。它通过 A-D、D-A 转换等接口电路接收检测电路和外部接口电路送来的各种检测信号和参数设定值，利用事先编制好的软件进行必要的处理，并为变频器的其他部分提供各种必要的控制信号或显示信息。其主要功能如下：

1）接收来自于键盘输入的各种信号。

2）接收来自于外接控制电路输入的各种信号。

3）接收内部采样信号。内部采样信号包括主电路中电压与电流的采样信号、各部分温度的采样信号和各逆变管工作状态的采样信号。

4）完成 SPWM 调制。将接收的各种信号进行判断和综合运算，发出 SPWM 调制指令，并分配给各逆变管的驱动电路。

5）向显示板和显示屏发出各种显示信号。

6）当发现异常时，立即发出保护指令进行保护。

7）向外电路提供控制信号及显示信号。

2. 键盘与显示屏

键盘的主要功能是向主控板发出各种指令或信号，而显示屏的主要功能则是接收主控板提供的各种数据进行显示，但两者总是组合在一起的。图 1-72 为西门子 MM440 系列变频器键盘面板外观。不同品牌变频器的键盘设置和符号是不一样的，一般键盘应配置以下几种按键：

1）模式转换键。模式转换键是用于切换变频器工作模式的。变频器的基本工作模式有运行和显示模式、编程模式等，常见的符号有 MOD、PRG、FUNC 等。

2）数据增减键。数据增减键是用于改变数据的大小的。常见的增加符号有 △、∧、↑，减少符号有 ▽、∨、↓。

3）读出写入键。读出写入键用于在编程模式下"读出"原有数据和"写入"新的数据，常见的符号有 SET、READ、WRITE、DATA、ENTER 等。

4）运行键。运行键用于在键盘运行模式下进行各种运行操作，常见符号有 RUN（运行）、FWD（正转）、REV（反转）、STOP（停止）、JOG（点动）等。

5）复位键。变频器因故障跳闸后，其内部控制电路将被封锁。复位键用于故障修复后恢复正常状态。符号为 RESET（或简写为 RST）。

图 1-72　西门子 MM440 系列变频器键盘面板外观

6）数字键。有的变频器配置了"0～9"和小数点"."等数字键，编程时可直接输入所需数据。显示屏一般有三种显示方式：数据码显示、发光二极管显示和液晶显示。

1）数据码显示屏。数据码显示屏的作用是，在编程模式下，显示功能码和数据码；在运行模式下，显示各种运行数据，如频率、电压、电流等；在故障状态下，显示故障原因代码。

2）发光二极管显示屏。发光二极管主要有两个功能：一个功能是状态显示，如 RUN（运行）、STOP（停止）、FWD（正转）、REV（反转）、FLT（故障）等；另一个功能是单位显示，显示数据屏上数据的单位，如 Hz、A、V 等。

3）液晶显示屏。有的变频器配置了液晶显示器，液晶显示内容较广，可显示运行中的各种参数及各种状态。

3. 电源板

电源板要为变频器提供以下三种类型的电源：

1）主控板电源。主控板电源要求有很好的稳定性和抗干扰能力。

2）驱动电源。驱动电源必须和主控板电源可靠隔离，同时各驱动电源相互之间也必须可靠绝缘。

3）外控电源。外控电源的作用是为外接控制电路提供稳定的直流电源，例如，当由外接电位器给定时，其电源由变频器内部的电源板提供。

4. 外接控制电路

（1）外接给定电路

外接给定电路的配置包括外控电源正端、电压信号给定端、电流信号给定端，用来设置频率。另外，还有辅助信号给定端。

（2）外接输入控制电路

不同品牌的变频器外接输入控制电路配置各不相同，各控制端的功能常可以任意设定，一般有以下配置：

1）运行控制端主要有正转（FWD）、反转（REV）、运行（RUN）、停止（STOP）、点动（JOG）等。

2）多段频率控制端，通常用变频器的数字输入端作为开关，设定多段工作频率，以便在程序控制的不同程序段，得到不同的转速，如用 2 个数字输入端可实现 3 段工作频率控制，用 3 个数字输入端可实现 7 段工作频率控制，用 4 个数字输入端可实现 15 段工作频率控制。

3）其他功能控制端，如紧急停机（EMS）、复位（RST）、外接保护（THR）等。

（3）外接输出电路

变频器的外接输出电路是用于对外部提供输出信号，一般配置如下：

1）状态信号端：为晶体管输出，包括运行信号端和频率达到信号端。运行信号端的工作状态为变频器在运行过程中晶体管导通。频率达到信号端的工作状态为当变频器工作频率达到某设定值时，晶体管导通。

2）报警信号端：为继电器输出，当变频器发生故障时，继电器动作。

3）测量信号端：测量信号端供外接显示仪表用，包括频率信号端和电流信号端等。尽管测量信号端一般只有 2 ~ 3 个，但测量的内容可以很多，用户可自行设定。

（三）变频器的保护电路

当变频器发生故障时，保护电路完成事先设定的各种保护。

五、变频器的主要功能

随着变频技术的发展，变频器的功能越来越多，性能不断提高，由最初的模拟控制，到微机的全数字控制，变频控制技术已经发展到了一个较为成熟的阶段。微处理器运算速度的提高和位数的增加，为通用变频器功能的完善和性能的提高奠定了坚实的基础。

（一）频率给定功能

1. 频率给定方式的选择功能

有三种方式可以完成变频器的频率设定：

（1）面板设定方式

通过面板上的键盘设置给定频率。

（2）外接给定方式

通过控制外部的模拟量端口，将外部的频率设定信号输入给变频器。外接数字量信号接口可用来设定电动机的旋转方向，以及完成分段频率的控制。

外接模拟量控制信号时，电压信号一般有 0 ~ 5V、0 ~ 10V 等，外接电流信号一般有 0 ~ 20mA 或 4 ~ 20mA。

由模拟量进行频率设定时，给定频率与对应的给定信号 X（电压或电流）之间的关系曲线 $f_x = f(X)$，称作频率给定线。可以使用（预置）频率给定线进行频率信号的给定，其

中最大给定频率 f_{XM} 常常是通过预置"频率增益" $G\%$ 来设定的。$G\%$ 的定义是最大给定频率 f_{XM} 与最大频率 f_{max} 之比的百分数。

在给定信号和频率范围都与变频器的要求相符时（例如 0 ~ 10V 对于 0 ~ 50Hz，对应标准的频率给定线），是没有必要使用频率给定线的。但不相符的情况也时有发生，就必须在标准频率给定线的基础上预制实际频率给定线，通过预置实际频率给定线进行频率信号的给定。不相符的情况一般有以下类型：

1）信号源的信号与变频器不符或给定信号不规范。例如，某仪器向变频器提供的频率给定信号是 1 ~ 5V，但变频器的电压给定信号只能选 0 ~ 10V，两者不匹配。又如，给定信号为 2 ~ 8V，要求变频器输出的对应频率是 0 ~ 50Hz。

2）最高频率不规范。例如，某变频器采用电位器给定方式，用户要求当外接电位器从"0"位旋到底（给定信号为 10V）时，输出频率范围为 0 ~ 30Hz。

如何预制实际频率给定线和使用预置频率给定线来设置给定频率较复杂，可参考其他相关资料。

（3）通信接口给定方式

可以通过计算机或其他控制器的通信接口，如 RS-485、PROFIBUS 等来进行远程的频率给定。

（二）变频控制方式的选择功能

1. U/f 控制方式

U/f 控制方式有三种形式可供用户选择：

1）基本 U/f 线。满足输出电压与输出频率之比为常数的 U/f 线称为基本 U/f 线，如图 1-73 所示。基本 U/f 线确定了与额定电压 U_N 对应的基本频率的大小。在图 1-73 中，曲线 1、2 和 3 分别是基本频率为 50Hz、60Hz 和 75Hz 时的基本 U/f 线。

2）任选 U/f 线。变频器为用户提供了许多不同补偿程度的 U/f 线，供用户选择，如图 1-74 所示。

3）U/f 线的自动调整功能。变频器可根据负载的具体情况自动调整转矩补偿程度，自

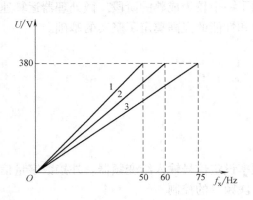

图 1-73　基本 U/f 线
1—基本频率为 50Hz 时的基本 U/f 线
2—基本频率为 60Hz 时的基本 U/f 线
3—基本频率为 75Hz 时的基本 U/f 线

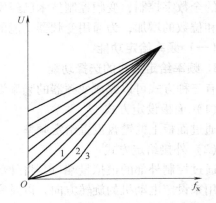

图 1-74　可供选择的 U/f 线
1—未作补偿的 U/f 线
2—低减补偿的 U/f 线
3—更低减补偿的 U/f 线

动调整的 U/f 线是相互平行的，如图1-75所示。

2. 矢量控制方式

矢量控制方式有两种类型可供用户选择：

1）带速度反馈的矢量控制。这种控制方式具有很好的动态和静态性能指标，是性能最好的一种控制方式。

2）无速度反馈的矢量控制。这种控制方式不需要速度反馈，适用于对系统的动态性能要求不太高的场合，其应用十分广泛。

（三）升速和降速功能

1. 变频调速系统的升速功能

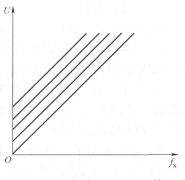

图1-75　自动调整的 U/f 线

在变频调速系统中，通过逐渐升高频率来实现起动和升速过程。如希望升速过程保持平稳而且不会电流过大，必须控制同步转速与转子转速间的转差，使其在一定范围内。如果频率上升过快，由于惯性，电动机转子转速跟不上同步转速的上升，使转差太大，导致升速电流超过允许值，可能产生过电流。

通常可供选择的升速功能从两个方面考虑：升速时间和升速方式。

（1）升速时间

升速时间是给定频率从0Hz上升至基本频率所需的时间。升速时间越短，频率上升越快，越容易过电流。

（2）升速方式

升速有三种方式：线性方式、S形方式和半S形方式，如图1-76所示。

1）线性方式：在升速过程中，频率与时间成线性关系，如图1-76中曲线1所示。

2）S形方式：在开始和结束阶段升速过程较缓慢，在中间阶段按线性方式升速，升速过程呈S形，如图1-76中曲线2所示。

3）半S形方式：在开始阶段升速过程较缓慢，中间和结束阶段按线性方式升速，升速过程呈半S形，如图1-76中曲线3所示。

2. 变频调速系统的降速功能

与升速过程相似，电动机的降速和停止过程是通过逐渐降低频率来实现的。在降速时电动机的同步转速低于转子转速，电动机处于再生制动状态，电动机将机械能转换成交流

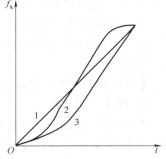

图1-76　升速方式
1—线性方式　2—S形方式
3—半S形方式

电能回送给变频器，变频器的逆变电路将交流电能转换成直流电能使直流电压升高。如果频率下降太快，也会使转差增大，一方面使再生电流增大，可能产生过电流；另一方面，直流电压也可能升高至超过允许值的程度，可能产生过电压。

变频器为用户提供的可供选择的降速功能有降速时间和降速方式。

（1）降速时间

降速时间为给定频率从基本频率下降至0Hz所需要的时间。降速时间越短，频率下降越快，越容易产生过电压和过电流。

（2）降速方式

降速方式有三种：线性方式、S 形方式和半 S 形方式，如图 1-77 所示。

1）线性方式：在降速过程中，频率与时间成线性关系，如图 1-77 中曲线 1 所示。

2）S 形方式：在降速开始和结束阶段，降速的过程比较缓慢，中间阶段按线性方式降速，频率与时间呈 S 形，如图 1-77 中曲线 2 所示。

3）半 S 形方式：在降速过程中，频率与时间呈半 S 形，如图 1-77 中曲线 3 所示。

3. 制动控制功能

一般有以下两种方式控制电动机的停车：

（1）斜坡制动

变频器由工作频率按照用户设定的下降曲线下降到 0Hz 使电动机停车，这种方式称作斜坡制动。

（2）直流制动

直流制动功能是为了在不使用机械制动器的条件下，仍能使电动机保持停止状态。

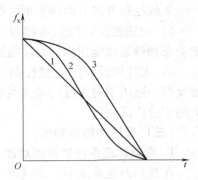

图 1-77　降速方式
1—线性方式　2—S 形方式
3—半 S 形方式

在变频调速系统降速的过程中，随着转速的下降，拖动系统的机械能在减小，电动机的制动转矩也随之减小，如果拖动系统惯性较大，低速时电动机会出现"爬行"现象。为了防止"爬行"，当变频器通过降低输出频率使电动机减速，并达到预先设定的直流制动起始频率时，变频器将给电动机加上直流电压，使电动机绕组中流过直流电流，以加大制动转矩，从而达到使拖动系统迅速停止的目的。

直流制动功能的预置主要有三个项目：直流制动电压 U_{DB}、直流制动时间 t_{DB} 和直流制动的起始频率 f_{DB}，如图 1-78 所示。

（四）变频器的控制功能

1. 程序控制功能

程序控制功能的特点是将一个完整的工作过程分为若干个程序步，各程序步的旋转方向、运行速度、工作时间或距离等都可以预置，各程序步之间的切换可以自动进行。

变频调速系统实现程序控制有两种方法可供用户选择：

1）由外控信号的状态进行控制。系统的整个工作过程全部由连接至变频器输入控制端的外控信号来决定，变频器只需预置好各档的转速及升、降速时间即可。

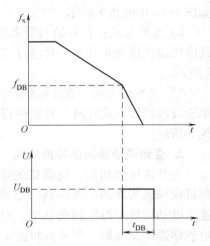

图 1-78　直流制动的预置项目

2）由变频器自动切换。变频器需要先预置好程序，工作时由变频器内的程序控制功能自动完成全工作过程。

变频器可以由外部的控制信号或 PLC 等控制系统进行控制，也可以完全由自身按预先设置好的程序完成控制。大部分场合变频器需要与 PLC 一起组成控制系统，只有在比较简单的调速控制场合才单独使用。

2. PID 调节功能

许多系列的变频器都设置了 PID 调节功能，根据目标值给定方式的不同，可分为两种：

1）键盘给定方式。由键盘输入目标值的百分数。

2）外接给定方式。由外接电位器进行目标值的给定。

（五）变频器的保护功能

随着变频技术的发展，变频器的保护功能也越来越强，在变频器的保护功能中，有一些功能是通过变频器内部软件和硬件直接完成的，而另外一些功能则与变频器的外部工作环境有密切关系，它们需要与外部信号配合完成，或者需要用户根据系统要求对其动作条件进行设定。变频器的保护功能一般有过电流保护、主器件自保护、过电压保护、欠电压保护、变频器过载保护、防止失速保护和外部报警输入保护等。

1. 过电流保护功能

当电动机过电流或输出端短路时，变频器输出电流的瞬时值若超过过电流检测值，则过电流保护功能动作。

2. 主器件自保护功能

当发生电源欠电压、短路、接地、过电流、散热器过热等，变频器主器件保护。

3. 过电压保护功能

来自电动机发电制动时的再生电流增加，主电路直流电压若超过过电压检测值，过电压保护功能动作。

4. 欠电压保护功能

电源电压降低后，主电路直流电压若降到欠电压检测值以下，则欠电压保护功能动作。欠电压包括电源电压过低、电源断相、电源瞬时停电等。

5. 变频器过载保护功能

输出电流超过反时限特性过载电流额定值时，过载保护功能动作。

6. 防止失速保护功能

如果在加速或减速中超出变频器的电流限制值，就会使加速或减速动作暂停。在加速或减速中如果失速保护功能动作，则加速或减速时间会比设定时间长。

7. 外部报警输入保护功能

当发生电动机过载等故障时，外部报警输入保护。

（六）变频器的功能预置

1. 基本功能

通用变频器的功能根据变频器生产厂商的不同有很大的区别，但它们的基本功能相同，主要功能有显示频率、电流、电压等；设定操作模式、操作命令、功能码；读取变频器的运行信息和故障报警信息；监视变频器运行；变频器故障报警状态的复位。

功能预置的目的是使变频调速系统的工作过程尽可能地与生产机械的特性和要求相吻合，使生产机械运行在最佳状态。

2. 功能码和数据码

（1）功能码

功能码是表示各种功能的代码，例如在西门子 MM440 变频器中，功能码 P1082 表示电动机运行的最高频率，P1120 表示斜坡上升时间等。

（2）数据码

数据码是表示各种功能所需设定的数据或代码。它有三种表示方式：直接数据、间接数据和赋值代码。

1）直接数据，如最高频率为 50Hz，斜坡上升时间为 10s 等。

2）间接数据，如第 5 档 U/f 线等。

3）赋值代码，如在 MM440 变频器中"1"为频率设定值选择电动电位计设定，"2"表示频率设定值选择"模拟输入"，"3"为固定频率设定。

3. 功能预置的方法

功能预置一般是通过编程方式来进行，需将变频器设为"编程模式"，其基本步骤如下：

1）将变频器切换到"编程模式"。

2）按"增"键或"减"键，找出所需预置的功能码。

3）按"读出"键，"读出"该功能码中的数据。

4）按"增"键或"减"键修改数据。

5）按"写入"键，"写入"新数据。

6）如预置尚未结束，则转第 2 步。

7）如全部预置完毕，则使变频器切换到运行模式。

六、变频器的主要技术参数

（一）输入侧的额定数据

1. 输入电压 U_{IN}

输入电压 U_{IN} 即电源侧的电压。在我国，低压变频器的输入电压通常为 380V 的三相交流电，单相交流电为 220V。此外，变频器规定了输入电压的允许波动范围，如 ±10%、−15% ~ +10% 等。

2. 相数

相数有单相和三相之分。

3. 频率 f_{IN}

频率 f_{IN} 即电源频率。我国为 50Hz，频率的允许波动范围通常规定为 ±5%。

（二）输出侧的额定数据

1. 额定电压 U_N

因为变频器的输出电压要随频率而变，所以额定电压 U_N 定义为输出的最大电压。通常额定电压 U_N 总是和输入电压 U_{IN} 相等。

2. 额定电流 I_N

额定电流 I_N 是指变频器允许长时间输出的最大电流。

3. 额定容量 S_N

额定容量 S_N 由额定电压 U_N 和额定电流 I_N 的乘积决定，即 $S_N = \sqrt{3}U_N I_N$。

4. 配用电动机容量 P_N

配用电动机容量 P_N 指在连续不变的负载中，允许配用的最大电动机容量。在生产机械中，电动机的容量主要是根据发热状况来决定的，只要不超过允许的温升值，电动机是允许短时间过载的，而变频器则不允许。所以在选用变频器时，应充分考虑负载的工况。

5. 过载能力

过载能力指变频器的输出电流允许超过额定值的倍数和时间。大多数变频器的过载能力规定为 150% ，1min。

（三）输出频率指标

1. 频率范围

频率范围指变频器能输出的最小频率和最大频率，如 0.1～400Hz、0.2～200Hz 等。

2. 频率精度

频率精度指频率的准确度。

由变频器在无任何自动补偿时的实际输出频率与给定频率之间的最大误差与最高频率的比值来表示。频率精度与给定的方式有关，数字量给定时的频率精度比模拟量给定时的频率精度约高一个数量级。

3. 频率分辨率

频率分辨率指输出频率的最小改变量，其大小与最高工作频率有关。

（四）对变频器设置和调试时的主要参数

1. 控制方式

主要指选择 U/f 控制方式，还是选择矢量控制方式。

2. 频率给定方式

对变频器获取频率信号的方法进行选择，即面板给定方式、外部端子给定方式、键盘给定方式等。

3. 加减速时间

加速时间是输出频率从 0Hz 上升到最大频率所需时间，减速时间是指从最大频率下降到 0Hz 所需时间。通常用频率设定信号上升、下降来确定加减速时间。在电动机加速时，须限制频率设定的上升率以防止过电流，减速时则限制下降率以防止过电压。

4. 频率上下限

频率上下限即变频器输出频率的上、下限幅值。频率限制是为防止误操作或外接频率设定信号源出故障，引起输出频率过高或过低，从而损坏设备的一种保护功能。在应用中按实际情况设定即可。此功能还可做限速使用。

七、变频器的选择

变频器的选择包括变频器种类的选择和容量的选择两个方面。

（一）变频器种类的选择

根据用途对变频器进行分类，变频器可分为通用型、系统型和专用型变频器，见表1-9。

表 1-9 变频器分类及应用范围

适用范围 类型	简易型	多功能型	高性能型
通用型变频器	风扇、风机、泵、土木机械	风扇、风机、泵、传送带、搅拌机、机床、挤出机	搅拌机、挤出机、电线制造机
系统型变频器	—	纺织机械	过程控制装置、连铸设备、胶片机、纸加工机、搬运机械
专用型变频器	空调、洗衣机、喷涌浴池、印制电路板加工机械	—	机床（主轴）、电梯、起重机、升降机

1. 简易通用型变频器

简易通用型变频器一般采用 U/f 控制方式，主要用于风扇、风机、泵等，其节能效果显著、成本较低，使用较为广泛。

2. 多功能通用型变频器

多功能通用型变频器用于自动仓库、升降机、搬运系统、机床、挤压成形机、纺织机等方面。多功能变频器可实现恒转矩负载驱动，即使负载有很大的波动也能保证连续运转，同时变频器自身易与机械相适应。

3. 高性能通用型变频器

近年来，由于矢量控制及参数自调整功能的引入，使得变频器自适应功能更加完善，用于对调速性能要求较高的场合。目前高性能变频器驱动系统已大量取代直流电动机驱动，广泛应用于挤压成形机、电线制造机等方面。

4. 专用型变频器

专门针对某种类型的机械而设计的变频器，如泵、风机专用变频器，电梯专用变频器，起重机械专用变频器，张力控制专用变频器等。用户应根据生产机械的具体情况进行选择。另外一些用于空调、真空泵、喷涌浴池等小型化简易专用型变频器也逐渐增多。

（二）变频器容量的选择

变频器容量的选择由很多因素决定，例如电动机容量、电动机额定电流、电动机加速时间等。其中最主要的是电动机额定电流。

变频器容量的选择归根到底是选择其额定电流，总的原则是变频器的额定电流一定要大于拖动系统在运行过程中的最大电流。

在选择变频器容量时，有以下情况需要考虑：

1）变频器驱动的是单一电动机，还是驱动多个电动机。

2）电动机是直接在额定电压、额定频率下直接起动，还是软起动。

3）驱动多个电动机时，是同时起动，还是分别起动。

大多数情况下是使用变频器驱动单一的电动机，并且是软起动。这时变频器额定电流选择为电动机的额定电流的 1.05 ~ 1.1 倍即可；当一台变频器驱动多台电动机时，多数情况下也是分别单独进行软起动，这时变频器额定电流的选择为多个电动机中最大电动机额定电流的 1.05 ~ 1.1 倍即可。

更详细的有关变频器的容量选择，请参考变频器使用手册或其他相关资料。

习 题

1. 简述变频器的调速特点及其优点。

2. 简述变频调速的基本原理。

3. 从理论上讲，变频器为什么要采用恒磁通调频方式？而实际变频调速的基本方式有哪些？哪一种方式应用最多？

4. 交-直-交变频器按不同的控制方式分哪三种？简述各自的特点。

5. 按控制方式不同变频器可以分哪几种控制类型？简述各自的特点。

6. 在变频调速过程中，为保证电动机主磁通恒定，需要同时调节逆变器的输出电压和频率。对输出电压的调节主要有哪两种方式？简述各自的含义及特点。

7. 变频器主要由哪几部分组成？各有何作用？给用户提供了哪些外部接口？

8. 简述变频器的主要功能。

9. 变频器一般有哪些保护功能？

10. 简述变频器频率设定的三种方式。

11. 简述变频器的主要技术参数。

12. 按用途不同，变频器可分为哪几种？简述各自的应用范围。

第八节　可通信低压电器

一、概述

随着微电子技术、自动控制技术、智能化技术和计算机技术的迅速发展，给低压电器产品的发展注入了新鲜血液，新的活力。一些电器元件被电子化、集成化，一些电器元件采用了新技术成为智能化电器。智能化电器是根据传统电器的工作原理与微处理器或微型计算机相结合而研制成的，它充分利用微型计算机的计算和存储能力，对电器的数据进行处理，使采集的数据最佳。

随着通信技术和工业计算机网络技术（互联网（Internet）/内联网（Intranet）/以太网（Ethernet））在各行各业的深入与渗透，进一步促进了低压电器的智能化与信息化，而智能化电器使得电气控制技术网络化成为可能。这就要求低压电器具有双向通信功能，能与上位机或中央控制计算机进行通信，可以与外界数据网络进行双向数据交换和传输。为了实现低压电器的双向通信功能，低压电器必须向电子化、集成化、智能化及机电一体化方面发展。

1. 可通信低压电器的定义及其基本要求

基于现场总线技术、具有通信功能的低压电器称为可通信低压电器。对可通信低压电器的基本要求是，带通信接口、通信规约标准化、可以直接挂在现场总线上及符合低压电器标准和相关电磁兼容性（EMC）要求。

近年来，现场总线技术正向上、下两端延伸。其上端与企业网络的主干 Internet、Intranet 和 Ethernet 等通信，下端延伸到工业控制现场区域。现场总线的应用使工业自动化控制系统和现场仪表出现了一次大变革。现场总线技术要求现场设备（传感器、驱动器、执行机构等设备）是带有串行通信接口的智能化（可编程或可参数化）设备。因此，现场总线的兴起，促进了低压电气产品的智能化和可通信化，并使电气控制系统从控制结构和控制功能上都发生了根本的变化，向着电气控制技术网络化方向发展。简言之，现场总线技术的发展与应用给传统低压电器与电气控制系统的发展带来了新机遇。

综上所述，可通信低压电器是与一定的现场总线、通信规约、通信协议相联系的。统一的低压电器数据通信规约，使得控制系统可容纳各种各样的智能电器，只要它们具有使用统一"规约"的数据通信接口，就可以相互通信，从而使控制系统的设计和应用具有普遍性，使得智能电器的控制与保护性能有了"质"的变化。目前我国已编制了低压电器数据通信规约，并在城市电网关键技术项目"智能型低压配电和控制装置"中应用，推动了我国电力技术的发展。

2. 可通信低压电器的特征及基本功能

可通信低压电器除具有智能化低压电器的特征外，其主要技术特征是可通信，能与现场总线系统连接，智能化、可通信低压电器的产品结构特征及基本功能概括如下：

1）低压电器产品中装有微处理器。

2）低压电器带有通信接口，使用统一的低压电器数据通信规约。

3）采用标准化结构，具有互换性，内部可更换部件采用模块化结构。

4）能进行双向通信，能与现场总线连接。

5）保护功能齐全。

6）外部故障记录显示。

7）参数批量显示。

8）内部故障自诊断。

二、现场总线基础

可通信低压电器通常用在现场总线控制系统中，所以先介绍一些现场总线基础知识。

（一）网络通信基础

1. 数据编码

通信系统中数据以电信号的形式在媒体上传输，这种电信号可以是模拟信号，也可以是数字信号。而数据又有模拟数据（如声音、图像）和数字数据（如数字、字母）之分。它们都可以用模拟信号或数字信号来发送和传递。除了用模拟信号来传输模拟数据外，其他情况（模拟信号传输数字数据，数字信号传输模拟数据，数字信号传输数字数据）下都需要对数据进行编码，然后进行传输。具体选择何种编码方式则取决于需要满足的特殊要求，以及可能提供的传输媒体与通信设施。

模拟信号传输数字数据是指通过调制解调器把数字数据转换成模拟信号，以便在模拟线路上传输。将数字数据转换成模拟信号的基本编码技术（或调制技术）有三种，即幅移键控（ASK）、频移键控（FSK）和相移键控（PSK）。

为什么要进行数据编码？在工业数据通信系统中，数据通常是以离散的二进制0、1序列的方式来表示的，即用0、1序列的不同组合来表示不同的信息内容。例如用00、01、10、11分别表示一个阀门的关闭、打开、故障和不确定等4种不同的工作状态。多个二进制0、1序列的组合可以表示更多的信息。通过编码，把一种组合与一个确定的信息内容联系起来，这种联系的约定必须得到参与通信的各方的认同和理解。

下面对数据编码进行简单介绍。

用高低电平的矩形脉冲信号来表示数据的1、0状态，称作数据编码。数据编码有单极性码、双极性码、归零码、非归零码、差分码、曼彻斯特编码等。工业通信中常用的是非归零码和曼彻斯特编码。

非归零码（NRZ）是相对于归零码来说的。如果逻辑 1 表示高电平信号，逻辑 0 表示低电平信号，则在整个码元时间内都维持有效电平的编码就是非归零码。双极性非归零码如图 1-79a 所示。这种编码的缺点是信号中存在直流分量，并且无法确定一位的开始或结束，使接收和发送之间不能保持同步。所以必须采用某种措施来保证发送和接收的同步。其优点是能够比较有效地利用信道的带宽。西门子的现场总线 PROFIBUS—DP 就是使用非归零码。

曼彻斯特编码（Manchester Code）是在数据通信中最常用的一种基带信号（原始的数据信号）编码，这种编码也叫相位编码。它具有内在的时钟信息。它的特点是在每一个码元中间都产生一个跳变，这个跳变沿既可以作为时钟，也可以代表数字信号的取值。在曼彻斯特编码中，可以用由低电平跳变至高电平代表 1，由高电平跳变至低电平代表 0；也可以用相反的跳变

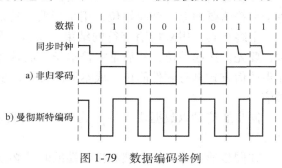

图 1-79　数据编码举例

代表 1、0。曼彻斯特编码的优点是不需要外同步信号，不存在直流分量；缺点是需要双倍的传输带宽。曼彻斯特编码举例如图 1-79b 所示。西门子的现场总线 AS—I 就是使用曼彻斯特编码。

2. 数据通信方式（数据流动方向）

单工、双工与半双工是通信中描述数据传送方向的专用术语。

单工（Simplex）指数据只能实现单向传送的通信方式，一般用于数据的输出，不可以进行数据交换。

全双工（Full Simplex）也称双工，指数据可以进行双向数据传送，同一时刻既能发送数据，也能接收数据。通常需要两对双绞线连接，通信线路成本高。例如，RS—422 通信接口就是"全双工"通信方式。

半双工（Half Simplex）指数据可以进行双向数据传送，同一时刻，只能发送数据或者接收数据。通常需要一对双绞线连接，与全双工相比，通信线路成本低。例如，RS—485 通信接口只用一对双绞线时就是"半双工"通信方式。

3. 数据传输方式

（1）串行通信与并行通信

串行通信和并行通信是两种不同的数据传输方式。

并行通信就是将一个 8 位（或 16 位、32 位）数据的每一个二进制位采用单独的导线进行传输，并将传送方和接收方进行并行连接，一个数据的各二进制位可以在同一时间内一次传送。例如，老式打印机的打印口和计算机的通信就是并行通信。并行通信的特点是一个周期里可以一次传输多位数据，其连线的电缆多，因此长距离传送时成本高。

串行通信就是通过一对导线将发送方与接收方进行连接，传输数据的每个二进制位，按照规定顺序在同一导线上依次发送与接收。例如，常用的 USB 接口就是串行通信。串行通信的特点是通信控制复杂，通信电缆少，因此与并行通信相比，成本低。

串行通信是一种趋势，随着串行通信速率的提高，以往使用并行通信的场合，现在完全或部分被串行通信取代，如打印机的通信，现在基本被串行通信取代，再如个人计算机硬盘

的数据通信，现在已经被串行通信取代。

（2）异步通信与同步通信

异步通信与同步通信也称为异步传送与同步传送，这是串行通信的两种基本信息传送方式。从用户的角度上说，两者最主要的区别在于通信方式的"帧"不同。

异步通信以字符为单位发送数据，一次传送一个字符，每个字符可以是 5 位或 8 位，在每个字符前要加上一个起始位，用来指明字符的开始；每个字符的后面（停止位）还要加上一个终止码，用来指明字符的结束。所以，异步通信方式又称起止方式。它在发送字符时，要先发送起始位，然后是字符本身，最后是停止位，字符之后还可以加入奇偶校验位。异步通信方式具有硬件简单、成本低的特点，主要用于传输速率低于 19.2kbit/s 以下的数据通信。

同步通信是以数据块（帧）为单位进行传输的，数据块的组成可以是字符块，也可以是位块。

在同步通信中，发送端和接收端的时钟必须同步。实现同步的方法有外同步法和自同步法。外同步法是在发送数据前，发送端先向接收端发一串同步时钟，接收端按照这一时钟频率调制接收时序，把接收时钟频率锁定在该同步频率上，然后按照该频率接收数据；自同步法是从数据信号本身提取同步信号的方法，如数字信号采用曼彻斯特编码时，就可以使用每个位（码元）中间的跳变信号作为同步信号。显然自同步法要比外同步法优越，所以现在一般采取自同步法，即从所接收的数据中提取时钟特征信号。

很明显，同步传输的效率要比异步传输高，但其硬件复杂，成本高，一般用于传输速率高于 20kbit/s 以上的数据通信。

4. 信号传输方式

（1）基带传输

按数字信号原样进行的传送，不包含任何调制，是最基本的信号传输方式。目前大部分微机局域网包括控制局域网都是采用基带传输方式的基带网。其传输距离一般不超过 25km，数据传输速率一般可达 1~10Mbit/s 或更高。基带网中数据传输方式只能为半双工方式或单工方式。

（2）载带传输

载带传输就是在一条物理信道上，把要传送的一路信号"骑"在另一种载波上进行传送。载带传输中传送的是一路具有载波频率的连续电信号。把数字信号"骑"到载波上称为调制，把数字信号从载波上"卸"下来称为解调。常用的调制方式有频移键控（FSK）、幅移键控（ASK）及相移键控（PSK）3 种。执行调制与解调任务的设备称为调制解调器（Modem）。

（3）宽带传输

宽带传输中，在一条物理信道上需要传送多路数字信号，使每种要传送的数字信号"骑"在指定频率的载波信号上，用不同频段进行多路数字信号的传送。数据传输速率一般可达 0~400Mbit/s。

（4）异步传输模式（ATM）

ATM 是一种新的传输与交换数字信息技术，也是实现高速网络的主要技术。它支持多媒体通信，按需分配频带，具有低延迟特性，速率可达 155Mbit/s~2.4Gbit/s。也有 25Mbit/s 和

50Mbit/s 的 ATM 技术，可使用于局域网和广域网。

5. 传输速率

传输速率是指单位时间内传输的信息量，传输速率（又称波特率）的单位为 bit/s。在数据传输中定义有三种速率：调制速率、数据信号速率和数据传输速率。

1）调制速率。通常用于表示调制解调器之间传输信号的速率。

2）数据信号速率。数据信号速率是单位时间内通过信道的信息量，单位是 bit/s。

3）数据传输速率。数据传输速率是指单位时间内传输的数据量，通常以字符/min 为单位。

6. 差错控制

数据在通信线路上传输时，由于各种各样的干扰和噪声的影响，往往会使接收端不能收到正确的数据，这就产生了差错，即误码。产生误码是不可避免的，但要尽量减小误码带来的影响，为了提高通信质量，就必须检测差错并纠正差错，把差错控制在允许的尽可能小的范围内，这就是通信过程中的差错控制。

要想提高通信质量，可以采取两种方法。首先可以提高通信线路的质量，但使用高质量的电缆只是降低了内部噪声，而对外部的干扰无能为力，并且明显地增加了硬件成本；另外一种最可行的方法是进行差错控制。差错控制方法能在一定限度内容忍差错的存在，并能够发现错误，设法加以纠正。差错控制是目前通信系统中普遍采用的提高通信质量的方法。

进行差错控制的具体方法有两种：一是纠错码方法，这种方法是让传输的报文带上足够的冗余信息，在接收端不仅能检测错误，而且还能自动纠正错误；二是检错码方法，这种方法是让报文分组时包含足以使接收端发现错误的冗余信息，但不能确定哪一位是错误的，而且自己也不能纠正传输错误。纠错码方法虽然有优越之处，但实现复杂、造价高；另外它使用的冗余位多，所以编码效率低，一般情况下不会采用。检错码方法虽然需要重传机制才能达到纠错，但原理简单，代价小，容易实现，并且编码与解码的速度快，所以得到了广泛的使用。下面简要介绍几种常用的检错码。

（1）奇偶检错码

奇偶检验（Parity Check）是最为简单的一种检错码，它的编码规则是，首先将要传递的信息分组，各组信息后面附加一位校验位，校验位的取值使得整个码字（包含校验位）中"1"的个数为奇数或偶数。如果所形成的码字中"1"的个数为奇数，则称作奇校验；如果所形成的码字中"1"的个数为偶数，则称作偶校验。奇偶检验有可能会漏掉大量的错误，但用起来简单。另外，奇偶检验码在每一个信息字符后都要加一位校验位，所以在传输大量数据时，则会增加大量的额外开销。这种方法一般用于简单的，并且对通信错误的要求不十分严格的场合。

（2）循环冗余校验码

循环冗余校验（Cyclic Redundancy Check，CRC）是一种检错率高，并且占用通信资源少的检测方法。循环冗余校验的思想是，在发送端对传输序列进行一次除法操作，将进行除法操作的余数附加在传输信息的后边。在接收端，也进行同样的除法过程，如果接收端的除法结果不是零，则表明数据传输出现了错误，这种方法能检测出大约 99.95% 的错误。

7. 传送介质

目前普遍使用的传送介质有：同轴电缆、双绞线、光缆，而其他介质如无线电、红外线、微波等在 PLC 网络中应用很少。其中双绞线（带屏蔽）成本低、安装简单；光缆尺寸小、质量轻、传输距离远，但成本高，安装维修需专用仪器。具体性能见表 1-10。

表 1-10 传送介质性能比较

性能	传 送 介 质		
	双绞线	同轴电缆	光缆
传送速率	9.6kbit/s ~ 2Mbit/s	1 ~ 450Mbit/s	10 ~ 500Mbit/s
连接方法	点对点 多点	点对点 多点	点对点
传送信号	数字、调制信号、纯模拟信号（基带）	调制信号，数字（基带），数字、声音、图像（宽带）	数字、调制信号（基带）
支持网络	星形、环形、小型交换机	总线型、环形	总线型、环形
抗干扰	好（需外屏蔽）	很好	极好
抗恶劣环境	好	好，但须将电缆与腐蚀物隔开	极好，可抵御恶劣环境
使用情况	最多。在一般情况下，特别是控制层都使用	连接不便，使用很少	在管理层（以太网）使用较多，在电磁环境恶劣的场合也有较多使用

8. 主要拓扑结构

通信网络中的拓扑形式就是指网络中的通信线路和节点间的几何排列方式，即节点的互连形式，它用来表示网络的整体结构和外貌，同时也反映了各个节点间的结构关系。常见的网络拓扑形式有总线型、环形、星形和树形等，如图 1-80 所示。

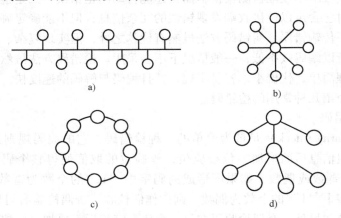

图 1-80 网络拓扑形式示意图
a）总线型拓扑网络 b）星形拓扑网络 c）环形拓扑网络 d）树形拓扑网络

在西门子 PLC 通信网络的底层网络中，一般使用总线型拓扑形式。总线型拓扑形式如图 1-80a 所示。它通过一条总线电缆作为传输介质，各节点通过接口接入总线，它是工业通信网络中最常用的一种拓扑形式。其特点是，通信可以是点对点方式，也可以是广播方式，这两种方式也是工业控制网络中常用的通信方式；接入容易、扩展方便、节省电缆，网络中某个节点发生故障时，对整个系统的影响较小，所以可靠性较高。

当信号在总线上传输时，随着距离的增加，信号会逐渐减弱。另外当把一个节点连接到总线上时，由此所产生的分支电路还会引起信号的反射，从而对信号产生造成较大影响。所以，在一定长度的总线上，所连接的从站设备的数量、分支电路的多少和长度都要进行限制。

9. 介质访问控制

介质访问控制是指对网络通道占有权的管理和控制。局域网上的信息交换方式有两种：第一种是线路交换，即发送节点与接收节点之间有固定的物理通道，且该通道一直保持到通信结束，如电话系统。第二种是"报文交换"或"包交换"，这种交换方式是把编址数据组，从一个转换节点传到另一个转换节点，直到目的站。发送节点和接收节点之间无固定的物理通道。如某节点出现故障，则通过其他通道把数据组送到目的节点。这有些像传递邮包或电报的方式，每一个编址数据组类似一个邮包，故称"包交换"或"报文交换"。

介质访问控制主要有两种方法。

（1）令牌传送方式

令牌传送方式对介质访问的控制权是以令牌为标志的。令牌是一组二进制码，网络上的节点按某种规则排序，令牌被依次从一个节点传到下一个节点，只有得到令牌的节点才有权控制和使用网络。已发送完信息或无信息发送的节点将令牌传给下一个节点。在令牌传送网络中，不存在控制站，不存在主从关系。这种控制方式结构简单，便于实现且成本不太高，可在任何一种拓扑结构上实现。但一般常用总线和环形结构，即"令牌总线"（Token Bus）和"令牌环"（Token Ring）。其中尤以"令牌总线"颇受工业界青睐，这种结构便于实现集中管理，分散式控制，很适合于工业现场。

（2）争用方式

争用方式允许网络中的各节点自由发送信息。但当两个以上的节点同时发送时，则会出现冲突，故需要做些规定加以约束。目前常用的是 CSMA/CD 规约（以太网规约），即带冲突检测的载波监听多路访问技术协议。这种协议要求每个节点要"先听后发、边听边发"，即发送前先监听。在监听时，若总线空则可发送，忙则停止发送。发送的过程中还应随时监听，一旦发现线路冲突则停止发送，已发送的内容全部作废。这种控制方式在轻负载时优点突出，具有控制分散、效率高的特点。但重负载时冲突增加，传送效率大大降低。而令牌方式恰恰在重负载时效率高。

10. 串行通信接口

工业网络中，在设备或网络之间大多采用串行通信方式传送数据，常用的几种串行通信接口都是美国电子工业协会（Electronic Industries Association，EIA）公布的。它们有 EIA—232、EIA—485、EIA—422 等，它们的前身是以字头 RS（Recommended Standard）（即推荐标准）开始的，虽然经过修改，但差别不大，所以现在的串行通信接口标准在大多数情况下仍然使用 RS—232、RS—485 和 RS—422 等。

（1）RS—232 接口

RS—232 接口既是一种协议标准，又是一种电气标准。它规定了终端和通信设备之间信息交换的方式和功能。RS—232 接口是工控计算机普遍配备的接口，使用简单、方便。它采用按位串行的方式，单端发送、单端接收，所以数据传送速率低，抗干扰能力差，传送波特率为 300bit/s、600bit/s、1200bit/s、4800bit/s、9600bit/s、19200bit/s 等。在通信距离近、传送速率和环境要求不高的场合应用较广泛。

（2）RS—485 接口

RS—485 接口是一种最常用的串行通信协议。它使用双绞线作为传输介质，具有设备简单、成本低等特点。RS—485 接口采用二线差分平衡传输，其一根导线上的电压值是另一根上的电压值取反，接收端的输入电压为这两根导线电压值的差值。

差分电路的最大优点是可以抑制噪声。因为噪声一般会出现在两根导线上，RS—485 的一根导线上的噪声电压会被另一根导线上出现的噪声电压抵消，因而可以极大地削弱噪声对信号的影响。差分电路另一个优点是不受节点间接地电平差异的影响；在非差分（即单端）电路中，多个信号共用一根接地线，长距离传输时，不同节点接地线的电平差异可能相差数伏，有时甚至会引起信号的误读，但差分电路则完全不会受到接地电平差异的影响。由于采用差动接收和平衡发送的方式传送数据，RS—485 接口的传输有较高的通信速率（波特率可达 10Mbit/s 以上）和较强的抑制共模干扰能力。这种接口适合远距离传输，是工业设备通信中应用最多的一种接口。

RS—485 接口满足 RS—422 的全部技术规范，可以用于 RS—422 通信。RS—485 接口通常采用 9 针连接器。RS—485 接口的引脚功能见表 1-11。

表 1-11 RS—485 接口的引脚功能

PLC 侧引脚	信号代号	信号功能
1	SG 或 GND	机壳接地
2	+24V 返回	逻辑地
3	RXD + 或 TXD +	RS—485 的 B，数据发送/接收 + 端
4	+5V 返回	逻辑地
5	+5V	+5V
6	+24V	+24V
7	RXD − 或 TXD −	RS—485 的 A，数据发送/接收 − 端
8	不适用	10 位协议选择（输入）

西门子 PLC 的 PPI 通信、MPI 通信和 PROFIBUS—DP 现场总线通信的物理层都是 RS—485 通信，而且都是采用相同的通信线缆和专用网络接头。

（3） RS—422 接口

RS—422 接口传输线采用差动接收和差动发送的方式传送数据，也有较高的通信速率（波特率可达 10Mbit/s 以上）和较强的抗干扰能力，适合远距离传输，工厂应用较多。

RS—422 与 RS—485 的区别在于 RS—485 采用的是半双工传送方式，RS—422 采用的是全双工传送方式；RS—422 用两对差分信号线，RS—485 只用一对差分信号线。

11. 通信协议

通信双方就如何交换信息所建立的一些规定和过程，称作通信协议。在 PLC 网络中配置的通信协议分为两大类：一类是通用协议，一类是公司专用协议。

在工业通信网络的各个层次中，高层管理网络中一般采用通用协议，如 PLC 网络之间的互连及 PLC 网络与其他局域网的互连，这表明工业网络向标准化和通用化发展的趋势。高层子网传送的是管理信息，与普通商业网络性质接近，同时要解决不同种类的网络互连。常用的通用协议一般是基于以太网的 TCP/IP 协议。现在"开放"已成为了一种趋势，所以控制层和底层的多数网络也采用开放的通用协议，如 PROFIBUS、AS—I、Modbus 等。有些协议是公司专用的，特别是在独立的小型网络中，如西门子公司专为西门子通信网络开发的 PPI 协议，以及在西门子公司产品之间通信使用的 MPI 协议等，它们只能在西门子公司的特定产品中使用。

（二）工业通信网络基础

1. 工业通信网络结构

通常，企业的通信网络可分为三级：企业级、车间级和现场级，以下分别介绍。

（1）企业级通信网络（监控管理层）

企业级通信网络用于企业的上层管理，为企业提供生产、管理和经营数据，通过数据化的方式优化企业资源，提高企业的管理水平。监控管理层是工业通信网络的最高层。主要由厂内、厂间的管理计算机组成。数据传输通常以 MB 计，但数据的实时性要求不严格。通常以工业以太网为传输介质。

（2）车间级通信网络（生产和过程控制层）

车间级通信网络介于企业级和现场级之间。其主要功能是解决车间内各需要协调工作的不同工艺段之间的通信。车间级通信网络要求能传递大量的信息数据和少量控制信息，而且要求具备较强的实时性。这层主要使用工业以太网和 PROFIBUS（过程现场总线）。

（3）现场级通信网络（传感器/驱动器层）

现场级通信网络（传感器/驱动器层）处于工业网络的最底层，直接连接现场的各种数字化信号的设备，包括 I/O 设备、变频器、驱动器、传感器和变送器等，特点是数据的传输量较小，但有很高的传输速率。这是 AS—I 的典型应用场合。

常见的工业通信网络的结构如图 1-81 所示。

2. OSI 参考模型

通信网络的核心是 OSI（Open System Interconnection，开放式系统互连）参考模型。为了理解网络的操作方法，为创建和实现网络标准、设备和网络互连规划提供了一个框架。1984 年，国际标准化组织（ISO），提出了开放式系统互连的七层模型，即 OSI 模型。该模型自下而上分为物理层、数据链接层、网络层、传输层、会话层、表示层和应用层。理解 OSI 参考模型比较难，但了解它，对掌握后续的以

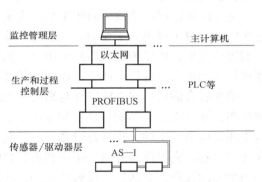

图 1-81 工业网络通信的结构

太网通信、PROFIBUS 和 AS—I 通信是很有帮助的。OSI 的上三层通常称为应用层，分别用来处理用户接口、数据格式和应用程序的访问。下四层负责定义数据的物理传输介质和网络设备。OSI 参考模型定义了大多数协议栈共有的基本框架，如图 1-82 所示。

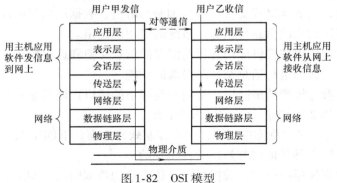

图 1-82 OSI 模型

第 1 层物理层：处于 OSI 参考模型的最底层。其主要作用是以二进制数据形式在物理媒体上传输数据，即它利用传输介质为数据链路层提供物理连接。它主要关心的是通过物理链路从一个节点向另一个节点传送比特流。物理链路可能是铜线、卫星、微波或其他的通信媒介。它关心的问题有：多少伏电压代表 1？多少伏电压代表 0？时钟速率是多少？采用全双工还是半双工传输？总的来说，物理层关心的是链路的机械、电气、功能和规程特性。常用设备有（各种物理设备）集线器、中继器、调制解调器、网线、双绞线、同轴电缆。

第 2 层数据链路层：主要作用是传输有地址的帧以及错误检测功能，即在此层将数据分帧，并进行流量控制，以防止接收方因来不及处理发送方发送的高速数据而导致缓冲器溢出及线路阻塞。屏蔽物理层，为网络层提供一个数据链路的连接，在一条有可能出差错的物理连接上，进行几乎无差错的数据传输（差错控制）。本层指定拓扑结构并提供硬件寻址。常用设备有网卡、网桥、交换机。

第 3 层网络层：网络层是为传输层提供服务的，传送的协议数据单元称为数据包或分组。该层的主要作用是为数据包选择路由，或者说是解决如何使数据包通过各节点传送的问题，即通过寻址来建立两个节点之间的连接，为源端的传输层送来的分组或数据包，选择合适的路由和交换节点，正确无误地按照地址传送给目的端的传输层。它包括通过互连网络来路由和中继数据；除了选择路由之外，网络层还负责建立和维护连接，控制网络上的拥塞以及在必要的时候生成计费信息。常用设备有交换机、路由器等。

第 4 层传输层：传输层的作用是提供端对端的接口并建立连接，处理数据包错误和数据包次序、全双工或半双工控制、流量控制等。传输层把消息分成若干个分组，并在接收端对它们进行重组，所以传输层传送的协议数据单元称为段或报文。不同的分组可以通过不同的连接传送到主机。这样既能获得较高的带宽，又不影响会话层。

第 5 层会话层：建立或解除与别的接点的联系，为端系统的应用程序之间提供了对话控制机制，即建立、管理和终止不同主机上应用程序之间的会话。此服务包括建立连接是以全双工还是以半双工的方式进行设置，尽管可以在传输层中处理双工方式；会话层管理登录和注销过程。它具体管理两个用户和进程之间的对话。如果在某一时刻只允许一个用户执行一项特定的操作，会话层协议就会管理这些操作，如阻止两个用户同时更新数据库中的同一组数据。

会话层得名的原因是它很类似于两个实体间的会话概念。例如，一个交互的用户会话以登录到计算机开始，以注销结束。

第 6 层表示层：主要用于处理两个通信系统中交换信息的表示方式。为上层用户解决用户信息的语法问题，如数据格式交换、数据加密与解密、数据压缩与终端类型的转换等，以保证一个系统应用层发出的信息可被另一系统的应用层读出。

第 7 层应用层：应用层提供应用进程所需要的信息交换和远程操作，并作为应用进程的用户代理，来完成一些为进行信息交换所必需的功能。

应用层是 OSI 参考模型的最高层，是用户与网络的接口。该层通过应用程序来完成网络用户的应用需求，如文件传输、收发电子邮件等。

OSI 参考模型的上三层总称应用层，用来控制软件方面。下四层总称数据流层，用来管理硬件。除了物理层之外其他层都是用软件实现的。

数据在发至数据流层的时候将被拆分。在传输层的数据叫段，网络层叫包，数据链路层叫帧，物理层叫比特流，数据发送时，从第七层传到第一层，接收数据则相反。

3. 工业通信网络的术语说明

工业通信网络中的名词、术语很多，现将常用的予以介绍。

1）站（Station）。在工业通信网络系统中，将可以进行数据通信、连接外部输入/输出的物理设备称为"站"。例如，由 PLC 组成的网络系统中，每台 PLC 可以是一个"站"。

2）主站（Master Station）。指在基本方式链路控制中，在接到一个请求后，保证将数据传送到一个或多个从站去的数据站。主站上设置了控制整个网络的参数，每个网络系统只有一个主站。

3）从站（Slave Station）。在工业通信网络系统中，除主站外，其他的站称为"从站"。

4）远程设备站（Remote Device Station）。在 PLC 网络系统中，能同时处理二进制位、字的从站。

5）本地站（Local Station）。在 PLC 网络系统中，带有 CPU 模块并可以与主站以及其他本地站进行循环传输的站。

6）网关（Gateway）。又称网间连接器、协议转换器。网关在传输层上以实现网络互连，是最复杂的网络互连设备，仅用于两个高层协议不同的网络互连。网关的结构和路由器类似，不同的是互连层。网关既可以用于广域网互连，也可以用于局域网互连。网关是一种充当转换重任的计算机系统或设备。在使用不同的通信协议、数据格式或语言，甚至体系结构完全不同的两种系统之间，网关是一个翻译器。例如 AS—I 网络的信息要传送到由西门子 S7—200 系列 PLC 组成的 PPI 网络，就要通过 CP243—2 通信模块进行转换，这个模块实际上就是网关。

7）中继器（Repeater）。用于网络信号放大、调整的网络互连设备，能有效延长网络的连接长度。例如，以太网的正常传送距离为 500m，经过中继器放大后，可传输 2500m。由于存在损耗，在线路上传输的信号功率会逐渐衰减，衰减到一定程度时将造成信号失真，因此会导致接收错误。中继器就是为解决这一问题而设计的。它完成物理线路的连接，对衰减的信号进行放大，保持与原数据相同。一般情况下，中继器的两端连接的是相同的媒体，但有的中继器也可以完成不同媒体的转接工作。

8）网桥（Bridge）。网桥将两个相似的网络连接起来，并对网络数据的流通进行管理。网桥的功能在延长网络跨度上类似于中继器，然而它能提供智能化连接服务，即根据帧的终点地址处于哪一网段来进行转发和滤除。

9）路由器（Router，转发者）。所谓路由就是指通过相互连接的网络把信息从源地点移动到目标地点的活动。一般来说，在路由过程中，信息至少会经过一个或多个中间节点。路由器是互联网的主要节点设备。路由器通过路由决定数据的转发。转发策略称为路由选择（Routing），这也是路由器名称的由来。作为不同网络之间互相连接的枢纽，路由器系统构成了基于 TCP/IP 的国际互联网（Internet）的主体脉络，也可以说，路由器构成了互联网的骨架。它的处理速度是网络通信的主要瓶颈之一，它的可靠性则直接影响着网络互连的质量。因此，在园区网、地区网乃至整个互联网研究领域中，路由器技术始终处于核心地位，其发展历程和方向，成为整个互联网研究的一个缩影。

10）交换机（Switch）。交换机是一种基于 MAC（Media Access Control 或者 Medium Access Control，媒体访问控制）地址识别，能完成封装转发数据包功能的网络设备。交换机可以"学习"MAC 地址，并把其存放在内部地址表中，通过在数据帧的始发者和目标接收者之间建立临时的交换路径，使数据帧直接由源地址到达目的地址。交换机通过直通式、存储转发和碎片隔离三种方式进行交换。交换机的传输模式有全双工、半双工和全双工/半双工自适应。

4. 工业通信网络技术说明

（1）MPI 通信

MPI（Multi-Point Interface，多点接口）协议，用于小范围、少点数的现场级通信。MPI 为 S7/M7/C7 系统提供接口，它设计用于编程设备的接口，也可用于在少数 CPU 间传递少量的数据。

（2）PROFIBUS 通信

PROFIBUS 符合国际标准 IEC 61158，是目前国际上通用的现场总线中八大现场总线之一，并以独特的技术特点、严格的认证规范、开放的标准和众多的厂商支持，成为现场级通信网络的优秀解决方案，目前其全球网络节点已经突破 1000 万个以上。

从用户的角度看，PROFIBUS 提供三种通信协议类型：PROFIBUS—FMS、PROFIBUS—DP 和 PROFIBUS—PA。

1）PROFIBUS—FMS（Fieldbus Message Specification，现场总线报文规范）主要用于系统级和车间级的不同供应商自动化系统之间传输数据，处理单元级（PLC 和 PC）的多主站数据通信。

2）PROFIBUS—DP（Decentralized Periphery，分布式外部设备）用于自动化系统中单元级控制设备与分布式 I/O（例如 ET200）的通信。主站之间的通信为令牌方式，主站与从站之间为主从方式，以及这两种方式的混合。

3）PROFIBUS—PA（Process Automation，过程自动化）用于过程自动化的现场传感器和执行器的低速数据传输，使用扩展的 PROFIBUS—DP 协议。

（3）工业以太网

工业以太网符合 IEEE 802.3 国际标准，是功能强大的区域和单元网络，是目前工控界最为流行的网络通信技术之一。

（4）点对点连接（PtP 通信）

严格地说，点对点（Point-to-Point）连接并不是网络通信。但点对点连接可以通过串口连接模块实现数据交换，应用比较广泛。

（5）AS—I 通信

AS—I 是传感器/执行器接口，用于自动化系统最底层的通信网络。它专门用来连接二进制的传感器和执行器，每个从站的最大数据量为 4bit，即每个从站有 4 个数字量 I/O 点（4 个数字量输入和 4 个数字量输出）。

（6）OPC 技术

OPC 技术是最近 10 多年来工业自动化技术发展过程中最重要的技术成果之一，它也是现场总线技术和工业以太网技术中实现数据交互和标准化的重要支撑技术。随着自动化技术的发展，在一个自动化系统中可能集成了不同操作平台上不同厂商的不同硬件和软件产品，如何实现各平台之间、各设备之间和各软件之间的数据交换和信息共享，如何实现整个工业企业网中数据的交互，就成为了急需解决的问题。OPC 技术提供了一种最佳的解决方案，现在它已成为工业数据交换的最有效的工具。

OPC 就是应用于过程控制中的对象链接与嵌入技术，用于在基于 Windows 操作平台的工业应用程序之间提供高效的信息集成和数据交换功能。所以，只要各种现场设备等都具有标准的 OPC 接口，服务器通过这些标准接口把数据传送出去，需要使用这些数据的客户也以标准的 OPC 读写方式对 OPC 标准接口进行访问即可获得所需要的数据。这里的标准接口是保证开放式数据交换的关键，它使得一个 OPC 服务器可以为多个客户提供数据；而一个客户也可以从多个 OPC 服务器获得数据。OPC 最本质的作用就是实现了工业过程数据交换的标准化和开放性。

（7）TCP/IP 协议

TCP/IP 即 Transmission Control Protocol/Internet Protocol 的简写，中文译名为传输控制协议/因特网互连协议，又名网络通信协议，是因特网最基本的协议，由网络层的 IP 协议和传输层的 TCP 协议组成。TCP/IP 定义了电子设备如何连入因特网，以及数据如何在它们之间传输的标准。协议采用了 4 层的层级结构，即网络访问层（指主机必须使用某种协议与网络相连）、互联网层（使主机可以把分组即数据包发往任何网络，并使分组独立地传向目标）、传输层和应用层。每一层都呼叫它的下一层所提供的协议来完成自己的需求。通俗而言，TCP 负责发现传输的问题，一有问题就发出信号，要求重新传输，直到所有数据安全正确地传输到目的地。而 IP 是给因特网的每一台联网设备规定一个地址。

（三）现场总线

1. 概述

在传统的自动化工厂中，位于生产现场的许多设备和装置，如传感器、调节器、变送器执行器等都是通过信号电缆与计算机、PLC 相连的。当这些装置和设备相距较远，分布较广时，就会使电缆线的用量和铺设费用随之大大地增加，造成了整个项目的投资成本增高，系统连线复杂，可靠性下降，维护工作量增大，系统进一步扩展困难等问题。因此人们迫切需要一种可靠、快速、能经受工业现场环境、低廉的通信总线，将分散于现场的各种设备连接起来，实施对设备的监控。现场总线（Field Bus）就是在这样的背景下产生的。现场总线始于 20 世纪 80 年代，90 年代技术日趋成熟，受到世界各自动化设备制造商和用户的广泛关注，PLC 的生产厂商也将现场总线技术应用于各自的产品之中并构成工业局域网的最底层，使得 PLC 网络实现了真正意义上的自动控制领域发展的一个热点，给传统的工业控制技术带来了一次革命。

现场总线技术实际上是实现现场级设备数字化通信的一种工业现场层的网络通信技术。按照国际电工委员会 IEC 61158 的定义，现场总线是安装在过程区域的现场设备仪表与控制室内的自动控制装置系统之间的一种串行、数字式、多点通信的数据总线。也就是说，现场总线是一种全数字式的串行双向通信系统，用数字通信取代用模拟信号传输信息的方式，以单个分散的、数字化、智能化的测量和控制设备作为网络的节点，用总线相连，实现信息的相互交换，使得不同网络、不同现场设备之间可以信息共享。现场设备的各种运行参数、状态信息及故障信息等通过总线传送到远离现场的控制中心，而控制中心又可以将各种控制、维护、组态命令送往相关的设备，从而建立起具有自动控制功能的网络。通常将这种位于网络底层的自动化及信息集成的数字化网络称之为现场总线系统。

另一方面，现场设备的智能化使智能下移到现场设备，如智能执行器本身就可带有 PID

控制功能。把控制功能彻底下放到现场，依靠现场智能设备本身便可实现基本控制功能的模式，构造了真正的全分布式系统。这里的现场设备指位于现场层的传感器、驱动器、执行机构等设备。因此现场总线是面向工厂底层自动化信息集成的数字化网络技术。基于这项技术的自动化系统称为现场总线控制系统（Fieldbus Control System，FCS）。

2. 现场总线的主要特点

现场总线是现场设备互连的最高效手段，它能最大限度地发挥和调度现场级设备的智能处理功能，它在控制设备和传感器之间提供给用户的双向通信能力是以往任何体系机构都无法提供和不可匹敌的。现场总线具有极大的优越性，其优点在于：

（1）信息集成度高

现场总线可从现场设备获取大量丰富的信息，它不单纯取代 4 ~ 20mA、DC 1 ~ 5V 信号，还可实现现场级设备状态、故障、参数信息传送。系统除完成远程控制，还可完成远程参数化工作。现场总线能够很好地满足工厂自动化、计算机集成制造系统（CIMS）的信息集成要求，实现办公自动化与工业自动化的无缝连接，形成新型管控一体化的全开放工业控制网络。

（2）全数字化通信、系统可靠性高、可维护性好

传统的现场层设备与控制器之间采用一对一 I/O 接线的方式，I/O 模块接收或发出 4 ~ 20mA、DC 1 ~ 5V 的模拟信号。而采用现场总线技术后只用一条通信电缆就可以将控制器与现场设备（智能化，具有通信口）连接起来，并实现全数字化通信，减少了由接线点造成的不可靠因素；信号传输时是全数字化的，实现了检错、纠错的功能，提高了信号传输的可靠性，使得系统可靠性大大提高；同时，系统具有现场设备的在线故障诊断、报警、记录功能，可完成现场设备的远程参数设定、修改等参数化工作，也增强了系统的可维护性。

（3）实时性好，成本及维护费用低

现场总线处于通信网络的最底层，完成具体的生产及其协调任务，在结构上层次简化，因而实时性好，造价相对低廉。对大范围、大规模 I/O 的分布式系统来说，省去了大量的电缆、I/O 模块及电缆安装敷设工程费用，降低了系统及工程的成本和维护费用。

（4）具有可操作性和互换性

传统的自动化系统不开放，系统的软硬件一般只能使用一家的产品，不同厂商、不同产品间缺乏互操作性和互换性。采用现场总线后，不同厂商的产品只要使用同一总线标准，就具有可操作性和互换性，就可实现互连设备间、系统间的信息传送和沟通，不同生产厂商的性能类似的产品都可以进行互换。

（5）实现彻底的分散性和分布性

现场总线控制系统（FCS）的控制单元全都可以分散到现场，控制器由现场设备来实现，因此 FCS 可被认为是一个彻底的分布式控制系统。

3. 国际上几种主要的现场总线

目前国际上有数十种现场总线，它们各有各的特点，应用的领域和范围也各不相同。国际上几种主要的现场总线见表 1-12。

下面重点介绍 PLC 网络控制系统常用的两种现场总线。

（1）PROFIBUS 总线

PROFIBUS 是 Process Field Bus（过程现场总线）的缩写，它是以西门子公司为主由 10

多个公司和研究所一起开发的一种现场总线技术。PROFIBUS 是世界上应用最成功的现场总线之一、在现场总线国际标准 IEC 61158 中为第三种（Type3）类型，也是目前我国唯一的现场总线国家标准（GB/T 20540.1～.6—2006）。PROFIBUS 不仅有适合于以逻辑顺序控制为主的制造业领域的 PROFIBUS—DP 技术，也有适合于控制过程复杂、安全性要求严格的石油、化工等以模拟量为主的过程控制领域的 PROFIBUS—PA 技术。PROFIBUS—DP 一般用于车间设备级的高速数据通信，主站（PLC 或 IPC 等）通过标准的 PROFIBUS—DP 专用电缆与分散的现场设备（远程 I/O、驱动器、阀门、智能传感器或下层网络等）进行通信，对整个 DP 网络进行管理和控制。在 PROFIBUS—DP 中，多数数据交换是周期性的，第一类主站循环地读取各从站的输入信息并向它们发出有关的输出信息。另外，非循环通信还提供了强大的网络及参数配置、故障诊断和报警处理等功能。PROFIBUS—DP 交换数据使用异步传输技术和 NRZ（Non Return to Zero，非归零）编码，DP 采用 RS—485 双绞线或光缆作为传输介质，传输速率从 9.6kbit/s 到 12Mbit/s。现在许多厂商生产类型众多的 PROFIBUS 设备，这些设备包括从简单的输入或输出模块再到电动机控制器和 PLC。西门子 S7—200 PLC 可以通过 EM277 通信模块连接到 PROFIBUS—DP 网络中。

表 1-12　几种主要的现场总线

现场总线的类型	研发公司	标准	投入市场时间	应用领域	速率/(bit/s)	最大长度	站点数
PROFIBUS	德国西门子	EN 5170 IEC 61158-3	1990 年	工厂自动化 过程自动化 楼宇自动化	9.6k～12M	100km	126
ControlNet	美国罗克韦尔	SBI,DD241 IEC 61158-2	1997 年	汽车、化工、发电	5M	30km	99
AS—I	德国 11 个公司联合研发	EN 50295	1993 年	过程自动化	168k	100m,可用中继器加长到 300m	31
CAN Bus	德国博世	ISO 11898	1991 年发布技术规范	汽车制造、机器人液压系统	125k～1M	10km	

（2）AS—I 总线

AS—I 总线被公认为是一种最好的、最简单的和成本最低的底层现场总线。它通过高柔性和高可靠性的单根电缆把现场具有通信能力的传感器和执行器方便地连接起来，组成 AS—I 网络。它可以在简单的应用中自成系统，更可以通过连接单元连接到各种现场总线或通信系统中。它取代了传统自控系统中繁琐的底层接线，实现了现场设备信号的数字化和故障诊断的现场化、智能化，大大提高了整个系统的可靠性，节约了系统安装、调试成本。2000 年 6 月 AS—I 总线成为国际现场总线标准 IEC 62026-2。

AS—I 是整个工业通信网络中最底层、最低级的总线，直接与现场的传感器和执行器等连接；它只负责简单的数据采集与传输，虽然信息量的吞吐相对于高级的 PROFIBUS 等总线少了很多，但它的实时性和可操作性很高。

AS—I（Version 2.0，2.0 版本）的主要特点如下：

1）AS—I 网络中只有一个主站，从站最多可有 31 个。2.1 版本的 AS—I 中从站数量扩大了一倍，即 62 个，另外增加了对模拟量的处理能力，但主要还是处理数字量（开关量）

信号。

2）每个从站可有 4 个数字量输入和 4 个数字量输出，整个网络中最多可有 124 个数字量输入和 124 个数字量输出。

3）采用 MBP（Manchester Bus Powered，曼彻斯特总线供电）供电和同步传输技术。电源模块集成有数据解耦性能，使用交变脉冲调制（APM）技术进行数据调制，可以通过同一根电缆同时传送数据和电源。数据传输的波特率为 167kbit/s，最大的循环周期为 5ms。最大循环周期是指主站再次轮询到某个从站时所花的时间，对于一个带有 31 个标准从站的实用系统，该时间值最大为 5ms。根据扩展规范，一个完全实用的 AS—I 系统可以带 62 个从站，其最大的循环周期为 10ms 。对多数控制系统，这个时间值是能满足"韧性实时性要求"的。

4）网络连接电缆为双芯、非屏蔽、$1.5mm^2$ 的黄色异型电缆。可以采用在何连接方式，最大长度为 100m，可用中继器增大到 300m。但采取一定措施后，可以达到 500m 左右。

5）信号传送和从站设备的供电（DC 30V）使用同一根电缆，所有从站能得到的最大供电电流为 8A。

6）采用标准的电子机械式接口，使用快速的、隔离植入技术进行总线连接。

7）AS—I 总线网络可像常规电气安装一样进行组态。网络可以采用任何一种拓扑结构，例如，总线型、星形或树形结构。

综上所述，多种现场总线并存已成定局。目前发展比较快的是低速现场总线，而高速现场总线进展缓慢。高速现场总线主要应用于控制网内的互连，以及连接控制计算机、PLC 等智能化程度高、处理速度快的设备，以及实现低速现场总线网桥间的连接。由于以太网是计算机应用最广泛的网络技术，若以以太网作为高速现场总线框架的主体，可以使现场总线技术和计算机网络技术的主流技术很好地融合起来，形成现场总线技术和计算机网络技术相互促进的局面，使高速现场总线统一在以太网之下。

（四）工业以太网（Ethernet）

1. 概述

工业以太网是基于 IEEE 802.3（Ethernet）国际标准的、功能强大的区域和单元网络，是目前工控界最为流行的网络通信技术之一。

利用工业以太网，企业内部互联网（Intranet）、外部互联网（Extranet），以及国际互联网（Internet）提供的强大应用功能不但已经进入今天的办公室领域，而且还可以应用于生产和过程自动化。继 10Mbit/s 以太网成功运行之后，具有交换功能、全双工和自适应的 100Mbit/s 快速以太网（Fast Ethernet，符合标准 IEEE 802.3u）也已成功运行多年。采用何种性能的以太网取决于用户的需要。通用的兼容性允许用户无缝升级到新技术。

工业以太网技术具有价格低廉、稳定可靠、通信速率高、软硬件产品丰富、应用广泛以及支持技术成熟等优点，已成为最受欢迎的通信网络之一。近些年来，随着网络技术的发展，以太网进入了控制领域，形成了新型的以太网控制网络技术。这主要是由于工业自动化系统向分布化、智能化控制方面发展，开放的、透明的通信协议是必然的要求。以太网技术引入工业控制领域，其技术优势非常明显。

2. 技术特点

1）应用广泛。以太网是应用最广泛的计算机网络技术，几乎所有的编程语言如 Visual

C++、Java、Visual Basic 等都支持以太网的应用开发。

2）以太网是全开放、全数字化的网络。遵照网络协议，不同厂商的设备可以很容易实现互连。

3）以太网能实现工业控制网络与企业信息网络的无缝连接，形成企业级管控一体化的全开放网络。

4）软硬件成本低廉。由于以太网技术已经非常成熟，支持以太网的软硬件受到厂商的高度重视和广泛支持，有多种软件开发环境和硬件设备供用户选择。

5）通信速率高。随着企业信息系统规模的扩大和复杂程度的提高，对信息量的需求也越来越大，有时甚至需要音频、视频数据的传输。当前通信速率为 10Mbit/s、100Mbit/s 的快速以太网开始广泛应用，千兆以太网技术也逐渐成熟，10Gbit/s 以太网也正在研究，其速率比传统的现场总线快很多。而传统的现场总线最高速率只有 12Mbit/s（如西门 PROFI-BUS—DP）。显然，以太网的速率要比传统现场总线快得多，完全可以满足工业控制网络不断增长的带宽要求。

6）资源共享能力强。随着互联网/内联网的发展，以太网已渗透到各个角落，网络上的用户已解除了资源地理位置上的束缚，在连入互联网的任何一台计算机上就能浏览工业控制现场的数据，实现"控管一体化"，这是其他任何一种现场总线都无法比拟的。

7）以太网的引入将为控制系统的后续发展提供可能性，用户在技术升级方面无需独自的研究投入，对于这一点，任何现有的现场总线技术都是无法比拟的。同时，机器人技术、智能技术的发展都要求通信网络具有更高的带宽和性能，通信协议有更高的灵活性，这些要求以太网都能很好地满足。

3. 基于以太网的工业控制网络

随着以太网速度的提高，现场总线及现场总线控制系统（FCS）的高层大都能与以太网相连接。由于工业控制的方向是与互联网集成，所以各大现场总线大多与以太网相连接，成为如图 1-83 所示的以太网/现场总线的网络结构。它所采用的 TCP/IP 协议成为事实上的工业标准，再加上 PC、工业 PC 逐渐成为企业的主流机种，使企业网络结构受到因特网连接方式和通信技术发展的冲击与影响，在基本相同的功能模式下，网络的结构层次简化了许多，多层分布式子网的结构逐渐为以太网所取代。以太网的发展势头表明，以太网将可能成为分布式网络的主要接入网络，并且将最终连接大多数的传感器与执行器。让现场仪表具有以太网接口而直接构成如图 1-84 所示的基于以太网的工业控制网络。

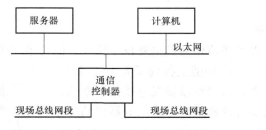

图 1-83 以太网/现场总线的网络结构

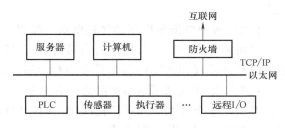

图 1-84 新型扁平化工业控制网络体系结构

这个网络的特点是，首先，以太网贯穿于整个网络的各个层次，它使网络成为透明的、覆盖整个企业范围的应用实体。它实现了办公自动化与工业自动化的无缝结合，因而称它为扁平化的工业控制网络，其良好的互连性和可扩展性使之成为一种真正意义上的全开放的网络体系结构，一种真正意义上的大统一。其次，高性能的工业网络要求更高的带宽，而以太网是一种成熟的快速的网络协议，近期发展的 100Mbit/s 快速以太网以及千兆以太网使其能够胜任成为整个企业范围的主干网，它能提高带宽与响应时间。另外，低成本是基于以太网的工业控制网络无可比拟的优越性。

具有以太网接口的现场设备可通过以太网直接与互联网相连，故有人又把它称为嵌入式互联网技术。利用嵌入式互联网技术，可以比较方便地在各类嵌入式应用中实现远距离操作、监测、控制和维护，构成嵌入式的远程监控网络。

三、可通信低压电器简介

（一）概述

PLC 带给电气控制系统全新的控制结构和控制理念，而现场总线更是引发了电气控制系统底层通信技术的一次数字化革命。现场总线系统的发展与应用将从根本上改变传统的工业自动化及其控制系统。

现场总线技术要求现场设备（传感器、驱动器、执行机构等设备）是带有串行通信接口的智能化（可编程或可参数化）设备。因此，现场总线的兴起，促进了低压电气产品的智能化和可通信化，并使电气控制系统从控制结构和控制功能上都发生了根本的变化，而这种系统结构的变革，最终导致制造商重新调整市场策略和格局。

现场总线技术、互联网、TCP/IP 协议、以太网的发展，新型自动化监控系统的产生，使系统趋于开放，系统产品趋于通用型，具有互操作性、可互换性。总之，新型自动化监控系统提供了一个开放的、通用标准的软硬件平台。因此，开放性为我国电器及电气控制带来了新的机遇，为我国的自动化产业带来了新的机遇，更为国内厂商提供了进入市场的机会。国内大批现场设备制造厂商（如驱动器、传感器、变送器、调节器、执行机构、HMI、电动机起动及电流保护装置、输配电保护装置、高低压开关设备等），特别是那些生产特殊品质产品的厂商（如具有专业控制算法的调节器、高防护等级、本征安全等现场设备产品），改造其产品使之具有现场总线接口，可为本企业产品开拓更广泛的市场。因为采用进口控制器、国产现场设备（如驱动器、传感器、变送器、调节器、执行机构、I/O 设备）的现场总线控制系统，兼顾了可靠性、功能、价格三方面因素，会得到用户青睐并具有广阔的市场。

简言之，现场总线技术的发展与应用给传统低压电器与电气控制系统的发展带来了新机遇。

（二）可通信低压电器的体系层次和技术基础

以可通信低压电器为代表的第四代低压电器以可通信化为其主要技术特征，但与第三代低压电气产品（以智能电器为代表）相比较，在性能与功能上得到了大大的提升。

首先，第四代低压电器产品必须有完整的体系，否则难以发展总线控制系统，也不易推广；其次，整个体系产品强调标准化，通信协议实行开放式，可通信电器产品母体应是高性能、小型化、模块化、组合化。

1. 可通信低压电器的体系层次

依据总线控制系统，可通信低压电器体系大致可分为 4 个层次：

第一层次：可通信、智能化开关电器。

第二层次：各种通信接口、网关（网桥）、监控器等。

第三层次：总线电缆、各种连接器、电源模块、辅助模块等。

第四层次：主控制器（PLC、PC 等）。

由此可见，与传统的低压电器相比较，可通信低压电器"家族"增加了许多新的成员。万能式断路器、塑壳断路器、交流接触器、电动机保护器、控制与保护自配合电器等低压电器首先被开发成通信产品，并能直接与总线连接。

通信接口提供与现场总线通信和连接的接口。实现方案一般有两种。一种方案是采用现场总线专用芯片实现曼彻斯特编码、解码及通信控制等功能。这种以专用芯片实现的内部提取时钟的同步通信，使物理层得到简化；另一种方案是采用单片机的 CPU 串行口及高速输出线作为发送和接收的控制端，并采用收发合一的介质驱动/接收器高速光耦合器件。经实验测试，它具有较高的响应速度和数据传输性能。

2. 可通信低压电器的技术基础

对于低压电器的数据通信来说，需要确定的是三部分的内容：一是要考虑通信的主要内容，即与工业网络控制内容有关的信息，以及这些信息如何编码（数据代码）；二是要考虑通信方面的问题，如数据传输格式、传输规则；三是关于低压电器的数据通信与数据通信网络结合的各种方案。

（1）网络控制的内容

低压电器数据通信的主要内容是网络控制的对象参数，主要有以下三类：

1）低压电器元件自身工作状态参数（例如，工作状态是接通还是断开，是否待命状态，已准备好还是未准备好）、报警、故障状态等。

2）低压电器元件所在工作支路的电参数，如电流、故障参数以及相关参数。

3）控制网络工作参数，如遥调、遥控、遥测等。

（2）通信方式

需要考虑的是数据传输格式、传输规则、数据链路符号、字节格式、帧格式、功能编码、波特率、差错处理等。

（3）数据通信网络结构

同一网络遵循统一的通信规约，规约规定了低压电器与低压电器之间、低压电器与上一级计算机监控装置乃至与中央控制系统之间的数据传输格式、数据编码以及传输规则。规约应适用于点对点、一点对多点等数据通信网络。

1）通信接口的软硬件组成：第一层，机构接口，如 37 芯连接器、网络用接口等。第二层，电气接口，如 RS—232、RS—422、RS—485 等。第三层，与智能电器的中央处理器（CPU）或微处理器（MCU）输出口连接等。第四层，处理器的功能设计，单处理器和双处理器方案等。

2）通信线路的物理结构：光线、屏蔽线、双绞线等。

3）网络结构的软硬件组成：①数据通信网络结构，如一点对多点的由上位机主呼的主从网络结构等；②通信方式，如广播应答方式等；③数据传送模式，如半双工类型等；④硬件接口电路类型，如 RS—485 接口电路等；⑤通信线路，如采用 UTP 双绞线等；⑥低压电器数据通信规约，如 AS—I 等。

4）上位机的接口硬件及软件结构，如监控软件、数据采集软件、通信接口相应的软件环境、模块化设计的通信软件等。上位机中央处理器应为中档以上。若上位机处于干扰严重的工业环境中，则选用工控机机型。

（4）网络监控功能

1）遥信功能：通信子站向上位机报送电器现时的各项保护参数。

2）遥测功能：通信子站向上位机报送工作参数、故障参数，达到上位机对工业控制系统遥测的目的。

3）遥调功能：通信子站接收上位机的遥调参数来改变电器中智能型脱扣器的保护特性参数，以达到改变电路保护参数设定值的目的。

4）遥控功能：通信子站接收上位机的控制信号来实现工业计算机控制系统的遥控功能。

（5）低压电器数据通信内容的有效性和实时性

从网络控制的角度来看，低压电器通信内容的特点在于有较强的有效性和实时性，特别是在工业控制系统的电路支路发生故障的情况下，系统响应的时间应该是毫秒级的，在有区域闭锁功能的控制系统对响应时间的要求就更高。

（6）低压电器数据通信的规约

可通信电器能否完成与其他网络的挂接通信，也是评价产品开放性的指标。要想达到网络互连，不同厂商生产的控制设备在网络上传输信息的格式、方式应遵循同一规约。国际标准化组织（International Standard Organization，ISO）制订了开放式系统互连（Open System Interconnection，OSI）参考模型，为协调研制系统互连的各类标准提供了共同的基础和规约，为研究、设计、实现和改造信息处理系统提供了功能上和概念上的框架。

我国国标低压电器数据通信规约（版本号 V1.0），已在城市电网关键技术项目"智能型低压配电和控制装置"中开始应用。该规约规定了低压电器与低压电器之间、低压电器与上一级计算机监控装置乃至与中央控制系统之间的数据传输格式、数据编码以及传输规则。该规约适用于点对点、一点对多点的数据通信网络。规约规定了参数类型、相应的参数代码和通信的格式。主要内容如下：

1）低压电器元件工作状态参数：①工作状态：通、断；②待命状态：准备好、未准备好；③报警；④故障：已动作、未动作；⑤故障类型；⑥故障代号。

2）低压电器元件及其工作支路的电参数：①电流（分相参数）；②故障参数（故障值）。

3）控制网络工作参数：①遥调相关参数；②遥控信号。

4）通信的格式：通信的格式规定了数据传输格式、传输规则、数据链路符号、字节格式、帧格式、功能编码、波特率、差错处理等。

（三）可通信低压电器

1. 具有 AS—I 总线接口的可通信电器

应用 AS—I 网络的执行器和传感器与传统的电器元件有显著的不同，它们不仅具有通信功能，而且通常为机电一体化产品，具有一些新的功能。下面对几个典型产品做简要介绍。

（1）BERO 接近开关

BERO 接近开关是一种非接触式接近开关。由于没有机械磨损，因而寿命长，并且对环境影响不敏感。这种接近开关按工作原理分为感应式、电容式和超声波式 3 种。BERO 接近开关可以直接连接到执行器/传感器接口或接口模块上。特殊的感应式、光学和声呐 BERO 接近开关可以直接连接到执行器/传感器接口上。除了开关输出之外，它们的显著特点是集成有 AS—I 芯片，还提供其他信息（例如，开关范围和线圈故障）。BERO 接近开关是可直接连接到 AS—I 网络的传感器，通过 AS—I 电缆可以对这些智能 BERO 接近开关设置参数。图 1-85 为集成 AS—I 芯片的 BERO 接近开关。

（2）SIGNUM 3SB3 按钮和指示灯组合电器

SIGNUM 3SB3 是将按钮和指示灯装在一个封闭外壳内，集成有 AS—I 芯片，可以实现完全的通信功能。通过集成的 AS—I 模块 4I/4O 的印制电路板就可以将其连接到 AS—I 网络系统上。带灯指令按钮通过 AS—I 电缆供电。通过特殊的 AS—I 从站和独立的辅助电源可以实现 SIGNUM 3SB3 按钮和指示灯组合电器的单个连接。这样一来，每个 SIGNUM 3SB3 按钮和指示灯组合电器可以最多连接 28 个常开触点和 7 个信号输出点。有 2、3、4 或 6 个指令点（表示一个按钮和指示灯的组合），只需一根 AS—I 电缆就可对包括指示灯在内的所有指令点进行控制和供电。图 1-86 为集成 AS—I 芯片的 SIGNUM 3SB3 按钮和指示灯组合电器。

图 1-85　BERO 接近开关

图 1-86　按钮和指示灯组合电器

（3）LOGO！逻辑模块

它是一种可编程的智能化继电器，集逻辑控制与各种继电器功能于一体，包括延时、闭锁、计数器、脉冲继电器等功能。输入和输出接口可用作 AS—I 接口从站点。面板上有 LED 显示屏及操作人员键盘，通过按键，可简便地编制程序，修改控制功能。

2. 具有 PROFIBUS 总线接口的可通信电器

（1）可通信万能式断路器

西门子公司生产的具有通信能力的万能式断路器有 3VL、3WN6、3WN1 和 3WS1 等系列，适用于额定电流为 630～3200A，运行电压为 AC690V 的大型建筑物、工矿企业、电站和水厂等场所，还适用于钻井机或船舶等场合。

3WN1 为高分断能力断路器，适用于大短路电流的配电系统，额定电流为 630～3200A，额定电压为 AC1kV。在 500V 时短路分断能力为 100kA；3WS1 为真空断路器，有极高的电气和机械寿命，在 1kV 时的短路分断能力达 40kA。它们分别通过接口 DP/3WN6、DP/3WN1 和 DP/3WS1 等与 PROFIBUS 总线连接，即把现场分布的从设备和中央控制室中的主设备相互联网。

低压开关设备应用 PROFIBUS—DP 总线接口，这种接口型式具有高数据传输率，适用于自动化系统与分布的现场设备的通信。PROFIBUS 由一个二芯电缆连接主站和现场设备，通过标准的规范传输信息。一个简单的 PROFIBUS 网络最多可以连接 125 台现场设备。

下面以万能式断路器 3WN6 为典型代表进行介绍。

3WN6 是一种经济型低压智能断路器，如图 1-87 所示。它采用了模块化的工程设计，使得通信、保护和测量等功能更为稳定可靠，而且拆卸和维修方便，所有开关功能均可在线进行数字化编辑。联网后，可以方便地实现遥测、遥控功能以及快速故障诊断，还可远方修改定值和进行能量控制。因而避免了不必要的维护检查，减少了生产装置的停车时间。

1）基本配置：①用于过载和短路保护的电子式过电流脱扣器，短路保护具有时间分段延时功能，带有发光二极管显示脱扣原因，还有用作运行显示、带有查询和试验的按键。②带脱扣信号开关的机械重合闸锁定。③脱扣信号发送开关。④合闸准备就绪显示器及其信号发送开关。⑤断路器上装有所需数量的接线端子。⑥主回路连接水平后置。

图 1-87　西门子 3WN6 系列断路器

2）过电流脱扣器：新型的 3WN6 系列断路器以拥有新一代的过电流脱扣器为特征。所有的过电流脱扣器可用作时间分段控制，并且具有状态显示和故障原因显示。脱扣信号独立存储而不需外部电源，信号的查询也不需附加的信号装置。对于脱扣器机电参数配置的测试也包含在脱扣器中。根据用户需要，还可以提供扩展的报警功能、电流表甚至通信模块。

3）模块化：许多部件，如辅助脱扣器、电动机操作机构、过电流脱扣器和电流互感器等，可以很方便地就地更换，因而断路器可方便地根据系统变化的要求而改型。

4）3WN6 的优点：①紧凑的外形使其可用于体积更小的开关柜。②固定式和抽屉式。③热耗散减少。④满负载运行至 55℃。⑤所需的控制功率减少。⑥多种功能特征。⑦标准型中配置有多种可视信号和电气信号。⑧模块化结构。⑨适合于各种用途的过电流保护单元。

5）3WN6 的用途：①作为大型设备的主开关。②在三相系统中作为进线和出线装置。③用于通断和保护电动机、发电机、变压器和电容器组。

6）通信能力：图 1-88 为 3WN6 系列断路器通信网络示意图。由图可见，3WN6 系列断路器通过 DP/3WN6 与 PROFIBUS 总线接口和主设备连接。主设备有可编程序控制器（PLC）、个人计算机（PC）和编程装置（PG）等。

在电子式过电流脱扣器里装有一个内部通信模块，受微处理器控制，通过 PROFIBUS—DP 通信，数据通过一根电缆传送至接口 DP/3WN6，由该接口把数据转换成 PROFIBUS—DP 的规范，以便与主设备进行通信。PROFIBUS 总线系统保证了一台断路器可以与许多不同类型的主设备连接。以往复杂的电路连接被简单的双线系统所取代。系统的主设备各自带有必要的软件支持，其中 GSD 文件（电子设备数据库文件，也称为设备描述文件，与非西门子的设备通信时用的）为总线设置文件，它可由制造商随设备提供，用户也可以从网上下载。使用基于 GSD 的组态工具可将不同厂商生产的设备集成在同一总线系统中，既简单又是对用户友好的。

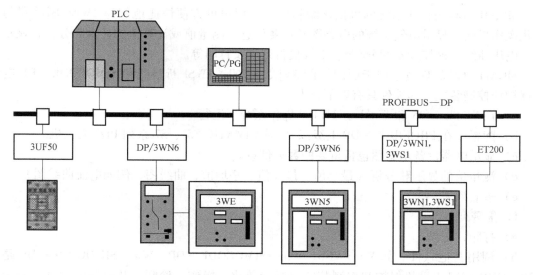

图 1-88 3WN6 系列断路器通信网络示意图

断路器通过该网络系统不仅可以闭合和分断，而且还可以传输复杂的状态和诊断数据，例如，模拟量检测（如相电流、接地故障电流等）、事故信息（如上次脱扣类型、超温报警、三相不平衡等）、运行状态（分合位置、分励欠电压脱扣器状态、合闸准备就绪信号等）、远距离参数设置、远距离控制，以及准确地预测维修周期。可方便地实现能源管理，大大减少了电能支出。

7）Win3WN6 软件和 SICAM LCC 软件：高性能的软件包可以简化断路器的操作，也可以更方便地使用断路器的通信功能。

① Win3WN6 软件的功能及特点：

该软件提供了 3WN6 断路器参数设置、操作控制和监控的所有功能，其软件具有以下特点：

a）可用于 D、E/F、H、J/K、N 和 P 型脱扣器。

b）在 Windows 95 和 Windows NT4.0 操作系统下运行。

c）Win3WN6 通过断路器脱扣器面板上的 RS-232 接口或通过 PROFIBUS—DP，以 PC 或 SIMA TIC—S5、S7 系列 PLC 为主机与断路器进行通信。

d）观察断路器的运行状态和脱扣信号。

e）对断路器进行操作（可加密码保护）。

f）观测运行参数（如相电流）。

g）方便地设定保护参数（可加密码保护）。

Win3WN6 除以上特点外还具有以下优点：

a）参数设置方便快捷，节省时间，只要一次输入参数，然后将其复制至其他相同设置的断路器。

b）只要按一下按钮即可快速读出断路器的参数并打印出来。

c）只要点一下鼠标，即可得出断路器的诊断数据，避免或减少了停电检修时间。

② SICAM LCC 软件的功能及特点：

SICAM LCC 为低压系统的可视化编程软件，用户可方便快捷地创建 3WN6 断路器的可视化操作界面，显示电气系统的电路图及重要信息、测量值或计算值的显示和分析，显示电流、电压曲线、遥控设备的分/合、事故报警列表及打印等。

SICAM LCC 软件也适用于西门子的 3VL、3WNl、3WSl 断路器和 SIMOCODE—DP 电动机保护和控制装置。其软件具有以下特点：

a) 在 Windows 95 和 Windows NT4.0 操作系统下运行。

b) 配置：在 PROFIBUS—DP 上级以 PC 或 SIMATIC S5、S7 系列 PLC 为主机。

c) 显示电器设备示意图包括重要的数据信息。

d) 测量值的显示和分析（最小值、最大值、平均值、曲线图，例如电流曲线图）。

e) 事故列表。

f) 报警列表。

g) 打印，记录。

h) 调用其他软件。如 Win3WN6、Win—SIMOCODE—DP。Win—SIMOCODE—DP 是对 SIMOCODE—DP 电动机保护和控制装置进行参数化、操作、诊断，及监测的软件，安装在 PC 上。

i) 调用电器设备的参数。

SICAM LCC 除以上特点外还具有以下优点：

a) 为工厂配电用电器设备提供了清楚的标准图形界面。

b) 只要按一下按钮即可快速读出电器设备的参数并打印出来。

c) 通过对所有连接的电器设备进行诊断可避免或减少工厂的停电检修时间。

d) 通过对测量值（如电流值）进行分析，可实现最佳的能量管理，减小负载峰值。

e) 采用标准工具实现图形化操作，减少了成本。

（2）可通信塑壳低压断路器 3UF5（3UF5 SIMOCODE—DP 电动机保护和控制装置）

3UF5 是西门子公司生产的，其额定电流为 63～800A。它利用电动机保护和控制装置 SIMOCODE—DP 作为接口，与现场总线 PROFIBUS—DP 通信。

集成有 SIMOCODE—DP 的 3UF5 断路器，称为电动机保护和控制装置，如图 1-89 所示。它能够控制电动机起动，例如，控制直接起动器、可逆起动器、Y-△起动器等；可以通过使用可自由支配的输入和输出、内置真值表、计时器和计数器来执行用户定义的控制；可以通过 SIMOCODE—DP 测量合闸或分闸的运行信息、故障信息（包括脱扣和过载报警）以及最大相电流，并把这些信息通过 PROFIBUS—DP 输送给主设备，也可由主设备下达合闸或分闸指令，能够实现电动机保护功能，如过载保护、相故障和电流不平衡检测；还能够实现热敏电阻电动机保护功能和接地故障监视功能。

图 1-89　3UF5 可通信断路器

3UF5 SIMOCODE—DP 系统模块化配置由下列部件组成：

1）3UF50 基本单元。这个带有 4 个输入和 4 个输出的基本单元，自动执行所有保护和控制功能，并提供与 PROFIBUS—DP 的连接。这 4 个输入由内部的 DC24V 电源供电。扩展模块、操作面板、手操设备或 PC 均可通过系统接口予以连接。该基本单元有 3 种不同的控制电源电压类型：DC24V，AC115V，AC230V。

2）3UF51 扩展模块。该扩展模块另外向系统提供 8 个输入和 4 个输出。设备本身由基本单元供电。这 8 个输入必须连接到一外部电源上。此处，有 3 种不同类型的电压（DC24V，AC115V，AC230V）。与基本单元的连接以及与操作面板、手操设备或 PC 的连接均是通过系统接口来进行的。

3）3UF52 操作面板。用于对柜内的驱动器进行手动控制。可连接至基本单元和扩展模块。由基本单元供电。对于手操设备或 PC 可实现连接。安装在前面板内或 IP54 柜门内。3 个按钮可自由参数化。6 个信号 LED 也可自由参数化。

4）3WX36 手操装置。该装置可以连接到基本单元、扩展模块或运行模块上，具有调试、控制、参数化、诊断和维护功能。

（3）Bulletin825 型智能化电动机控制器

Bulletin825 型智能化电动机控制器是美国罗克韦尔 AB 公司生产的，它是一种可通信、可编程的电子过载保护器，其保护特性包括热过载、断相、堵转、短路故障等。控制功能包括紧急起动、热起动、起动次数限制、双速起动和星形-三角形起动。这种控制器可通过 PROFIB US 现场总线与 PC 通信。

习　题

1. 什么叫可通信低压电器？对可通信低压电器的基本要求有哪些？简述可通信低压电器的产品结构特征及基本功能。

2. 为什么要进行数据编码？非归零码和曼彻斯特编码各有何特点？PROFIBUS—DP 和 AS—I 两种现场总线分别采用什么数据编码？

3. 在数据通信网络中，有哪些信号传输方式？简述它们的含义。

4. 什么叫波特率，在数据传输中定义了哪三种速率？简述它们的含义。

5. 在串行通信方式中常用哪几种串行通信接口？简述它们的含义。

6. 通信网络中，常用的拓扑形式有哪些？在西门子 PLC 的通信网络的底层网络中，一般使用哪种拓扑形式？

7. 简述工业通信网络结构，并画图说明。

8. 简述数据链路层和网络层的作用和常用设备。

9. 简述网关的定义及作用。

10. 简述现场总线的定义及主要特点。

11. PROFIBUS 提供了哪三种通信协议类型？简述每种协议的用途。

12. 什么是 AS—I 总线？简述其作用及优点。

13 简述基于以太网的工业控制网络的结构特征。

14. 简述可通信低压电器的体系层次。

15. 简述网络监控功能。

16. 简述 BERO 接近开关、3WN6 系列断路器、3UF5 SIMOCODE—DP 电动机保护和控制装置及 Bulletin825 型智能化电动机控制器等四种可通信低压电器的通信功能。

17. 西门子的 3UF5 SIMOCODE—DP 电动机保护和控制装置有哪些功能？

第九节　常用执行电器

能够根据控制系统的输出控制逻辑要求执行动作命令的器件称作执行电器。比如前面讲述的接触器就是典型的执行电器。除此之外，常用的执行电器还有电磁阀、控制电动机等。随着科学技术的发展，一些逻辑器件在自动化控制系统中会被智能化的器件所取代，但执行器件就像执行大脑命令的人的四肢，不管怎么先进的控制系统都要使用它们。

一、电磁执行电器

电磁执行电器都是基于电磁机构的工作原理进行工作的。

（一）电磁铁

电磁铁（YA）主要由励磁线圈、铁心和衔铁三部分组成，其结构图与图 1-7 类似。当励磁线圈通电后便产生磁场和电磁力，衔铁被吸合，把电磁能转换为机械能，带动机械装置完成一定的动作。

1. 电磁铁的分类

根据励磁电流的不同，电磁铁分为直流电磁铁和交流电磁铁。如果按照用途来划分电磁铁，主要可分成以下五种：

1）牵引电磁铁：主要用来牵引机械装置、开启或关闭各种阀门，以执行自动控制任务。

2）起重电磁铁：用作起重装置来吊运钢锭、钢材、铁砂等铁磁性材料。

3）制动电磁铁：主要用于对电动机进行制动以达到准确停车的目的。

4）自动电器的电磁系统：如电磁继电器和接触器的电磁系统、断路器的电磁脱扣器及操作电磁铁等。

5）其他用途的电磁铁：如磨床的电磁吸盘以及电磁振动器等。

2. 电磁铁的优点

电磁铁有许多优点：电磁铁的磁性有无可以用通、断电流控制；磁性的大小可以用电流的强弱或线圈的匝数多少来控制；也可通过改变电阻控制电流大小来控制磁性大小；它的磁极可以由改变电流的方向来控制，等等。即磁性的强弱可以改变，磁性的有无可以控制，磁极的方向可以改变，磁性可因电流的消失而消失。

3. 电磁铁的主要技术数据

电磁铁的主要技术数据有额定行程、额定吸力、额定电压等。选用电磁铁时应该考虑这些技术数据，即额定行程应满足实际所需机械行程的要求，额定吸力必须大于机械装置所需的起动吸力。

电磁铁的表示符号如图 1-90a 所示。

（二）电磁阀

电磁阀（YV）用来控制流体的自动化基础元件，属于执行器，用在工业控制系统中调整介质的方向、流量、速度和其他的参数。其外形如图 1-91 所示。电磁阀不但能够应用在气动系统中，在油压系统、水压系统中也能够得到相同或者类似的应用。

电磁阀线圈通电后，靠电磁吸力的作用把阀芯吸起，从而使管路接通；反之管路被阻

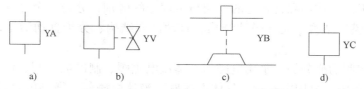

图 1-90　电磁驱动器件表示符号

a) 电磁铁　b) 电磁阀　c) 电磁制动器　d) 电磁离合器

断。电磁阀可以配合不同的电路来实现预期的控制，而控制的精度和灵活性都能够保证。电磁阀有很多种，不同的电磁阀在控制系统的不同位置发挥作用，最常用的是单向阀、安全阀、方向控制阀、速度调节阀等。

1. 电磁阀的分类

1）电磁阀从原理上分为三大类：

① 直动式电磁阀：

原理：通电时，电磁线圈产生电磁力把关闭件从阀座上提起，阀门打开；断电时，电磁力消失，弹簧把关闭件压在阀座上，阀门关闭。

特点：在真空、负压、零压时能正常工作，但通径一般不超过 25mm。

图 1-91　电磁阀外形图

② 先导式电磁阀：

原理：通电时，电磁力把先导孔打开，上腔室压力迅速下降，在关闭件周围形成上低下高的压差，流体压力推动关闭件向上移动，阀门打开；断电时，弹簧力把先导孔关闭，入口压力通过旁通孔迅速进入上腔室，在关阀件周围形成下低上高的压差，流体压力推动关闭件向下移动，关闭阀门。

口径 15mm 以上的，压力 0.1MPa 以上时，电磁阀采用先导式，即先打开较小的先导阀口，利用压差打开主阀口。一般 0.8MPa 以下，主阀口是橡胶膜片结构，0.8MPa 以上则是金属活塞结构。

特点：流体压力范围上限较高，可任意安装（需定制），但必须满足流体压差条件。

③ 分步直动式电磁阀：

分步直动式电磁阀也称为反冲型电磁阀（即无压差式），是集直动式和先导式结构为一体的电磁阀。它既可以在介质无压力的工况下靠线圈的吸力打开主阀塞，又可以在介质压力较高的工况下，使主阀塞产生压差而开启电磁阀。

原理：它是一种直动式和先导式相结合的原理，当入口与出口没有压差或当入口与出口压差≤0.05MPa 时，通电后，电磁力直接把先导小阀和主阀关闭件依次向上提起，阀门打开。当入口与出口达到启动压差（>0.05MPa）时，通电后，电磁力先打开先导小阀，主阀下腔压力上升，上腔压力下降，从而利用压差把主阀向上推开；断电时，先导阀和主阀利用弹簧力或介质压力推动关闭件向下移动，使阀门关闭。

特点：在零压差或真空、高压时也能可靠动作，但功率和体积较大，要求水平安装；口径较小也可以垂直安装，但用户要特别提出。

2）电磁阀根据阀结构和材料上的不同与原理上的区别，分为六个分支小类：直动膜片结构、分步直动膜片结构、先导膜片结构、直动活塞结构、分步直动活塞结构、先导活塞结构。

3）电磁阀按照功能分类：水用电磁阀、蒸汽电磁阀、制冷电磁阀、低温电磁阀、燃气电磁阀、消防电磁阀、氨用电磁阀、气体电磁阀、液体电磁阀、微型电磁阀、脉冲电磁阀、液压电磁阀、常开电磁阀、油用电磁阀、直流电磁阀、高压电磁阀、防爆电磁阀等。

常见类型有：2位2通通用型阀、热水/蒸汽阀、2位3通阀、2位4通阀、2位5通阀、本安型防爆电磁阀、低功耗电磁阀、手动复位电磁阀、精密微型阀和阀位指示器。

2. 电磁阀的主要特点

（1）外漏堵绝，内漏易控，使用安全

内外泄漏是危及安全的因素。其他自控阀通常将阀杆伸出，由电动、气动、液动执行机构控制阀芯的转动或移动。这都要解决长期动作阀杆动密封的外泄漏难题；唯有电磁阀是用电磁力作用于密封在电动调节阀隔磁套管内的铁芯完成，不存在动密封，所以外漏易堵绝。电动阀力矩控制不易，容易产生内漏，甚至拉断阀杆头部；电磁阀的结构型式容易控制内泄漏，直至降为零。所以，电磁阀使用特别安全，尤其适用于腐蚀性、有毒或高低温的介质。

（2）系统简单，便于连接计算机，价格低廉

电磁阀本身结构简单，价格也低，比起调节阀等其他种类执行器易于安装维护。更显著的是所组成的自控系统简单得多，价格要低得多。由于电磁阀是开关信号控制，与工控计算机连接十分方便。在当今计算机普及，价格大幅下降的时代，电磁阀的优势就更加明显。

（3）动作快速，功率微小，外形轻巧

电磁阀响应时间可以短至几毫秒，即使是先导式电磁阀也可以控制在几十毫秒内。由于自成回路，比其他自控阀反应更灵敏。设计得当的电磁阀线圈功率消耗很低，属节能产品；还可做到只需触发动作，自动保持阀位，平时一点也不耗电。电磁阀外形尺寸小，既节省空间，又轻巧美观。

（4）调节精度受限，适用介质受限

电磁阀通常只有开、关两种状态，阀芯只能处于两个极限位置，不能连续调节，所以调节精度还受到一定限制。

电磁阀对介质洁净度有较高要求，含颗粒状的介质不能适用，如属杂质须先滤去。另外，黏稠状介质不能适用，而且，特定的产品适用的介质黏度范围相对较窄。

（5）型号多样，用途广泛

电磁阀虽有先天不足，优点仍十分突出，所以就设计成多种多样的产品，满足各种不同的需求，用途极为广泛。电磁阀技术的进步也都是围绕着如何克服先天不足，如何更好地发挥固有优势而展开。

3. 电动阀与电磁阀的区别

电磁阀（YV）是电磁线圈通电后产生磁力吸引克服弹簧的压力带动阀芯动作，就一电磁线圈，结构简单，价格便宜，只能实现开、关，用于液体和气体管路的开、关控制，即开关量控制。一般用于小型管道的控制。

电动阀（YM）是通过电动机驱动阀杆，带动阀芯动作。电动阀又分关断阀和调节阀。关断阀是两位式的工作，即全开和全关，调节阀是在上面安装电动阀门定位器，通过闭环调

节来使阀门动态地稳定在一个位置上。电动阀用于液体、气体和风系统管道介质流量的模拟量调节，即模拟量控制。常用于大管道和风阀等，在大型阀门和风系统的控制中也可以用电动阀做两位开关控制。

电磁阀的表示符号如图1-90b所示。

（三）电磁制动器

使机械中的运动件停止或减速的机械零件俗称刹车或刹闸。电磁制动器（YB）的作用就是快速使旋转的运动停止，即电磁刹车或电磁抱闸。电磁制动器有盘式制动器和块式制动器，一般都由制动器、电磁铁、摩擦片或闸瓦等组成。这些制动器都是利用电磁力把高速旋转的轴抱死，实现快速停车。其外形如图1-92所示。

图1-92　电磁制动器外形图

1. 电磁制动器的分类

利用电磁效应实现制动的制动器，分为电磁粉末制动器、电磁涡流制动器和电磁摩擦式制动器等多种形式。

1）电磁粉末制动器：励磁线圈通电时形成磁场，磁粉在磁场作用下磁化，形成磁粉链，并在固定的导磁体与转子间聚合，靠磁粉的结合力和摩擦力实现制动。励磁电流消失时磁粉处于自由松散状态，制动作用解除。这种制动器体积小，重量轻，励磁功率小，而且制动转矩与转动件转速无关，但磁粉会引起零件磨损。它便于自动控制，适用于各种机器的驱动系统。

2）电磁涡流制动器：励磁线圈通电时形成磁场。制动轴上的电枢旋转切割磁力线而产生涡流。电枢内的涡流与磁场相互作用形成制动转矩。电磁涡流制动器坚固耐用、维修方便、调速范围大；但低速时效率低、温升高，必须采取散热措施。这种制动器常用于有垂直载荷的机械中。

3）电磁摩擦式制动器：励磁线圈通电产生磁场，通过磁轭吸合衔铁，衔铁通过连接法兰实现对轴制动。

电磁制动器根据制动方式又可分为通电制动和断电制动。另外还细分为电磁干式单片电磁制动器、干式多片电磁制动器、湿式多片电磁制动器等。

2. 电磁制动器的特点及用途

电磁制动器是现代工业中一种理想的自动化执行元件，在机械传动系统中主要起传递动力和控制运动等作用。具有结构紧凑，操作简单，反应速度极快，响应灵敏，寿命长久，使用可靠，安装简单，价格低廉，易于实现远距离控制等优点。但容易使旋转的设备损坏。所以一般用在转矩不大、制动不频繁的设备上。它主要与系列电机配套。广泛应用于冶金、建筑、化工、食品、机床、舞台、电梯、轮船、包装等机械中，及在断电时（防险）制动等场合。

电磁制动器的表示符号如图1-90c所示。

（四）电磁离合器

电磁离合器（YC）靠线圈的通断电来控制离合器的接合与分离。电磁离合器一般用于环境温度 -20 ~ 50℃，湿度小于85%，无爆炸危险的介质中，其线圈电压波动不超过额定电压的 ±5%。离合器电源为一般为直流24V（特殊订货除外）。它由三相或单相交流电压经降压和全波整流得到，无稳压及滤波要求，电源功率要大于电磁离合器额定功率1.5倍以上。使用半波整流电源必须加装续流二极管。其外形如图1-93所示。

1. 电磁离合器的分类

电磁离合器可分为干式单片电磁离合器，干式多片电磁离合器，湿式多片电磁离合器，磁粉式电磁离合器，转差式电磁离合器等。电磁离合器按工作方式又可分为通电接合和断电接合。

1）干式单片电磁离合器：线圈通电时产生磁力，在电磁力的作用下，使衔铁的弹簧片产生变形，动盘与衔铁吸合在一起，离合器处于接合状态；线圈断电时，磁力消失，衔铁在弹簧片弹力的作用下弹回，离合器处于分离状态。其外形如图1-93a所示。

图1-93　电磁离合器外形图

a）单片电磁离合器　b）多片电磁离合器　c）磁粉式电磁离合器　d）转差式电磁离合器

2）干式多片、湿式多片电磁离合器：原理同上，另外增加几个摩擦副，同等体积转矩比干式单片电磁离合器大，湿式多片电磁离合器工作时必须有油液冷却和润滑。其外形如图1-93b所示。

3）磁粉式电磁离合器：在主动转子与从动转子之间放置适度磁粉，不通电时磁粉处于松散状态，离合器处于分离状态；线圈通电时，磁粉在电磁力的作用下，将主动转子与从动转子连接在一起，主动端与从动端同时转动，离合器处于接合的状态。优点：可通过调节电流来调节转矩，允许较大转差，是恒张力控制的首选元件。缺点：较大转差时温升较大，相对价格高

4）转差式电磁离合器：离合器工作时，主、从动件必须存在某一转速差才有转矩传递。转矩大小取决于磁场强度和转速差。励磁电流保持不变，转速随转矩增加而剧烈下降；转矩保持不变，励磁电流减少，转速减少得更加严重。

转差式电磁离合器由于主、从动件间无任何机械连接，无磨损消耗，无磁粉泄漏，无冲

击，调整励磁电流可以改变转速，作无级变速器使用，这是它的优点。该离合器的主要缺点是转子中的涡流会产生热量，该热量与转速差成正比。低速运转时的效率很低，效率值为主、从动轴的转速比，即 $\eta = n_2 / n_1$。

转差式电磁离合器适用于高频动作的机械传动系统，可在主动件运转的情况下，使从动件与主动件接合或分离。主动件与从动件之间处于分离状态时，主动件转动，从动件静止；主动件与从动件之间处于接合状态时，主动件带动从动件转动。

2. 电磁离合器的特点及应用场合

1）高速响应：因为是干式类，所以转矩的传递很快，可以达到便捷的动作。

2）耐久性强：散热情况良好，而且使用了高级的材料，即使是高频率、高能量的使用，也十分耐用。

3）组装维护容易：属于滚珠轴承内藏的磁场线圈静止型，所以不需要将中芯取出，也不必利用电刷，使用简单。

4）动作确实：使用板状弹片，虽有强烈振动也不会产生松动，耐久性佳。

电磁离合器广泛适用于机床、包装、印刷、纺织、轻工及办公设备中。

电磁离合器表示符号如图 1-90d 所示。

二、常用驱动设备

最常用的驱动设备是三相笼型异步电动机，由于在第 2 章还要重点讲解其控制电路，所以这里只简要介绍另外两种常用驱动设备。

（一）伺服电动机

伺服电动机又称执行电动机，在自动控制系统中，用作执行元件，把所收到的电信号转换成电动机轴上的角位移或角速度输出。其外形如图 1-94 所示。

伺服意味着"伺候"和"服从"，广义的伺服系统是精确地跟踪或复现某个给定过程的控制系统，也可称作随动系统。而狭义伺服系统又称位置随动系统，其被控制量（输出量）是负载机械空间位置的线位移或角位移，当位置给定量（输入量）作任意变化时，系统的主要任务是使输出量快速而准确地复现给定量的变化。

伺服系统和调速系统一样，可以是开环控制，也可以是闭环控制。开环控制无法保证精确的定位精度，高精度的伺服系统需要位置闭环控制，构成反馈控制系统。

图 1-94 三相永磁同步交流伺服电动机外形图

伺服电动机分交流伺服电动机和直流伺服电动机。交流伺服电动机实际上是三相永磁同步交流伺服电动机，其内部的转子是永磁铁，驱动器控制的三相交流电形成磁场，转子在此磁场的作用下转动；同时电动机自带的编码器反馈信号给驱动器，驱动器根据反馈值与目标值进行比较，调整转子转动的角度。伺服电动机的精度决定于编码器的精度（线数）。

现在交流伺服系统已成为当代伺服系统的主要发展方向，高性能的伺服系统大多采用永磁同步交流伺服电动机，控制驱动器多采用快速、准确定位的全数字位置伺服系统。三相永磁同步交流伺服电动机的主要优点如下：

1）无电刷和换向器，因此工作可靠，对维护和保养要求低。

2）定子绕组散热比较方便。

3）惯量小，易于提高系统的快速性。

4）适应于高速且大转矩工作状态。

5）与直流伺服电动机相比，同功率下有较小的体积和质量。

伺服系统应用非常广泛，例如，数控机床的定位控制和加工轨迹控制、船舵的自动操作、火炮和雷达的自动跟踪、宇航设备的自动驾驶、机器人的动作控制、打印机、复印机、磁记录仪、磁盘驱动器等。

三相永磁同步交流伺服电动机的图形符号和文字一般表示符号如图 1-95a 所示。

（二）步进电动机

步进电动机是把电脉冲信号变换成角位移以控制转子转动的微特电机，又称脉冲电动机。在自动控制装置中作为执行元件。其外形如图 1-96 所示。

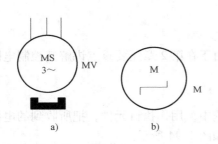

图 1-95　伺服电动机和步进电动机表示符号

a）三相永磁同步交流伺服电动机　b）步进电动机

图 1-96　步进电动机外形图

当步进驱动器接收到一个脉冲信号，它就驱动步进电动机按设定的方向转动一个固定的角度（即步进角）。可以通过控制脉冲个数来控制角位移量，以达到准确定位的目的；同时可以通过控制脉冲频率来控制步进电动机转动的速度和加速度，进行调速。

步进电动机的驱动器由变频脉冲信号源、脉冲分配器及脉冲放大器组成，由此驱动器向电机绕组提供脉冲电流。步进电动机的运行性能决定于步进电动机与驱动器间的良好配合。

步进电动机是将电脉冲信号转变为角位移或线位移的开环控制元件。在非超载的情况下，电动机的转速、停止的位置只取决于脉冲信号的频率和脉冲数，而不受负载变化的影响，即给电动机加一个脉冲信号，电动机则转过一个步距角。这一线性关系的存在，加上步进电动机只有周期性的误差而无累积误差等特点，使得在速度、位置等控制领域用步进电动机来控制变得非常简单。步进电动机必须配合驱动控制器一起使用，驱动器用于给步进电动机分配环形脉冲，并提供驱动能力。

步进电动机的优点是没有累积误差，结构简单，使用维修方便，制造成本低，步进电动机带动负载惯量的能力大，适用于中小型机床和速度精度要求不高的地方，缺点是效率较低，发热大，有时会"失步"。步进电动机多用于数字式计算机的外部设备，以及打印机、绘图机和磁盘等装置。

步进电动机的图形和文字一般表示符号如图 1-94b 所示。

习　题

1. 简述电磁铁的功能、分类及优点。
2. 简述电磁阀的功能、分类及特点。
3. 简述电磁制动器的功能、分类及特点。
4. 简述电磁离合器的分类及特点。
5. 分述伺服电动机和步进电动机的功能、特点及应用场合。

第二章 电器控制线路

　　电器控制线路是由按钮、开关、接触器、继电器等有触点的低压控制电器所组成的控制线路。

　　电器控制又称继电器-接触器控制，故又称有触点控制，它属于开关量自动控制。特别适合于生产机械的简单的控制过程，对于生产机械的复杂的控制过程可用可编程序控制器（PLC）来进行控制，但继电器-接触器控制又是 PLC 控制的基础，掌握了继电器接触器控制的分析方法和设计方法就不难掌握 PLC 控制的硬件设计和软件编程，这一点大家一定要认识到。

第一节　电器控制线路的绘制

一、图形和文字符号

　　图形和文字符号必须统一规范，即标准化，以便进行交流与沟通。为此，图形和文字符号由国家统一制定，都必须遵照执行。我国过去就一直使用老的图形和文字符号，随着我国经济的发展和改革开放，相应地引进了许多国外的先进设备，为了便于掌握引进的国外先进技术和应用设备，便于国际交流和满足国际市场的需要，国家标准局参照国际电工委员会（IEC）颁布的有关文件，制定了我国电气设备的有关国家标准，采用新的图形和文字符号，颁布了国家标准，即 GB/T 4728.1 ~ 13—2005 ~ 2008《电气简图用图形符号》等 13 项系列标准。控制线路中的图形和文字符号必须符合最新的国家标准。一些常用的电气图形和文字符号见表 2-1 ~ 表 2-3。

表 2-1　常用电气图形符号

符 号 名 称	图 形 符 号	符 号 名 称	图 形 符 号
直流		软连接	
交流		导线的连接	●
交直流		端子①	○
正极	+	带滑动触点的预调电位器	
负极	−	带固定抽头的电阻	
接地一般符号		带分流和分压端子的电阻器	
接机壳或接底板	形式1 形式2	电容器一般符号	
		导线的交叉连接	●
导线			

　① 必要时圆圈可画成圆黑点。

（续）

符号名称	图形符号	符号名称	图形符号
导线的不连接		双绕组变压器	
不需要示出电缆芯数的电缆终端头		脉冲变压器	
电阻器		三相变压器星形—三角形联结	
可调电阻器			
带滑动触点的电阻器			
带滑动触点的电位器		电机扩大机	
N型沟道结型场效应半导体管			
P型沟道结型场效应半导体管		原电池或蓄电池	
光电(光敏)二极管		旋转电机的绕组 ①换相绕组或补偿绕组 ②串励绕组 ③并励或他励绕组	
光生伏打电池			
三极闸流晶体管		集电环或换向器上的电刷 注:仅在必要时标出电刷	
极性电容器		电机一般符号: 符号中的星号必须用下述字母代替:C同步发电机;G发电机;GS同步发电机;M电动机;MS同步电动机;SM伺服电动机;TG测速发电机	*
可调电容器			
线圈,绕组,电感器			
带磁心的电感器		三相笼型异步电动机	M 3~
半导体二极管			
PNP型晶体管		串励直流电动机	M
NPN型晶体管			
他励直流电动机	M	动合(常开)触点开关一般符号	
电抗器、扼流圈		动断(常闭)触点	

（续）

符 号 名 称	图形符号	符 号 名 称	图形符号
先断后合的转换触点		避雷器	
中间断开的双向触点		缓慢吸合继电器的线圈	
当操作器件被吸合时,延时闭合的动合触点形式		带动合触点的行程开关	
当操作器件被释放时,延时断开的动合触点形式		带动断触点的行程开关	
多极开关一般符号单线表示		当操作器件被释放时,延时闭合的动断触点形式	
多极开关多线表示		当操作器件被吸合时,延时断开的动断触点形式	
接触器(在非动作位置触点闭合)		吸合时延时闭合和释放时延时断开的动合触点	
断路器		带(自动)复位的手动按钮开关形式	
隔离开关		双向行程开关	
接触器(在非动作位置触点断开)		热继电器的触点	
驱动器件一般符号,继电器线圈一般符号		动合(常开)按钮	
熔断器一般符号		电压表	ⓥ
熔断式开关		转速表	ⓝ
熔断式隔离开关		力矩式自整角发送机	
		灯 信号灯	⊗
火花间隙		电喇叭	

（续）

符 号 名 称	图 形 符 号	符 号 名 称	图 形 符 号
信号发生器 波形发生器	G	脉冲宽度调制	
电流表	A	放大器	

表 2-2　常用电气文字符号

名　　称	文 字 符 号	名　　称	文 字 符 号
分离元件放大器	A	电抗器	L
晶体管放大器	AD	电动机	M
集成电路放大器	AJ	直流电动机	MD
自整角机旋转变压器	B	交流电动机	MA
旋转变压器	BR	电流表	PA
电容器	C	电压表	PV
双(单)稳压元件	D	电阻器	R
热继电器	FR	控制开关	SA
熔断器	FU	选择开关	SA
旋转发电机	G	按钮开关	SB
同步发电机	GS	行程开关	SQ
异步发电机	GA	三极隔离开关	QS
蓄电池	GB	单极开关	Q
接触器	KM	刀开关	Q
继电器	KA	电流互感器	TA
时间继电器	KT	电力互感器	TM
电压互感器	TV	信号灯	HL
电磁铁	YA	发电机	G
电磁阀	YV	直流发电机	GD
电磁吸盘	YH	交流发电机	GA
接插器	X	半导体二极管	V
照明灯	EL	半导体三极管、晶闸管	V

表 2-3　常用辅助文字符号

名　　称	文 字 符 号	名　　称	文 字 符 号
交流	AC	直流	DC
自动	A 或 AUT	接地	E
加速	ACC	快速	F
附加	ADD	反馈	FB
可调	ADJ	正,向前	FW
制动	B 或 BRK	输入	IN
向后	BW	断开	OFF
控制	C	闭合	ON
延时(延迟)	D	输出	OUT
数字	D	起动	ST

二、电器控制线路的表示方法

电器控制线路的表示方法是采用线路图，常用以下两种线路图：

原理图——绘制时不考虑电器元件的实际位置，常在设计调试和故障分析时使用。

安装图（接线图）——绘制时装置的各电器元件都按实际位置画出，连线也基本如此，常在安装、接线和调试时使用。

三、控制线路的组成及分类

控制线路通常有以下 3 种：

主回路——是高电压大电流回路。如电动机绕组，接触器主触点电流回路。

控制回路——是低电压小电流回路。如接触器，继电器的线圈等小电流回路。

辅助回路——是不影响控制电路工作的独立的附加电路。如信号回路、保护回路及测量回路等。

四、电器控制原理图的绘制原则

1）主回路、控制回路要分开，要遵循"主在左，控在右，辅助回路可插入"的原则。

2）同一元器件的各部分（如线圈、触点）可不画在一起，可按需要和方便的位置画出，但需要同一文字符号标出，如图 2-1 所示。

图 2-1　同一元器件各部分的标注法

3）所有的按钮、开关均没有外力作用；所有的线圈都不通电，以此作为控制电器的原始状态。

4）有分支线路时，尽量按动作先后顺序排列，二线交叉的电气连接点用黑点标出，如图 2-2 所示。

图 2-2　二线交叉画法
a）二线连接　b）二线不连

五、阅读和分析控制线路图的方法

首先，先弄清生产工艺流程或动作过程，然后分析其控制线路的动作过程或工作原理。继电器-接触器控制线路是有触点控制，即开关量控制，只有"开"、"闭"两种状态。只要能明确每一个触点所处的位置和开闭状态，按照电器动作后触点状态的改变来追索线路逻辑关系，就能够分析任何一个控制线路图。但当线路图比较复杂时，分析线路和逻辑关系就比较麻烦，通常是在图上找一个器件要花很长时间，且常常"后通前忘"，前后连贯不起来。为此，建议采用器件的文字符号，从主令器件开始，按控制器件动作的先后顺序用笔记录下其动作过程。

综上所述，可归纳成以下两种分析方法：

对简单线路图——从主令器件开始，弄清每个器件及其触点的位置和开闭状态，直接分析即可。

对复杂线路图——从主令器件开始，按控制器件动作的先后顺序笔录下其动作过程，连贯起来分析即可。

以后，在分析控制线路时均采用第二种方法。

习　题

1. 常用的控制线路图有哪几种？各有何特点？各用在什么场合？
2. 控制线路由哪些电路组成？每个电路各有何特点？
3. 画控制线路图时，按钮、开关、线圈等都要按原始状态画出。它们的原始状态分别指什么？
4. 如何阅读和分析简单线路图和复杂线路图？

第二节　笼型电动机的直接起停控制

据统计，在许多工矿企业中，笼型异步电动机的数量占电力拖动设备总台数的85%左右。在变压器容量允许的情况下，笼型异步电动机应该尽可能采用全电压直接起动。这样，既可以提高控制线路的可靠性，又可以减少电器的维修工作量。因此，笼型电动机直接起、停控制线路是广泛应用的，也是最基本的控制线路，其他电动机的控制线路都是在此基础上增加一些功能演变而成的。笼型电动机直接起、停控制线路如图 2-3 所示。该图的左边为主回路，右边为控制回路，刀开关 S、熔断器 FU 和热继电器 FR 属于辅助电路分别接在（插入）主回路和控制回路中。下面分别论述控制线路的功能及其动作过程。

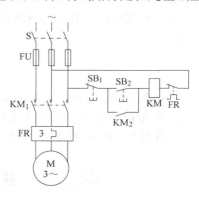

图 2-3　笼型电动机直接
起、停控制线路

一、功能

（一）控制功能

1）起动。

2）停止。

（二）保护功能

短路保护——用熔断器 FU 实现。

过载保护——用热继电器 FR 实现。

失电压保护——用自锁触点 KM_2 和自复位式起动按钮 SB_2 实现。

下面分述一下各功能是如何实现的，即动作过程。

二、动作过程

（一）起动

按 $SB_2 \rightarrow KM$ 吸合 ┬→ 主触点 KM_1 闭合 → 电动机起动

└→ 自锁触点 KM_2 闭合 → 自锁（保）

（二）停止

按 $SB_1 \to KM$ 释放——→主触点 KM_1 打开 → 电动机停止

　　　　　　　　　　└→自锁触点 KM_2 打开 → 自锁（保）解除 → 为下次起动作准备

（三）短路

主回路短路 → FU 熔断——→切断故障电流

　　　　　　　　　　└→KM 失电 → KM_1、KM_2 打开 → 电源恢复时电动机不能自起动

（四）过载

过载 → FR 动作 → 常闭触点 FR 打开 → KM 失电——→KM_1 打开 → 电动机停止

　　　　　　　　　　　　　　　　　　　　　　└→KM_2 打开 → 自锁（保）解除

（五）失电压保护

当电源停电或 FU 熔断→KM 失电→KM_1、KM_2 打开→防止电源恢复时电动机自起动。

注意：

1）失电压保护可以防止电源停电又恢复时电动机的自起动，电动机的自起动属于失控现象。失控现象会导致意外情况的发生，可能危及人员和设备安全。故应设置失电压保护，以防电动机自起动。

2）控制回路的电源不能取自刀开关 S 的上面，否则，刀开关打开时失电压保护不起作用。

3）控制回路的电源必须取自熔断器 FU 的下面，否则，熔断器熔断时失电压保护不起作用。

习　　题

1. 结合图 2-3，分别论述其功能和电动机起动与停止的动作过程。
2. 失电压保护电路的作用是什么？简述图 2-3 的控制线路的失电压保护的动作过程。
3. 在图 2-3 中，控制回路的电源取自刀开关 S 的电源侧行不行？为什么？

第三节　组成电器控制线路的基本规律

组成电器控制线路的基本规律很重要，它是分析控制线路尤其是复杂控制线路的基础，也是设计控制线路的基本手段，因而必须掌握。基本规律共有以下 3 种：

1）自锁控制。

2）联锁控制。包括互锁、顺序控制的联锁、正常工作与点动的联锁。

3）变化参量控制。包括：

行程控制——用行程开关（或接近开关）来实现；

时间控制——用时间继电器来实现；

速度控制——用速度继电器来实现；

电流变化参量控制——用电流继电器来实现。

变化参量控制还有诸如温度控制、压力控制、流量控制、电压控制等，不再一一列举，下面通过举例来分别论述。

一、自锁控制

自锁又称自保。自锁控制已在上一节讲过，这里不再重复。

二、联锁控制

（一）正、反向接触器的联锁控制（互锁）

当电动机需要正、反向起动时，需要用正、反向接触器的联锁控制。联锁控制可以防止人为误操作使正、反向接触器同时吸合时而造成主回路短路，如图 2-4 中的虚线所示。

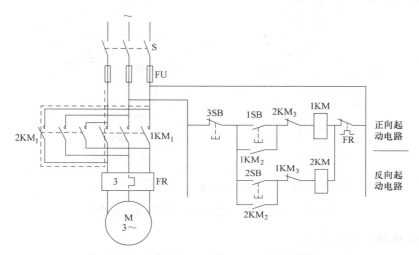

图 2-4 正、反向接触器的联锁控制（互锁）

1. 正向起动过程

按 1SB → 1KM 吸合 —— → 主触点 $1KM_1$ 闭合 → 电动机正转

→ 自锁触点 $1KM_2$ 闭合 → 自保（锁）

→ 互锁触点 $1KM_3$ 打开 → 切断反向起动回路 → 防止误按 2SB

时 2KM 吸合而造成主回路短路

2. 反向起动过程

按 2SB → 2KM 吸合 —— → 主触点 $2KM_1$ 闭合 → 电动机反转

→ 自锁触点 $2KM_2$ 闭合 → 自保（锁）

→ 互锁触点 $2KM_3$ 打开 → 切断正向起动回路 → 防止误按 1SB

时 1KM 吸合而造成主回路短路

3. 停止（以正向运行为例）

按 3SB → 1KM 释放 —— → 主触点 $1KM_1$ 打开 → 电动机停止正转

→ 自锁触点 $1KM_2$ 打开 → 自保（锁）解除

→ 互锁触点 $1KM_3$ 闭合 → 闭锁解除 → 可以反向起动

由以上分析可见，若起动电路没有互锁，即取消一对互锁触点 $2KM_3$ 和 $1KM_3$，则一旦同时按下 1SB 和 2SB，将会造成正反接触器同时吸合使主回路短路，这是不允许的。

（二）顺序控制的联锁

联锁控制可保证多台设备的工作顺序，以防反顺序而出现的事故或不正常情况，如图2-5所示。按工艺要求，车床主轴电动机在开动前应先起动润滑泵电动机，以便在主轴转动时预先进行润滑。否则，不开润滑泵电动机，主轴电动机起动不起来。像这样的多台电动机起动有一定先后顺序的控制，便可采用联锁控制。

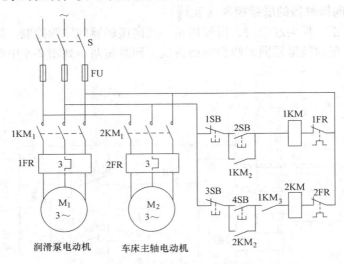

图 2-5　车床主轴电动机与润滑泵电动机的联锁

1. 润滑泵电动机起动过程

按 2SB → 1KM 吸合 —┬→ 主触点 $1KM_1$ 闭合 → 润滑泵电动机起动

　　　　　　　　　　├→ 自锁触点 $1KM_2$ 闭合 → 自保（锁）

　　　　　　　　　　└→ 闭锁触点 $1KM_3$ 闭合 → 解除对 2KM 的闭锁

2. 车床主轴电动机起动

在润滑泵电动机起动后，1KM 吸合，$1KM_3$ 闭合，解除了对 2KM 的闭锁，故可起动车床主轴电动机。即：

按 4SB → 2KM 吸合 —┬→ $2KM_1$ 闭合 → 车床主轴电动机起动

　　　　　　　　　　└→ $2KM_2$ 闭合 → 自保（锁）

由上分析可见，若不先起动润滑泵电动机，$1KM_3$ 是打开的，按压 4SB 是不能起动车床主轴电动机的，故称 $1KM_3$ 为闭锁触点。

（三）正常工作与点动的联锁

某些情况下，生产机械常常要求既能正常起、制动，又能进行点动，但不能同时进行，需要正常工作与点动的联锁，即自动控制与手动控制的联锁。点动常在设备检修或调试时用，这可用图2-6或图2-7所示的电路实现。

1. 采用点动按钮的点动控制

（1）正常工作

按 2SB→KM 吸合→触点 KM 闭合→自保（锁）

（2）点动

按下 3SB——→3SB 的常开触点闭合 → KM 吸合 → KM 触点闭合——┐
　　　　└→3SB 的常闭触点打开──────────────────→自保（锁）不起作

用→当松开 3SB 时→KM 释放

图 2-6 所示的电路有一个问题，当松开 3SB 时，若 3SB 恢复时间很短（如快速松开），小于 KM 的释放时间，则 3SB 的常闭触点恢复闭合时，KM 仍未释放，常开触点 KM 仍闭合，这时点动会失效，即失去点动功能。为此可以采用图 2-7 所示的电路。

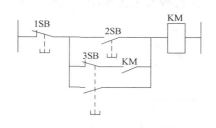

图 2-6 采用点动按钮联锁的点动控制线路

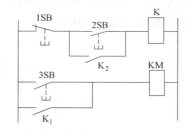

图 2-7 采用中间继电器联锁的点动控制线路

2. 采用中间继电器的点动控制

（1）正常起动

按 2SB → K 吸合——→K_1 触点闭合 → KM 吸合 → 实现正常起动
　　　　　　　　└→K_2 触点闭合 → 自保（锁）

（2）点动：点动之前须先按停止按钮 1SB，否则点动无效。其动作过程如下：

按下 3SB→KM 吸合→松开 3SB→KM 释放

由上分析可见，图 2-6 所示电路的点动没有图 2-7 所示电路的可靠，但图 2-6 所示电路从正常起动到点动无须先按停止按钮，即转换控制灵活方便；而图 2-7 所示电路在由正常起动到点动须先按停止按钮，才可进行点动，故控制方式转换稍有不便。

从上面 3 个例子可以看出，联锁控制的关键是正确选择联锁点。

三、变化参量控制

在现代工业生产中，常要求实现整个生产工艺过程的全盘自动化。为此，只用联锁控制已不能满足要求。由于生产过程中常伴随着一些物理量的变化，如行程的变化、时间的变化、速度的变化、电流的变化等。故可利用这些参量的变化来实现自动控制，即采用变化参量控制，它是实现生产过程自动化的关键。

下面以钻孔加工过程自动化为例来说明如何实现变化参量控制，钻孔加工刀架的自动循环过程如图 2-8 所示。

（一）工艺流程及控制要求

1）自动循环——即刀架能自动地由位置 1 移动到位置 2 进行钻削加工，并能自动退回到位置 1。

2）无进给切削——即刀具到达位置 2 时不再进给，但钻头继续旋转进行无进给切削，

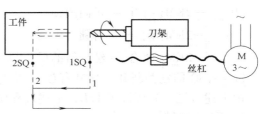

图 2-8 刀架的自动循环

以提高工件的加工精度。

3）快速停车——当刀架退出后要求快速停车，以减少辅助工时。

（二）控制方法

1. 自动循环

自动循环通常采用行程控制，其控制线路如图2-9所示，图中1SQ、2SQ为行程开关。

（1）控制原理

用两个行程开关分别检测刀架的位置1和位置2，由行程开关去控制电动机的正、反转控制电路，便可实现自动循环。

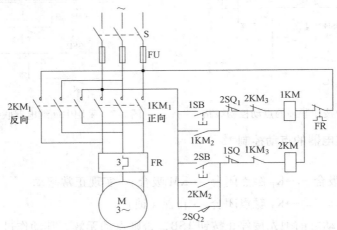

图2-9　实现刀架自动循环的控制线路

（2）动作过程

1）进刀

按 1SB → 1KM 吸合 ┬→1KM$_1$ 闭合 → 电动机正转 → 进刀

　　　　　　　　　├→1KM$_2$ 闭合 → 自锁

　　　　　　　　　└→1KM$_3$ 打开 → 反向闭锁

2）自动退刀和自动停止退刀

当进刀到位置2时 → 撞动2SQ ┬→2SQ$_1$ 打开→1KM 释放 → ①

　　　　　　　　　　　　　　└→2SQ$_2$ 闭合 → 2KM 吸合 → ②

① ┬→1KM$_1$ 打开 → 电动机停止正转 → 进刀停止

　├→1KM$_2$ 打开 → 自锁解除

　└→1KM$_3$ 闭合 → 解除反向闭锁

② ┬→2KM$_3$ 打开 → 正向闭锁

　├→2KM$_2$ 闭合 → 自锁

　└→2KM$_1$ 闭合 → 经短暂的反接制动后电动机反转 → 退刀 → 退到位置1时 → ③

③ →1SQ 撞动并断开→2KM 释放→2KM$_1$ 打开→电动机停止反转→刀架自动停止运动

由上述可见，只要按下1SB，上述过程便可自动进行。

2. 无进给切削

在上述例子中，为了提高加工精度，当刀架移动到位置2时，要求无进给情况下继续切削，短暂时间后，刀架再开始退回。这一控制信号严格讲应根据切削表面情况进行控制，但切削表面不易测量，因此不得不采用间接参数即按切削时间来进行控制。故无进给切削实际上是采用时间控制，其控制线路如图 2-10 所示，图中 1KT 为时间继电器。

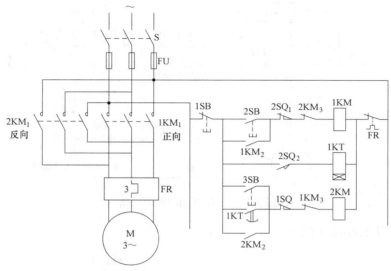

图 2-10　无进给切削的控制线路

（1）控制原理

用时间继电器检测已设定的时间。当钻头到达位置 2 时，用行程开关 2SQ 接通时间继电器并开始计时，设定时间到，刀架开始返回。

（2）动作过程

1）进刀

按 2SB→1KM 吸合→电动机正转→进刀→进刀到位置 2 时→撞动 2SQ

2）无进给切削

撞动 2SQ ┬→2SQ₁ 打开 → 1KM 释放 → 电动机停止 → 开始无进给切削

└→2SQ₂ 闭合 → 线圈 1KT 得电 → 触点 1KT 延时闭合 → 2KM 吸合 → 经短

暂的反接制动后电动机反转→开始退刀→退到位置 1 时→1SQ 撞动→常闭触点 1SQ 打开→2KM 释放→电动机停止（即断电自由减速，不能快速停止）

3. 快速停车

在上述例子中，为了缩短辅助工时（如等待时间）提高生产效率，也为了准确停车以减少超行程，要求刀架退出后尽快停车。对于异步电动机来说，最简便的方法是采用反接制动加上采用速度控制。其控制线路如图 2-11 所示，图中 KS 为速度继电器（触点参见图 1-21），这已经是满足钻孔加工过程自动化所有控制要求的完整的控制线路。

（1）控制原理

用速度继电器检测电动机速度和转向，用反接制动使电动机迅速减速，当减速到速度接近零（约 100r/min）时，速度继电器动作，切断反接制动电源停车，并防止反转。即快速停车是采用了反接制动与速度控制的联合控制。

（2）完整控制线路的全部动作过程

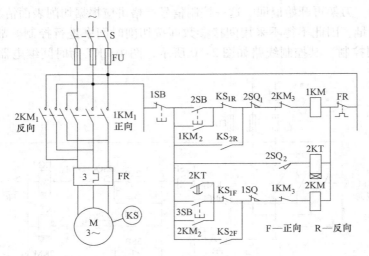

图 2-11　反接制动的控制线路

1）电动机正转起动（进刀）

按 2SB → 1KM 吸合 ┬→1KM$_1$ 闭合 → 电动机正转 ┬→进刀
　　　　　　　　　├→1KM$_2$ 闭合 → 自锁　　　└→KS 动作 ┬→KS$_{1F}$ 打开 ┬→为反
　　　　　　　　　└→1KM$_3$ 打开 → 反向闭锁　　　　　　　└→KS$_{2F}$ 闭合 ┘ 接制
　　　　　　　　　　　　　　　　　　　　　　　　　　　　　　　　　　　 动作
　　　　　　　　　　　　　　　　　　　　　　　　　　　　　　　　　　　 准备

2）进给电动机正转（进刀）时的快速停车。进给电动机正转（进刀）时的快速停车可防止进刀过多，提高加工质量。这种情况进给电动机正转（进刀）是带负载运行（反转时不带负载），故本身断电停车就快，加上反接制动后，正向停车就更快。其动作过程如下：

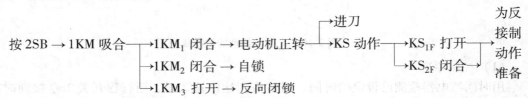

①┬→2KM$_3$ 打开 → 正向闭锁
　├→2KM$_2$ 闭合 → 因 KS$_{1F}$ 早已断开，无自锁作用
　└→2KM$_1$ 闭合 → 接通反转电源 → 电动机反接制动(但仍正转) → 电动机转速迅速下降 →
当转速下降到约为零时(100r/min) → KS 释放 ┬→KS$_{2F}$ 先断开 ┐
　　　　　　　　　　　　　　　　　　　　　└→KS$_{1F}$ 后闭合 ┴→2KM 释放 → 2KM$_1$ 打
开→防止电动机反转，同时反接制动结束→电动机靠自由滑行减速到零→开始无进给切削→无进给切削时间到 2KT 闭合→进入进给电动机的反转过程→退刀

3）进给电动机反转（退刀）时的快速停车。进给电动机反转（退刀）时的快速停车可减少等待时间、提高辅助工时。但要比进给电动机正转（进刀）时的快速停车要慢，因进给电动机反转（退刀）时不带负荷。进给电动机反转（退刀）时的快速停车的动作过程如下：

无进给切削时间到→2KT 闭合→2KM 吸合→2KM₁ 闭合→电动机反转→①

①→┬→KS 动作→┬→KS$_{1R}$ 打开→为反接制动作准备
　　　　　　　└→KS$_{2R}$ 闭合┘

　└→开始退刀 → 退到 1 位置时撞动 1SQ 开关 → 常闭触点 1SQ 打开 → 2KM 释放 → ②

②→┬→2KM₁ 打开 → 切断反转电源
　　└→2KM₃ 闭合 → 1KM 吸合 → 1KM₁ 闭合 → 接通正转电源 → 电动机反接制动(但仍反转) →

电动机转速迅速下降→当转速下降到约为零时（100r/min）→KS 释放→KS$_{2R}$ 先断开、KS$_{1R}$
后闭合→1KM 释放→1KM₁ 打开→防止电动机反转，同时反接制动结束→电动机靠自由滑行
减速到零→结束一次加工循环

习　　题

1. 组成电器控制线路的基本规律有哪些？
2. 互锁和顺序控制的联锁各有何作用？
3. 钻孔加工自动化有哪三个工艺过程？分别采用什么控制原理进行控制？
4. 结合图 2-8 ~ 图 2-10，说明自动循环和无进给切削的动作过程。
5. 结合图 2-11，说明电动机反转时的快速停车过程。

第四节　电器控制线路的一般设计方法

　　电器控制线路设计的一般程序是首先了解被控对象的工艺过程、特性及其控制要求，根据工艺特性对控制的要求选择控制方法，然后设计具体控制线路，最后对所设计的线路进行检查和校正。

一、电器控制线路的设计方法

（一）一般设计方法
　　一般设计方法又称经验设计方法。它是根据生产工艺要求，利用各种典型的线路环节，直接设计控制线路的方法。

　　一般设计方法比较简单，但要求设计人员必须熟悉大量的典型控制线路，同时具有丰富的设计经验。在设计过程中往往还要经过多次反复的修改试验，才能使控制线路符合设计要求。

（二）逻辑设计方法
　　逻辑设计方法又称分析设计方法。它是根据生产工艺的要求，利用逻辑代数分析设计线路的一种方法。

　　用逻辑设计方法设计的控制线路比较合理，但对比较复杂的控制系统，这种方法就显得十分繁琐，设计难度和工作量都较大，而且也容易出错。

（三）综合设计方法
　　以上两种方法各有优缺点。若将两种方法结合起来，各取所长，相互配合，则不失为一种好的方法。例如，用一般设计方法进行初步设计，用逻辑设计方法对控制线路进行优化。

我们常把这种方法称为综合设计方法。

二、设计中应注意的几个原则

设计的基本原则是：线路简单，控制安全可靠，系统灵活，控制及维修方便。

（一）保证控制线路的安全可靠

选择可靠的元件，保证连线正确，否则会使控制线路发生误动，有时还会造成严重的事故。为此，应注意以下几个问题

1. 选用可靠的元件

选用可靠的元件就是指选用机械和电气寿命长，结构坚实、容量充足、动作可靠、抗干扰性能好的电器。

2. 正确连接电器的线圈

两个电压型交流线圈不能串联，否则，总会有一个线圈所对应的电器拒绝动作而导致控制系统出错，如图 2-12 所示。因为每个线圈上所分配到的电压与线圈阻抗成正比，两个电器动作总有先有后，不可能同时吸合。假如交流接触器的 KM_2 先吸合，由于 KM_2 的磁路闭合，线圈的电感显著增大，当然阻抗也显著增大，因而在该线圈上电压降也显著增大，从而使另一个交流接触器的 KM_1 线圈电压达不到动作电压而拒绝动作，导致控制系统出错。因此，两个交流接触器需要同时动作时，其线圈应采用并联，如图 2-12 所示。

3. 正确连接电器的触点

同一电器的常开和常闭触点位置靠得很近，不能分别接在电压的不同相上。不正确的触点连接如图 2-13a 所示，限位开关的常开触点和常闭触点由于不是等电位，当触点断开产生电弧时很可能在两触点间形成飞弧而造成电源短路，此外，绝缘不好也会造成短路。正确的触点连接如图 2-13b 所示（直动行程开关原理图参见图 1-32），由于两触点电位相同，不会造成飞弧而引起电源短路。

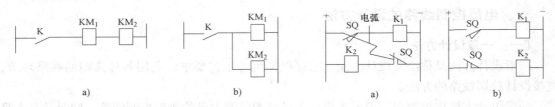

图 2-12　交流线圈的连接　　　　　　　　图 2-13　正确连接电器的触点
a）串联（错误的）b）并联（正确的）　　　　　a）错误连接　b）正确连接

4. 应尽量减少多个电器元件依次动作后才能接通另一个电器元件

不易采用的接线如图 2-14a 所示。线圈 K_3 的接通要经过 K、K_1、K_2 三对常开触点，若 K、K_1、K_2 三对常开触点中有一个损坏或接触不良，线圈 K_3 就不会接通，故动作不可靠；若改用图 2-14b 所示的接线，即每一线圈的通电只需经过一个常开触点，故工作可靠。

5. 应考虑电器触点的接通和分断能力是否够

触点的接通能力或分断能力不足，即触点容量不够会导致触点损坏，从而导致控制线路工作出错，如图 2-15a 所示。

触点的接通能力不足，电弧会使触点熔焊在一起。这可用同一元件的两个触点并联增加

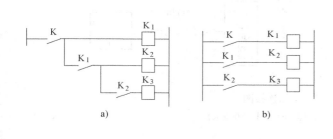

图 2-14　多个电器元件连接

a）不宜采用　b）宜采用

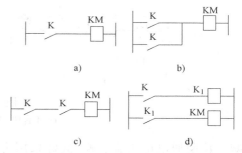

图 2-15　增加触点容量的方法

a）触点容量不足　b）触点并联　c）触点串联
d）用中间继电器 K_1 增加触点 K 的容量

接通能力，或在线路中增加中间继电器转换，以解决触点接通能力不足的问题，如图2-15b、图 2-15d 所示。

触点的分断能力不足，电弧熄灭不了，电弧会烧坏触点。这可用同一元件的两个触点串联增加分断能力，或在线路中增加中间继电器转换，以解决触点分断能力不足的问题，如图2-15c、图 2-15d 所示。

6. 应考虑电器触点的"竞争"问题

同一继电器的常开触点和常闭触点有"先断后合"型和"先合后断"型。通电时常闭触点先断开，常开触点后闭合；断电时常开触点先断开，常闭触点后闭合，属于"先断后合"型。反之属于"先合后断"型，分别如图2-16a、b 所示。

如果触点动作先后发生"竞争"的话，则电路工作不可靠。触点竞争线路如图 2-16c 所示。若继电器 1K 采用"先合后断"型，则自锁触点 $1K_2$ 起自锁作用；如果继电器 1K 采用"先断后合"型，则 $1K_2$ 不起自锁作用。

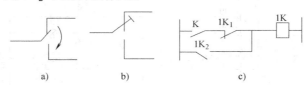

图 2-16　电器触点竞争

a）"先断后合"型触点　b）"先合后断"型触点　c）触点竞争线路

（二）控制线路力求简单、经济

1. 尽量减少元器件及触点数目

电器触点用得越少越经济，而且系统出故障的机会也越小。

2. 尽量减少连接导线

将电器元件触点的位置合理安排可减少导线根数和缩短导线的长度，以简化接线。图 2-17a 所示接线是不合理的，因为按钮 SB_1、SB_2 在操作台上，而接触器 KM 在电控柜内，如图 2-17c 所示。这样接线需用 4 根导线才能把两个按钮 SB_1、SB_2 接到电控柜上；而用图 2-17b 所示的接线，用 3 根导线就可以把两个按钮 SB_1、SB_2 接到电控柜上，故节省 1 根导线。

3. 尽量减少长期通电的电器

减少长期通电的电器，可延长电器元件的寿命和节约电能，如图 2-18 所示。为了尽量

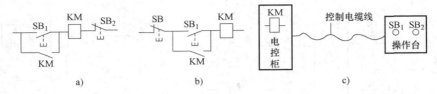

图 2-17　电器连接图

a）不合理　b）合理　c）KM、SB 安装图

减少长期通电的电器，K_1 最好采用常开触点，否则，K_1 回路会一直有电流通过，消耗电能，如图2-18a所示；电动机不需供电时，除了断路器 QF 打开，隔离开关 QS 也要打开，如图 2-18b 所示，否则，变压器会长期通过空载电流，消耗电能。

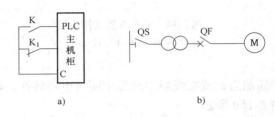

图 2-18　电器控制线路图

a）PLC 输入回路　b）电动机的供电回路

（三）防止寄生电路

在控制线路的动作过程中，那种意外接通的电路称为寄生电路（又称假回路）。寄生电路会破坏线路的正常工作，造成误动作。

图 2-19 所示是一个具有过载保护和指示灯显示的正、反向起动电路。

在正常工作时，能完成正、反向起动、停止和信号指示。但当电动机正转过载，热继电器 FR 断开时就出现了寄生电路，如图 2-19 的虚线所示，使正向接触器 KM_1 不能释放，电动机不能断电，起不到保护电动机的作用。

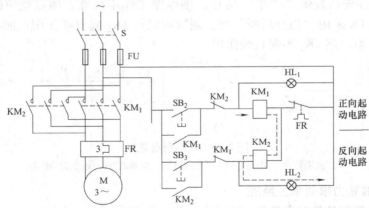

图 2-19　具有过载保护和指示灯显示的正、反向起动电路

（四）系统灵活，操作和维修方便

例如，设置转换开关，可使系统灵活，如图 2-20 所示。通过转换开关 Q 可由自动控制转为手动控制，反之亦然。操作方便指尽量减少操作程序。维修方便需注意不要带电检修，例如，在主回路中的隔离开关 QS 就是为了检修方便而设的，如图 2-21 所示。QS 的设置可使熔断器 FU 和断路器 QF 检修方便而且安全。

（五）应有完善的保护环节和必要的信号指示

完善的保护环节包括过载、短路、过电流、过电压、失电压等保护环节，它们可以避免因误操作或其他原因而发生的事故，或防止事故扩大。有时还应该设合、跳闸，事故，安全

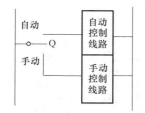

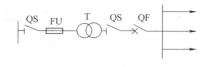

图 2-20　自动与手动可切换的控制线路　　　　　　　图 2-21　供电回路

等必需的指示信号，用以提示人们，从而达到减少误操作的目的。

三、经验设计法举例

下面以龙门刨床横梁升降控制线路设计为例来说明经验设计法的设计过程。

（一）龙门刨床横梁升降的工艺流程

在龙门刨床上装有横梁机构，刀架在横梁上，随加工工件大小不同，横梁需要沿立柱上下移动，在加工过程中，横梁又需要保证夹紧在立柱上不允许松动，如图 2-22 所示。

横梁升降电动机安装在龙门顶上，通过涡轮转动，使立柱上的丝杠转动，通过螺母使横梁上下移动。

横梁夹紧电动机通过减速机构传动夹紧螺杆，通过杠杆作用使压块将横梁夹紧或放松，如图 2-22 所示。

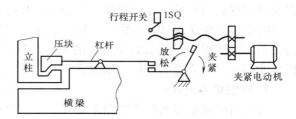

图 2-22　横梁夹紧或放松示意图（横断面图）

（二）横梁机构对电器控制系统的要求

1）保证横梁能上下移动，夹紧机构能实现横梁的夹紧或放松。

2）横梁夹紧与横梁移动之间必须按如下程序操作：

① 按向上或向下移动按钮后，首先使夹紧机构自动放松，即"移动必先放松"。

② 横梁放松后，自动转换到横梁向上或向下移动的控制，即"放松后必自移"。

③ 横梁移动到需要的位置后，松开向上或向下移动的控制按钮，横梁自动夹紧，即"停移后必夹紧"。

④ 夹紧或放松后，夹紧电动机自动停止。

3）具有上下行程的限位保护。

4）横梁夹紧与横梁上下移动之间具有必要的联锁。

（三）控制线路的设计

1. 主回路设计

横梁移动和横梁夹紧各设一台异步电动机拖动，如图 2-23a 所示。为了保证实现横梁上下移动和夹紧放松的要求，电动机必须能正、反转。为此，采用 KM_1 和 KM_2 分别控制移动电动机的正反转，用 KM_3 和 KM_4 分别控制夹紧电动机的正、反转。

2. 基本控制电路设计

基本控制电路设计就是先绘制控制系统草图。由于存在"移动必先放松"和"停移后必夹紧"的关系，同时也为了简化操作，用两个点动按钮加上两个中间继电器组成点动电

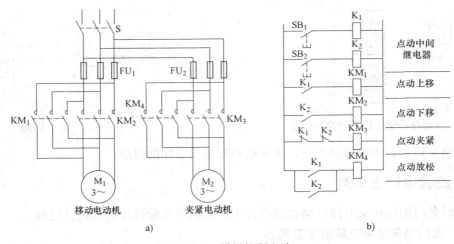

图 2-23　横梁控制电路

a）主电路　b）控制电路草图

路便可实现点动上移、点动下移、点动夹紧和点动放松，如图 2-23b 所示。但图 2-23b 所示的控制电路只能实现基本功能，它还不能实现"移动必先放松"（否则移动电动机会堵转）的关系，可实现"停移后必夹紧"的关系，但还不能在横梁夹紧（或放松后）使夹紧电动机自动停止，故需要对电路加以改进。

3. 控制电路的改进

改进后的完整控制线路如图 2-24 所示。下面对改进的过程作一说明。

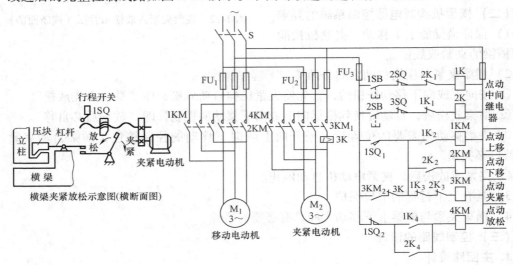

图 2-24　完整的控制线路

1）"移动必先放松"和"放松后使夹紧电动机自动停止"的实现。反映横梁放松的参量有两个：一个是行程，另一个是时间，但行程更能反映放松程度。为此，设置一个行程开关 1SQ，如图 2-24 所示。当充分放松时，行程开关 1SQ 动作，其常开触点 $1SQ_1$ 闭合、常闭触点 $1SQ_2$ 断开，实现行程控制。常开触点 $1SQ_1$ 与点动上移，点动下移有闭锁关系，只有当充分放松，行程开关 1SQ 动作，其常开触点 $1SQ_1$ 闭合后，"点动上移"和"点动下移"才能进行，

同时常闭触点 $1SQ_2$ 断开，实现"点动充分放松"后自动停止夹紧电动机。由此可见，"移动必先放松"和"放松后使夹紧电动机自动停止"的实现，实际上是采用行程控制规律。

2）横梁夹紧后使夹紧电动机自动停止的实现。反应夹紧程度的参量可以有 3 个量，即行程，时间和反映夹紧力的电动机定子电流。如采用行程，当夹紧机构磨损后测量就不准确；如采用时间，则更不容易调节准确。因此，这里采用电流控制最为合适！图 2-24 所示夹紧电动机主回路中串入一个过电流继电器 3K，其动作电流可整定在电动机的 2 倍左右额定电流，3K 的常闭触点串在图 2-24 所示的位置中。由于横梁停止移动后点动按钮 1SB、2SB 已松开，其常闭触点 $1K_3$、$2K_3$ 均闭合，而且行程开关 1SQ 仍在被压的位置，其常开触点 $1SQ_1$ 仍闭合，所以，点动夹紧接触器 3KM 吸合，夹紧电动机开始起动，向夹紧方向运转。由于夹紧电动机刚起动时起动电流比较大，电流继电器 3K 吸合，其常闭触点 3K 断开，但夹紧电动机刚开始起动时，行程开关的状态并没有立即转换，其常开触点 $1SQ_1$ 仍闭合，所以 3KM 仍吸合，夹紧电动机继续向夹紧方向运转。随着转速的提高，夹紧电动机定子电流减小，电流继电器 3K 开始释放，其常闭触点 3K 闭合。这时由于夹紧电动机继续向夹紧方向运转，行程开关 1SQ 不再受压而释放，其常开触点 $1SQ_1$ 断开。但由于 3KM 的自锁触点 $3KM_2$ 的自锁作用，点动夹紧接触器 3KM 仍继续吸合，电动机仍向夹紧方向运转，横梁夹紧到一定程度时，夹紧电动机因过载而使定子电流又增加，电流继电器 3K 又重新动作吸合，其常闭触点 3K 断开，此时，行程开关的常开触点 $1SQ_1$ 早已断开，故点动夹紧接触器 3KM 释放，$3KM_1$ 打开，夹紧电动机自动停止运转。由此可见，横梁夹紧后使夹紧电动机自动停止的实现，实际上是采用电流控制规律。

3）增加横梁上、下限的限位保护。这可通过设置行程开关 2SQ 和 3SQ 来实现，如图 2-24 所示。当"点动上移"越限时，行程开关 2SQ 受压，其常闭触点 2SQ 断开，"点动上移"停止；当"点动下移"越限时，行程开关 3SQ 受压，其常闭触点 3SQ 断开，"点动下移"停止。

（四）校核完整电路的动作过程

通过校核完整电路的动作过程，可以验证所设计的控制线路能否实现所有的功能，即验证该电路能否满足龙门刨床横梁升降的所有控制要求。下面分析完整电路的动作过程。

1. 点动上移

初始状态：横梁在下且被夹紧，行程开关 1SQ 未被压，其常开触点 $1SQ_1$ 打开，常闭触点 $1SQ_2$ 闭合。

若使横梁上移→按压 1SB 不松手→1K 吸合→$1K_4$ 闭合→4KM 吸合→夹紧电动机反转→横梁开始放松→当充分放松时行程开关 1SQ 被压→1SQ 动作→①

①┬→$1SQ_2$ 打开 → 4KM 释放 → 夹紧电动机停止反转 → 放松完毕。
　└→$1SQ_1$ 闭合（$1K_2$ 早已闭合）→ 1KM 吸合 → 横梁上移 → 移动到预定位置时松开 1SB → ②

②→1K 释放┬→$1K_2$ 打开 → 1KM 释放 → 停止上移
　　　　　└→$1K_3$ 闭合（放松时 1SQ 被压，$1SQ_1$ 闭合）→ 3KM 吸合┬→$3KM_2$ 闭合 → 自锁
　　　　　　　　　　　　　　　　　　　　　　　　　　　　　　└→$3KM_1$ 闭合 → ③

③→夹紧电动机正转起动开始（定子电流上升→3K 吸合→常闭触点 3K 打开，但此时 1SQ 仍受压，$1SQ_1$ 仍闭合，3KM 仍吸合）→转速上升┬→定子电流下降→3K 释放→常闭触点 3K 闭合
　　　　　　　　　　　　　　　　　　　　　　　　　　　　　　　　　　　　└→横梁开始夹紧 → 1SQ 释放 → $1SQ_1$ 打开，但

因常闭触点 3K 闭合、3KM$_2$ 闭合的旁路而不起作用→3KM 仍吸合→横梁继续夹紧→当夹得很紧时定子电流上升→3K 吸合→常闭触点 3K 打开→3KM 释放→3KM$_1$ 打开→夹紧电动机停止正转，完成上移后夹紧任务。

2. 点动下移

点动下移的动作过程与点动上移的类似，不再赘述。

习　题

1. 名词解释：（1）一般设计法；（2）逻辑设计法；（3）寄生电路。
2. 两个接触器或继电器的电压型交流线圈为什么不能串联？
3. 触点的接通能力不够时会出现什么问题？如何解决触点接通能力不够的问题？
4. 触点的分断能力不够时会出现什么问题？如何解决触点分断能力不够的问题？
5. 结合图 2-24，分析横梁下移时电路的动作过程。

第五节　电器控制的逻辑设计法

逻辑设计法是利用逻辑代数（也称开关代数或布尔代数）这一数学工具来设计电器控制电路。同时，也可用于线路的简化。

继电器接触器线路属于开关电路，电器元件只有两种工作状态，即线圈通电或断电，触点闭合或断开，所以符合逻辑规律。

在逻辑设计法中，通常作如下规定：线圈通电为"1"状态；线圈断电为"0"状态；触点闭合为"1"状态；触点断开为"0"状态。线圈及其触点用同一字符命名。

例如，线圈用 K 表示，其常开触点也用 K 表示，而常闭触点用 $\overline{K}$ 表示（读作 K 非），则能清楚地反映元件的状态，如图 2-25 所示。

由图 2-25 可以看出，线圈的逻辑状态是由触点的逻辑状态来决定的，实质上是由触点的状态作为逻辑变量通过简单的"逻辑与"、"逻辑或"、"逻辑非"等基本运算而得出的运算结果来表明线圈的逻辑状态。

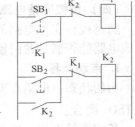

图 2-25　逻辑电路图

掌握"逻辑与"、"逻辑或"、"逻辑非"以及由此而演变出的一些运算规律，可使继电器接触器控制系统设计得更为合理，设计出的线路能充分地发挥元件作用，使所使用的元件数量更少，但这种设计方法一般难度较大，适合于复杂控制线路设计的优化。

为了顺利地进行逻辑设计，下面先简要介绍逻辑代数的有关知识。

一、三种基本逻辑运算

（一）"逻辑与"（即触点串联）

"逻辑与"又称"逻辑乘"，电路中的触点串联就属于"逻辑与"，如图 2-26 所示。当 A、B 都闭合时，K 得电，即 K＝1；当 A、B 有一个或都断开时，K 失电，即 K＝0。它们的逻辑关系可用以下的逻辑函数来表示：

$$K = A \cdot B = AB$$

式中　A、B——称为逻辑输入变量（自变量）；

K——称为逻辑输出变量（因变量）。

一个逻辑函数可以用公式表示，也可以用表格表示，这个表格称为逻辑函数的真值表，"逻辑与"真值表见表2-4。

表2-4　"逻辑与"真值表

A	B	K = AB
0	0	0
1	0	0
0	1	0
1	1	1

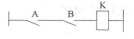

图2-26　触点串联

由"逻辑与"的真值表可以看出，"逻辑与"的运算法则在形式上与普通数学的乘法运算法则相同，故"逻辑与"又称"逻辑乘"。

（二）"逻辑或"（即触点并联）

"逻辑或"又称"逻辑加"。电路中的触点并联就属于"逻辑或"，如图2-27所示。当A、B任一闭合或同时闭合时，K得电，即K = 1；当A、B都同时断开时，K失电，即K = 0，其逻辑函数可表示为

$$K = A + B$$

"逻辑或"真值表见表2-5。由"逻辑或"的真值表可以看出，"逻辑或"的运算法则与普通的数学的"加法"大部分相同，只是 $1 + 1 \neq 2$，因为逻辑函数只存在"0"、"1"两种状态。

表2-5　"逻辑或"真值表

A	B	K = A + B
0	0	0
1	0	1
0	1	1
1	1	1

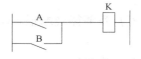

图2-27　逻辑或

（三）逻辑非

"逻辑非"又称逻辑"求反"，即输入与输出反相。图2-28所示的电路就属于逻辑非。当A闭合时，K失电；当A断开时，K得电，其逻辑函数可表示为

$$K = \overline{A}$$

其真值表见表2-6

表2-6　"逻辑非"真值表

A	$\overline{A}$	K = $\overline{A}$
1	0	0
0	1	1

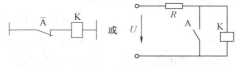

图2-28　逻辑非

以上"与、或、非"逻辑运算中的逻辑变量未超过两个，但对多个逻辑变量也同样适用。

二、逻辑代数定理

（一）交换律

$$A \cdot B = B \cdot A$$

$$A + B = B + A$$

（二）结合律

$$A \cdot (B \cdot C) = (A \cdot B) \cdot C$$
$$A + (B + C) = (A + B) + C$$

（三）分配律

$$A \cdot (B + C) = A \cdot B + A \cdot C$$
$$A + B \cdot C = (A + B)(A + C)$$

（四）吸收律

$$A + AB = A$$
$$A + \overline{A}B = A + B$$
$$A \cdot (A + B) = A$$
$$\overline{A} + AB = \overline{A} + B$$

推广型：

$$A + \overline{A}BC + \cdots = A + BC\cdots$$
$$\overline{A} + ABC + \cdots = \overline{A} + BC\cdots$$

（五）重叠律

$$A \cdot A = A$$
$$A + A = A$$

（六）非非律（还原律）

$$\overline{\overline{A}} = A$$

（七）反演律（摩根定律）

$$\overline{A + B} = \overline{A} \cdot \overline{B} \qquad \overline{A \cdot B} = \overline{A} + \overline{B}$$

（八）自等律

$$A \cdot 1 = A \quad A + 0 = A$$

（九）0-1 律

$$A \cdot 0 = 0 \quad A + 1 = 1$$

（十）互补律

$$A \cdot \overline{A} = 0 \quad A + \overline{A} = 1$$

（十一）包含律（冗余定律）

$$AB + \overline{A}C + BC = AB + \overline{A}C$$

推广型：

$$AB + \overline{A}C + BCD + \cdots = AB + \overline{A}C$$

以上定律都可以证明，下面以"包含律"为例来证明之。

证明：

$$AB + \overline{A}C + BC = AB + \overline{A}C$$

证：因为　左式 $= AB + \overline{A}C + BC = AB + \overline{A}C + BC \cdot 1$

$$= AB + \overline{A}C + BC(A + \overline{A})$$

$$= AB + \overline{A}C + ABC + \overline{A}BC$$

$$= (AB + ABC) + (\overline{A}C + \overline{A}BC) \qquad （用吸收律）$$

$$= AB + \overline{A}C = 右式$$

所以　左式 = 右式　（证毕）

三、逻辑函数的化简

逻辑函数化简可以使继电器、接触器电路简化，因此有着重要的实际意义。化简可采用公式法，通过提取因子、并项、扩项、消去多余因子和多余项等达到化简的目的。

（一）化简举例

例 2-1 　　　　$F = AC + \overline{A}B + A\overline{C} = A(C + \overline{C}) + \overline{A}B = A + \overline{A}B = A + B$

化简前、后的逻辑电路分别如图 2-29a、图 2-29b 所示。

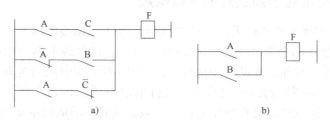

图 2-29　例 2-1 逻辑电路化简

a）化简前电路　b）化简后电路

例 2-2 　$F = A\overline{B}C + A\overline{B}\overline{C} + \overline{B}C + AC = AC(1 + \overline{B}) + \overline{B}C(1 + A) = AC + \overline{B}C = AC + \overline{B} + \overline{C}$
　　　　$= AC + \overline{C} + \overline{B} = A + \overline{C} + \overline{B}$

化简前、后的逻辑电路分别如图 2-30a、b 所示。画逻辑电路时，注意要把 $A\overline{B}C$ 换成 $(A\overline{B} + A\overline{C})$，$\overline{B}C$ 换成 $(\overline{B} + \overline{C})$。

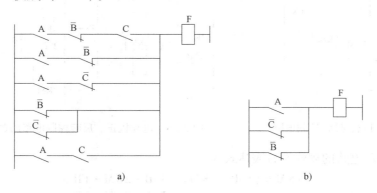

图 2-30　例 2-2 逻辑电路化简

a）化简前电路　b）化简后电路

逻辑函数的简化，其目的就是简化继电器、接触器的线路。但是，在实际组成线路时，有些具体的因素必须考虑。

（二）化简继电器、接触器线路时应注意的实际问题

1）考虑触点容量的限制。考虑触点容量要特别注意检查担负关断任务的触点容量。继电器触点及接触器辅助触点的接通电流是极限分断电流（即触点的电流分断能力）的 10 倍，所以，在化简后要注意触点是否有此分断能力，否则，不能完成控制任务。

2）特殊情况下不必强求化简。有些触点逻辑上看是多余的，但是这些多余的触点在能使线路的逻辑功能更加明确的情况下，不必强求化简来节省触点，如图 2-31 所示。

图 2-31 所示为电动机的起、停控制电路。SB_3 为
起动按钮，SB_1、SB_2 为停止按钮。从逻辑上来看，
SB_1、SB_2 中有一个按钮是多余的，即用一个停止按钮
就行了。但从系统的角度出发，两个停止按钮可以实
现对电动机的一处起动，多处停止。这样当电动机出

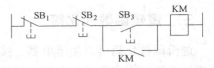

图 2-31　一处起动多处停止控制电路

故障时，或出现一些意想不到的情况时，停止更快捷、更方便。

四、继电器-接触器控制线路的逻辑函数

继电器-接触器控制线路的逻辑函数是以执行元器件（如接触器、电磁阀等）为逻辑输
出变量，以检测信号（如电流继电器反映的电流信号、速度继电器反映的速度信号、行程
开关反映的位置信号、按钮反映的主令信号等）、中间单元（中间继电器）及逻辑输出变量
的反馈触点（它能反映逻辑输出变量或执行元件的逻辑状态，如自锁、闭锁等触点）作为
逻辑输入变量，按一定规律连接后列出的逻辑函数表达式。下面以电动机正、反转控制电路
为例来说明如何求继电器、接触器控制线路的逻辑函数。电动机正、反转控制电路如图2-32
所示。

首先把电动机正、反转控制电路变换成逻辑电路，然后根据逻辑电路来求其逻辑函数，
电动机正、反转控制电路的逻辑电路如图 2-33 所示。

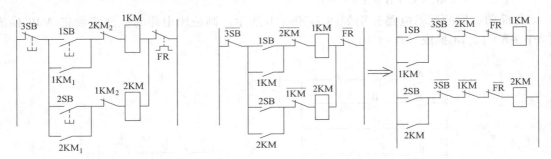

图 2-32　电动机正、反转控制电路　　　图 2-33　电动机正、反转控制电路的逻辑电路

图 2-33 所示电路的逻辑函数表达式为

$$1KM = (1SB + 1KM) \cdot \overline{3SB} \cdot \overline{2KM} \cdot \overline{FR}$$

$$2KM = (2SB + 2KM) \cdot \overline{3SB} \cdot \overline{1KM} \cdot \overline{FR}$$

式中　　　1KM、2KM——为两个逻辑输出变量；

1SB、2SB、3SB、$\overline{FR}$——为逻辑输入变量；

1KM、$\overline{1KM}$——为逻辑输出变量 1KM 的两个反馈触点，在这里也作逻辑输入
变量；

2KM、$\overline{2KM}$——为逻辑输出变量 2KM 的两个反馈触点，在这里也作逻辑输入
变量。

五、用逻辑设计法设计控制线路

继电器、接触器控制线路采用逻辑设计法，可以使线路简单，且能充分利用电器元件，

使所使用的元件数量减少，从而得到较合理的线路。对复杂线路的设计，特别是自动化生产线，组合机床等控制线路的设计，采用逻辑设计法比一般设计法更为合理，但设计起来比较繁琐，设计难度和工作量都较大，而且也容易出错。通常是用一般设计法进行初步设计，用逻辑设计法对所设计的线路进行检查、校正，即对控制线路进行优化。总之，对复杂的控制线路用综合设计法进行设计则比较方便、合理。

习　　题

1. 化简 $F = ABCD + A\overline{B} + \overline{A}\ \overline{B}CD + \overline{A}B$，并画出化简前、后的逻辑电路。
2. 化简继电器、接触器控制线路时，应注意哪些实际问题？
3. 求图 2-9 所示控制电路的逻辑表达式。

第六节　常用典型控制线路

据统计，在许多工矿企业中，笼型异步电动机的数量占电力拖动设备总台数的 85% 左右。因此，本节重点介绍笼型电动机的起动、制动和调速的典型控制线路。

一、笼型异步电动机的起动控制线路

（一）起动方式

三相异步电动机分为笼型异步电动机和绕线转子异步电动机，两者的构造不同，起动方法也不同，其起动控制线路差别很大。由于笼型异步电动机占使用电动机的大多数，所以，笼型异步电动机的起动控制线路很重要，在变压器容量允许的情况下，笼型异步电动机应尽可能采用全电压起动。这既可以简化控制线路、提高控制线路的可靠性，又可以减少电器的维修工作量。

1. 直接起动（全压起动）

直接起动属于全电压起动，故起动电流很大，可达到电动机额定电流的 5 ~ 7 倍，因而对电网冲击大，从而导致电网电压有较大波动或电源电压下降，影响电网内其他设备的正常工作。因此，直接起动常用于小容量电动机的起动。

2. 减压起动

减压起动可以使电动机的起动电流减小，通常为电动机额定电流的 2 ~ 3 倍，可防止过大的起动电流引起电源电压的下降。所以，减压起动常用于大容量电动机的起动。一般情况下，当电动机容量大于电源变压器的 25%（对动力变压器）或 5%（对动力与照明合用的变压器）时就应该采用减压起动。减压起动通常有以下几种起动方式：

1）定子串电阻（或电抗）起动：结构简单、价格低廉、动作可靠，但起动电阻上消耗的功率大。这种定子串电阻起动线路通常仅用于不经常起停的中小型电动机的起动，对大容量电动机多采用定子串电抗起动。

2）定子串自耦变压器起动：结构较复杂、价格较贵，但起动时消耗的功率小，与定子串电阻起动相比，同样的起动转矩，起动电流对电网的冲击要小得多。这是因为起动电流对电网的冲击要经过自耦变压器，而自耦变压器一次侧电压高，二次侧电压低，电流就自然减小了，功率损耗也小了，因此，自耦变压器在这里又称为起动补偿器。这种线路主要用于较大容量电动机的起动。

3）星形-三角形起动：即为星形起动、三角形运行的方式。星形起动电压是原来三角形联结的 $1/\sqrt{3}$。其优点在于星形起动电流是原来三角形联结的 $1/3$，起动电流特性好、结构简单、价格最便宜。缺点是起动转矩也相应下降为原来三角形联结的 $1/3$，转矩下降太多，转矩特性差。因而这种线路通常仅用于电动机额定电压 660/380V、Y/△联结、轻载起动的情况。

4）延边三角形起动：星形-三角形起动方式的起动转矩太小，三角形直接起动方式的起动电流太大。延边三角形起动方式则兼顾了两者的优点，即起动电流既不太大，起动转矩又不太小，而且结构简单，因而这种减压起动方式得到了越来越广泛的应用。

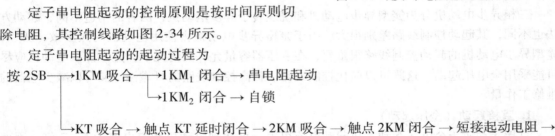

图 2-34　定子串电阻起动控制线路

（二）起动控制线路

1. 直接起动

本章第二节、第三节、第四节中讲述的电动机控制线路都属于直接起动，这里不再重述。

2. 定子串电阻起动

定子串电阻起动的控制原则是按时间原则切除电阻，其控制线路如图 2-34 所示。

定子串电阻起动的起动过程为

按 2SB──→1KM 吸合──→1KM₁ 闭合 → 串电阻起动
　　　　　　　　　　└→1KM₂ 闭合 → 自锁
　　　└→KT 吸合 → 触点 KT 延时闭合 → 2KM 吸合 → 触点 2KM 闭合 → 短接起动电阻 →
起动完毕

3. 定子串自耦变压器起动

定子串自耦变压器起动的控制原则是按时间原则切除串自耦变压器，其控制线路如图 2-35 所示。定子串自耦变压器起动的起动过程为

按 2SB──→1KM 吸合 → 1KM₁、1KM₂ 闭合 → 串自耦变压器起动
　　　　└→KT 吸合──→KT₁ 瞬时闭合 → 自锁
　　　　　　　　　└→KT₂ 延时打开 → 1KM 释放 → 1KM₁、1KM₂ 打开┐
　　　　　　　　　└→KT₃ 延时闭合 → 2KM 吸合 → 触点 2KM 闭合────┴→切除自耦变压器并给电动机加全压→起动完毕

4. 星形-三角形起动

星形-三角形起动的控制原则是按时间原则切除电动机的Y联结，其控制线路如图2-36所示。

星形-三角形起动的起动过程为

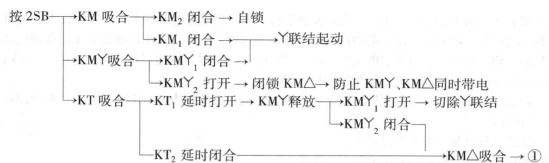

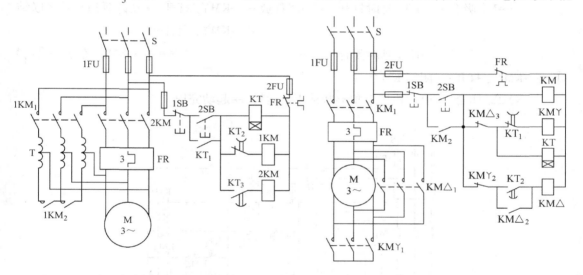

图 2-35 定子串自耦变压器起动的控制线路　　　图 2-36 星形-三角形减压起动控制线路

5. 延边三角形起动

电动机的延边三角形联结如图 2-37 所示。这种电动机定子的三相绕组共有 9 个抽线头，

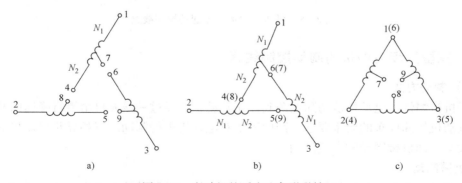

图 2-37 电动机的延边三角形联结

a) 绕组原始状态　b) 延边三角形联结　c) 三角形联结

改变抽头比（即 N_1 与 N_2 之比），就能改变起动时定子绕组上电压的大小，从而改变起动电流和起动转矩。但一般来说，电动机的抽头比已经固定，所以，仅在这些抽头比的范围内作有限的变动。例如，若电源线电压为380V，当 $N_1/N_2 = 1$ 时，延边三角形的相电压为264V；当 $N_1/N_2 = 1/2$ 时，延边三角形的相电压为290V。

延边三角形起动的控制原则是按时间原则切除电动机的延边三角形联结，其控制线路如图2-38所示。

延边三角形起动的起动过程为

①—→KM△₂ 打开 → 闭锁 KMY
　—→KM△₁ 闭合 → 电动机按三角形联结正常运转 → 起动完毕

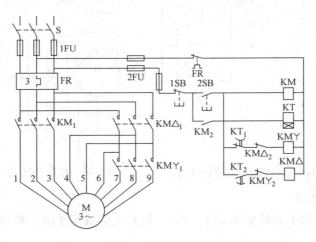

图2-38　延边三角形减压起动控制线路

二、笼型异步电动机的制动控制线路

（一）制动方式

由于机械惯性，电动机从切除电源到停止转动，需经过一段靠自由滑行降速的时间，不能满足电动机快速停车的效率要求，因此需要对电动机进行制动。三相异步电动机的制动方式有两大类，即机械制动和电气制动。

1. 机械制动

机械制动是靠外加的机械闸的闸力作用在电动机同轴制动轮上来产生的，通常采用电磁抱闸制动和电磁离合器制动等方式。机械制动的优点是制动力矩大、制动迅速、操作方便、安全可靠、停车准确。其缺点是制动愈快，冲击振动就愈大，对机械设备不利；另外机械闸的闸皮因磨损需经常维修或更换，增加了维护工作量。由于机械制动方法简单、操作方便，所以在生产现场得到广泛应用。

2. 电气制动

电气制动是通过电气方法使电动机产生一个与原来转子转动方向相反的电磁制动转矩来进行制动的。它不需要机械闸，故不存在机械制动的缺点。在电器控制系统中，电气制动通常采用反接制动、能耗制动等制动方式。

（1）反接制动

反接制动是通过改变电动机定子绕组中三相电源的相序，产生一个与惯性转子方向相反的电磁制动转矩来制动的。

反接制动的优点是制动效果好（因制动电流大），控制线路简单，无须附加单独的制动电源。其缺点有两个：一是反接制动不会自动停车，必须与速度继电器配合使用。因为当速度减为零时，电动机会向相反的方向旋转起动。为此，反接制动必须与速度继电器配合使用，即采用速度原则进行控制，借助速度继电器来检测电动机速度变化，当反接制动制动到接近零速时（100r/min），由速度继电器来自动切断电动机的电源。二是反接制动因制动时制动电流很大会形成过大的冲击电流，最大能达到电动机全电压直接起动时起动电流的2倍。这是因为反接制动时，电动机的转子的转向与旋转磁场的方向相反，其相对速度接近2倍同步转速的缘故。过大的冲击电流除了对电网冲击而使电源电压有较大波动外，还会对电动机及其机械传动系统产生过大冲击，增加能量消耗，缩短其使用寿命。为了减小冲击电流，需在电动机主电路（即定子电路）中串接电阻限制反接制动电流，这个电阻称为反接制动电阻。故反接制动用于不太经常制动的中小容量电动机，10kW 以上电动机要在主电路中串接对称或不对称电阻，如图 2-39 所示。

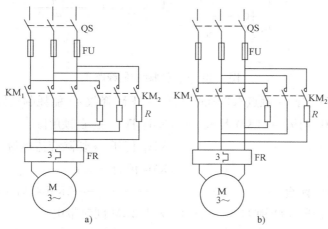

图 2-39 三相异步电动机定子串接反接制动电阻

a）主电路串接对称电阻   b）主电路串接不对称电阻

（2）能耗制动（动力制动）

能耗制动是在电动机要停车时，切除电动机的交流电源，立即向电动机定子绕组通入直流电源，使定子形成一个固定的静止磁场，利用转子旋转惯性切割磁力线产生的感应电流与定子静止磁场的作用产生制动力矩来制动的。

　　从能量的角度看，能耗制动是把电动机转子运转所储存的动能转变成电能，且又消耗在电动机转子的制动上，所以称为"能耗制动"。因此，与反接制动相比，具有能量消耗小、制动准确、平稳、不会产生有害的反转和因制动电流小而对电网的冲击小等优点。但能耗制动需要一个专门的直流电源，这使得能耗制动控制线路变得复杂，另外，能耗制动因制动电流小、制动力小而使制动速度较反接制动慢或效果差。特别是在低速时尤为突出，转子速度越低，转子感应电流越小，制动力越小，制动效果越差；当转子速度很低时，能耗制动几乎不起作用。为了弥补转子速度低时制动力小的缺点，能耗制动常与电磁抱闸制动联合使用。即转子速度较低时切除能耗制动，投入电磁抱闸制动，加强制动效果。

　　能耗制动以其独特的优点常用于电动机容量较大、要求制动准确、平稳和起动频繁的场合。

（二）制动控制线路

1. 反接制动控制线路

反接制动控制线路的工作原理已在本章第三节作了介绍，这里不再重复。

2. 能耗制动控制线路

能耗制动的控制线路如图 2-40 所示。其动作过程如下

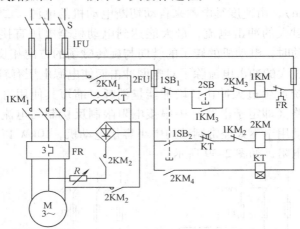

图 2-40　能耗制动控制线路

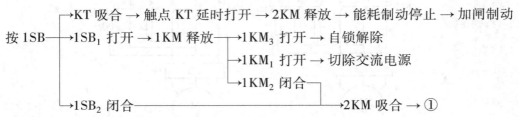

三、笼型异步电动机的调速控制线路

（一）调速方式

交流异步电动机在工作过程中往往需要按照生产工艺的要求不断地调节它的转速。电动

机的调速是指在负荷不变的情况下人为地改变电动机的转速。根据交流异步电动机转速公式 $n = 60f(1-s)/p$ 可知，其调速方式有变极调速（改变磁极对数 p）、变频调速（改变频率 f）和变差调速（改变转差率 s）3 种。

1. 变极调速

变极调速是指通过改变电动机磁极对数 p 对电动机进行调速。它属于有级调速，调速范围为 25%、50%、100%。它一般仅用于笼型异步电动机的调速，不能用于绕线转子异步电动机的调速。因为改变笼型异步电动机定子绕组的极数以后，转子绕组的极数能够随之变化，也就是说，笼型异步电动机转子绕组本身没有固定的极数。绕线转子异步电动机的定子绕组改变以后，它的转子绕组必须进行相应地重新组合，而绕线转子异步电动机往往无法满足这一要求。所以变极调速方法它一般仅用于笼型异步电动机的调速。为了满足笼型异步电动机变极调速的要求，就专门生产了能应用变极调速的多速电动机。多速电动机一般有双速、三速、四速之分，双速电动机定子绕组有一套绕组，三速、四速电动机则为两套绕组。

双速电动机定子的三相绕组连接图如图 2-41 所示。图 2-41a 为三角形（四极、低速）与双星形（二极、高速）联结，它属于恒功率调速；图 2-41b 为星形（四极、低速）与双星形（二极、高速）联结，它属于恒转矩调速。

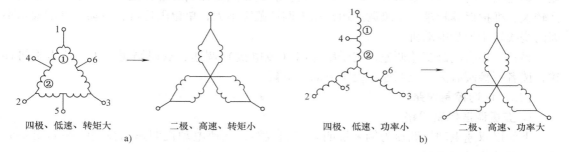

四极、低速、转矩大　　二极、高速、转矩小　　四极、低速、功率小　　二极、高速、功率大
a)　　　　　　　　　　　　　　　　　　　b)

图 2-41　双速电动机三相绕组连接图
a）三角形与双星形联结　b）星形与双星形联结

变极调速的优点是控制线路简单、投资低、维护保养容易、调速精度高、动态响应快、效率高、对电网无谐波干扰。缺点是有级调速且多速电动机本身价格贵。

多速电动机有一定的使用价值，通常使用时与机械变速配合使用，以扩大其调速范围。

2. 变频调速

变频调速是指通过改变电动机定子电源的频率对电动机进行调速。它属于无级调速，调速范围为 0 ~ 100%。目前最流行的是用 PWM（脉宽调制）变频器（调 f/U）进行变频调速，变频调速的应用领域非常广泛。它应用于机床、风机、泵、搅拌机、挤压机、精纺机、压缩机、各种传送带的多台电动机同步、调速和起重机械等。也常用于低电压、中小容量的交流电动机，如家用电器中的变频空调、变频电冰箱等。

变频调速的优点是无级调速，调速范围最宽，可达到 0 ~ 100%；调速精度最高、节能效果最好、动态响应最快、维护保养较容易。其缺点是控制装置复杂、投资最高、对电网的谐波干扰最大。

从技术上讲，变频调速是最理想的调速方式，通常用于长期低速运行、起停频繁或调速范围较大的笼型和绕线转子异步电动机。

3. 变差调速

变差调速是指通过改变电动机定子和转子的某些参数（如定子电压 U_1、转子电阻 r_2'、转子的转差电压 U_2' 等）对电动机进行调速。改变电动机定子电压的调速通常称为调压调速，改变电动机转子电阻的调速通常称为转子串电阻调速，改变电动机转子的转差电压的调速通常称为串级调速。

调压调速属于无级调速，调速范围为 $80\% \sim 100\%$。其优点是无级调速、动态响应快、控制装置较简单、投资较低、维护保养容易。其缺点是调速范围较窄、效率低、调速精度一般、对电网的谐波干扰大。调压调速通常用于长期在高调速范围内调速运行的小容量的笼型异步电动机。

转子串电阻调速属于有级调速，调速范围为 $50\% \sim 100\%$。其优点是调速范围较宽、控制装置简单、投资低、维护保养容易、对电网无大电流冲击和谐波干扰。其缺点是有级调速且调速平滑性差、调速精度一般、调速电阻能量损失大、效率低、动态响应差。转子串电阻调速通常用于调速范围不大、硬度要求不高的绕线转子异步电动机。

串级调速属于无级调速，调速范围为 $50\% \sim 100\%$。其优点是无级调速、调速范围较宽、调速精度高、节能效果好、动态响应较快。其缺点是控制装置较复杂、对电网的谐波干扰较大、维护保养较难。串级调速通常用于调速范围不大，单象限运行，对动态性能要求不高的绕线转子异步电动机。

另外，还有电磁变差调速、定子串电阻（或电抗）调速、双馈调速等等，这里不再详述，读者可参阅有关交流调速系统等方面的书籍。

（二）调速控制线路

1. 变极调速控制线路

下面以双速电动机调速为例来说明其控制线路，双速电动机调速的控制线路如图 2-42 所示。其动作过程如下。

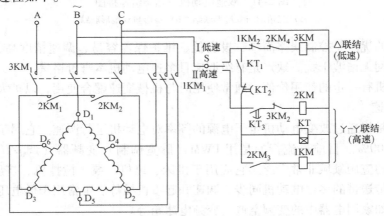

图 2-42　双速电动机调速控制线路图

（1）低速运转

将 S 打向低速位置 → 3KM 吸合 ┬→ 3KM₁ 闭合 → 电动机低速运转

└→ 3KM₂ 打开 → 闭锁 2KM → 防止主回路短路

（2）高速运转

将 S 打向高速位置，3KM 短暂释放，与此同时 KT 吸合。导致：

KT 吸合 → KT₁ 闭合 → 3KM 又重新吸合 → 维持低速运转 → 以减少高速起动时的起动电流
→ KT₂ 延时打开 → 3KM 释放 → 3KM₁ 打开 → 停止低速
→ 3KM₂ 闭合
→ KT₃ 延时闭合 → 2KM 吸合 → ①

① → 2KM₁、2KM₂ 闭合 → 电动机高速运转
→ 2KM₃ 闭合 → 1KM 吸合 → 1KM₁ 闭合
→ 1KM₂ 打开 → 闭锁 3KM → 防止主回路短路

2. 变频调速控制线路

（1）MM440 通用型变频器简介

Micromaster 440 变频器简称 MM440 变频器，是用于控制三相交流电动机速度的变频器系列，本系列有多种型号供用户选用，恒定转矩（CT）控制方式的额定功率范围从 0.12 ～ 200kW，可变转矩（VT）控制方式可达到 250kW。MM440 变频器系列如图 2-43 所示。

MM440 变频器由微处理器控制，采用具有现代先进技术水平的绝缘栅双极型晶体管（IGBT）作为功率输出器件。因此，它们具有很高的运行可靠性和功能的多样性。其脉冲宽度调制的开关频率是可选的，因而降低了电动机运行的噪声，具有全面而完善的保护功能，为变频器和电动机提供了良好的保护。

MM440 变频器具有默认的工厂设置参数，它是给数量众多的简单的电动机控制系统供电的理想变频驱动装置。由于 MM440 变频器具有全面而完善的控制功能，在设置相关参数以后，它也可用于更高级的电动机控制系统。

MM440 变频器既可用于单机驱动系统，也可集成到自动化系统中。

图 2-43　MM440 变频器系列

（2）控制线路

图 2-44 所示是主轴变频器外围控制线路图。采用三相交流 380V 电源供电，速度指令通过电位器获得，在数控机床上一般由数控装置或 PLC 的模拟量输出接口经变频器的 3、4 输入接口输入，指令电压范围是直流 0 ～ 10V。

主轴电动机的起动、停止以及旋转方向由外部开关 SB₁、SB₂ 控制，当 SB₁ 闭合时，电动机正转，当 SB₂ 闭合时电

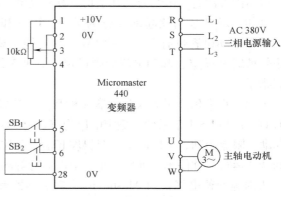

图 2-44　主轴变频器外围控制线路图

动机反转。若 SB_1 和 SB_2 同时断开或闭合，电动机则停转。根据实际情况需要也可以定义为 SB_1 控制电动机的起动和停止，SB_2 控制电动机的旋转方向。变频器根据输入的速度指令和运行状态指令输出相应频率和幅值的交流电源，控制电动机旋转。

四、软起动器起动的控制线路简介

前述的传统异步电动机的起动方式的共同特点是控制电路简单，但起动转矩固定不可调，起动过程中存在较大的冲击电流，使被拖动负荷受到较大的机械冲击。且易受电网电压波动的影响，一旦出现电网电压波动，会造成起动困难甚至使电动机堵转。另外，停机时，前述几种起动方法都是瞬间停电，也将会造成剧烈的电网电压波动和机械冲击。为克服上述缺点，采用电子式的软起动器是很理想的。电子式的软起动器是一种集电动机软起动、软停车、轻载节能和多种保护功能于一体的新型电动机控制装置。下面对电子式软起动器及起动控制线做以下简要介绍。

（一）电子式软起动器的发展现状、产品系列及特点

近年来国内外软起动器技术发展很快。软起动器从最初的单一软起动功能，发展到同时具有软停车、故障保护、轻载节能等功能，因此受到了普遍的关注。

1. 国内产品现状及特点

我国软起动器的技术开发是比较早的。从 1982 年起就有不少研究者在开发功率因数控制器时包括了软起动技术。现在这些技术已成熟并有产品推出，如 JKR 软起动器及 JQ、JQZ 型交流电动机固态节能起动器等，单机最大容量可达 800kW。具有斜坡恒流软起动、阶跃恒流起动、脉冲恒流起动及软停车功能，可根据电动机负荷变化调整电动机工作电压，使电动机运行于最佳状态，降低电动机的有功功率、无功功率，减小负荷电流，提高功率因数。在电动机空载运行时节电率可达 50% 以上。在电动机空载时突加全负荷可在 70ms 内响应完毕。此外，对电动机还有过载保护和缺相保护功能。

ST500 系列智能电动机控制器，安装于终端 MCC 柜中，优化了传统的隔离开关、熔断器、接触器、热继电器组合方案，具有过载、堵转过电流、欠电流、不平衡或缺相、漏电、欠电压等保护功能，同时具有运行和故障状态监视、保护通信单元、显示操作模块和 ST 编程器单元，具有 DP 接口，可直接与 DP 总线组网。

2. 国外产品状况及特点

目前国外的著名电气公司几乎均有软起动器产品进入中国市场，并占有较大的市场份额。

例如：ABB 公司软起动器分为 PSA、PSD 和 PSDH 型 3 种，其中 PSDH 型为重载起动型，常用电动机容量有 7.5～450kW。其功能主要有：起动斜坡时间设定、初始电压设定、停止斜坡时间设定、起动电流极限设定、脉冲突跳起动、大电流开断等，还有运行、故障、过载指示。

美国罗克韦尔公司的软起动器又称智能马达控制器，包括有 STC、SMC-2、SMC PLUS 和 SMC Dialog PLUS 4 个系列，额定电压为 200～600V，额定电流为 24～1000A。这些控制器有斜坡起动、限流起动、全压起动、双斜坡起动、泵控制，预置低速运行，智能电动机制动，带动的低速运行，软停车，准确停车，节能运行等功能，并有故障诊断功能。

法国施耐德电气公司 Altistart46 型软起动器有标准负荷和重型负荷应用两大类。额定电流范围为 17～1200A，共 21 种额定值，电动机功率范围为 2.2～800kW，产品除具有软起

动、软停车外，还具有恒定加、减速功能。

德国西门子公司 3RW22、3RW30、3RW31、3RW34 型软起动器具有软起动和软停车功能，具有显示软起动和软制动过程中各项参数的能力，并具有故障识别能力。有多种性能曲线，可根据需要改变其电压上升变化的斜率，以适应多种工况的要求。其额定电流范围为 7~1200A，共 19 种额定值。

其他国外产品有英国欧丽公司 MS2 型软起动器，电动机功率范围为 7.5~800kW，共 22 种额定值。还有英国 CT 公司 SX 型产品和德国 AEG 公司 3DA、3DM 型产品等。

美国摩托托尼公司则以高压软起动器而著称，目前该公司的产品可达到 14000V，功率从 400~7500kW，电压等级分为 1250V、2500V、3000V、6000V、6600V、6900V、11000V、14000V。

（二）电子式软起动器的工作原理和工作特性

1. 电子式软起动器的工作原理

电子式软起动器是利用电力电子技术、自动控制技术和计算机技术，将强电和弱电结合起来的控制技术。

图 2-45 所示为软起动控制器的原理。其主要结构是一组串接于电源与被控电动机之间的三相反并联晶闸管及其电子控制电路。利用晶闸管移相控制原理，控制三相反并联晶闸管的导通角，使被控电动机的输入电压按不同的要求而变化，从而实现不同的起动功能。起动时，使晶闸管的导通角从 0 开始，逐渐前移，电动机的端电压从 0 开始，按预设函数关系逐渐上升，直至达到满足起动转矩而使电动机顺利起动，再使电动机全电压运行，这就是软起动控制器的工作原理。

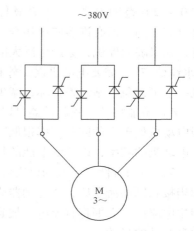

图 2-45 软起动控制器原理示意图

2. 电子式软起动器的工作特性

异步电动机在软起动过程中，软起动器是通过控制加到电动机上的平均电压来控制电动机的起动电流和转矩的，起动转矩逐渐增加，转速也逐渐增加。一般软起动器可以通过设定得到不同的起动特性，以满足不同负荷特性的要求。

1）斜坡恒流升压起动。斜坡恒流升压起动曲线如图 2-46 所示。这种起动方式是在晶闸管的移相电路中，引入电动机电流反馈，使电动机在起动过程中保持恒流、起动平稳。在电动机起动的初始阶段，起动电流逐渐增加，当电流达到预先所设定的限流值后保持恒定，直至起动完毕。起动过程中，电流上升变化的速率是可以根据电动机负荷调整设定。斜坡陡，电流上升速率大，起动转矩大，起动时间短。当负荷较轻或空载起动时，所需起动转矩较低，应使斜坡缓和一些，当电流达到预先所设定的限流点值后，再迅速增加转矩，完成起动。由于是以起动电流为设定值，当电网电压波动时，通过控制电路自动增大或减小晶闸管导通角，可以维持原设定值不变，保持起动电流恒定，不受电网电压波动的影响。这种软起动方式是应用最多的起动方法，尤其适用于风机、泵类负荷的起动。

2）脉冲阶跃起动。脉冲阶跃起动特性曲线如图 2-47 所示。在起动开始阶段，晶闸管在极短时间内以较大电流导通，经过一段时间后回落，再按原设定值线性上升，进入恒流起动

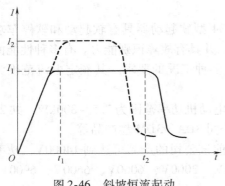

图 2-46　斜坡恒流起动

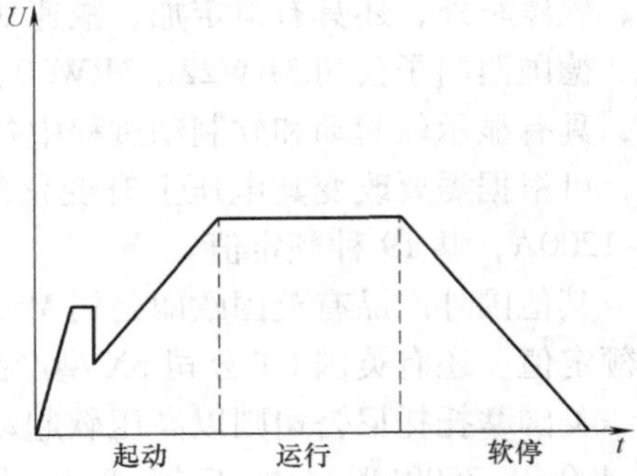

图 2-47　脉冲阶跃起动

状态。该起动方法适用于重载并需克服较大静摩擦的起动场合。

3）减速软停控制。减速软停控制是当电动机需要停机时，不是立即切断电动机的电源，而是通过调节晶闸管的导通角，从全导通状态逐渐地减小，从而使电动机的端电压逐渐降低而切断电源的。这一过程时间较长故称为软停控制。停机的时间根据实际情况的需要可在 0～120s 范围内调整。减速软停控制曲线如图 2-47 所示。传统的控制方式都是通过瞬间停电完成的。但有许多应用场合，不允许电动机瞬间关机。例如，高层建筑、楼宇的水泵系统，如果瞬间停机，会产生巨大的"水锤效应"，使管道甚至水泵遭到损坏。为减少和防止"水锤效应"，需要电动机逐渐停机，采用软起动器能满足这一要求。在泵站中，应用软停机技术可避免泵站设备损坏，减少维修费用和维修工作量。

4）节能特性。软起动器可以根据电动机功率因数的高低，自动判断电动机的负荷率，当电动机处于空载或负荷率很低时，通过相位控制使晶闸管的导通角发生变化，从而改变输入电动机的功率，以达到节能的目的。

5）制动特性。当电动机需要快速停机时，软起动器具有能耗制动功能。能耗制动功能即当接到制动命令后，软起动器改变晶闸管的触发方式，使交流电转变为直流电，然后在关闭主电路后，立即将直流电压加到电动机定子绕组上，利用转子感应电流与静止磁场的作用达到制动的目的。

（三）电子式软起动器的用途和优点

1. 软起动器的典型用途

用于三相交流异步电动机来驱动的鼓风机、泵和压缩机的软起动和软制动。也可用它来控制带有变速机构、带或链带传动装置的设备，如传送带、磨床、刨床、锯床、包装机和冲压设备。

2. 软起动器应用于传动系统时具有的优点

1）提高机械传动元器件的使用寿命，例如，显著降低变速机构中的撞击，使磨损降到轻微程度。

2）起动电流小，从而使供电电源减轻峰值电流的影响。

3）平稳的负载加速度可防止生产事故或产品的损坏。

（四）起动控制线路

在工业自动化程度要求比较高的场合，为了便于控制和应用，往往将软起动器、断路器和控制电路组成一个较完整的电动机控制中心以实现电动机的软起动、软停车、故障保护、报警、自动控制等功能。同时具有运行和故障状态监视、接触器操作次数、电动机运行时间和触点弹跳监视、试验等辅助功能。另外还可以附加通信单元、图形显示操作单元和编程器单元等，可直接与通信总线联网。一般的用途可以采用以下具体方案。

1. 软起动器与旁路接触器

对于泵类、风机类负荷往往要求软起动、软停车。在软起动器两端并联接触器 KM，如图 2-48 所示。当电动机软起动结束后，KM 合上，运行电流将通过 KM 送至电动机。若要求电动机软停车，一旦发出停车信号，先将 KM 分断，然后再由软起动器对电动机进行软停车。

该电路具有如下优点：

1）电动机运行时可以避免软起动器产生的谐波。

2）软起动器仅在起动、停车时工作，可以避免长期运行使晶闸管发热，延长了使用寿命。

3）一旦软起动器发生故障，可由旁路接触器作为应急备用。

2. 单台软起动器起动多台电动机

一些工厂有多台电动机需要起动，当然最好都单独安装一台软起动器，这样既使控制方便，又能充分发挥软起动器的故障检测等功能。但有时从节约资金投入考虑，可用一台软起动器对多台电动机进行软起动。图 2-49 所示为给出了用一台软起动器对两台电动机的起动与停止的控制电路。当然，该控制电路只能分别起、停两台电动机，不能同时进行起动或停止。

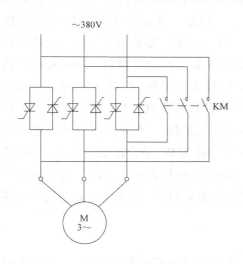

图 2-48　软起动控制器原理示意图

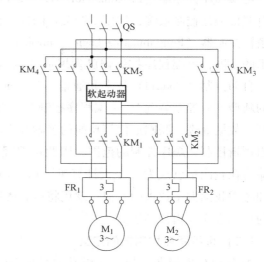

图 2-49　一台软起动器起动两台电动机的控制线路

习　题

1. 交流笼型异步电动机常用哪些起动方式？各有何优缺点？各用于什么场合？

2. 交流笼型异步电动机常用哪些制动方式？各有何优缺点？各用于什么场合？

3. 交流笼型异步电动机常用哪些调速方式？各有何优缺点？各用于什么场合？

4. 反接制动为什么要与速度继电器联合使用？

5. 能耗制动为什么要与机械闸联合使用？

6. 软起动器用于交流异步电动机起动时的优点有哪些？

第二篇 可编程序控制器

本篇主要学习可编程序控制器（简称PLC）的硬件组成与结构、工作原理、编程语言及指令系统、PLC控制系统设计。

第三章 PLC的产生、基本特点和主要功能

（一）PLC简称的来历

可编程序控制器（Programmable Controller）简称PC。在它发展的初期，主要用来取代继电器接触器控制系统，即用于开关量的逻辑控制系统。因此，可编程序控制器也称可编程序逻辑控制器（Programmable Logic Controller），简称PLC。后来，随着微电子技术和计算机技术的发展，可编程序控制器已发展成"以微处理器为基础，结合计算机（Computer）技术、自动控制（Control）技术和通信（Communication）技术（简称3C技术）的高度集成化的新型工业控制装置"。可编程序控制器已发展成为一种具有逻辑控制、过程控制、运动控制、数据处理、联网通信等功能的名副其实的"多功能控制器"。显然，它的功能已远远超出逻辑控制、顺序控制的范围。因此可编程序控制器简称为PC是合适的。但由于PC这一缩写在我国早已成为"个人计算机"（Personal Computer）的代名词。所以，为了避免混淆和考虑我国大多数人的习惯，现仍将可编程序控制器简称为PLC，但不要将此误认为或理解为可编程序逻辑控制器。

（二）可编程序控制器的定义

由于PLC发展非常快，所以其定义也在随PLC功能的发展而不断地改变。直到1987年2月，国际电工委员会（IEC）给PLC下了一个定义。即"可编程序控制器是一种用数字运算来操作的电子系统，是专为在工业环境下应用而设计的工业控制器。它采用了可编程序的存储器，用来在其内部存储执行逻辑运算、顺序控制、定时、计数和算术运算等操作指令，并通过数字式、模拟式的输入和输出，控制各种类型的机械设备和生产过程。可编程序控制器及相关的外部设备都按照易于与工业控制系统集成、易于扩展其功能的原则设计"。

近年来，PLC技术发展飞快，每年都推出不少PLC及其网络新产品，其功能也超过了上述定义的范围。预计，今后PLC的定义还要不断地更新。

第一节　PLC 的产生、演变和发展趋势

一、PLC 的产生

1968 年，美国最大的汽车制造商"通用汽车公司（GM）"为了适应汽车型号的不断翻新，想寻求一种新方法，用新的控制装置取代原继电器接触的控制装置，并将这个设想归纳成以下 10 项功能指标，公开招标。

1) 编程容易，并可在现场修改程序。
2) 维修方便，采用插件式结构。
3) 可靠性高，能在恶劣的环境下工作。
4) 体积小于继电器控制柜。
5) 价格便宜，成本可以与继电器系统竞争。
6) 可以直接连接 115V 交流输入。
7) 输出采用 115V 交流，可以直接驱动继电器、电磁阀。
8) 具有数据通信功能，数据可以直接送入管理计算机。
9) 通用性好，系统易于扩展。
10) 用户程序存储器的容量至少能扩展到 4KB。

美国数字设备公司（DEC）首先响应并中标。1969 年，DEC 公司研制成功第一台 PLC，型号为 PDP-14。

PDP-14 是一种典型的可编程序逻辑控制器。应用于 GM 公司的汽车自动装配生产线（即底特律的一条汽车自动生产线）上取得了极大的成功。此后，这项新技术就迅速发展起来。

1971 年，日本从美国引进了这项新技术，由日立公司研制出日本第一台 PLC，型号为 DSC-8。

1973 ~ 1974 年，法国和德国也相继研制出自己的 PLC。

1974 年，我国开始引进、研制，1977 年开始工业应用，但仅仅是初步认识与消化阶段。

二、国际上 PLC 的发展过程

从 1968 年到现在，在短短的 40 余年间，PLC 经历了 5 次换代。

第 1 代 PLC（1968 ~ 20 世纪 70 年代初期）——是 PLC 的创始时期，其功能仅限于开关量的逻辑控制。

第 2 代 PLC（20 世纪 70 年代中期）——是 PLC 的成熟时期，其功能增加了数字运算及处理和模拟量控制。

第 3 代 PLC（20 世纪 70 年代末 ~ 80 年代初）——是 PLC 的大发展时期，其功能及处理速度大大增加，尤其是增加了一些特殊功能模块（如 PID 模块、远程 I/O 模块）和通信、自诊断等功能。

第 4 代 PLC（20 世纪 80 年代初 ~ 90 年代中期）——是 PLC 发展最快时期，年增长率一直保持为 30% ~ 40%。在这时期，软、硬件功能发生巨大的变化，增加了各种内含 CPU 的

智能模块，PLC 在处理模拟量能力、数字运算能力、人机接口能力和网络能力得到大幅度提高，PLC 逐渐进入过程控制领域，在某些应用上取代了在过程控制领域处于统治地位的 DCS 系统。PLC 已发展成一种具有逻辑控制、过程控制、运算控制、数据处理、联网通信等功能的名副其实的"多功能控制器"。

第 5 代 PLC（90 年代末期～近年）——PLC 的发展特点是更加适应于现代工业的需要；诞生了各种各样的特殊功能单元、生产了各种人机界面单元、通信单元，使应用 PLC 的工业控制设备的配套更加容易；加强 PLC 通信联网的信息处理能力；PLC 向开放性发展；PLC 的体积大型化和超小型化，运算速度高速化；软 PLC 出现；PLC 编程语言趋于标准化。其应用领域目前不断扩大，并延伸到过程控制、批处理、运动和传动控制、无线电遥控以至实现全厂的综合自动化。近年，工业计算机技术（IPC）和现场总线技术发展迅速，挤占了一部分 PLC 市场，PLC 增长速度出现渐缓的趋势，但其在工业自动化控制特别是顺序控制中的地位，在可预见的将来，是无法取代的。

三、我国 PLC 的发展过程

我国 PLC 的发展过程大致可分为 4 个阶段：20 世纪 70 年代初步认识，80 年代引进试用，90 年代后推广应用。2000 年以后 PLC 生产有一定的发展，小型 PLC 已批量生产；中型 PLC 已有产品；大型 PLC 已开始研制。国内产品在价格上占有明显的优势，而在质量上还稍有欠缺或不足。目前，国内 PLC 形成产品化的生产企业约 30 多家，国内产品市场占有率不超过 10%，主要生产单位有：北京和利时系统工程股份有限公司、深圳德维森公司、苏州电子计算机厂、苏州机床电器厂、上海兰星电气有限公司、天津市自动化仪表厂、杭州通灵控制电脑公司、北京机械工业自动化所和江苏嘉华实业有限公司等。

特别是近几年，国产 PLC 有了更新的产品。北京和利时系统工程股份有限公司推出的 FOPLC 有小型、中型、大型。该公司推出的 HOLLiAS—LEC G3 新一代高性能的小型 PLC 有 14 点（8/6）、24 点（14/10）、40 点（24/16）三个规格，基本指令的执行时间为 $0.6\mu s$。程序存储器的容量为 52KB。为方便用户选用，该公司开发了 19 种、35 个不同规格的 I/O 扩展模块，G3 型 PLC 可最多扩展 7 个模块，I/O 最大可到 264 点。G3 系列 PLC 有符合 IEC 61131—3 的 5 种编程语言，编程软件具有超强的计算功能，如其他小型 PLC 所不具备的 64 位浮点数运算、优化的 PID 可同时处理有十几个模拟量的多个闭环回路。G3 系列 PLC 具有极强的通信功能，有集于 CPU 模块的标准 Modbus 协议、专有协议和自由协议的通信接口。通过该接口可方便的挂到 Profibus 等总线上去。该公司的 FOPLC 中型机，开关量 I/O 为 256 点；内置 TCP/IP 通信接口，很容易接入管理网；配有 PROFIBUS—DP 现场总线的主站、从站和远程 I/O 都通过 ISO 9001 严格的质量保证体系认证。FOPLC 编程语言符合 IEC 61131—3 标准。

深圳德维森公司开发的基于 PC 的软 PLC TOMC 系列，其特点是符合 IEC 61131—3 国际标准的编程语言，允许梯形图、顺序功能图和功能块图混合编程：用户可开发基于内置 PC 资源的 C 语言和定义功能块，通过以太网、TCP/IP 与上位机联网。TOMC1 软 PLC 可连接最多 32 个本地 I/O 模块，最多 15 个远程站，每个远程站可带 32 个 I/O 点。

在 90% 的国内 PLC 市场由国外 PLC 产品占领的今天，国产 PLC 能脱颖而出，并具有和国外同类产品进行竞争的能力，相信不久的将来，国产 PLC 将占市场更大份额。

四、PLC 的发展趋势

1. 向超大型、超小型两个方向发展

从体积上讲，目前 PLC 总的发展趋势是两极分化，同时尽量做到系列化、通用化和高性能化。两极分化是指向大型化和超小型或微型化两个方向发展。

当前中小型 PLC 比较多，为了适应市场的多种需要，今后 PLC 要向多品种方向发展，特别是向超大型和超小型或微型化两个方向发展。

1）超小型或微型化：是指向体积更小、更专业、速度更快、功能更强、价格更低及更简易化的方向发展。

发展超小型或微型化 PLC 的目的是为了占领广大的、分散的、中小型的工业控制场合。小型 PLC 由整体结构向小型模块化结构发展，使配置更加灵活。开发各种简易、经济的超小型或微型 PLC，最小配置的 I/O 点数为 8～16 点，以适应单机及小型自动控制的需要，如三菱公司 α 系列 PLC。超小型或微型 PLC 也非常适合于机电一体化（如机器人、智能电器等），也是实现家庭自动化的理想控制器。例如 OMRON（欧姆龙）的 SRMI 微型 PLC 的体积只有一叠扑克牌的大小，却能支持 256 个点。它不仅完成逻辑控制，还具有数字运算、模拟量处理及调节、数据通信等功能。

2）超大型化：是指向大存储容量、高速（0.2～0.4μs/指令）、高性能、更多 I/O 点（10000 点以上）和多功能（如各种特殊功能模块、智能模块等）方向发展，使其能取代工业控制微机（IPC）、集散控制系统（DCS）的功能，对大规模、复杂的系统进行综合控制。现已有 I/O 点数达 14336 点的超大型 PLC，其使用 32 位微处理器，多 CPU 并行工作和大容量存储器，功能强大。

2. 向性能更高、功能更强的方向发展

从性能和功能上讲，目前 PLC 总的发展趋势是向性能更高、功能更强的方向发展。其发展主要表现以下几个方面：

1）向高速度、大容量方向发展：为了提高 PLC 的处理能力，要求 PLC 具有更好的响应速度和更大的存储容量。目前，有的 PLC 的扫描速度可达 0.1ms/千步左右。PLC 的扫描速度已成为很重要的一个性能指标。

2）大力发展智能模块：智能模块是以微处理器为基础的功能模块。它们的 CPU 与 PLC 的 CPU 并行工作，占用主机的 CPU 时间很少，有利于提高 PLC 的扫描速度和完成特殊的控制要求。

为满足各种自动化控制系统的要求，近年来不断开发出许多功能模块，如：通信模块、位置控制模块、快速响应模块、闭环控制模块、模拟量 I/O 模块、高速计数模块、数控模块、计算模块、模糊控制模块、语言处理模块、人机接口模块等。这些带 CPU 和存储器的智能 I/O 模块，既扩展了 PLC 功能，又使用灵活方便，扩大了 PLC 应用范围。

3）增强联网通信功能：网络通信功能可使 PLC 构成的网络向下将多个 PLC、多个 I/O 模块相连；向上与工业控制微机（IPC）、以太网（Ethernet）和 MAP 网（采用制造自动化协议，是美国通用汽车公司在 1982 年推出的）等相连，构成整个工厂的综合自动化、消灭"自动化孤岛"。另外，可使 PLC 网络系统具有信息管理功能，并且与其生产控制功能融为一体，以满足现代化大生产的控制与管理的需要。

加强 PLC 联网通信的能力，是 PLC 技术进步的潮流。PLC 的联网通信有两类：一类是 PLC 之间联网通信，各 PLC 生产厂家都有自己的专有联网手段；另一类是 PLC 与计算机之间的联网通信，一般 PLC 都有专用通信模块与计算机通信。为了加强联网通信能力，PLC 生产厂家之间也在协商制订通用的通信标准，以构成更大的网络系统，PLC 已成为集散控制系统（DCS）不可缺少的重要组成部分。

4）提高外部故障诊断与处理能力：根据统计资料表明：在 PLC 控制系统的故障中，CPU 占 5%，I/O 接口占 15%，输入设备占 45%，输出设备占 30%，线路占 5%。前两项共 20% 故障属于 PLC 的内部故障，它可通过 PLC 本身的软、硬件实现检测、处理；而其余 80% 的故障属于 PLC 的外部故障，若能快速准确地诊断与处理外部故障将大大减少维修时间和提高开机率。因此，PLC 生产厂家都致力于研制、发展用于检测外部故障的专用智能模块，进一步提高系统的可靠性。若能快速准确地诊断外部故障将大大减少维修时间和提高开机率。如研制了智能可编程 I/O 系统，供用户了解 I/O 组件状态和监测系统的故障。

5）编程语言与编程工具标准化、高级化：编程语言与编程工具标准化、高级化可使编程统一、简单，并有利于编制复杂的和多功能的程序。高级语言有利于通信、运算、打印、报表等。

在 PLC 系统结构不断发展的同时，PLC 的编程语言也越来越丰富，功能也不断提高。除了大多数 PLC 使用的梯形图语言和语句表语言外，为了适应各种控制要求，出现了面向顺序控制的步进编程语言、面向过程控制的流程图语言、与计算机兼容的高级语言（BASIC、C 语言等）等。多种编程语言的并存、互补与发展是 PLC 进步的一种趋势。不过，目前 PLC 的编程语言在标准化方面还有待于进一步完善，使之具有良好的兼容性或开放性。

编程工具也在向小型化、通用化、标准化和多功能方向发展。如编程工具已从手持式编程器发展为个人计算机（PC）编程（需安装编程软件包）。

6）开放性和互操作性大大发展，实现软、硬件标准化：实现软、硬件标准化可使各厂家的 PLC 的软、硬件相互兼容，人们只学会一种 PLC 就可以了。

PLC 在发展过程中，各 PLC 制造商为了垄断和扩大各自市场，处于群雄割据的局面，各自发展自己的标准，兼容性很差。在硬件方面各厂家的 CPU 和 I/O 模块互不通用，通信网络和通信协议往往也是专用的。在软件方面，各厂家的编程语言和指令系统的功能和表达方式也不一致，甚至差异很大，因而各厂家的 PLC 互不兼容，这给用户使用带来不便，并增加了维护成本。

为了解决这一问题，国际电工委员会（IEC）于 1994 年 5 月公布了 PLC 标准（IEC 61131），其中的第三部分（IEC 61131—3）是 PLC 的编程语言标准。标准中共有 5 种编程语言，顺序功能图（SFC）是一种结构块控制程序流程图，梯形图和功能块图是两种图形语言，此外还有两种文字语言指令表和结构文本。除了提供几种编程语言可供用户选择外，标准还允许编程者在同一程序中使用多种编程语言，这使编程者能够选择不同的语言来适应特殊的工作。几乎所有的 PLC 厂家都表示在将来完全支持 IEC 61131—3 标准，但是不同厂家的产品之间的程序转移仍有一个过程。

开放是发展的趋势，这已被各厂商所认识，形成了长时期妥协与竞争的过程，并且这一过程还在继续。

7）与其他工业控制产品更加融合或集成：PLC 与个人计算机、分布式控制系统和计算机数控（CNC）在功能和应用方面相互渗透，互相融合，使控制系统的性价比不断提高。目前的趋势是采用开放式的应用平台，即网络、操作系统、监控及显示均采用国际标准或工业标准，如操作系统采用 Windows 等，这样可以把不同厂家的 PLC 产品连接在一个网络中运行。

① PLC 与 PC 的融合。个人计算机的价格便宜，有很强的数据运算、处理和分析能力。目前个人计算机主要用做 PLC 的编程器、操作站或人/机接口终端。将 PLC 与工业控制计算机有机地结合在一起，形成了一种称之为 IPLC（Integrated PLC）的新型控制装置。可以认为 IPLC 是能运行 Windows 操作系统的 PLC，也可以认为它是能用梯形图语言以实时方式控制 I/O 的计算机。

② PLC 与 DCS 的融合。DCS 主要用于石油、化工、电力、造纸等流程工业的过程控制。它是用计算机技术对生产过程进行集中监视、操作、管理和分散控制的一种新型控制装置，是由计算机技术、信号处理技术、测量控制技术、通信网络技术和人机接口技术竞相发展、互相渗透而产生的，既不同于分散的仪表控制技术，又不同于集中式计算机控制系统，而是吸收了两者的优点，在它们的基础上发展起来的一门技术。PLC 日益加速渗透到以多回路为主的分布式控制系统之中，这是因为 PLC 已经能够提供各种类型的多回路模拟量输入、输出和 PID 闭环控制功能，以及高速数据处理能力和高速数据通信联网功能。PLC 擅长于开关量逻辑控制，DCS 擅长于模拟量回路控制，两者相结合，则可以优势互补。

③ PLC 与 CNC 的融合。计算机数控（CNC）已受到来自 PLC 的挑战，PLC 已经用于控制各种金属切削机床、金属成形机械、装配机械、机器人、电梯和其他需要位置控制和进度控制的场合。过去控制几个轴的内插补是 PLC 的薄弱环节，而现在已经有一些公司的 PLC 能实现这种功能。例如三菱公司的 A 系列和 AnS 系列大中型 PLC 均有单轴、双轴、三轴位置控制模块，集成了 CNC 功能的 IPCL620 控制器可以完成 8 轴的插补运算。

8）PLC 与现场总线相结合更加广泛：现场总线是连接智能现场设备和自动化系统的数字式、双向传输、多分支结构的通信网络，它是当前工业自动化的热点之一。现场总线以开放的、独立的、全数字化的双向多变量通信代替 0~10mA 或 4~20mA 现场电动仪表信号。现场总线 I/O 集检测、数据处理、通信为一体，可以代替变送器、调节器、记录仪等模拟仪表，它接线简单，只需一根电缆，从主机开始，沿数据链从一个现场总线 I/O 连接到下一个现场总线 I/O。

PLC 与现场总线相结合，可以组成价格便宜、功能强大的分布式控制系统。由于历史原因，现在有多种现场总线标准并存，如基金会现场总线（Foundation Field Bus）、过程现场总线（PROFIBUS）等。一些主要的 PLC 厂家将现场总线作为 PLC 控制系统中的底层网络，如西门子公司的 PLC 可以连接 PROFIBUS 网络，该公司的 S7—215 型 CPU 模块能提供 PROFIBUS-DP 接口，传输速率可达 12Mbit/s，可选双绞线或光纤电缆，连接 127 个节点，传输距离为 9.6km（双绞线）/23.8km（光纤电缆）。

9）替代嵌入式控制器：据相关调查报告显示，现在对于低端 PLC 市场的争夺仍在继续进行，这也进一步促进了 PLC 的发展。随着微型和超微型 PLC 技术的发展和数量的增长，它们已经开始进入到新的应用领域。例如，微型 PLC 已经开始替代嵌入式控制器的工作内容。像日本欧姆龙公司已经察觉到这一技术发展的新动向，并逐渐计划将其产品应用于商业器具、饮料分发设备以及商业、工业等。这些行业之所以正在应用微型 PLC，正是由于它具有卓越的灵活性、市场开发周期短、适应性强、竞争性的价格等一系列优点所致。

对于 PLC 或者嵌入式控制器的选择主要依赖于它们的体积大小，尤其是如果需要特殊功能时，嵌入式控制器的缺陷就逐渐显露出来了。尽管嵌入式控制器具有很低的价格，但其中仍然包含了质量控制、维修以及服务等方面的价格。

如日本三菱公司的 FX1S 超微型和 FX1N 微型 PLC 系列产品正在面向嵌入式应用领域发展，它们能够处理从 10 ~ 128 个 I/O 通道，并且具有 2 个轴向的运动控制性能，还具备 PID 控制指令应用于连续过程控制。

10）冗余特性更加完善和加强：在工业过程控制领域，每年对具有更高可靠性系统产品的需求都在逐年增加，其中绝大多数是受经济利益的驱动所产生的。工厂停机损失所带来的代价是极其昂贵的，而且所造成的生产成本也会随之增加。尤其在欧洲，一系列规章制度的主体正在逐步得到完善和加强。现在公布的 IEC 61508 标准为过程控制系统的安全性能提供了设计依据，该标准主要针对可编程电子系统内的功能性安全设计而制定的。

德国西门子（Siemens）公司已经开始积极主动介入这一应用领域，并及时推出了 SIMATICS7-400F 产品。该产品属于其高端 S7—400 PLC 的一个具有自动保安装置的版本，主要目的是为安全停机系统应用而设计的。它能够满足 IEC 61508 标准所制定 SIL 3 安全等级的运行要求。如果有临界应用情形发生，控制器能够进入到用户定义的安全状态，以便按照预定的顺序执行停机程序，随后就可以向工业用户提供诊断数据信息报告。系统程序由 SIMATIC STEP 7 通用开发环境来完成，该开发环境为工业用户提供了程序模块库和安全功能模块。

11）完善和加强编程软件和组态软件：个人计算机（PC）的价格便宜，有很强的数字运算、数据处理、通信和人机交换（即人机界面全）的功能。近年来，许多厂家推出了在个人计算机上运行的可实现 PLC 功能的软件包，可完成 PLC 硬件组态、人机界面组态，编程及仿真等功能。大大地方便了 PLC 系统的开发应用及操作使用。

目前，PLC 制造商纷纷通过收购或联合软件企业或发展软件产业，大大提高了其软件水平，多数 PLC 品牌拥有与之相应的开发平台和组态软件，软件和硬件的结合，提高了系统的性能，同时，为用户的开发和维护降低了成本，更易形成人机界面更加友好的控制系统，目前，PLC + 网络 + IPC + CRT 的模式被广泛应用。

12）发展软 PLC：所谓软 PLC，实际就是在 PC 的平台上，在 Windows 操作环境下，用软件来实现 PLC 的功能，也就是说，软 PLC 是一种基于 PC 开发结构的控制系统，它具有硬 PLC 的功能、可靠性、速度、故障查找等方面的特点，利用软件技术可以将标准的工业 PC 转换为全功能的 PLC 过程控制器。软 PLC 综合了计算机和 PLC 的开关量控制、模拟量控制、数学运算、数值处理、网络通信等功能，通过一个多任务控制内核，提供强大的指令集、快速而准确的扫描周期、可靠的操作和可以连接各种 I/O 系统及网络的开放式结构。软 PLC 具有硬 PLC 的功能，同时又提供了 PC 环境下的各种优点。美国通用公司推出了一种外形类似笔记本电脑的 PC 以 Windows 为操作系统，可实现 PLC 的 CPU 模块的功能，通过以太网和 I/O 模块、通信模块用于工厂的现场控制。在美国底特律汽车城，大多数汽车装配自动生产线、热处理工艺生产线等都已由传统 PLC 控制改为软件 PLC 控制。可以说，高性能价格比的软 PLC 将成为今后高档 PLC 的发展方向。

13）PLC 将会成为过程控制领域内的日用品：仅仅从 PLC 系统价格正在逐渐降低的理

由进行推理，尤其在低端应用方面，PLC 将会成为这一领域的日用品。由于 PLC 系统最小模件单元的价格也只不过 100 美元，甚至更低，即使这些模件出现故障，工业用户从心理上已经感觉不到是否还值得重新修理。许多工业用户直接采取了抛弃出现故障的模件，进而换上一块新模件的处理方式，因为重新修理这样的故障模件也许会花费同样甚至更多的费用。

相反，我们不要被低价格所愚弄。一些小型甚至超小型 PLC 系统已经向工业用户提供了模拟量 I/O、PID 控制回路、通信接口，甚至与企业网络系统相连接的现场总线。具有 14 个通道的 I/O 和 4 个 PID 控制回路的 PLC 系统，其价格才 99 美元，这种产品非常适合小系统控制应用的需要。

总之，面对激烈市场竞争所带来的局面，企业只有紧紧把握市场运行的脉搏，充分结合自身的特点，面向世界经济的大潮，不断融入新技术、新方法，推陈出新。同时，随着 PLC 供应商的不断努力，并进一步在 e-制造（数字制造）和 e-控制技术方面实现新的突破，所推出的新一代 PLC 将能够更加满足各种工业自动化控制应用的需要。

第二节 PLC 的分类

目前，PLC 的品种繁多，型号和规格也不统一。通常只能按其 I/O 点数、功能多少以及结构形式三大方面来大致分类。

一、按 I/O 点数分类

PLC 按 I/O 点数不同可分为超小型机、小型机、中型机、大型机和超大型机等 5 种类型，其点数的划分见表 3-1。

表 3-1 按 I/O 点数分类的类型

类型	I/O 点数	存储器容量/KB	机 型 举 例
超小型	64 以下	1～2	三菱 F10、F20、A-B Micrologix1000，西门子 S7-200,S5-90U 及 95U
小型	64～128	2～4	三菱 F-40、F-60、FX 系列，A-B SLC-500，西门子 S5-100U
中型	128～512	4～16	三菱 K 系列，A-B SLC-504，西门子 S5-115U,S7-300
大型	512～8192	16～64	三菱 A 系列，A-B PLC-5；西门子 S5-135U,S7-400
超大型	大于 8192	64～128	A-B PLC-3，西门子 S5-155U

二、按功能分类

低档机——有开关量控制、少量的模拟量控制、远程 I/O 和通信等功能。

中档机——有开关量控制、较强的模拟量控制、远程 I/O 和较强的通信联网等功能。

高档机——除有中档机的功能外，运算功能更强、特殊功能模块更多，有监视、记录、打印和极强的自诊断功能，通信联网功能更强，能进行智能控制、运算控制和大规模过程控制，可很方便地构成全厂的综合自动化系统。

三、按结构形式分类

按结构形式的不同，PLC 可分为整体式、模块式和软 PLC（即集成的 PLC）等 3 类。

（一）整体式 PLC

整体式 PLC 就是将电源、CPU、存储器及 I/O 接口等部件集中装在一起，通常称为主机。可扩展一定数量的 I/O 接口（即不含 CPU 的整体式 I/O 组件），如图 3-1 所示。

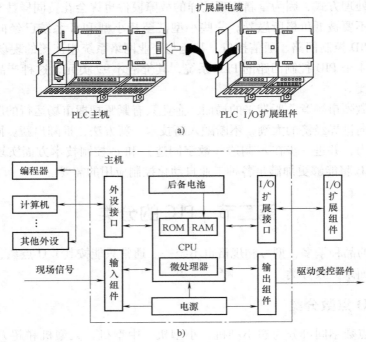

图 3-1　整体式 PLC 结构

a) 外形图　b) 结构框图

（二）模块式 PLC

模块式 PLC 就是将 PLC 的各部分以模块（板）形式分开，各模块结构上是互相独立的，可根据需要灵活选择和组合。它们之间通过总线连接，安装在专用的机架内或导轨上。其结构如图 3-2 所示。

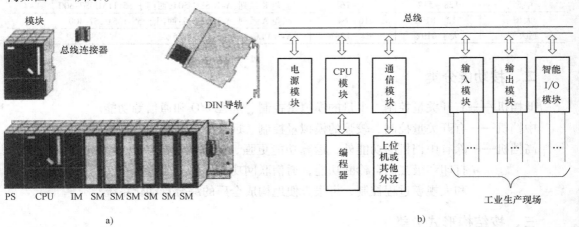

图 3-2　模块式 PLC 结构

a) 外形图　b) 结构框图

（三）软 PLC（集成的 PLC）

软 PLC 就是在 PC 里装上能实现 PLC 功能的专用软件，并将 PC 与分布式 I/O 模块连在一起组成的，故又称集成的 PLC（即 IPLC）。

早期的软 PLC 是将 PLC 与工业控制计算机（IPC）有机地组合在一起，放在一块总线底板上构成一种新型的控制装置。如 1988 年 10 月美国 AB 公司与 DEC 公司联合开发的金字塔集成器就是一种典型的代表形式。

软 PLC 的目前形式是"PC + 自动化控制软件包 + 分布式 I/O 模块"。这种形式已无 PLC 的硬件，完全利用了 PC 的硬件，其中"自动化控制软件包"如 WinAC（Windows Automation Center）自动化控制软件包除了具有 PLC 的全部功能外，还包括了开、闭环控制、运动控制、视频系统、人机界面等几乎所有的自动化任务。因此，这种软 PLC 又广义地称为"基于 PC 的自动化系统"。如德国西门子公司的"SIMATIC 基于 PC 的自动化系统"。

第三节　PLC 的基本特点和主要功能

一、PLC 的主要特点

当今，PLC 之所以得到迅速发展，是由于它具备了许多独特的优点，能较好地解决工业控制领域普遍关心的可靠、抗干扰、安全、灵活、方便及经济等问题。PLC 的主要特点如下。

（一）可靠性极高、抗干扰能力很强

可靠性高是 PLC 最突出的特点之一。PLC 本身平均无故障时间可达几十万小时。一年是 8765 小时，这意味着 PLC 连续使用几十年不会出问题，通常高于 35 年以上，可称得上是无故障设备。由于 PLC 抗干扰能力强、可靠性高，故能用于恶劣的环境中。

1. 提高可靠性的措施

PLC 之所以可靠性高是因为采取了以下主要措施：

1）从硬件设计、元器件的选择到工艺制作都极为严格。

2）采取了一系列的抗干扰措施（后面会详述）。

3）采用了冗余技术（大型 PLC 采用了双 CPU 甚至 3 个 CPU）。

4）采用了故障诊断和自动恢复技术（PLC 的自诊断功能可使 PLC 一旦电源或软、硬件发生异常情况，CPU 本身会立即采取措施，防止故障扩大）。

5）采用了较合理的电路程序（一旦某模块出现了故障，进行在线插拔调试时，不会影响整机的正常运行，只是该模块的功能暂时没有了。该模块不能是主要控制模块，可以是保护、显示等模块）。

6）设置连锁保护（如互锁、自锁、顺序控制的连锁等）。

2. 抗干扰措施

抗干扰措施是提高 PLC 可靠性最主要和最密切的措施之一，可采取的主要方法如下：

1）对所有 I/O 接口电路都采用了光隔离。

2）对所有输入端均采用 R-C 滤波（即硬件滤波），对高速输入端还加上了软件数字滤波。

3）内部采用电磁屏蔽措施，防止辐射干扰。

4）采用优良的开关电源，防止由电源回路串入的干扰信号。

5）完善的接地。

以上是硬件抗干扰措施，以下是软件抗干扰方法：

1）采用诸如数字滤波、指令复执、程序回卷、差错校验等一系列软件抗干扰措施。

2）PLC 采用了周期循环扫描工作方式。PLC 采用周期循环扫描工作方式，本身就有利于屏蔽干扰。因为这种方式对输入输出操作是集中进行的。在一个循环周期中，仅有一小段时间进行 I/O 口处理（即输入采样，刷新输出）。俗话说，病从口入，也只有在这一小段输入采样时间内，干扰才会被引入 PLC 内部，在扫描周期的其余大部分时间内，干扰都被阻挡在 PLC 之外。所以，PLC 的这种工作方式本身就有利于屏蔽干扰。

由以上可见，PLC 具有极高的可靠性。控制系统在运行中，80% 以上的故障出现在外围。据统计，传感器及外部开关故障率占 45%，执行装置故障率占 30%，接线方面的故障率占 5%，I/O 模块（板）故障率占 15%，CPU 故障率仅占 5%。

（二）编程简单、使用方便

编程简单、使用方便是 PLC 迅速普及和推广的主要原因之一。PLC 的梯形图语言与继电器控制电路很相似，编程直观、容易掌握，不需专门的计算机知识，只要具有一定电工知识的人都能很快学会。

（三）功能齐全、通用性强、灵活性好

除了 PLC 的常规功能外，大量的特殊功能模块使 PLC 功能大大增强。PLC 在大、中、小型控制系统中都能用，故通用性强。当控制系统要求变动或改变控制功能时，大部分只需修改程序即可满足要求，故灵活性好。

（四）设计、安装容易，维护工作量小

PLC 用软件功能代替了继电器接触器控制系统中大量的中间继电器、时间继电器和计数器等硬器件和硬接线逻辑，大大减少了控制设备的设计和安装接线的工作量，使控制系统设计及建造的周期大为缩短。PLC 不需要专门的机房，可以在各种工业环境下直接运行。使用时只需将现场的各种设备与 PLC 相应的 I/O 端相连接，即可投入运行。在维护方面，由于 PLC 本身的故障率极低，维护工作量很小，并且 PLC 的各种模块上均有运行和故障指示装置，便于用户了解运行情况和查找故障。由于采用模块化结构，因此一旦某模块发生故障，用户可以通过更换模块的方法，使系统迅速恢复运行。

（五）体积小、耗能低，便于机电一体化

由于体积小，PLC 很容易嵌入机械设备内部，是实现机电一体化的理想设备。

（六）联网方便，便于系统集成，性价比高

对产生过程控制和生产管理结合起来实现"管、控一体化"或构建计算机集成制造系统（CIMS），控制设备具备联网通信能力是十分重要的。经过多年的努力，PLC 的联网通信功能已有很大的增强。不少 PLC 均配置了各种通信接口及模块，这是原有的继电器控制系统所无法比拟的。PLC 网络与其他工业局域网相比，虽没有什么特别之处，但它具有较高的性价比，这不能不说是一个优势。

二、PLC 的主要功能及应用领域

（一）主要功能

随着 PLC 技术的不断发展，它与 3C（Computer、Control、Communication）技术逐渐融

为一体。PLC 已从原先的小规模的单机开关量控制，发展到包括过程控制、运动控制等场合的所有控制领域，能组成工厂自动化的 PLC 综合控制系统。PLC 的主要功能如下：

1. 开关量逻辑控制

这是 PLC 最基本、应用最广泛的功能。可以用来取代继电器控制、机电式顺序控制等所有的开关量控制系统。它可以用于单台设备、也可用于自动化生产线。

2. 模拟量控制

PLC 具有 A-D 转换和 D-A 转换及算术运算功能，可以实现诸如温度、压力、流量、电流、电压等连续变化的模拟量控制，而且 PLC 大都具有 PID 闭环控制功能。这一控制功能可用 PID 子程序来实现，也可用专用的智能 PID 模块实现。

3. 数字量控制

PLC 能和机械加工中的数字控制及计算机数控组成一体，实现数字控制。

4. 机器人控制

随着工业自动化的发展，使用的机器人越来越多，很多工厂也选用 PLC 来控制机器人，自动地执行它的各种动作。

5. 分布式控制系统

现代 PLC 具有较强的通信联网功能。PLC 与 PLC，PLC 与远程I/O，PLC 与上位计算机之间可以通信，从而构成"集中管理，分散控制"（即采用多台 PLC 分散控制，由上位计算机集中管理的模式）的分布式控制系统。并能满足工厂自动化（FA）和计算机集成制造系统（CIMS）发展的需要。

6. 监控功能

PLC 能对系统异常情况进行识别、记忆，或在发生异常情况时自动终止运行。操作员也可通过监控命令监视有关部分的运行状态，可以调整定时、计数等设定值。

7. 其他功能

其他功能主要指显示、打印、报警以及对数据和程序硬拷贝等功能。

（二）应用领域

PLC 可广泛应用于冶金、化工、机械、电力、建筑、交通、环保、矿业等有控制需要的各个行业。可用于开关量控制、模拟量控制、数字量控制、闭环控制、过程控制、运动控制、机器人控制、模糊控制、智能控制以及分布式控制等各种控制领域。

习　题

1. 简述我国 PLC 的发展过程。
2. PLC 按功能和结构形式分别分为哪几类？各有何特点？
3. PLC 有哪些主要特点？
4. PLC 有哪些主要功能？
5. 简述 PLC 的应用领域。
6. PLC 为什么有极高的可靠性？
7. PLC 主要采取了哪些抗干扰措施？

第四章 PLC的硬件组成及工作原理

目前 PLC 产品种类繁多，不同型号的 PLC 的结构也各不相同，但它们的基本组成和工作原理却大致相同。

第一节　PLC 的基本组成及各部分的作用

从广义上讲，PLC 是一种特殊的工业控制计算机，只不过比一般的计算机具有更强的与工业过程相连接的接口和更直接的适用于控制要求的编程语言。所以 PLC 系统与微机控制系统十分相似。

一、PLC 的基本组成

PLC 的基本组成（最小系统）由以下四部分组成：

1）中央处理单元（CPU）。

2）存储器（RAM、ROM）。

3）输入输出单元（I/O 接口）。

4）电源（开关式稳压电源）。

其结构框图如图 4-1 所示。

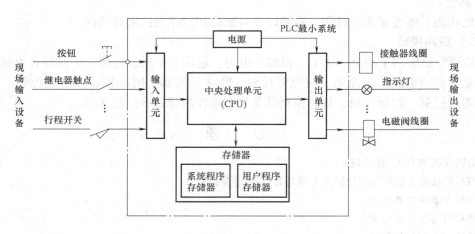

图 4-1　PLC 的基本组成（最小系统）

二、整体式和模块式 PLC 的组成

根据物理结构形式的不同，PLC 可分为整体式和模块式两类，其组成示意图分别如图 4-2 和图 4-3 所示。

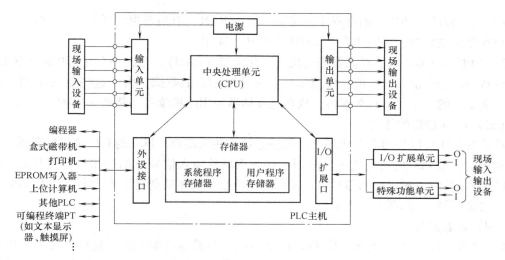

图 4-2　整体式 PLC 的组成示意图

三、PLC 各部分的作用

（一）中央处理单元（CPU）的作用

CPU 是 PLC 的核心部件。小型 PLC 多用 8 位微处理器或单片机；中型的 PLC 多用 16 位微处理器或单片机；大型的 PLC 多用双极型位片机。双极型位片机是采用位片式微处理器，如 AMD（2900、2901、2903、N8 × 300）。位片式微处理器是独立于微型机的另一分支，因为它采用双极型工艺，所以比一般的 MOS 型微处理器在速度上要快一个数量级。

CPU 是 PLC 控制系统的运算及控制中心，它按照 PLC 的系统程序所赋予的功能完成如下任务：

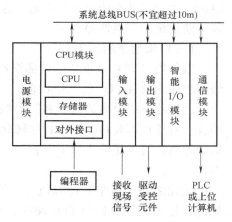

图 4-3　模块式 PLC 的组成示意图

1）控制从编程器输入的用户程序和数据的接收与存储。

2）诊断电源、PLC 内部电路的工作故障和编程中的语法错误。

3）用扫描的方式接收输入设备的状态（即开关量信号）和数据（即模拟量信号）。

4）执行用户程序，输出控制信号。

5）与外围设备或计算机通信。

（二）存储器的作用

存储器是用来储存系统程序、用户程序与数据的，故 PLC 的存储器有系统存储器和用户存储器两大类。

1. 系统存储器

系统存储器使用 EPROM（只读存储器），用于存放系统程序（相当于计算机的操作系统，用户不能更改）。广义上讲，有了系统程序，单片机组成的系统就变成了 PLC。

2. 用户存储器

用户存储器通常由用户程序存储器（程序区）和功能存储器（数据区）组成。

1）用户程序存储器。用户程序存储器一般用 RAM（有后备电池维持）存放用户程序，但用户程序调试好以后可固化在 EPROM 或 E^{2}PROM 中。

2）功能存储器。功能存储器用随机读写存储器（RAM），存放 PLC 运行中的各种数据，如 I/O 状态、定时值、计数值、模拟量、各种状态标志的数据。由于这些数据在 PLC 运行中是不断变化的，不需要长久保持，故功能存储器采用随机读写存储器（RAM）。

（三）I/O 接口的作用

PLC 的 I/O 接口是 PLC 与现场生产设备直接连接的端口。PLC 的 I/O 接口与现场工业设备直接连接，是 PLC 的特色之一。它用于接收现场的输入信号（如按钮、行程开关、传感器等的输入信号），输出控制信号，直接或间接地控制或驱动现场生产设备（如信号灯、接触器、电磁阀等），如图 4-1 所示。

（四）电源的作用

PLC 配有开关式稳压电源，供 PLC 内部使用。与普通电源相比，这种电源输入电压范围宽、稳定性好、抗干扰能力强、体积小、重量轻。有些机型还可向外提供 24VDC 的稳压电源，用于对外部传感器的供电。这就避免了由于电源污染或使用不合格电源产品引起的故障，使系统的可靠性提高。

（五）编程器的作用

编程器是 PLC 最重要的外部设备。利用编程器可编制用户程序、输入程序、检查程序、修改程序和监视 PLC 的工作状态。

编程器一般分为简易型和智能型两种。简易型编程器常采用在小型 PLC 上，只能联机编程，且往往需要将梯形图程序转化为语句表程序才能送入 PLC 中。智能型编程器又称图形编程器，可直接输入梯形图程序，它可以联机，也可以脱机编程，常用于大中型 PLC 的编程。

除此之外，在个人计算机上添加适当的硬件接口（如编程电缆）和配置编程软件包，就可以用个人计算机对 PLC 编程，且可以向 PLC 输入各种类型的程序。既可以联机编程也可以脱机编程，且能监视 PLC 的运行状态，还能进行系统仿真，使用起来非常方便。目前，这种编程方式已非常流行和普遍，可用于各种类型的 PLC，尤其是笔记本电脑式的。

习　　题

1. PLC 的最小系统有哪几部分组成？简述各部分的作用。
2. PLC 的 CPU 有哪些作用？
3. PLC 有哪些存储器？各用来储存什么信息？
4. PLC 的编程器有哪些作用？
5. PLC 的编程器有哪几种？各有何功能？各用在什么场合？

第二节　PLC 的工作原理

可编程控制器是一种特殊的工业控制计算机，但它的工作方式与普通微机有很大的不同。普通微机一般采用等待命令的工作方式，如键盘扫描方式和 I/O 扫描方式。当有键按下或有 I/O 动作则转入相应子程序去处理，也有的是查询某一变量并据此决定下一步的操作。但 PLC 要查看的变量（输入信号）太多，采用这种等待查询的方式已不能满足要求。因此 PLC 采用了"循环扫描"的工作方式，即在每一次循环扫描中采样所有的输入信号，随后转入程序执行，最后把程序执行结果输出（即信号输出）去控制现场的设备。总之，PLC 是靠 CPU 循环扫描的机制来进行工作的，下面以德国西门子生产的 PLC 产品 S7—300 为例介绍 PLC 的工作原理。

一、PLC 的系统工作过程

PLC 的系统工作是采用"循环扫描"的工作方式。PLC 在运行时，其内部要进行一系列操作，大致包括 6 个方面的内容，其执行顺序和过程如图 4-4 所示。

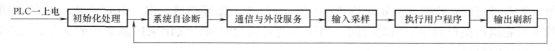

图 4-4　PLC 工作过程框图

PLC 系统工作的详细流程图如图 4-5 所示，现分述如下：

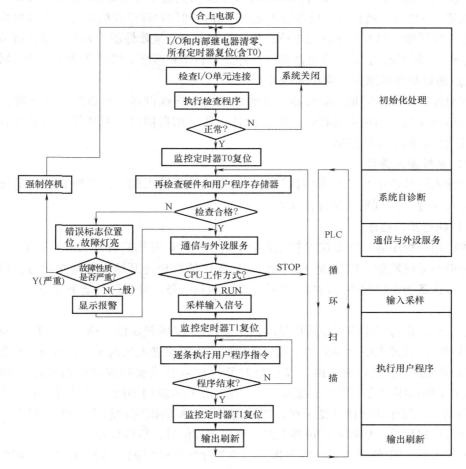

图 4-5　PLC 系统工作流程图

（一）初始化处理

PLC 上电后，首先进行系统初始化，其中检查自身完好性是起始操作的主要工作。初始化的内容是：

1）对 I/O 单元和内部继电器清零，所有定时器复位（含 T0），以消除各元件状态的随机性。

2）检查 I/O 单元连接是否正确。

3）检查自身完好性：即启动监控定时器（Watch Dog Timer，WDT，俗称看门狗）T0，用检查程序（即一个涉及各种指令和内存单元的专用检查程序）进行检查。

执行检查程序所用的时间是一定的，用 T0 监测执行检查程序所用的时间。如果所用的时间不超过 T0 的设定值，即不超时，则可证实自身完好，如果超时，用 T0 的触点使系统关闭。若自身完好，则将监控定时器 T0 复位，允许进入循环扫描工作。由此可见，T0 的作用就是监测执行检查程序所用的时间，当所用的时间超时时，又用来控制系统的关闭，故 T0 称为监控定时器。

（二）系统自诊断

在每次扫描前，再进行一次自诊断，检查系统的完好性，即检查硬件（如 CPU、系统程序存储器、I/O 口、通信口、后备锂电池电压等）和用户程序存储器等，以确保系统可靠运行。若发现故障，将有关错误标志位置位，再判断一下故障性质，若是一般性故障，只报警而不停机，等待处理；若是严重故障，则停止运行用户程序，PLC 切断一切输出联系。

（三）通信与外设服务（含中断服务）

通信与外设服务指的是与编程器、其他设备（如终端设备，彩色图形显示器，打印机等）进行信息交换、与网络进行通信以及设备中断（用通信口）服务等。如果没有外设请求，系统会自动向下循环扫描。

（四）采样输入信号

采样输入信号是指 PLC 在程序执行前，首先扫描各输入模块，将所有的外部输入信号的状态读入（存入）到输入映像存储器 I 中。

（五）执行用户程序

在执行用户程序前，先复位监控定时器 T1，当 CPU 对用户程序扫描时，T1 就开始计时，在无中断或跳转指令的情况下，CPU 就从程序的首地址开始，按自左向右、自上而下的顺序，对每条指令逐句进行扫描，扫描一条，执行一条，并把执行结果立即存入输出映像存储器 Q 中。

当正常时，执行完用户程序所用的时间不会超过 T1 的设定值，接下来，T1 复位，刷新输出。当程序执行过程中存在某种干扰，致使扫描失控或进入死循环时，执行用户程序就会超时，T1 的触点会接通报警电路，发出超时警报信号并重新扫描和执行程序（即程序复执）。如果是偶然因素或者瞬时干扰而造成的超时，则重新扫描用户程序时，上述"偶然干扰"就会消失，程序执行便恢复正常；如果是不可恢复的确定性故障，T1 的触点使系统自动停止执行用户程序，切断外部负载电路，发出故障信号，等待处理。

由上述可见，T1 的作用就是监测执行用户程序所用的时间，当所用的时间超时时，又用来控制报警和系统的关闭。另外还可以看出，程序复执也是一种有效的抗干扰措施。

（六）输出刷新

输出刷新就是指 CPU 在执行完所有用户程序后（或下次扫描用户程序前）将输出映像存储器 Q 的内容送到输出锁存器中，再由输出锁存器送到输出端子上去。刷新后的状态要保持到下次刷新。

二、用户程序的循环扫描过程

用户程序的循环扫描过程（即 PLC 周期扫描机制）就是 CPU 用周而复始的循环扫描方式去执行系统程序所规定的操作。

由图 4-5 所示可以看出，PLC 的系统工作过程与 CPU 的工作方式有关。CPU 有两个工作方式，即 STOP 方式和 RUN 方式。其主要差别是：RUN 方式下，CPU 执行用户程序；STOP 方式下，CPU 不执行用户程序。

下面对 CPU 在 RUN 方式下执行用户程序的过程作详尽的讨论，以便对 PLC 循环扫描的机制有更深入的了解，这也是理解 PLC 工作原理的关键所在。

（一）扫描的含义

CPU 执行用户程序和其他的计算机系统一样，也是采用分时原理，即一个时刻执行一个操作，并一个操作一个操作地顺序进行，这种分时操作过程称为 CPU 对程序扫描。若是周而复始的反复扫描就称为循环扫描。显然，只有被扫描到的程序（或指令）或元件（线圈或触点）才会被执行或动作。

扫描是一个形象性术语，用来描述 CPU 如何完成赋予它的各种任务。也就是说如果用户程序是由若干条指令组成，指令在存储器内是按顺序排列的，则 CPU 从第一条指令开始顺序地逐条执行，执行完最后一条指令又返回第一条指令，开始新的一轮扫描，并且不断循环。故可以说 PLC 是采用循环扫描的工作方式进行工作的，如图 4-5 所示。

由以上可见，PLC 与继电器控制系统对信息的处理方式是不同的。它们的区别如下：

继电器控制系统——对信息的处理是采用"并行"处理方式，只要电流形成通路，就可能有几个电器同时动作。

PLC 控制系统——对信息的处理是采用扫描方式，它是顺序地、连续地、循环地逐条执行程序，在任何时候它只能执行一条指令（即正被扫描到的指令），即以"串行"处理方式工作。

显然，这种"串行"处理方式可有效避免继电器控制系统中"触点竞争"和"时序失配"的问题；但会使 I/O 响应慢（即输入 I 延时，输出 O 滞后），影响 PLC 的控制速度，故 PLC 一般都设有 1～2 个高速输入点。

（二）扫描周期

扫描周期是指在正常循环扫描时，从扫描过程中的一点开始，经过顺序扫描又回到该点所需要的时间。例如，CPU 从扫描第一条指令开始到扫描最后一条指令后又返回到第一条指令所用的时间就是一个扫描周期。

PLC 运行正常时，扫描周期的长短与下列因素有关：

1）CPU 的运算速度。

2）I/O 点的数量。

3）外设服务的多少与时间（如编程器是否接上、通信服务及其占用时间等）。

4）用户程序的长短。

5）编程质量（如功能程序长短，使用的指令类别以及编程技巧等）。

（三）循环扫描过程

根据 PLC 的工作方式，如果运行正常，通信服务暂不考虑，从图 4-5 所示可以看出，PLC 对用户程序进行循环扫描的过程可分为 3 个阶段，即

$$输入采样 \rightarrow 程序执行 \rightarrow 输出刷新$$

下面对 PLC 的循环扫描过程进行较为详细的分析，并形象地用图 4-6 表示。

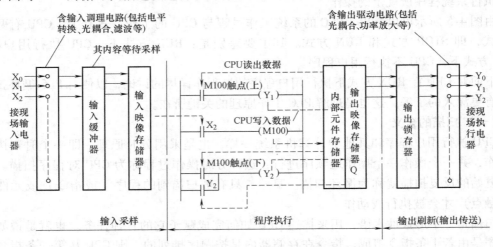

图 4-6 PLC 的输入、输出和程序执行过程

1. 输入采样

我们知道，PLC 的中央处理单元（CPU）是不能直接与外部接线端子打交道的。送入到 PLC 端子上的输入信号、经过调理电路（包括电平转换、光耦合、滤波处理等）进入输入缓冲器等待采样。没有 CPU 采样允许，外部输入信号是不能进入内存的（即输入映像存储器）。输入映像存储器是 PLC 的 I/O 存储区中一个专门存储输入数据映像（即不是直接数据而是数据的影像）的储存区。当 CPU 执行输入操作时，现场输入信号经 PLC 的输入端子由输入缓冲器进入输入映像存储器，这就是输入采样，如图 4-7 所示。

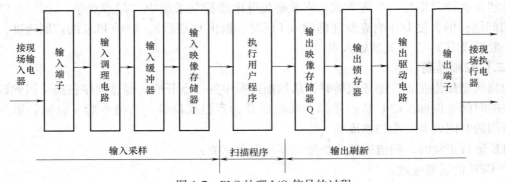

图 4-7 PLC 处理 I/O 信号的过程

在程序执行前，PLC 首先扫描个输入模块，将所有外部输入信号的状态读入（存入）

到输入映像存储器中，随后转入程序执行阶段并关闭输入采样。在程序执行期间，即使外部输入信号的状态发生了变化，输入映像存储器的内容也不会随之改变，这些变化只能在下一个扫描周期的输入采样阶段才能被读入。就是说采用输入映像存储器的内容，在本工作周期内不会改变。

在循环扫描过程中，只有在采样时刻，输入映像存储器暂存的输入信号状态才与输入信号一致，其他时间输入信号变化不会影响输入映像存储器的内容，这会导致 PLC 的输入延迟和输出滞后于输入，使实时性变差。由于 PLC 扫描周期一般只有几毫秒，所以二次采样间隔很短，对于一般开关量来说，可以认为间断采样不会引起误差，即认为输入信号一旦变化就立即进入输入映像存储区，但对实时性很强的应用，由于循环扫描而造成的输入延迟就必须考虑，通常采用 I/O 直接传送指令来解决。

值得说明的是，输入采样一次的时间仅占扫描周期的很小一部分（通常只有几毫秒），在此期间可能会引入干扰，但扫描周期的其余大部分时间输入采样关闭，干扰不会引入，故循环扫描有利于抗干扰。

2. 程序执行

CPU 是采用分时操作的，所以程序的执行是按顺序号依次进行的。梯形图的扫描（执行）过程，也是按从上到下、先左后右的次序进行的。程序执行过程如下：

PLC 在程序执行阶段，按从上到下、先左后右的次序从输入映像存储器 I、内部元件存储器（如存内部辅助继电器状态的位存储器 M、定时器 T、计数器 C 等）和输出映像存储器 Q 中将有关元件的状态（即数据）读出，经逻辑判断和算术运算，将每步的结果立即写入有关的存储器（如位存储器 M、输出映像存储器 Q）中。因此各元件（实装输入点除外）存储器的内容，随着程序的执行在不断变化，如图 4-6 带箭头的虚线所示。

3. 输出刷新

同样道理，CPU 不能直接驱动负载，CPU 的运算结果也不是直接送到实际输出点，而是存放在输出映像存储器中。在执行完所有用户程序后（或下次扫描用户程序前），CPU 将输出映像存储器 Q 的内容通过输出锁存器输出到输出端子上，去驱动外部负载，这步操作过程就称为输出刷新。

输出刷新是在执行完所有用户程序后集中进行的，刷新后的状态要持续到下次刷新。同样，对于变化较慢的控制过程来说，因为二次刷新的时间间隔和输出电路惯性时间常数一般只有几十毫秒，可以认为输出信号是即时的。但在某些场合，应考虑输出的这种滞后现象，如采用 I/O 直接传送指令来解决。关于输入延迟及输出滞后问题将在后面专题讨论。

总之，对周期扫描机制的理解和应用是发挥 PLC 控制功能的关键所在。

4. 说明

以上是 PLC 不断循环、顺序扫描、串行工作的一般工作过程。值得指出的是 PLC 处理输入、输出信号，除了上面介绍的"I/O 定时集中采集，集中传送"（输入信号集中采集，输出信号集中刷新）方式外，还有"I/O 直接传送方式"、"I/O 刷新指令"等。所谓 I/O 直接传送是指随着程序的执行，需要哪一个输入信息就立即直接从输入模块取用这个输入状态。如有的 PLC 执行"直接输入指令"就是这样，但此时输入映像存储器内容不变化，要到下次定时采样时才变化。同样，当执行"直接输出指令"时，可将该输出结果立即向输出模块输出，此时输出映像存储器中相应内容更新，这种情况送出输出信号不需等到输出集中刷新的时候。有的 PLC 还设有"I/O 刷新指令"，设计程序时在需要的地方设置这类指令，执行这类指令可对全部或部分输入点信号读入一次，用以刷新输入映像存储器内容，或在此时将输出结果立即向输出模块输出。

三、PLC 的 I/O 响应滞后问题

PLC 的 I/O 响应滞后时间指的是输出动作滞后输入动作的时间。造成这一滞后的原因如下。

PLC 通过它的 I/O 模块与外部联系，为了提高 PLC 工作的可靠性，所有外部的 I/O 信号都是要经过光电耦合或继电器等隔离后才能传入和送出 PLC。

PLC 在设计输入电路时，为了防止由于输入触点的颤振、输入线混入的干扰而引起的误动，电路中一般均设有 RC 滤波器，因此外部输入从断开到接通或从接通到断开变化时，PLC 内部约有 10ms 的响应滞后，这种滞后属于"物理滞后"。这对于一般系统来说，这点滞后可忽略。但对于高速输入来说，滤波都成了"高速"的障碍。电子固态开关（无触点）没有抖动噪声，为了实现高速输入，一般 PLC 上均设有高速输入点，通常其滞后时间短。有的高速输入点采用了滤波器，可用指令设定其滤波时间（如 $0 \sim 60ms$）。实际高速输入点也有 RC 滤波器，其最小滤波时间不小于 $50\mu s$。

PLC 的输出电路通常有 3 种形式：①继电器输出型，CPU 接通继电器的线圈，继而吸合触点，而触点与外线路构成回路；②晶体管输出型，通过光电耦合使开关晶体管接通或断开以控制外电路；③晶闸管（SCR）和固态继电器（SSR）输出型，其一般用光电晶闸管实现隔离，由双向晶闸管的通断实现对外部电路的控制。它们的响应时间各不相同，继电器型响应最慢，晶体管型和 SSR 型响应都很快。继电器型从输出继电器的线圈得电或失电到其触点接通或断开的响应时间均为 10ms；SSR 型从光电晶闸管驱动（或断开）到输出三端双向晶闸管开关元件接通（或断开）的时间为 1ms 以下；晶体管型从光耦合器动作（或关断）到晶体管导通（或截止）的时间为 0.2ms 以下。

以上由元件和电路原因造成的滞后均属于物理滞后。由于 PLC 是采用扫描方式进行工作的，所以还存在着由于扫描工作方式而引起的输入、输出响应延迟。这种滞后是因为输入、输出刷新时间和运行用户程序所造成的。可以说是属于"逻辑滞后"。下面以图 4-6 为例分析一下这种滞后的时间。

输入信号出现是有一定随机性的，设 X_2 的状态刚变化完就执行输入采样，即当 X_2 状态刚变化后就读入到输入映像存储器中，经程序执行（从用户程序第一条指令开始，顺序逐条执行，直到用户程序执行结束为止），然后进行输出刷新，这样 Y_2 的输出滞后输入 X_2 的变化大约为 1 个扫描周期。可以说 I/O 采用成批传送方式时 I/O 响应最短延迟时间为 1 个扫描周期。

I/O 响应最长延迟时间为多少呢？设输入采样刚结束，输入 X_2 状态就由断开（OFF）变为接通（ON）。下面看一下输出继电器 Y_1 的对外触点何时接通。

第 1 个扫描周期：X_2 接通（ON）状态未读入，在输入状态表中 X_2 为 OFF 状态，所以线圈 Y_1、M100、Y_2 均为 OFF 状态，未被激励。输出 Y_1、Y_2 滞后输入 X_2 变化 1 个周期。

第 2 个扫描周期：输入采样阶段，输入映像存储器中 X_2 变为 ON 状态。因为 PLC 扫描（执行程序）对梯形图来说是自上而下、自左而右进行的；当扫描 M100（上）支路时，由于 M100 线圈在上一周期中未被激励，M100（上）仍为 OFF 状态，因而 Y_1 仍为 OFF 状态；

当扫描 X_2 支路时由于输入状态表中 X_2 已为 ON 状态；因而 M100 线圈被激励；这时 M100（下）被接通；当扫描 M100（下）支路时，Y_2 线圈被激励。在此周期中，由于 Y_2 线圈被激励，并写入到输出映像存储器中；当进至输出刷新阶段时，输出继电器 Y_2 对外触点动作，但已比输入 X_2 状态变化滞后了两个周期。Y_1 状态尚未变。

第 3 个扫描周期：扫描仍自上而下、自左而右进行。由于 M100 线圈在元件存储器中的状态已为 ON，因此，M100（上）也为 ON，扫描执行 M100（上）支路时 Y_1 被激励。待用户程序行执行完毕，进至输出刷新阶段，输出继电器 Y_1 对外触点才动作；此时输出 Y_1 已比输入 X_2 状态变化滞后了 3 个周期。

由上分析可知，一般来说，I/O 采用集中传送方式时，I/O 响应滞后时间最长为 $2 \sim 3$ 个周期，这与编程方法（程序中语句安排等）有关。

图 4-6 所示中各元件在不同阶段的状态见表 4-1，表中填有"ON"表示接通（线圈则为被激励），填"/"表示断开（线圈为未被激励）。从表中也可明显看出输出继电器 Y_1 线圈其对外触点动作时间比输入 X_2 动作时间已滞后了近 3 个扫描周期。

表 4-1　不同阶段图 4-6 中各元件状态变化

元件 / 扫描时间		X_2	M100线圈	M100触点（下）	Y_2线圈	Y_2触点	M100触点（上）	Y_1线圈
第1个周期	输入采样阶段	/	/	/	/	/	/	/
	程序执行阶段	ON	/	/	/	/	/	/
	输出刷新阶段	ON	/	/	/	/	/	/
第2个周期	输入采样阶段	ON	/	/	/	/	/	/
	程序执行阶段	ON	ON	ON	ON	ON	/	/
	输出刷新阶段	ON	ON	ON	ON	ON	/	/
第3个周期	输入采样阶段	ON	ON	ON	ON	ON	/	/
	程序执行阶段	ON	ON	ON	ON	ON	ON	ON
	输出刷新阶段	ON	ON	ON	ON	ON	ON	ON

注：程序执行阶段的元件状态，是指扫描该元件时。

从上面的分析。可得如下结论：

1）为了保证输入信息可靠进入输入采样阶段，输入信息的稳定驻留时间必须大于 PLC 的扫描周期，这样可保证输入信息不至于丢失。

2）要减少 I/O 响应时间（输出滞后输入的时间），除在硬件上想办法减少延迟时间外，在 I/O 传送方式上可采用直接传送方式。

3）定时器的时间设定值不能小于 PLC 的扫描周期。

4）在同一扫描周期内，输出值保留在输出映像存储器 Q 内且不变。因此，此输出值也可看成输出值的反馈值在用户程序中当作逻辑运算的变量或条件使用。

四、PLC 的中断

（一）一般中断的概念

可编程序控制器应用在工业过程中常常遇到这样的问题，要求 PLC 在某些情况下中止正常的输入、输出循环扫描和程序运行，转而去执行某些特殊的程序或应急处理程序，待特殊程序执行完毕后，再返回执行原来的程序，PLC 的这样一个过程称为中断。中断过程中执行的特殊程序称为中断服务程序，每一种可以向 PLC 提出中断处理请求的内部原因或外部设备称为中断源（意思为中断请求源）。

（二）PLC 对于中断的处理

PLC 系统对于中断的处理思路与一般微机系统对于中断的处理思路基本是一样的，但不同的厂家、不同型号的 PLC 可能有所区别，使用时要作具体分析。

1. 中断响应问题

CPU 的中断过程受操作系统管理控制。一般微机系统的 CPU，在执行每一条指令结束时去查询有无中断申请，有的 PLC 也是这样，如有中断申请，则在当前指令结束后就可以响应该中断。但有的 PLC 对中断的响应是在系统巡回扫描周期的各个阶段，如它是在相关的程序块结束后查询有无中断申请或在执行用户程序时查询有无中断申请，如有中断申请，则转入执行中断服务程序。如果用户程序以块式结构组成，则在每块结束或实行块调用时处理中断。

2. 中断源先后排队顺序及中断嵌套问题

在 PLC 中，中断源的信息是通过输入点进入系统的，PLC 扫描输入点是按输入点编号的前后顺序进行的，因此中断源的先后顺序只要按输入点编号的顺序排列即可。系统接到中断申请后，顺序扫描中断源，它可能只有一个中断源申请中断，也可能同时有多个中断源提出中断申请。系统在扫描中断源的过程中，就在存储器的一个特定区建立起"中断处理表"，按顺序存放中断信息，中断源被扫描过后，中断处理表亦已建立完毕，系统就按照该表中的中断源先后顺序转至相应的中断程序入口地址去工作。

必须说明的是：PLC 可以有多个中断源，多中断源可以有优先顺序，但有的 PLC 其中断无嵌套关系。即中断程序执行中，若有新的中断发生，不论新中断的优先顺序如何，都要等执行中的中断处理结束后，再进行新的中断处理。所以在 PLC 系统工作中，当转入中断服务程序时，并不自动关闭中断，所以也没有必要去开启中断。然而有的 PLC 中断是可以嵌套的，如西门子公司 S7 系列 PLC 高优先级的中断组织块可以中断低优先级的中断组织块，进行多层嵌套调用。

习　题

1. 简述 PLC 的系统工作过程。
2. 什么是 PLC 的周期扫描工作机制？扫描周期长短与什么有关？
3. 简述 PLC 的循环扫描过程。
4. 循环扫描为什么会导致输入延迟、输出滞后的问题？通常用什么方法解决？
5. 循环扫描为什么有利于 PLC 的抗干扰？
6. 名词解释：（1）输入采样；（2）输出刷新；（3）扫描；（4）扫描周期。

第三节　PLC 的 I/O 模块和外围设备

PLC 对外是通过各类 I/O 接口模块的外接线，来完成对工业设备或生产过程的检测与控制。为了适应各种各样输入/输出的过程信号需要，相应有许多种 I/O 接口模块。这里主要从应用的角度对 PLC 常用的 I/O 接口模块的功能、类型、原理电路及其外接线等进行重点介绍，为正确选用各种 I/O 接口模块奠定基础。

一、数字量 I/O 模块

（一）数字量 I/O 模块的功能

数字量输入模块——接收现场输入电器的数字量输入信号、光电隔离并通过电平转换将数字量输入信号转换成 CPU 所需的信号电平。

数字量输出模块——光电隔离、电平转换并通过功率放大器输出（或驱动）去控制现场的执行电器。

（二）数字量 I/O 模块的类型及特点

1. 输入模块

直流输入模块——外接直流 12、24、48V 电源；

交流输入模块——外接交流 110、220V 电源；

交、直流输入模块——外接交直流电源，即交、直流电源都能用；

无源输入模块（干接触型）——由 PLC 内部提供电源，无须外接电源。

2. 输出模块

继电器输出（交、直流输出模块)——输出电流大（3~5A），交、直流两用，适应性强，但动作速度慢（10~12ms），工作频率低；

晶体管输出（直流输出模块)——外接直流电源，动作速度快（≤2ms），工作频率高（可达 20kHz），但输出电流小（≤1A）；

晶闸管（双向的）或固态继电器输出（交流输出模块)——外接交流电源，输出电流大，动作速度快，工作频率高。

（三）数字量 I/O 模块的内部电路及其外接线

图 4-8 与图 4-9 分别是西门子 S7—300 型 PLC 的数字量直流输入模块和数字量交流输入模块的内部电路及其外接线图。图中只画出了一路输入电路，M、N 分别是直流输入模块和交流输入模块的同一输入组的各输入信号的公共点。背板总线接口是将处理过的输入信号传送给 CPU 模块。数字量模块的 I/O 电缆的最大长度为 1 000m（对屏蔽电缆）或 600m（对非屏蔽电缆）。

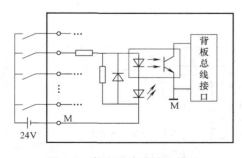

图 4-8　数字量直流输入模块

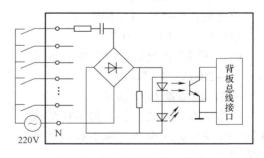

图 4-9　数字量交流输入模块

图 4-10、图 4-11、图 4-12 分别是西门子 S7—300 型 PLC 的数字量交、直流输出模块（继电器输出）、数字量交流输出模块（晶闸管输出）和数字量直流输出模块（晶体管输出）的内部电路及其外接线图，图中只画出了一路输出电路。

在选择数字量输出模块时，应注意负载电压的种类和大小、工作频率和负载的类型（如电阻性、电感性负载、白炽灯等）；除了每一点的输出电流外，还应注意每一组的最大输出电流不要超过允许值，否则，输出模块会烧坏。

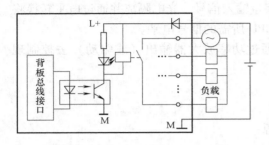

图 4-10　数字量交、直流输出模块（继电器输出）

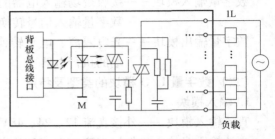

图 4-11　数字量交流输出模块（晶闸管输出）

二、模拟量 I/O 模块

（一）模拟量输入模块

模拟量输入模块的作用就是通过 A-D 转换把外部模拟量输入信号转换成 CPU 所需的数字信号电平。其参数如下。

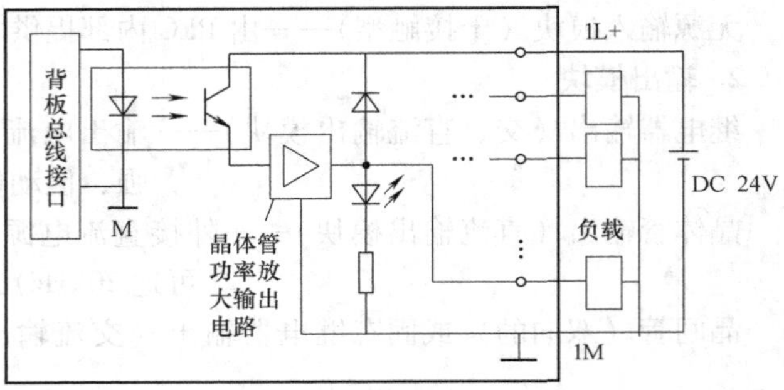

（1）模拟电压输入范围（典型值）

单极性：$0 \sim 5V$；$0 \sim 10V$

双极性：$-5 \sim +5V$；$-10 \sim +10V$

（2）模拟电流输入范围（典型值）：$0 \sim 10mA$；$4 \sim 20mA$

图 4-12　数字量直流输出模块（晶体管输出）

（二）模拟量输出模块

模拟量输出模块的作用就是通过 D/A 转换把 CPU 输出的数字信号转换成外部控制所需的模拟量输出的控制信号。其参数如下。

（1）模拟电压输出范围（典型值）

单极性：$1 \sim 5V$；$1 \sim 10V$

双极性：$-10 \sim +10V$

（2）模拟电流输出范围（典型值）：$0 \sim 20mA$；$4 \sim 20mA$

（三）模拟量 I/O 模块

模拟量 I/O 模块是将模拟 I/O 集成在同一模块中，其电压电流 I/O 范围典型值同上。

（四）模拟量 I/O 模块的内部电路及其外接线

图 4-13 是模拟量输入模块的内部电路。它由多路开关、A-D 转换器

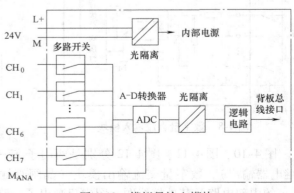

图 4-13　模拟量输入模块

（ADC）、光隔离器件、内部电源和逻辑电路组成。8 个模拟量输入通道（CH_0、CH_1、…、CH_7）共用一个 A-D 转换器，通过多路开关切换被转换的通道，其转换结果的存储与传送是顺序进行的，每个模拟量通道的输入信号是被依次轮流转换的，并且转换结果被依次保持到各自的存储器中。

图 4-14 是模拟量输出模块的内部电路及其外接线。模拟量输出模块为负载和执行器提供控制电流或控制电压。若使用电压输出，输出模块与负载的连接可采用四线制接法，即使用 QV_0、S_{0+}、S_{0-}、M_{ANA} 接线端子，其中接线端子 QV_0 与 S_{0+} 要绞在一起与负载一端相连，接线端子 S_{0-} 与 M_{ANA} 要绞在一起与负载另一端相连。S_{0+} 和 S_{0-} 叫输出检测端子，S_{0+} 和 S_{0-} 端子与负载连接是为了实时检测负载电压并进行修正，以实现高精度输出。若使用电流输出，输出模块与负载的连接只能采用二线制接法，即使用 QI_0 和 M_{ANA} 接线端子。

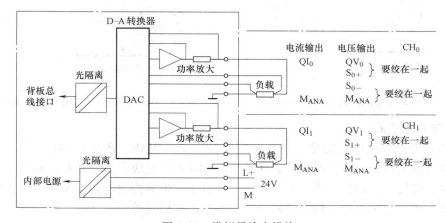

图 4-14　模拟量输出模块

模拟量输入、输出信号都应使用屏蔽电缆或双绞线电缆来传送，并将屏蔽电缆两端的屏蔽层都接大地；若屏蔽电缆的屏蔽层两端有电位差（即不等电位），则两端的屏蔽层都接地后，屏蔽层内会有电流通过且干扰传输的模拟信号，此时应将屏蔽电缆的屏蔽层一点接地。

一般情况下，在 CPU 模块的内部，CPU 模块内部的模拟电位参考点（即模拟地）M 端子与接地端子（接大地的）用短接片相连。对带隔离的模拟量 I/O 模块（即图 4-13、图 4-14 中，与 CPU 相连的"背板总线接口"之前有"光隔离"），其模拟电位参考点 M_{ANA} 端子与 CPU 模块内部的模拟电位参考点 M 端子之间可不要作电气连接；若模拟量 I/O 模块的 M_{ANA} 端子与 CPU 模块内部的模拟电位参考点 M 端子之间有电位差 U_{ISO}，则模拟量 I/O 模块的 M_{ANA} 端子与 CPU 模块内部的模拟电位参考点 M 端子之间必须用导线作等电位连接，以确保 U_{ISO} 不超过允许值，否则 U_{ISO} 会造成模拟信号中断。对不带隔离的模拟量 I/O 模块（即图 4-13、图 4-14 中，去与 CPU 相连的"背板总线接口"之前无"光隔离"的），其模拟电位参考点 M_{ANA} 端子与 CPU 模块内部的模拟电位参考点 M 端子之间必须作电气连接，否则，这些端子之间的电位差 U_{ISO} 会破坏模拟量信号，如图 4-15 和图 4-16 所示。

三、特殊 I/O 模块（智能模块）

（一）智能模块的含义与特点

智能模块是自带微处理器、存储器和系统程序的功能模块。其特点是：智能模块的

CPU 与 PLC 的 CPU 并行工作（也可独立地连续工作），占用 PLC 的 CPU 时间很少，有利于提高 PLC 的扫描速度和完成特殊功能，并大大减少用户程序的编程难度和编程量。

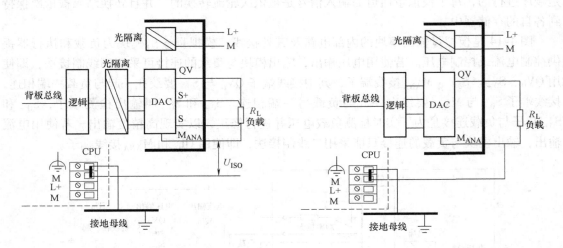

图 4-15　电压输出型隔离模块的四线制连接　　　图 4-16　电压输出型非隔离模块的两线制连接

（二）智能模块的种类

根据 PLC 对特殊功能的需要，PLC 除了常规的 I/O 模块，还配有多种特殊 I/O 模块，以便完成各种控制任务。常见的特殊 I/O 模块有 PID 调节模块、高速计数器模块、温度传感器模块、通信模块、运动控制模块等，此外，还有快速响应模块、数控模块、计算模块、模糊控制模块、语言处理模块、阀门控制模块和中断控制模块等。

四、外围设备简介

PLC 的外围设备有很多，如编程器、人机接口装置、打印机、EPROM 写入器、盒式磁带机或微存储卡（MMC 卡）等，其中最常用的有人机接口装置和编程器，下面对此作简要介绍。

（一）人机接口装置（HMI）

人机接口装置简称 HMI（Human Machine Interface），又称人机操作界面，是用来实现操作人员与 PLC 控制系统之间的对话和相互作用的装置，或简单地说是人与机器直接打交道的工具或界面。

最简单的 HMI 只由几个开关、按钮和指示灯组成。操作人员通过这些设备把操作指令传送到控制系统中，控制系统也通过它们显示当前的控制数据和状态，这是一个传统的人机操作界面。其最大的缺点是占用 PLC 的 I/O 点数多、接线复杂、显示性能差。随着控制技术，尤其是微机控制技术和 PLC 技术的提高，新的模块化的、集成的人机接口装置被开发出来。这些 HMI 产品具有灵活的可由用户（开发人员）自定义的信号显示功能，用图形和文本的方式显示当前的控制状态。现代 HMI 产品还提供了固定或可定义的按键，还有触摸屏输入功能。

下面对目前常用的几种人机接口装置作简要介绍，详细内容可参阅 HMI 产品使用说明书。

1. 普通型人机接口装置

普通型人机接口是由安装在控制台上的按钮、转换开关、拨码开关、指示灯、LED 数码管显示器和声光报警器等元器件组成。它是纯硬件并通过硬接线的方式来实现与控制系统的连接，常用于小型 PLC 控制系统；若用于中、大型的 PLC 控制系统就会显现出许多缺点，如占用 PLC 的 I/O 点数多，使 PLC 性价比降低，投资增加；显示信息量小且性能差；接线复杂且可靠性差、体积大、不便于维护等。

2. 可编程终端

可编程终端（Programmable Termination，PT）是一种智能型的人机接口装置，它具有以下功能：在 PT 上显示当前的控制状态、过程变量，包括数字量（开关量）和数值等数据；显示报警信息；通过硬件和可视化图形按键输入数字量（如起动或停止按钮信号）、数值等控制参数；使用 PT 的内置功能对 PLC 内部进行简单的监控、设置等。

可编程终端是专为工业现场而设计的，有较高的防护等级，能适应恶劣的工作环境；它体积小，重量轻、安装方便，可嵌入在控制柜的门上或控制台的面板上。如西门子的可编程终端产品有：文本显示器（TD）、操作员面板（OP）、触摸屏（TP）等。它们可以用专用的组态软件进行不同的组态，以实现其相应的显示、参数设置、控制等功能。

1）文本显示器（TD）：是一种低档的人机界面产品，硬键盘操作。一般只能用于显示中文和英文信息，部分文本显示器也能做简单的图形显示，其显示面积较小，一般只能显示 2~4 行汉字，每行 8~12 个汉字。文本显示器除了用于参数设置的几个功能键外，一般也设有几个操作键，适用于小型的 PLC 控制系统，完成不太复杂的显示与操作。文本显示器外形结构如图 4-17 所示。

2）操作员面板（OP）：是一种中档的人机界面产品，硬键盘操作。有文本操作面板和图形操作面板两大类。操作员面板除具有文本显示器的功能外，显示面积大，显示功能更强大，可显示更多的文字和图形；操作键和功能键更多，可完成更多的设置与操作。适用于中小型的 PLC 控制系统，完成较复杂的显示与操作。操作员面板外形结构如图 4-18 所示。

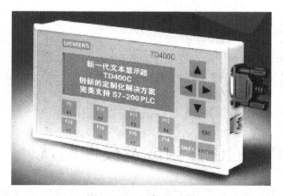

图 4-17　文本显示器

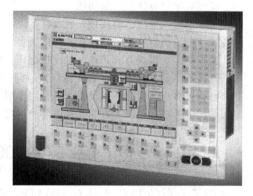

图 4-18　操作员面板

3）触摸屏（TP）：是一种高档的人机界面产品，具有显示和软键盘操作功能，操作人员能够在触摸屏上操作。一个触摸屏可支持上千个页面，每个页面支持上千个变量和几十到几百个可自由定义的按键，操作界面设置方便。触摸屏一般和中大型 PLC 连接构成一个控制系统，用于较大型的、工作流程较复杂的、显示和设置较多的、且需较多操作单元的过程控制。触摸屏外形结构如图 4-19 所示。

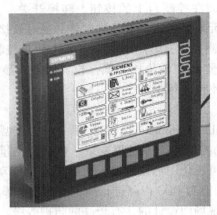

图 4-19 触摸屏

3. 组合型人机接口装置

组合型人机接口装置就是以上两种人机接口的组合，常用于大型 PLC 控制系统。

4. 监控计算机系统

监控计算机系统是用通用计算机和监控软件结合而形成的一种人机接口装置。它除了能实现可编程终端的全部功能外，在显示、对数据库的支持、对网络的支持、对大量数据的记录、统计和报表的打印等功能明显增强。监控计算机系统多用于监控中心内作为整个控制网络的监控站使用。

（二）编程器

编程器的内容已在本章第一节中介绍过，这里不再重复。

<h2 align="center">习 题</h2>

1. 简述数字量 I/O 模块的功能。
2. 数字量输入模块有哪几种？各有何特点？
3. 数字量输出模块有哪几种？各有何特点？
4. 模拟量 I/O 模块有哪几种？其模拟电压、电流值的范围（典型值）各是多少？
5. 什么是特殊 I/O 模块（智能模块），其特点是什么？列举 3～5 种常见的智能模块。
6. PLC 有哪些常用的外围设备？各有何作用？
7. 常用的人机接口装置有哪几种？各有何特点？各用在什么场合？

第四节 西门子 S7—300 PLC 的硬件组成及硬件配置

西门子公司的 PLC 产品有 SIMATIC S7、M7 和 C7 等几大系列。S7 系列是传统意义的 PLC 产品，其中的 S7—200 PLC（以下简称 S7—200）是针对低性能要求的小型 PLC。

S7—200 是在美国德州仪器公司的小型 PLC 的基础上发展起来的，其编程软件为 STEP 7—Micro/WIN 32。S7—300/400 PLC 的前身是西门子公司的 S5 系列 PLC，其编程软件为 STEP 7。S7—200 和 S7—300/400 PLC 虽然有许多共同之处，但是在指令系统、程序结构和编程软件等方面均有相当大的差异。

S7—300 PLC（以下简称 S7—300）是一种通用型的模块式中小型 PLC，最多可以扩展 32 个模块。S7—400 PLC 是用于中、高级性能要求的大型 PLC，可以扩展 300 多个模块。S7—300/400 PLC 可以接入 MPI（多点接口）、工业以太网、现场总线 AS-i 和 PROFIBUS 等通信网络。

SIMATIC M7—300/400 PLC 采用与 S7—300/400 PLC 相同的结构，它可以作为 CPU 或功能模块使用。其显著特点是具有 AT 兼容计算机的功能，使用 S7—300/400 PLC 的编程软件 STEP 7 和可选的 M7 软件包，可以用 C、C＋＋或 CFC（连续功能图）这类高级语言来编程。M7 适合于需要处理的数据量大、对数据管理、显示和实时性有较高要求的系统使用。

SIMATIC C7 由 S7—300 PLC、HMI（人机接口）操作面板、I/O 端口、通信和过程监控系统组成，整个控制系统结构紧凑，面向用户的配置/编程、数据管理与通信集成在一起，具有很高的性能价格比。由于高度集成，节约了 30% 的安装空间。

SIMATIC_WinAC 基于 Windows 操作系统和标准的接口（ActiveX，OPC），提供软件 PLC 或插槽 PLC。WinAC 基本型用于常规控制系统，WinAC 实时型用于实时性、确定性要求非常高的控制场合，例如运动控制和快速控制等。WinAC 插槽型具有硬件 PLC 的所有特性，适用于实时性、安全性、可靠性要求均较高的场合。WinAC 具有良好的开放性和灵活性，可以方便地集成第三方的软件和硬件（即成熟的商用软件和硬件），例如运动控制卡、快速 I/O 卡或控制算法等。

西门子公司的大、中型 PLC 在我国自动化领域中占有重要的地位，因此，本书重点学习西门子 S7—300 机型。

一、S7—300 PLC 的概况

S7—300（见图 4-20）是模块化的中小型 PLC，适用于中等性能的控制要求。品种繁多的 CPU 模块、信号模块和功能模块能满足各种领域的自动控制任务，用户可以根据系统的具体情况选择合适的模块，维修时更换模块也很方便。

S7—300 的每个 CPU 都有一个编程用的 RS—485 接口，使用西门子的 MPI（多点接口）通信协议。有的 CPU 还带有集成的现场总线 PROFIBUS-DP 接口或 PtP（点对点）串行通信接口。S7—300 不需要附加任何硬件、软件和编程就可以建立一个 MPI 网络，通过 PROFI-BUS-DP 接口可以建立一个 DP 网络。

功能最强的 CPU 的 RAM 存储容量为 512KB，有 8 192 个存储器位，512 个定时器和 512 个计数器，数字量通道最大为 65536 点，模拟量通道最大为 4096 个。

S7—300/400 PLC 有很高的电磁兼容性和抗振动抗冲击能力。S7—300 标准型的环境温度为 0～60℃。环境条件扩展型的温度范围为 -25～+60℃，有更强的耐振动和耐污染性能。

通过系统功能和系统功能块的调用，用户可以使用集成在操作系统内的程序，从而显著地减少所需要的用户存储器容量，它们可以用于中断处理、出错处理、复制和处理数据等。

S7—300/400 PLC 有 350 多条指令，其编程软件 STEP 7 功能强大，可以使用多种编程语言，有的编程语言可以相互转换。STEP 7 用软件工具来为所有的模块和网络设置参数。

CPU 用智能化的诊断系统连续监控系统的功能是否正常、记录是否错误和特殊系统事件（例如超时、模块更换等）。S7—300 有看门狗中断、过程报警、日期时间中断和定时中断功能。

S7—300/400 PLC 已将 HMI（人机接口）服务集成到操作系统内，大大减少了人机对话的编程要求。S7—300/400 PLC 按指定的刷新速度自动地将数据传送给 SIMATIC 人机界面。

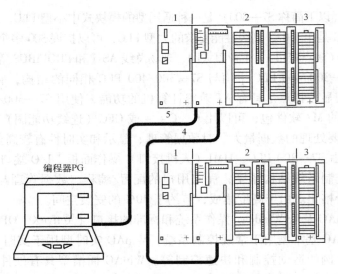

图 4-20　由两台 S7—300 PLC 组成的 PLC 组态

1—电源模块 PS（Power Supply）　2—中央处理单元 CPU　3—信号模块 SM（Signal Module）
4—PROFIBUS 总线电缆　5—连接编程器 PG 的电缆

二、硬件组成

S7—300 采用紧凑的、无槽位限制的模块结构。一台 S7—300 PLC 可由下述部分组成：
导轨、电源模块（PS）、CPU 模块、信号模块（SM）、功能模块（FM）、接口模块（IM）、通信处理器（即通信模块 CP）。其中电源模块、CPU 模块、信号模块、功能模块、接口模块、通信模块都安装在导轨上。导轨是一种安装各类模块的专用金属机架，只需将模块钩在 DIN 标准的导轨上，然后用螺栓锁紧即可，有多种不同长度规格的导轨供用户选择，S7—300 的硬件组成如图 4-21 所示。

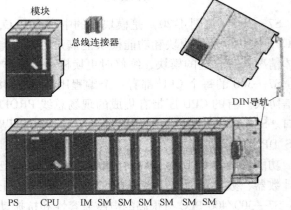

图 4-21　S7—300 PLC 的硬件结构

电源模块总是安装在机架的最左边，CPU 模块紧靠电源模块，如果有接口模块，可放在 CPU 模块的右侧。余下的位置可任意安装信号模块、功能模块和通信模块，如图 4-22 所示。S7—300 PLC 还有一些辅助模块，如占位模块（DM370）、仿真模块（SM374）等。

S7—300 用背板总线将除电源模块之外的各个模块连接起来。背板总线集成在各个模块上，各个模块都通过 U 形总线连接器相连，每个模块都有一个总线连接器，总线连接器插在模块的背后。安装时，先将总线连接器插在 CPU 模块的背后并固定在导轨上，然后依次装入各个模块。

S7—300 的电源模块通过电源连接器或导线与 CPU 模块相连，为 CPU 模块提供 DC 24V 电源，也可为信号模块提供 DC 24V 电源。

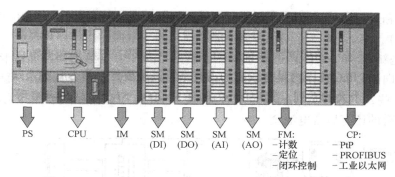

图 4-22 S7—300 PLC 模块组成（组态）实例

三、S7—300 PLC 的模块简介

（一）电源模块（PS）

S7—300 PLC 有多种电源模块可供选择，其中的 PS305 为户外型电源模块，输入电压分别为直流 24V、48V、72V、96V、110V，输出电压为直流 24V；PS307 普通型电源模块，输入电压分别为交流 120V、230V，输出电压为直流 24V，比较适合大多数应用场合。根据输出电流的不同，PS307 有 3 种规格的电源模块：2A、5A、10A，它们除额定电流不同外，其工作原理及接线端子完全一样，如图 4-23 所示。

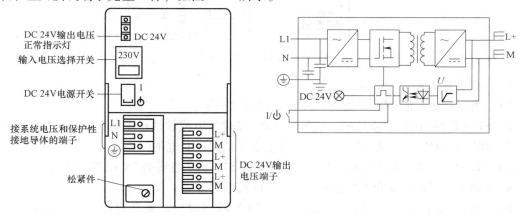

图 4-23 PS307 接线端子及内部原理框图

PS307 电源模块可安装在导轨上，除了给 S7—300 的 CPU 模块外，也可给信号模块、传感器和执行器提供负载电源，它与 CPU 模块、信号模块等之间是通过电缆连接，而不是通过背板总线连接。

一个实际的 S7—300 PLC 系统，在确定所有的模块后，要选择合适的电源模块。所选定的电源模块的输出功率必须大于 CPU 模块、所有 I/O 模块、各种智能模块等消耗功率之和，并且要留有 30%左右的裕量。当同一电源模块既要为主机单元供电又要为扩展单元供电时，从主机单元到最远一个扩展单元的线路压降必须小于 0.25V。

（二）S7—300 PLC 的 CPU 模块

1. CPU 模块的面板构成

CPU 内的元器件封装在一个牢固而紧凑的塑料机壳内，面板上有状态和故障指示 LED、模式选择开关和通信接口。存储器插槽可以插入多达数兆字节的 Flash EPROM 微存储器卡（简称为 MMC），用于掉电后程序和数据的保存。

　　图 4-24 是新型号的 CPU 31xC 的面板图，新型号的 CPU 必须有微存储器卡 MMC 才能运行，新面板横向的宽度只是原来的一半。大多数 CPU 没有集成的输入/输出模块，有的 CPU 的 LED 要多一些，有的 CPU 只有一个 MPI 接口。老式的 CPU 的模式选择开关是可以拔出来的钥匙开关，有的还有后备电池盒。

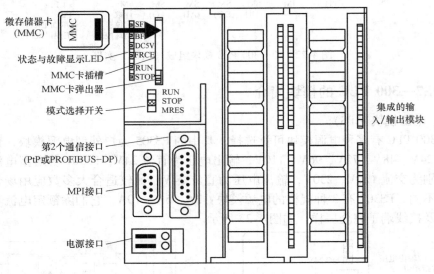

图 4-24　CPU 31xC 的面板

（1）状态与故障显示 LED

CPU 模块面板上的 LED（发光二极管）的意义如下：

1）SF（系统出错/故障显示，红色）：CPU 硬件故障或软件错误时亮。

2）BF（BATF，电池故障，红色）：电池电压低或没有电池时亮。

3）DC 5V（+5V 电源指示，绿色）：CPU 和 S7—300 总线的 5V 电源正常时亮。

4）FRCE（强制，黄色）：至少有一个 I/O 被强制时亮。

5）RUN（运行方式，绿色）：CPU 处于 RUN 状态时亮；重新启动时以 2Hz 的频率闪亮；HOLD 状态时以 0.5Hz 的频率闪亮。

6）STOP（停止方式，黄色）：CPU 处于 STOP、HOLD 状态或重新启动时常亮；执行存储器复位时闪亮。

7）BUSF（总线错误，红色）：PROFIBUS-DP 接口硬件或软件故障时亮，集成有 DP 接口的 CPU 才有此 LED。集成有两个 DP 接口的 CPU 有两个对应的 LED（BUS1F 和 BUS2F）。

（2）CPU 的运行模式

CPU 有 4 种操作模式：STOP（停机）、STARTUP（启动）、RUN（运行）和 HOLD（保持）。在所有的模式中，都可以通过 MPI 接口与其他设备通信。

1）STOP 模式：CPU 模块通电后自动进入 STOP 模式，在该模式不执行用户程序，可以接收全局数据和检查系统。

2）RUN 模式：执行用户程序，刷新输入和输出，处理中断和故障信息服务。

3）HOLD 模式：在 STARTUP 和 RUN 模式执行程序时遇到调试用的断点，用户程序的执行被挂起（暂停），定时器被冻结。

4）STARTUP 模式：启动模式，可以用模式选择开关或编程软件启动 CPU。如果模式选择开关在 RUN 或 RUN-P 位置，通电时自动进入启动模式。

（3）模式选择开关

有的 CPU 的模式选择开关（模式选择器）是一种钥匙开关，操作时需要插入钥匙，用来设置 CPU 当前的运行方式。钥匙拔出后，就不能改变操作方式。这样可以防止未经授权的人员非法删除或改写用户程序，还可以使用多级口令来保护整个数据库，使用户有效地保护其技术机密，防止未经允许的复制和修改。钥匙开关各位置的意义如下：

1）RUN-P（运行-编程）位置：CPU 不仅执行用户程序，在运行时还可以通过编程软件读出和修改用户程序，以及改变运行方式。在这个位置不能拔出钥匙开关。

2）RUN（运行）位置：CPU 执行用户程序，可以通过编程软件读出用户程序，但是不能修改用户程序，在这个位置可以取出钥匙开关。

3）STOP（停止）位置：不执行用户程序，通过编程软件可以读出和修改用户程序，在这个位置可以取出钥匙开关。

4）MRES（清除存储器）：MRES 位置不能保持，在这个位置松手时开关将自动返回 STOP 位置。将模式选择开关从 STOP 状态扳到 MRES 位置，可以复位存储器，使 CPU 回到初始状态。工作存储器、RAM 装载存储器中的用户程序和地址区被清除，全部存储器位、定时器、计数器和数据块中的数据均被删除，即复位为零，包括有保持功能的数据。CPU 检测硬件，初始化硬件和系统程序的参数，系统参数、CPU 和模块的参数被恢复为默认设置，MPI（多点接口）的参数被保留。如果有快闪存储器卡，CPU 在复位后将它里面的用户程序和系统参数复制到工作存储区。

复位存储器按下述顺序操作：PLC 通电后将钥匙开关从 STOP 位置扳到 MRES 位置，"STOP" LED 熄灭 1s，亮 1s，再熄灭 1s 后保持亮。放开开关，使它回到 STOP 位置，然后又回到 MRES，"STOP" LED 以 2Hz 的频率至少闪动 3s，表示正在执行复位，最后 "STOP" LED 一直亮，可以松开模式开关。

存储器卡被取掉或插入时，CPU 发出系统复位请求，"STOP" LED 以 0.5Hz 的频率闪动。此时应将模式选择开关扳到 MRES 位置，执行复位操作。

（4）微存储器卡

Flash EPROM 微存储卡（MMC）用于在断电时保存用户程序和某些数据，它可以扩展 CPU 的存储器容量，也可以将有些 CPU 的操作系统保存在 MMC 中，这对于操作系统的升级是非常方便的。MMC 用作装载存储器或便携式保存媒体，MMC 的读写直接在 CPU 内进行，不需要专用的编程器。由于 CPU 31xC 没有安装集成的装载存储器，在使用 CPU 时必须插入 MMC，CPU 与 MMC 是分开订货的。

如果在写访问过程中拆下 SIMATIC 微存储卡，卡中的数据会被破坏，在这种情况下，必须将 MMC 插入 CPU 中并删除它，或在 CPU 中格式化存储卡。只有在断电状态或 CPU 处于 "STOP" 状态时，才能取下存储卡。

（5）通信接口

所有的 CPU 模块都有一个多点接口 MPI，有的 CPU 模块有一个 MPI 和一个 PROFIBUS-

DP 接口，有的 CPU 模块有一个 MPI/DP 接口和一个 DP 接口。

MPI 用于 PLC 与其他西门子 PLC、PG/PC（编程器或个人计算机）、OP（操作员接口）通过 MPI 网格的通信。PROFIBUS-DP 的最高传输速率为 12Mbit/s，用于与别的西门子带 DP 接口的 PLC、PG/PC、OP 和其他 DP 主站和从站的通信。

（6）电池盒

电池盒是安装锂电池的盒子，在 PLC 断电时，锂电池用来保证硬件实时钟的正常运行，并可以在 RAM 中保存用户程序和更多的数据，保存的时间为 1 年。有的低端 CPU（例如 312IFM 与 313）因为没有硬件实时钟，所以没有配备锂电池。

（7）电源接线端子

电源模块的 L1、N 端子接 AC 220V 电源，电源模块的接地端子和 M 端子一般用短路片短接后接地，机架的导轨也应接地。

电源模块上的 L + 和 M 端子分别是 DC 24V 输出电压的正极和负极，用专用的电源连接器或导线连接电源模块和 CPU 模块的 L + 和 M 端子。

（8）实时钟与运行时间计数器

CPU 312IFM 与 CPU 313 因为没有锂电池，只有软件实时钟，PLC 断电时停止计时，恢复供电后从断电瞬时的时刻开始计时。有后备锂电池的 CPU 有硬件实时钟，可以在 PLC 电源断电时继续运行。运行小时计数器的计数范围为 0 ~ 32767h。

（9）CPU 模块上的集成 I/O

某些 CPU 模块上有集成的数字量 I/O，有的还有集成的模拟量 I/O，如图 4-25 所示。

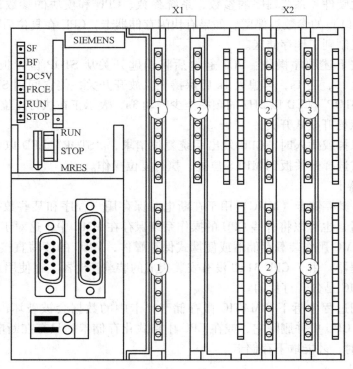

图 4-25　CPU 31xC 的集成数字和模拟 I/O

注：①模拟量输入和模拟量输出；②8 个数字量输入；③8 个数字量输出。

2. CPU 模块分类及其特点

S7—300PLC 的 CPU 型号有 CPU312IFM、CPU313、CPU314、CPU314IFM、CPU315、CPU315—2DP、CPU316—2DP、CPU318—2DP 等 20 多种且不断更新。CPU312IFM、CPU314IFM 中的"IFM"表示该 CPU 模块上集成有数字量 I/O 接口、模拟量 I/O 接口和特殊功能；CPU313、CPU314、CPU315 模块上不带有集成的 I/O 接口；CPU315—2DP、CPU316—2DP、CPU318—2DP 中的"—2DP"表示该 CPU 模块都有第二通信接口，即现场总线 PROFIBUS—DP 通信接口，通过它可使该 CPU 模块作为主站或从站接入现场总线（PROFIBUS）网络，以构成大规模 I/O 配置和建立分布式 I/O 结构等分布式设备（Distribution Peripheral，即 DP）配置。CPU 模块的存储容量、指令执行速度、可扩展的 I/O 点数、计数器、计时器的数量、功能软件块数量等指标是随着型号中数字序号的递增而增加。

S7—300PLC 的 CPU 模块大致可以分为以下几类。

1）标准型。标准型 CPU 模块包括 CPU312、CPU314、CPU315—2DP、CPU315—2PN/2DP、CPU317—2DP、CPU317—2PN/2DP、CPU318—2DP 等 7 种规格，且都没有集成 I/O 点。其中 CPU312 模块不可以连接扩展机架，即只有 1 个主机架，主机架上的最大安装模块数为 8 个，每 1 个模块最大数字 I/O 点数为 32 点，最大数字 I/O 总点数为 256 点，其余 CPU 均可以连接最多 3 个扩展机架，每 1 个机架的安装模块数均为 8 个，连同主机架的最大安装模块数为 32 个，因此，S7—300PLC 的最大数字 I/O 总点数为 1024 点。

2）紧凑型。紧凑型 CPU 模块包括 CPU312C、CPU313C、CPU313C—2PtP、CPU313C—2DP、CPU314C—2PtP、CPU314C—2DP 等 6 种规格。紧凑型 CPU 模块与标准型 CPU 模块的主要区别是 CPU 模块本身带有数量不等的集成数字 I/O 点和模拟 I/O 通道、集成高速计数输入，高速脉冲输出等功能，同样，它也可以根据需要选择不同的 I/O 模块进行扩展。与标准型一样，紧凑型的 CPU312C 同样不可以连接扩展机架，其余 CPU 模块均可以连接最多 3 个扩展机架。

虽然紧凑型 CPU 模块的机架安装模块数同样均为 8 个，每一模块的最大数字 I/O 点数也为 32 点，但由于 CPU 模块本身均有集成的 I/O 点，故与同规格的标准型 CPU 模块不同，当控制系统的实际使用的 I/O 点数接近 PLC 的最大 I/O 点数时，需注意把 CPU 模块本身集成的 I/O 点也算进总使用点数内。

紧凑型 CPU 模块均带有固定点数的高速计数输入与高速脉冲输出，输入/输出频率可以达到 10~60kHz，点数与输入/输出频率根据 CPU 模块的型号有所不同，其详细的技术参数见表 4-2。

3）故障安全型。故障安全型 CPU 模块包括 CPU315F—2DP、CPU317F—2DP 两种规格。故障安全型 PLC 内部安装有经德国技术监督委员会认可的基本功能块与安全型 I/O 模块参数化工具，可以用于锅炉、索道以及对安全性要求极高的特殊控制场合，它可以在系统出现故障时立即进入安全状态或安全模式，以确保人身与设备的安全。

4）技术功能型。技术功能型 CPU 模块目前只有 CPU317T—2DP 一种规格。技术功能型 CPU 模块是一种专门用于运动控制的 CPU，最大可以控制 16 轴。CPU 除可以控制轴定位外，还可以实现简单的插补与同步控制，可以用于需要进行坐标位置控制、速度控制等控制的场合。

5）户外型。前期的 S7—300PLC 系列有专门的所谓户外型 CPU，常用的有户外型 CPU312IFM、CPU314、CPU314IFM 等 3 种规格。户外型 CPU 模块的基本性能与同规格的紧凑型、标准型 CPU 类似，其主要特点是防护等级高，允许在 −25~+70℃ 并且含有氯、硫气体的环境下使用。

表 4-2　紧凑型 CPU 技术参数

	CPU	312C	313C	313C-2 PtP	313C-2 DP	314C-2 PtP	314C-2 DP
存储器	RAM/KB	16	32			48	
	用存储器卡扩展存储器/MB	最大 4					
执行时间	位操作(最小)/μs	0.2~0.4	0.1~0.2				
	字操作(最小)/μs	1	0.5				
	定点数加法(最小)/μs	2	0.1				
	浮点数加法(最小)/μs	30	15				
点数	集成的数字量 I/O	10/6	24/16	16/16	16/16	24/16	24/16
	集成的模拟 I/O	—	4/1	—	—	4/1	4/1
	数字量 I/O 最大	256/256	992/992				
	模拟量 I/O 最大	64/32	248/124				
	位存储器/B	1024	2048				
	每个中央控制器可扩展单元	0	3				
	每个系统的模板数量(最大)	8	31				
	计数器	128	256				
	定时器	128	256				
接口	第 1 个接口	MPI	MPI	MPI,点到点	MPI	MPI,点到点	MPI
	MPI 连接数量	6	8				12
	第 2 个接口	—	—	点到点	DP 主、从	点到点	DP 主、从
	DP 主站连接最大数量	—	—	—	8	—	12
	DP 从站连接最大数量	—	—	—	32	—	32

3. CPU 模块的功能

CPU 模块是 PLC 控制系统的运算与控制的核心。它根据系统程序的要求完成以下任务：

1）接收现场输入设备的状态和数据。

2）接收并存储用户程序和数据。

3）诊断 PLC 内部电路工作状态和编程过程中的语法错误。

4）完成用户程序规定的运算任务。

5）更新有关标志位的状态和输出状态寄存器的内容。

6）实现输出控制或数据通信等功能。

7）配合编程器具有监视，监控和信息显示等功能。

8）为背板总线提供直流 5V 电源。

（三）接口模块 IM

接口模块用于 S7—300 PLC 的中央机架到扩展机架的连接，S7—300 有 3 种规格的接口模块，即 IM360、IM361、IM365。

1. IM365 接口模块

IM365 接口模块专用于 S7—300 PLC 的双机架系统扩展，由两个 IM365 配对模块和 1 个368 连接电缆组成，如图 4-26a 所示。其中 1 块 IM365 为发送模块，必须插入 0 号机架（中央机架）的 3 号槽位；另一块 IM365 为接收模块，必须插入扩展机架（1 号机架）的 3 号槽位，且在扩展机架上最多只能安装 8 个信号模块，不能安装具有通信总线功能的功能模块，如通信模块 FM。IM365 发送模块和 IM365 接收模块通过 1m 长的 368 连接电缆固定连接，总驱动电流为 1.2A，其中每个机架最多可使用 0.8A。

2. IM360、IM361 接口模块

IM360 和 IM361 接口模块必须配合使用，用于 S7—300 PLC 的多机架连接。其中 IM360（见图 4-26b）必须插入 0 号机架的 3 号槽位，用于发送数据；IM361（见图 4-26c）则插入 1 ~ 3 号机架的 3 号槽位，用于接收来自 IM360 的数据。数据通过 368 连接电缆从 IM360 传送到 IM361，或者从 IM361 传送到下一个 IM361，前后两个接口模块的通信距离最长为 10m。

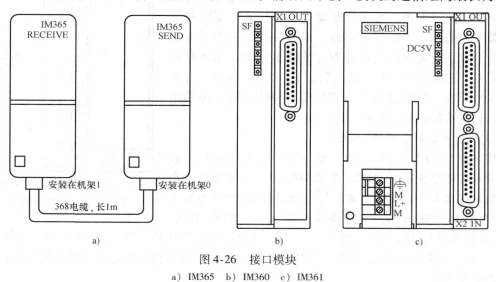

图 4-26　接口模块

a) IM365　b) IM360　c) IM361

（四）信号模块 SM

S7—300 的信号模块 SM 有数字量 I/O 模块、模拟量输入输出模块以及与连接爆炸等危险场合的 I/O 模块。

1. 数字量 I/O 模块

（1）数字量输入模块 SM321

数字量输入模块（DI）将现场的数字信号电平转换成 PLC 内部信号电平，经过光隔离和滤波后，送到输入缓冲区等待 CPU 采样，采样后的信号状态经过背板总线进入输入映像区。根据输入信号的极性及其端子数，SM321 共有 14 种数字量输入模块，常用的 4 种输入模块技术特性见表 4-3。

表 4-3　常用 SM321 数字量输入模块技术特性

技术特性	直流 16 点输入模块	直流 32 点输入模块	交流 8 点输入模块	交流 32 点输入模块
输入端子数	16	32	8	32
额定负载电压/V	DC 24	DC 24	—	—
负载电压范围/V	20.4 ~ 28.8	20.4 ~ 28.8	—	—
额定输入电压/V	DC 24	DC 24	AC 120	AC 120
输入电压为 1 的范围	13 ~ 30	13 ~ 30	79 ~ 132	79 ~ 132
输入电压为 0 的范围	−3 ~ +5	−3 ~ +5	0 ~ 20	0 ~ 20
输入电压频率/Hz	—	—	47 ~ 63	47 ~ 63
隔离（与背板总线）方式	光耦合器	光耦合器	光耦合器	光耦合器
输入电流为 1 的信号/mA	7	7.5	6	21
最大允许静态电流/mA	1.5	1.5	1	4
典型输入延迟/ms	1.2 ~ 4.8	1.2 ~ 4.8	25	25
背板总线最大消耗电流/mA	25	25	16	29
功率损耗/W	3.5	4	4.1	4.0

图 4-27 是数字量输入模块 SM321（直流 16 点）的外观图。模板的每个输入点有 1 个绿色发光二极管显示输入状态，输入开关闭合时有输入电压，二极管亮。

（2）数字量输出模块 SM322

数字量输出模块（DO）将 S7—300 内部信号电平转换成现场外部信号电平，可直接驱动电磁阀线圈、接触器线圈、微型电动机、指示灯等负载。根据负载回路使用电源的要求，数字量输出模块可分为直流输出模块（晶体管输出方式）、交流输出模块（晶闸管输出方式）和交、直流两用输出模块（继电器输出方式）等。SM322 有 7 种输出模块，其技术特性见表 4-4。

（3）数字量 I/O 模块 SM323

数字量 I/O 模块（DI/DO）在一块模块上同时具有数字量输入点和输出点。SM323 有两种模块，一种带有 8 个共地输入端和 8 个共地输出端；另一种带有 16 个共地输入端和 16 个共地输出端，两种模块的输入输出特性相同：

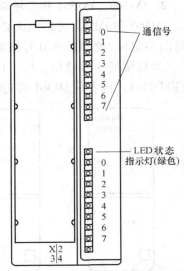

图 4-27　直流 16 点数字量
输入模块 SM321 外观图

I/O 额定负载电压 DC 24V、输入电压 "1" 时信号电平为 13～30V、"0" 时信号电平为 −3～+5V、额定输入电压下输入延迟为 1.2～4.8ms、与背板总线通过光耦合器隔离。其技术参数见表 4-5。

表 4-4　SM322 数字量输出模块技术特性

技术特性	8 点晶体管	16 点晶体管	32 点晶体管	16 点晶闸管	32 点晶闸管	8 点继电器	16 点继电器
输出点数	8	16	32	16	32	8	16
额定电压/V	DC 24	DC 24	DC 24	AC 120	AC 120	AC 120	AC 230
与背板总线隔离方式	光耦合器	光耦合器	光耦合器	光耦合器	光耦合器	光耦合器	光耦合器
输出组数	4	8	8	8	8	8	8
最大输出电流/A	0.5	0.5	0.5	0.5	1	2	2
短路保护	电子保护	电子保护	电子保护	电子保护	熔断保护	熔断保护	熔断保护
最大消耗电流/mA	60	120	200	184	275	40	100
功率损耗/W	6.8	4.9	5	9	25	2.2	4.5

表 4-5　SM323 数字量输入/输出模块的技术参数

模块型号、订货号	点数及分组	额定输入电压	1 信号电压范围/V	0 信号电压范围/V	1 信号输入电流/mA	额定负载电压	输出电流/A	输出器件	功率损耗/W
DI 8/DO 8×24 VDC/0.5A 6AG1323—1BH01—2AA0	8 DI,1 组 8 DO,1 组	DC 24V	13～30	−3～+5	7	DC 24V	0.5	晶体管	6.5
DI 16/DO 16×24 VDC/0.5A 6ES7 323—1BL00—0AA0	16 DI,2 组 16 DO,1 组	DC 24V	13～30	−3～+5	7	DC 24V	0.5	晶体管	3.5

2. 模拟量 I/O 模块

（1）模拟量输入模块 SM331

模拟量输入模块（AI）可将控制过程中的模拟信号转换为 PLC 内部处理用的数字信号，SM331 目前有 8 种规格，常用模块规格有 AI8×16 位（8 通道 16 位）、AI8×12 位、AI8×

RTD 位、AI8×TC 位、AI2×12 位等。其中带有 RTD 的模块是只能连接电阻或热电阻输入，带有 TC 的模块是只能连接热电偶输入。所有模块内部均设有光电隔离电路，输入一般采用屏蔽电缆，最长为 100m 或 200m，各模块的主要技术参数见表 4-6。

表 4-6　SM331 模拟量输入模块的技术参数

模块型号、订货号	通道数及分组	精度	测量方法	测量范围	可编程诊断	诊断中断	极限值监控	输入之间的允许电位差（ECM）	备注
AI 8×16bit 6ES7331—7NF00—0AB0	8AI 4 组	可调整 15bit+符号	电流 电压	任意	√	可调整	2 通道 可调整	DC 50V	—
AI 8×16bit 6ES7331—7NF10—0AB0	8AI 4 组	可调整 15bit+符号	电流 电压	任意	√	可调整	8 通道 可调整	DC 60V	—
AI 8×14bit 6ES7331—7HF00—0AB0	8AI 4 组	可调整 13bit+符号	电流 电压	任意	√	可调整	2 通道 可调整	DC 11V	高速时钟
AI 8×13bit 6ES7331—1KF00—0AB0	8AI 8 组	可调整 12bit+符号	电流 电压 电阻 温度	任意	√	×	×	DC 2.0V	—
AI 8×12bit 6ES7331—7KF02—0AB0	8AI 4 组	可调整 9bit+符号 12bit+符号 14bit+符号	电流 电压 电阻 温度	任意	×	可调整	2 通道 可调整	DC 2.5V	—
AI 8×RTD 6ES7331—7PF00—0AB0	8AI 4 组	可调整 15bit+符号	电阻 温度	任意	√	可调整	8 通道 可调整	DC 75V AC 60V	—
AI 8×TC 6ES7331—7PF10—0AB0	8AI 4 组	可调整 15bit+符号	温度	任意	√	可调整	8 通道 可调整	DC 75V AC 60V	—
AI 2×12bit 6ES7331—7KB×2—0AB0	2AI 1 组	可调整 9bit+符号 12bit+符号 14bit+符号	电流 电压 电阻 温度	任意	√	可调整	1 通道 可调整	DC 2.5V	—

注：栏内"√"表示具有此功能；"×"表示不具有此功能。

（2）模拟量输出模块 SM332

SM332 用于将 S7—300 PLC 的数字信号转换成系统所需要的模拟量信号，控制模拟量调节器或执行机构。SM332 目前有 4 种规格的模块，所有模块内部均设有光隔离电路，各模块的主要技术参数见表 4-7。

表 4-7　SM332 模拟量输出模块的技术参数

模块型号订货号	通道数及分组	精度/bit	输出方式	可编程诊断	诊断中断	替代值输出	负载阻抗				备注
							电压输出/kΩ	电流输出/kΩ	容性输出/μF	感性输出/mH	
AO 8×12bit 6ES7332—5HF00—0AB0	8AO 8 组	12	按通道输出电压、电流	√	可调整	可调整	1	0.5	1	1	—
AO 4×16bit 6ES7332—7ND01—0AB0	4AO 4 组	16	按通道输出电压、电流	√	可调整	不可调整	1	0.5	1	1	时钟功能
AO 4×12bit 6ES7332—5HD01—0AB0	4AO 4 组	12	按通道输出电压、电流	√	可调整	可调整	1	0.5	1	1	—
AO 2×12bit 6ES7332—5HB01—0AB0	2AO 2 组	12	按通道输出电压、电流	√	可调整	可调整	1	0.5	1	1	—

注：栏内"√"表示具有此功能。

（3）模拟量 I/O 模块

模拟量 I/O 模块有 SM334 和 SM335 两个子系列，SM334 为通用模拟量 I/O 模块，SM335 为高速模拟量 I/O 模块，并具有一些特殊功能。SM334 和 SM335 模块的主要技术参数见表4-8。

表4-8　模拟量 I/O 模块的技术参数

模块型号订货号	输入通道及分组	输出通道及分组	精度	测量方法	输出方式	可编程诊断	诊断中断	测量范围	输出范围
AI 4/AO 2 ×8/8bit 6ES7 334—0CE01—0AA0	4 输入 1 组	2 输入 1 组	8bit	电压 电流	电压 电流	×	×	0～10V 0～20mA	0～10V 0～20mA
AI 4/AO 2 ×12bit 6ES7 334—0KE00—0AB0	4 输入 2 组	2 输出 1 组	12bit + 符号	电压 电阻 温度	电压	×	×	0～10V 10kΩ Pt 100	0～10V
AI 4/AO 4 ×14Bit/12bit 6ES7 335—7HG01—0AB0	4 输入	4 输出	输入 14bit 输出 12bit	具有 1 路脉冲输入和编码器电源					
AI 4/AO 4 ×14Bit/12bit 6ES7 335—7HG00—0AB0	4 输入	4 输出	输入 14bit 输出 12bit	带有噪声滤波器					

注：栏内"×"表示不具有此功能。

（五）功能模块 FM

S7—300 PLC 有大量的功能模块。功能模块自身带有 CPU，并能实现特定的功能，可为 PLC 的 CPU 模块分担大量的任务。用户可减少大量的编程工作量。

1. 闭环控制模块

（1）FM 355 闭环控制模块

FM 355 有 4 个闭环控制通道，用于压力、流量、液位等控制，有自优化温度控制算法和 PID 算法。FM 355C 是有 4 个模拟量输出端的连续控制器，FM 355S 是有 8 个数字输出点的步进或脉冲控制器。CPU 停机或出现故障后 FM 355 仍能继续运行，控制程序存储在模块中。

FM 355 的 4 个模拟量输入端用于采集模拟数值和前馈控制，附加的一个模拟量输入端用于热电偶的温度补偿。可以使用不同的传感器，例如热电偶、Pt100 热敏电阻、电压传感器和电流传感器。FM355 有 4 个单独的闭环控制通道，可以实现定值控制、串级控制、比例控制和 3 分量控制，几个控制器可以集成到一个系统中使用。有自动、手动、安全、跟随、后备这几种操作方式。12 位分辨率时的采样时间为 20～100ms，14 位分辨率时为 100～500ms。

自优化温度控制算法存储在模块中，当设定点变化大于 12% 时自动启动自优化；可以使用组态软件包对 PID 控制算法进行优化。CPU 有故障或 CPU 停止运行时控制器可以独立地继续控制。为此，在"后备方式"功能中，设置了可调的安全设定点或安全调节变量。可以读取和修改模糊温度控制器的所有参数，或在线修改其他参数。

（2）FM355—2 闭环控制模块

FM355—2 是适用于温度闭环控制的 4 通道闭环控制模块，可以方便地实现在线自优化温度控制，包括加热、冷却控制，以及加热、冷却的组合控制。FM355—2C 是有 4 个模拟量输出端的连续控制器，FM 355—2S 是有 8 个数字输出端的步进或脉冲控制器。CPU 停机或出现故障后 FM 355 仍能继续运行。

2. 计数器模块

（1）计数器模块的共同性能

模块的计数器均为 0～32 位或 31 位加减计数器，可以判断脉冲的方向，模块给编码器供电。有比较功能，达到比较值时，通过集成的数字量输出响应信号，或通过背板总线向 CPU 发出中断。可以 2 倍频和 4 倍频计数，4 倍频是指在两个互差 90°的 A、B 相信号的上升沿、下降沿都计数。通过集成的数字量输入直接接收启动、停止计数器等的数字量信号。

（2）FM 350—1 计数器模块

FM 350—1 是智能化的单通道计数器模块，可以检测最高达 500kHz 的脉冲，有连续计数、单向计数、循环计数 3 种工作模式。有 3 种特殊功能：设定计数器、门计数器和用门功能控制计数器的启动和停止。达到基准值、过零点和超限时可以产生中断。有 3 个数字量输入，2 个数字量输出。

（3）FM 350—2 计数器模块

FM 350—2 是八通道智能型计数器模块，有 7 种不同的工作方式：连续计数、单次计数、周期计数、频率测量、速度测量、周期测量和比例运算。

对于 24V 增量编码器，计数的最高频率为 10kHz；对于 24V 方向传感器、24V 启动器和 NAMUR 编码器，最高频率为 20kHz。

（4）CM 35 计数器模块

CM 35 是 8 通道智能计数器模块，可以执行通用的计数和测量任务，也可以用于最多 4 轴的简单定位控制。CM 35 有 4 种工作方式：加计数或减计数、8 通道定时器、8 通道周期测量和 4 轴简易定位。8 个数字量输出点用于对模块的高速响应输出，也可以由用户程序指定输出功能，计数频率每通道最高为 10kHz。

3. 称重模块

（1）SIWAREX U 称重模块

SIWAREX U 是紧凑型电子秤，用于化学工业和食品工业等行业来测定料仓和贮斗的料位，用于对起重机载荷进行监控，对传送带载荷进行测量或对工业提升机、轧机超载进行安全防护等；可以作为功能模块集成到 S7/M7—300 中，也可以通过 ET 200M 连接到 S7 系列 PLC。

SIWAREX U 有下列功能：衡器的校准、质量值的数字滤波、质量测定、衡器置零、极限值监控和模块的功能监视，模块有多种诊断功能。

SIWAREX U 有单通道和双通道两种型号，分别连接 1 台或 2 台衡器。SIWAREX U 有两个串行接口，RS—232C 接口用于连接设置参数用的计算机，TTY 接口用于连接最多四台数字式远程显示器。模块的参数可以用组态软件 SIWATOOL 设置，并存入磁盘。

（2）SIWAREX M 称重模块

SIWAREX M 是有校验能力的电子称重和配料单元。可以用它组成多料秤称重系统，可以准确无误地关闭配料阀，达到最佳的配料精度。它可以作为功能模块集成到 S7/M7—300，也可以通过 ET 200M 连接到 S5/S7 系列 PLC。

SIWAREX M 有下列功能：置零和称皮重、自动零点追踪、设置极限值（Min/Max/空值/过满）、操纵配料阀（粗/精配料）、称重静止报告和配料误差监视等。

SIWAREX M 可以安装在易爆区域，还可以独立于 PLC 的现场仪器使用。它有 1 个称重传感器通道，3 个数字量输入端和 4 个数字量输出端用于选择称重功能，1 个模拟量输出端用于连接模拟显示器或在线记录仪等。RS—232C 串行接口用于连接 PC 或打印机，TTY 串行接口用于连接有校验能力的数字远程显示器或主机。

4. FM351 双通道定位模块

FM351 模块是快速进给和慢速驱动的双通道定位模块，主要功能特性如下：

1）用于快速定位和慢速驱动的双通道定位模块。

2）每个通道具有 4 个数字量输出点用于电动机控制。

3）可进行增量或同步串行位置检测。

5. FM 353 步进电动机定位模块

FM 353 模块是通过步进电动机实现各种定位任务的智能模块，主要功能特性如下：

1）使用于简单的点到点定位，或者用于响应、精度和速度有极高要求的复杂运动模式。是高速机械设备定位任务的理想解决方案。

2）控制步进电动机的 FM353 定位模块可用于定位进给轴、调整轴、设定轴和传送带式轴（直线和旋转轴）。

6. FM 354 伺服电动机定位模块

FM 354 模块是通过伺服电动机，在高速机械设备中实现各种定位任务（位置闭环）的智能模块，主要功能特性如下：

1）使用于简单的点到点定位，或者用于响应、精度和速度有极高要求的复杂运动模式，是高速机械设备定位任务的理想解决方案。

2）控制伺服电动机的 FM 354 定位模块可用于定位进给轴、调整轴、设定轴和传送带式轴（直线轴、旋转轴）。

3）FM 354 处理轴的实际定位，用模拟驱动接口（ $-10 \sim +10\mathrm{V}$ ）控制驱动器。编码器（SSI 或增量）报告目前轴的位置，FM 354 利用此信息来修正输出电压。

4）定位功能，包括手动调整（用点动键来移动伺服轴），增量方式（沿预定义的路径移动伺服运动轴），MDI（手动数据输入），运行中的 MDI（在任意希望的、可指定的位置，随时进行伺服定位），自动/单段控制（用于复杂路径的伺服定位，连续/周期进给，向前/向后）。

5）通过模块 FM 354 集成的数字量输入，还有一些特殊功能可供选用：长度测量、通过 FM354 的快速输入起动、停止定位运动、找寻参考点、运动中设定实际值等。

（六）通信模块 CP

CP340 用于建立点对点（Point to Point）低速连接，最大传输速率为 19.2kbit/s。有 3 种通信接口，即 RS-232、RS-422、RS-485，可通过 ASCII、3964（R）通信协议及打印机驱动软件，实现 S7—300 系列 PLC 与其他厂商的控制系统、机器人控制器、条形码阅读器、扫描仪等设备的通信连接。

CP341 用于建立点对点高速连接，最大传输速率为 76.8kbit/s。

CP342—2 和 CP343—2 用于实现 S7—300 到 AS—I 接口总线的连接，最多可连接 31 个 AS—I 从站，具有监测 AS—I 电缆电源电压的功能和许多状态诊断的功能。

CP342—5 用于实现 S7—300 到 PROFIBUS—DP 现场总线的连接，分担 CPU 的通信任务，为用户提供各种 PROFIBUS 总线系统服务，通过 PROFIBUS—DP 现场总线进行远程组态和远程编程。

CP343—1 用于实现 S7—300 到工业以太网总线的连接，它自身具有处理器，在工业互联网上独立处理数据通信并允许进一步连接，以便完成与编程器、个人计算机、人机界面装置和其他 PLC 之间的数据通信。

CP343—1 TCP 使用标准的 TCP/IP 通信协议，实现 S7—300（只限服务器）到工业互联网的连接。

CP343—5 用于实现 S7—300 到 PROFIBUS—DP 现场总线的连接，分担 CPU 的通信任务，为用户提供各种 PROFIBUS 总线系统服务，通过 PROFIBUS—FMS 对系统进行远程组态和远程编程。

（七）前连接器与其他模块

1. 前连接器

前连接器用于将传感器和执行元件连接到信号模块上，它被插入到模块上，有前盖板保护。更换模块时接线仍然在前连接器上，只需要拆下前连接器，不用花费很长时间重新接线。模块上有两个带顶罩的编码元件，第一次插入时，顶罩永久地插入到前连接器上。为避免更换模块时发生错误，第一次插入前连接器时，它就已被编码，前连接器以后只能插入同样类型的模块。

20 针的前连接器用于信号模块（32 通道模块除外）、功能模块和 312IFM CPU。40 针的前连接器用于 32 通道信号模块。

2. TOP 连接器

TOP 连接器包括前连接器模块、连接电缆和端子块。所有部件均可以方便地连接，并可以单载更换。TOP 全模块化端子允许方便、快速和无错误地将传感器和执行元件连接到 S7—300 上，最长距离为 30m。模拟信号模块的负载电源 L + 和地 M 的允许距离为 5m，超过 5m 时前连接器一端和端子块一端均需要加电源。前连接器模块代替前连接器插入到信号模块上，用于连接 16 通道或 32 通道信号模块。

如果总电流超过 4A，不要通过连接电缆将外部电源送给信号模块。此时，电源应直接接到前连接器模块。

3. 占位模块

占位模块 DM 370 为模块保留一个插槽，如果用一个其他模块替换占位模块，整个配置和地址设置保持不变。占用两个插槽的模块，必须使用两个占位模块。

模块上有一个开关，开关在 NA 位置时，占位模块为一个接口模块保留插槽，NA 表示没有地址，即不保留地址空间，不用 STEP 7 进行组态。

开关在 A 位置时，占位模块为一个信号模块保留插槽。A 表示保留地址，需要用 STEP 7 对占位模块进行组态。

4. 仿真模块

仿真模块 SM 374 用于调试程序，用开关来模拟实际的输入信号，用 LED 显示输出信号的状态。

仿真模块 SM374 可以仿真 16 点输入、16 点输出和 8 点输入、8 点输出的数字量模块。图 4-28 所示是 SM374 的前视图，用螺钉旋具改变面板中间开关的位置，即可仿真所需的数字量模块。仿真模块没有列

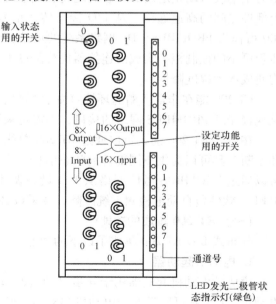

图 4-28　仿真模块 SM374 的前视图

入 S7 组态工具的模块目录中，也即 S7 的结构不"承认"仿真模块的工作方式，但组态时可以填入被仿真模块的代号。例如，组态时若 SM374 仿真 16 点输入的模块，就填入 16 点数字量输入模块的代号：6ES7 311—1BH00—0AA00；若 SM374 仿真 16 点输出的模块，就填入 16 点数字量输出模块的代号：6ES7 322—1BH00—0AA00。SM374 面板上有 16 个开关，用于输入状态的设置；还有 16 个绿色 LED，用于指示 I/O 状态。使用 SM374 后，PLC 应用系统的模拟调试变得简单而方便。

5. EX 系列数字量 I/O 模块和模拟量 I/O 模块

EX 模块可以在化工等行业的自动化仪表和控制系统中使用，主要作用是将外部的本质—安全回路与 PLC 非本质—安全的内部回路隔离开。

EX 系列模块包括 EX 数字量 I/O 模块和 EX 模拟量 I/O 模块，可以用于 S7—300 或 ET 200M 分布式 I/O 装置，作为所有 SIMATIC PLC 的分布式 I/O 及 PROFIBUS—DP 网络的标准从站。它们属于"本质—安全型保护"的电子器件，包括非本质—安全回路和本质—安全回路。EX 模块本身应安装在有爆炸危险的区域之外，除非附加另一种类型的保护（例如增压防护），才能应用于有爆炸危险的区域。

将外部的 EX 区域的本质—安全数字设备（用于有爆炸危险区域的传感器和执行器）连接到 EX 模块上，可以实现有爆炸危险的区域与 PLC 系统的非本质—安全内部回路的隔离。传感器和执行元件由模块供电。

本质—安全型防护有以下优点：在操作过程中可以方便地更换本质—安全型设备和对被测系统进行测量和校准，PLC 不需要昂贵的增压防护的防爆机壳。

四、分布式 I/O 简介

西门子公司的 ET 200 是基于 PROFIBUS—DP 现场总线的分布式 I/O 接口。PROFIBUS 是为全集成自动化定制的开放的现场总线系统，它将现场设备连接到控制装置，并保证在各个部件之间的高速通信，从 I/O 接口传送信号到 PLC 的 CPU 模块只需毫秒级的时间。ET 200 可作为 PROFIBUS—DP 网络系统的从站，由于 ET 200 只需要很小的空间，所以能使用体积更小的控制柜。集成的连接器代替了过去繁杂的电缆连接，加快了安装过程，紧凑的结构使成本大幅度降低。

ET 200 能在非常严酷的环境（如：酷热、严寒、强压、潮湿或多粉尘）中使用。能提供连接光纤 PROFIBUS 网络的接口，不需再采用费用昂贵的抗电磁干扰措施。

在启动 ET 200 前，可以通过 BT 200 总线测试单元来检查部件的状态；在运行时，监视和诊断工具可以提供不同部件的状态信息，快速和高效地确定运行过程中发生的故障。PLC 可以通过 PROFIBUS 通信网络从 I/O 设备调用诊断信息，并可以接收到易于理解的报文；STEP 7 软件包自动地检测系统故障，并采取必要的相应措施。

（一）ET 200 集成的功能

分布式 I/O ET 200 集成了以下的功能。

1. 电动机起动器

集成的电动机起动器用于异步电动机的单向或可逆起动，可以直接控制 7.5kW 以下的电动机，1 个站可以带 6 个电动机起动器。通过 PROFIBUS 现场总线网络可以调用开关状态并诊断信息，运行时能更换电动机起动器。

2. 变频器和阀门控制

ET 200X 可以方便地安装上阀门，直接由 PROFIBUS 总线控制，并由 STEP 7 软件包组态来实现阀门控制。ET 200X 用于电气传动的模块可提供变频器的所有功能。

3. 智能传感器

光电式编码器或光电开关等可以与使用智能传感器（IQ Sensor）的 ET 200S 进行通信。可以直接在控制器上进行所有设置，然后将数值传送到传感器。传感器出现故障时，系统诊断功能自动发出报警信号。

4. 分布式智能

ET 200S 中的 IM 151/CPU 类似于大型 S7 控制器的功能，可以用 STEP 7 对它进行编程。它用于传送 I/O 子任务，能对时间要求很高的信号快速做出响应，因而减轻中央控制器的负担并简化对部件的管理。

5. 安全技术

ET 200 可以在冗余设计的容错控制系统或安全自动化系统中使用。集成的安全技术能显著地降低接线费用。安全技术包括紧急断开开关技术，安全门的监控技术以及众多与安全有关的电路技术。通过 ET 200S 故障防止模块、故障防止 CPU 和 PROFISafe 协议，与故障有关的信号也能同标准功能一样在 PROFIBUS 网络上进行传送。

6. 功能模块

ET 200M 和 ET 200S 还能以模块化的方法扩展功能，可扩展的附加模块，如：计数器、定位模块等。

（二）ET 200 的分类

ET 200 可分为以下几个子系列。

1. ET 200B

ET 200B 是整体式的一体化分布式 I/O。有交流或直流的数字量 I/O 模块和模拟量 I/O 模块，具有模块诊断功能。

2. ET 200eco

ET 200eco 是经济实用的分布式 I/O。它的数字量 I/O 具有很高的保护等级（IP67），在运行时更换模块，不会中断总线或供电。

3. ET 200is

ET 200is 是本质安全系统，通过紧固和本质安全的设计，适用于有爆炸危险的场合，能在运行时更换各种模块。

4. ET 200L

ET 200L 是经济而小巧的分布式 I/O，I/O 模块像明信片大小，适用于小规模的任务，可方便地安装在 DIN 导轨上。ET 200L 分为以下 3 种。

（1）ET 200L：整体式单元，不可扩展，只有数字量 I/O 模块。

（2）ET 200L—SC：整体式单元，通过灵活连接系统（Smart Connect）最多可扩展 8 个数字量模块或模拟量模块。

（3）ET 200L—SC、IM—SC：完全模块化的灵活连接系统，最多可以扩展 16 个模块。

5. ET 200M

ET 200M 是多通道模块化的分布式 I/O，可采用 S7—300 的全系列模块，最多可扩展 8

个模块，可以连接 256 个 I/O 通道，适用于大点数、高性能的应用。它有支持 HART 协议（Highway Addressable Remote Transducer，可寻址远程传感器高速通道的开放通信协议）的模块，可以将 HART 仪表接入现场总线。它具有集成的模块诊断功能，在运行时可以更换有源模块。提供与 S7—400H 系统相连的冗余接口模块和 IM153—2 集成光纤接口。其中，户外型 ET 200M 为野外应用设计，工作温度范围可达 −25 ~ +60℃。

6. ET 200R

ET 200R 适用于机器人控制，有坚固的金属外壳和高的保护等级（IP65），可抗冲击、防尘和不透水，适用于恶劣的工业环境，可以用于没有控制柜的 I/O 系统。由于 ET 200R 中集成有转发器功能，因而能减少机器人硬件部件的数量。

7. ET 200S

ET 200S 是分布式 I/O 系统，特别适用于需要电动机起动器和安全装置的开关柜，1 个站最多可连接 64 个子模块，子模块种类丰富，有带通信功能的电动机起动器和集成的安全防护系统（适用于机床及重型机械行业）和智能传感器等，集成有光纤接口。

8. ET 200X

ET 200X 是具有高保护等级（IP65/67）的分布式 I/O 设备，其功能相当于 S7—300 的 CPU314，最多 7 个具有多种功能的模块连接在一块基板上，可以连接电动机起动器、气动元件以及变频器，有气动模块和气动接口。实现了机动、电动、气动一体化。可以直接安装在机器上，节省了开关柜。它封装在一个坚固的玻璃纤维的塑料外壳中，可以用于有粉末和水流喷溅的场合。

五、硬件配置

（一）硬件配置的含义

硬件配置即 PLC 的硬件组态，它的任务是根据控制对象的不同，选用不同型号、不同数量的模块安装在一个机架或多个机架上，组装成所需的 PLC 系统。PLC 的硬件组态又分单机架组态和多机架组态。

（二）硬件配置的原则

硬件配置原则主要指如何选择机架，模块在机架中如何配放，其主要原则如下。

1. 机架选择的原则

1）CPU312、CPU312C、CPU312IFM 和 CPU313 等 CPU 模块扩展能力最小，只能使用 1 个机架，机架上除了电源模块（PS），CPU 模块和接口模块（IM）外，最多只能再安装 8 块其他模块（如信号模块 SM、功能模块 FM 和通信模块 CP）。

2）采用 CPU314 及以上 CPU 模块可以扩展 3 个机架（即 1 个主机架加上 3 个扩展机架，共 4 个机架，即 S7—300 PLC 最多用 4 个机架），扩展机架上除电源模块（PS）和接口模块（IM）外最多也只能装 8 块其他模块。

3）配置多个机架时，需要安装接口模块 IM（1 个机架不需要安装接口模块）。其中主机架用 IM360 接口模块，装在 3 号槽位上；扩展机架用 IM361 接口模块，两个接口模块之间连接电缆最长为 10m。

4）如果只扩展 1 个机架，可选用较经济的 IM365 接口模块对。这一对接口模块由 1m 长的连接电缆相互固定连接。IM365 不能提供背板总线的直流 5V 电源，只能用主机架 CPU

模块上的，因此，2 个机架背板总线电流之和应限制在 1.2A 之内。另外，IM365 不能给扩展机架提供通信总线，故此种情况下的扩展机架上只能安装信号模块 SM，不能安装功能模块 FM、通信模块 CP 等智能模块。

5）每个机架上所能安装的信号模块 SM、功能模块 FM 和通信模块 CP 的组合数不能超过 8 块，并且还受到背板总线 5V 电源的供电电流的限制（0.8 ~ 1.2A），即每个机架上各模块消耗的电流之和应小于该机架允许提供的最大电流。具体参数如下：

① 主机架背板总线上的直流 5V 电源由 CPU 模块提供。CPU313 及以上 CPU 模块所提供的背板总线电流不超过 1.2A；唯有 CPU312IFM 模块所提供的背板总线电流不超过 0.8A。

② 扩展机架上背板总线的直流 5V 电源由接口模块 IM361 提供（从电源模块的直流 24V 转换而来），供电电流不超过 0.8A。

CPU 模块所提供的背板总线电流以及各类模块消耗的电流见表 4-9、表 4-10。

表 4-9　S7—300 CPU 所提供的背板总线电流及功耗

模块类型		订　货　号	从 L +/L − 吸取的电流/mA	所提供的背板总线电流/mA	功耗/W
CPU 模块	CPU 312 IFM	6ES7 312—5AC00—0AB0	800 + 500	800	9
	CPU 312	6ES7 312—1AD10—0AB0	600	1200	2.5
	CPU 312C	6ES7 312—5BD01—0AB0	500	1200	6
	CPU 313	6ES7 313—1AD00—0AB0	1000	1200	8
	CPU 313C	6ES7 313—5BE00—0AB0	700	1200	14
	CPU 313C—2PtP	6ES7 313—6BE01—0AB0	900	1200	10
	CPU 313C—2DP	6ES7 313—6CE01—0AB0	900	1200	10
	CPU 314 IFM	6ES7 314—5AE00—0AB0	1000	1200	16
	CPU 314	6ES7 314—1AE10—0AB0	1000	1200	8
	CPU 314C—2PtP	6ES7 314—6BF01—0AB0	800	1200	14
	CPU 314C—2DP	6ES7 314—6CF01—0AB0	1000	1200	14
	CPU 315	6ES7 315—1AF00—0AB0	1000	1200	8
	CPU 315—2DP	6ES7 315—2AF00—0AB0	1000	1200	8
	CPU 316	6ES7 316—1AG00—0AB0	—	1200	8
	CPU 316—2DP	6ES7 316—2AG00—0AB0	1000	1200	8
	CPU 317—2DP	6ES7 317—2AJ10—0AB0	—	1200	4
	CPU 317—2PN/DP	6ES7 317—2EJ10—0AB0	—	1200	3.5
	CPU 317T—2DP	6ES7 317—6TJ10—0AB0	100	1200	6
	CPU 318—2	6ES7 318—2AJ00—0AB0	1200	1200	12

表 4-10　S7—300PLC 系统模块所需背板总线电流及功耗

模块类型		订　货　号	从 L +/L − 吸取的电流/mA	所需背板总线电流/mA	功耗/W
电源模块	PS 305，2A	6ES7 305—1BA80—0AA0	—	—	16
	PS 307，2A	6ES7 307—1BA00—0AA0	—	—	10
	PS 307，5A	6ES7 307—1EA80—0AA0	—	—	18
	PS 307，10A	6ES7 307—1KA00—0AA0	—	—	30
接口模块	IM360（中央机架）	6ES7 360—3AA01—0AA0	—	350	2
	IM361（扩展机架）	6ES7 361—3CA01—0AA0	500	800[①]	5
	IM365（中央机架）	6ES7 365—0BA01—0AA0	800[②]	100	0.5
	IM365（扩展机架）	6ES7 365—0BA01—0AA0	800[③]	100	0.5

（续）

模块类型		订　货　号	从 L+/L- 吸取的电流/mA	所需背板总线电流/mA	功耗/W
数字量输入模块	SM321 DI 8×120/230 VAC ISOL	6ES7 321—1FF10—0AA0	—	100	4.9
	SM321 DI 8×120/230 VAC	6ES7 321—1FF01—0AA0	—	29	4.9
	SM321 DI 16×24 VDC	6ES7 321—1BH02—0AA0	25	25	3.5
	SM321 DI 16×24 VDC	6ES7 321—7BH00—0AB0	40	55	3.5
	SM321 DI 16×24 VDC 高速模块	6ES7 321—1BH10—0AA0	—	110	3.8
数字量输入模块	SM321 DI 16×24 VDC 带硬件和诊断中断及时钟功能	6ES7 321—7BH01—0AB0	90	130	4
	SM321 DI 16×24 VDC 源输入	6ES 7321—1BH50—0AA0	—	10	3.5
	SM321 DI 16×24/48 VDC	6ES7 321—1CH00—0AA0	—	100	1.5/2.8
	SM321 DI 16×48-125 VDC	6ES7 321—1CH20—0AA0	—	40	4.3
	SM321 DI 16×120/230 VAC	6ES7 321—1FH00—0AA0	—	29	4.9
	SM321 DI 16×120 VAC	6ES7 321—1EH01—0AA0	—	16	—
	SM321 DI 32×24 VDC	6ES7 321—1BL00—0AA0	—	15	6.5
	SM321 DI 32×120 VAC	6ES7 321—1EL00—0AA0	—	16	4
数字量输出模块	SM322 DO 8×24 VDC/2A	6ES7 322—1BF01—0AA0	60	40	6.8
	SM322 DO 8×24 VDC/0.5A 带诊断中断	6ES7 322—8BF00—0AB0	90	70	5
	SM322 DO 8×48-125 VDC/1.5A	6ES7 322—1CF00—0AA0	40	100	7.2
	SM322 DO 8×120/230 VAC/2A 晶闸管	6ES7 322—1FF01—0AA0	2[④]	100	8.6
	SM322 DO 8×120/230 VAC/2A ISOL	6ES7 322—5FF00—0AA0	2	100	8.6
	SM322 DO 8×230 VAC 继电器	6ES7 322—1HF01—0AA0	160	40	3.2
	SM322 DO 8×230 VAC/5A 继电器	6ES7 322—5HF00—0AA0	160	100	3.5
	SM322 DO 8×230 VAC/5A 继电器	6ES7 322—1HF10—0AA0	125	40	4.2
	SM322 DO 16×120/230 VAC/1A 晶闸管	6ES7 322—1FF00—0AA0	2	200	8.6
	SM322 DO 16×24/48 VDC/0.5A	6ES7 322—5GH00—0AA0	200	100	2.8
	SM322 DO 16×24 VDC/0.5A 高速模块	6ES7 322—1BH10—0AA0	110	70	5
	SM322 DO 16×24 VDC/0.5A	6ES7 322—1BH01—0AA0	120	80	4.9
	SM322 DO 16×120/230 VAC 继电器	6ES7 322—1HH01—0AA0	250	100	4.5
	SM322 DO 32×24 VDC/0.5A	6ES7 322—1BL00—0AA0	160	110	6.6
	SM322 DO 32×120/230 VAC/1A 晶闸管	6ES7 322—1FL00—0AA0	10	190	25
数字量I/O模块	SM323 DI 8/DO 8×24 VDC/0.5A	6ES7 323—1BH01—0AA0	40	40	3.5
	SM323 DI 16/DO 16×24 VDC/0.5A	6ES7 323—1BL00—0AA0	80	80	6.5
	SM323 DI 8/DO 8×24 VDC/0.5A	6ES7 323—1BH00—0AB0	20	60	3
模拟量输入模块	SM331 AI 8×RTD	6ES7 331—7PF00—0AB0	240	100	4.6
	SM331 AI 8×TC	6ES7 331—7PF10—0AB0	240	100	3
	SM331 AI 2×12bit	6ES7 331—7KB02—0AB0	30[②]	50	1.3
	SM331 AI 8×12bit	6ES7 331—7KF02—0AB0	30[②]	50	1
	SM331 AI 8×13bit	6ES7 331—1KF01—0AB0	—	90	0.4
	SM331 AI 8×14bit 高速,带时钟功能	6ES7 331—7HF00—0AB0	50	100	1.5
	SM331 AI 8×16bit	6ES7 331—7NF10—0AB0	200	100	3
	SM331 AI 8×16bit	6ES7 331—7NF00—0AB0	—	130	0.6

（续）

模块类型		订货号	从 L+/L− 吸取的电流/mA	所需背板总线电流/mA	功耗/W
模拟量输出模块	SM332 AO 2×12 bit	6ES7 332—5HB01—0AB0	135	60	3
	SM332 AO 4×12 bit	6ES7 332—5HD01—0AB0	240	60	3
	SM332 AO 8×12bit	6ES7 332—5HF00—0AB0	340	100	6
	SM332 AO 4×16bit 带时钟功能	6ES7 332—7ND01—0AB0	240	100	3
模拟量 I/O 模块	SM334 AI 4/AO 2×8/8bit	6ES7 334—0CE01—0AA0	110	55	3
	SM334 AI 4/AO 2×12bit	6ES7 334—0KE00—0AB0	80	60	2
	SM335 AI 4/AO 4×12bit	6ES7 335—7HG01—0AB0	150	75	—
仿真模块	SM374 IN/OUT 16	6ES7 374—2XH01—0AA0	—	80	0.35
占位模块	DM370	6ES7 370—0AA01—0AA0		5	0.03
功能模块	SM338 位置检测模块	6ES7 338—4BC01—0AB0	10	160	3
	SM338 位置检测模块	6ES7 338—7UH01—0AC0	100	100	—
	CM35 计数器模块	6AT1735—0AA01—0AA0		150	—
	FM350—1 计数器模块	6ES7 350—1AH02—0AE0	20	160	4.5
	FM350—2 计数器模块	6ES7 350—2AH01—0AE0	150	100	10
	FM351 位控模块	6ES7 351—1AH01—0AE0	350	200	—
	FM352 电子凸轮模块	6ES7 352—1AH01—0AE0	200	100	—
	FM353 位控模块	6ES7 353—1AH01—0AE0	300	100	—
	FM354 位控模块	6ES7 354—1AH01—0AE0	350	100	—
	FM357 位控模块	6ES7 357—4AH01—0AE0	1000	100	24
	FM355C 控制模块, 4AO	6ES7 355—0VH10—0AE0	310	75	7.8
	FM355S 控制模块, 8DO	6ES7 355—1VH10—0AE0	270	75	6.9
	FM356—4 应用模块, 4MB	6ES7 356—4BM00—0AE	400	80	—
	FM356—4 应用模块, 8MB	6ES7 356—4BN00—0AE	400	80	—
	SIWAREX U 称重模块	7MH4601—1AA01	220	100	—
	SIWAREX U 称重模块	7MH4601—1BA01	220	100	—
	SIWAREX M 称重模块	7MH4553—1AA41	300	50	—
通信模块	CP 340, RS232C	6ES7 340—1AH01—0AE0	—	160	—
	CP 340, 20mA	6ES7 340—1BH00—0AE0	—	220	—
	CP 340, RS422/485	6ES7 340—1CH00—0AE0	—	165	—
	CP 341, RS232C	6ES7 341—1AH01—0AE0	200	70	—
	CP 341, 20mA	6ES7 341—1BH01—0AE0	200	70	—
	CP 341, RS422/485	6ES7 341—1CH01—0AE0	240	70	—
	CP 342—5	6GK7342—5DA02—0XE0	250	70	—
	CP 343—1	6GK7343—1EX10—0XE0	600	70	—
	CP 343—1 IT	6GK7343—1GX00—0XE0	600	70	—
	CP 343—2	6ES7 343—2AH00—0XA0	—	200	—
	CP 343—5	6GK7343—5FA00—0XE0	250	70	—

① 通过背板总线的最大输出电流。

② 不包括双线变送器。

③ 1.2A 总电流，每个机架最多使用 800mA。

④ 从 L1 吸取的电流。

2. 模块配放的原则

1）模块必须无间隙地插入到机架中，否则背板总线将被中断。

2）在 0 号机架中，CPU 模块装在主机架（即 0 号机架）的 2 号槽位上，电源模块 PS 装在主机架的 1 号槽位上，接口模块 IM 安装在 3 号槽位上（不管哪种机架，接口模块 IM 均安装在 3 号槽位上），4～11 号槽位可自由分配信号模块 SM、功能模块 FM 和通信模块 CP。

3）在 1～3 号的扩展机架中，1、2、3 号槽位是固定的，即插槽 1 插电源模块或为空、插槽 2 为空、插槽 3 插接口模块。即便只有 1 个主机架，3 号槽位不装 IM 接口模块，也不能装其他模块，可安装占位模块补空位并连续背板总线，也方便以后扩展。4～11 号槽位可自由分配信号模块 SM、功能模块 FM 和通信模块 CP，它们中间有不用的槽位可用占位模板补空位并连续背板总线，此地址空缺，不能作模块地址使用，但可作为中间继电器使用。

图 4-29 和图 4-30 分别是根据上述原则进行硬件组态的单机架结构和多机架结构的示意图。

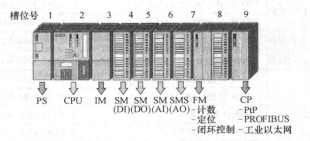

图 4-29　S7—300 PLC 硬件组态单机架结构示意图

一个实际的 S7—300 PLC 系统，在确定所有的模块后，要选择合适的电源模块。所选定的电源模块的输出功率必须大于 CPU 模块、所有 I/O 模块、各种智能模块等消耗功率之和，并且要留有 30% 左右的裕量。当同一电源模块既要为主机单元供电又要为扩展单元供电时，从主机单元到最远一个扩展单元的线路压降必须小于 0.25V。

例如：一个 S7—300 PLC 控制系统组成有：CPU314 模块一块，数字量输入模块 SM321 DI 16 × 24VDC 两块，数字量输出模块 SM322 DO 16 × 24VDC/0.5A 一块，数字量输出模块 SM322 DO 16 × 120/230VAC 继电器一块，模拟量输入模块 SM331 AI 2 × 12bit 一块，模拟量输出模块 SM332 AO 2 × 12bit 一块，高速计数器模块 FM350—1 一块，占位模块 DM370 一块。

（1）所有占位模块、信号模块和功能模块从背板总线吸取的电流是否超过 CPU314 模块提供的最大电流？

（2）所有模块的功耗是多少？应选什么型号的电源模块？

（3）画出该 PLC 系统的机架组态图。

解：（1）查表 4-10 可得所有信号模块和功能模块从背板总线吸取的电流为

$(25 \times 2 + 80 + 100 + 50 + 60 + 160 + 5)$mA $= 505$mA，没有超过。

查表 4-9 可得 CPU314 所提供的背板总线电流为 1200mA > 505mA。

故所有信号模块和功能模块从背板总线吸取的电流没有超过 CPU314 模块提供的最大电流。

（2）所有模块的功耗是

$$(8 + 2 \times 3.5 + 4.9 + 4.5 + 1.3 + 3 + 4.5 + 0.03)W = 33.23W$$

查表 4-10，并考虑数字量输入模块和数字量输出模块也使用直流 24V 电源，应选 PS307 5A 的电源模块。

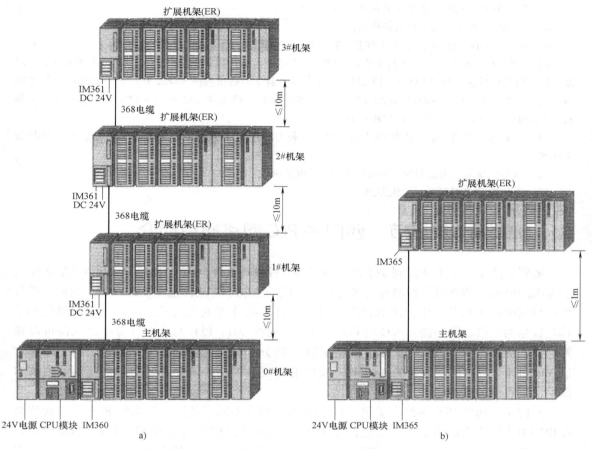

图 4-30 S7—300 PLC 硬件组态多机架结构示意图

a）四机架结构 b）二机架结构

（3）机架组态示意图如图 4-31 所示。

槽位号	1	2	3	4	5	6	7	8	9	10
机架0	PS307 5A	CPU 314	DM370	SM321 16×24 VDC	SM321 16×24 VDC	SM322 16×24 VDC	SM322 16×120/230 VAC 继电器	SM331 2AI	SM332 2AO	FM350-1

图 4-31 PLC 控制系统机架组态示意图

习 题

1. 西门子 S7 系列 PLC 有哪几种？各有何特点？各适用于什么场合？

2. 一台 S7—300 PLC 有哪几部分模块组成？试画图举例说明。

3. 简述 S7—300 PLC 的 CPU 模块的作用及种类。

4. 简述 S7—300 PLC 的 CPU 模块运行模式的种类及其各自的含义。

5. S7—300 PLC 的 CPU 模块上有哪几种通信接口？各有何用途？

6. S7—300 PLC 的 CPU 模块上的微存储器卡有何作用？

7. S7—300 PLC 的接口模块有哪几种？各有何作用？

8. S7—300 PLC 的占位模块有何作用？

9. 说明 S7—300 PLC 硬件配置（组态）的一些主要原则。

10. 一个 S7—300 PLC 控制系统组成有：CPU312C 模块一块，数字量输入模块 SM321 DI 16×DC24V 两块，数字量输出模块 SM322 DO 16×DC24V/0.5A 一块，数字量输出模块 SM322 DO 16×AC120/230V 继电器一块，模拟量输入模块 SM331 AI 2×12bit 一块，模拟量输出模块 SM332 AO 2×12bit 一块，高速计数器模块 FM350—2 一块，占位模块 DM370 一块。

（1）所有占位模块、信号模块和功能模块从背板总线吸取的电流是否超过 CPU312C 模块提供的最大电流？

（2）所有模块的功耗是多少？应选什么型号的电源模块？

（3）画出该 PLC 系统的机架组态图。

第五节　西门子 PLC 网络通信简介

随着生产工艺水平和控制要求的不断提高，控制系统规模越来越大，设备和系统在较大的范围内分布，依靠单台控制设备来完成所有任务不仅不可能，也是不合理的。此外，随着生产规模的扩大和自动化程度的提高，对生产过程的管理也提出了更高的要求。现代 PLC 具有较强的通信联网功能。PLC 与 PLC、PLC 与远程 I/O、PLC 与上位计算机之间都可以联网通信，从而构成"集中管理，分散控制"的分布式控制系统，并能满足工厂自动化（FA）和计算机集成制造系统（CIMS）发展的需要。因此，国际上对 PLC 的联网通信技术都给予了充分的重视。

西门子公司的 PLC 网络与美国、日本的 PLC 网络不同。美国、日本的 PLC 网络通信是在程序中直接使用通信指令。而西门子 PLC 网络的通信程序采用 DHB（Data Hand Block，数据处理块）调用实现。利用 DHB 可以实现 CPU 模块与 CP 通信模块之间的数据交换。完成一个通信过程，常常需要按一定的顺序及相互关系调用几种 DHB，在编写 PLC 和通信程序（DHB 采用形式参数编程）时，这是成功与否的关键。西门子 S7 系列 PLC 网络与 S5 系列 PLC 网络比较，变化不大，只不过 S7 系列更突出 PROFIBUS 现场总线的使用。这里对 S7 系列 PLC 网络做一简单介绍。

一、西门子 PLC 网络概述

SINEC 是西门子公司为其网络产品注册的统一商标，从 1997 年开始注册商标改为 SIMATIC NET。它是一个对外开放的通信网络，具有广泛的应用领域。西门子公司的 PLC 网络可分为 4 个层次，分别用于现场级、控制级、监控级与管理级，如图 4-32 所示。它们有不同的协议规范，遵循不同的国际标准，具有不同的通信速度和数据处理能力。PLC 通过 CPU 上的集成接口或使用接口模板 IM/通信处理器 CP 与网络相连，在不同层次的网络之间也提供了互连模块或装置以实现它们之间的通信。

（一）西门子 PLC 网络分类

西门子公司针对应用场合的不同为 PLC 产品设计了

图 4-32　西门子网络通信的金字塔结构

不同层次的网络产品，由低到高分为 4 个层次：SINEC S1，SINEC L2，SINEC H1，SINEC H3。它们遵循不同的国际标准，针对不同的应用场合，具有不同的通信速度和数据处理能力。表 4-11 所示为 4 种网络的技术特性。

（1）SINEC S1

SINEC S1 遵从 IEC（国际电工委员会）TG 17B 的 AS—I 技术规范，是用于连接执行器、传感器、驱动器等现场器件的总线规范，可与简单开关形式的传感器及驱动机构直接相连，介质为双绞线电缆，采用主从方式。西门子公司设计的 CP2413 用于 PC 与 S1 网络的连接，CP2433 用于 S5 系列 PLC 与 S1 网络的连接。

（2）SINEC L2

SINEC L2 遵从 DIN 19245 标准，是西门子的过程现场总线标准（PROFIBUS），它为分布式 I/O 站或驱动器等现场器件提供了高速通信所需的用户接口，以及提供了在主站间大量数据内部交换的接口。SINEC L2 又分为如下子协议：L2—TF，L2—FMS，L2—DP。

L2—DP 遵从 PROFIBUS 标准的开放式结构，适用于对时间要求严格的现场，能够以最快速度处理和传递网络数据，用在 S5、S7 系列 PLC 与分布式 I/O 系统 ET200 之间或与驱动器、阀门等其他现场器件的通信中。

L2—FMS 适用于现场装置、不同厂商生产的 PLC 之间的通信。

L2—TF 提供了与 H1 网络通信的技术功能，使 H1 网络能够利用西门子的低成本的 PROFIBUS 现场总线 L2 网络。

表 4-11　西门子 4 种网络的技术特性

	SINEC S1	SINEC L2	SINEC H1	SINEC H3
采用标准	IEC TG 17B AS1 标准	DIN 19245 PROFIBUS	IEEE802.3 以太网标准	ISO 9314 FDDI
访问方式	主从方式	令牌传送/主从方式	载波监听多路访问/冲突检测	令牌传送
传输速率	对 31 个从站的扫描时间：5ms	9.6 ~ 1500kbit/s（可选）	10Mbit/s	100Mbit/s
传输媒介	不带屏蔽的双线电缆	带屏蔽的双线电缆/光纤电缆	带屏蔽的双线电缆/光纤电缆	光纤电缆
最多可连站数	31	127	1024	500
网络大小(估计值)	100m	9.6km（屏蔽双线）/23.8km（光纤电缆）	1.5km（双屏蔽双线）/4.3km（光纤电缆）	100km
拓扑结构	总线形/树形	总线形/树形/环形/星形	总线形/树形/星形	环形/星形
通信协议	ASI 协议	SINEC L2—FMS SINEC L2—DP SINEC L2—TF	SINEC H1—TF SINEC H1—MAP	
应用	驱动装置/传感器接口	单元网络/现场网络	局域网络/单元网络	干线网络

（3）SINEC H1

SINEC H1 是高速工业控制 PLC 网络，是以 IEEE 802.3 以太网标准为基础设计的局域网，因此，称为工业以太网。SINEC H1 使用 SINEC H1—TF 和 SINEC H1—MAP 协议。SINEC H1 是基于以太网的工业标准总线系统，它将 MAP 通信所认定的以太网作为通信的基础。

H1—TF 包括开放的 SINEC AP 自动化协议，已经在很多应用领域得到验证。实现 AP 是 SINEC 的技术功能，它遵从 MAP3.0 的制造信息规范，使用 MMS 作两用户接口。H1—MAP 是以太网上的基于 MAP3.0 的国际标准。

（4）SINEC H3

SINEC H3 功能强大，能长距离传输不同网络间的数据，并且绝对安全可靠。FDDI 是针对高速网络的新的国际标准 ISO 9314，这个标准是面向未来的，它保证了 100Mbit/s 的数据传输率。允许分布区域的最大环周长为 100km，并有高的负载承受能力。通信介质为光纤，双环拓扑结构，H3 的高可靠性表现在，即使介质在某一点被断开，信号也能利用其闭合返回传输功能进行正常的数据通信，这是它的优异的双环冗余设计所保证的。

SIMATIC S7—300 具有多种不同的通信接口：

多种通信处理器模块用来连接 AS—I 接口、工业以太网总线系统；串行通信处理器用来连接点到点的通信系统，这些处理器模块如 CP340，CP342—5DP，CP343—FM5 等。有为装置进行点对点通信设计的模块，有为 PLC 连接到西门子的低速现场总线网络 SINEC L2 和高速 SINEC H1 网络设计的网络接口模块。多点接口（MPI）集成在 CPU 中，用于同时连接编程器、PC、人机界面系统及其他 SIMATIC S7/M7/C7 等自动化控制系统。

S7—300 CPU 支持下列通信类型：

过程通信：通过总线（AS—I 或 PROFIBUS）对 I/O 模块周期寻址（过程映像交换）。

数据通信：在自动控制系统之间或人机界面（HMI）和几个自动控制系统之间，数据通信会周期地进行或被用户程序及功能块调用。

实现 S7 系列 PLC 数据通信最常用的有以下几种典型类型：多点接口（MPI）网络、工业以太网、PROFIBUS 现场总线等。

在数据通信时是否采用多点接口（MPI）、PROFIBUS 或工业以太网，取决于网络的大小、数据量、节点数和扩展能力等的需要。表 4-12 列出了 S7 系列 PLC 网络的规范及性能，在选择 PLC 网络时可供参考。

AS—I 接口利用两芯电缆连接大量传感器和执行器。单主机时可以有 31 个从站，线路长度最长为 100m。它只传输简单的二进制编码的传感器和执行器信号，可以用通信电缆直接供电。主站可以是 PLC 或 PC，也称 SINCE S1 网络。

MPI 网络可接入 S7/C7、编程装置（PG/PC）、操作员接口系统（OP）等。因为几个设备（从不同点）都能通过此接口访问 CPU，所以称之为多点接口。用 MPI 接口可构成低成本的小型 MPI 网络，实现网上数据共享。

PROFIBUS 现场总线是西门子的过程现场总线，也称为 SINEC L2 网络，它为主从站间以及分式 I/O 站或驱动器等现场器件提供了高速通信所需的总线接口，以便进行数据交换，节点数为 126 个，介质为带屏蔽的双绞线或光缆，为光缆时表示为 L2FO。PROFIBUS—DP 特别适用于 PLC/PC 与分散的现场设备（如 I/O 设备、驱动器、阀门等）进行通信。PROFIBUS—FMS 旨在解决车间一级的通信，L2—TF 提供了与以太网（H1）通信的方便技术功能。

工业以太网，也称为 SINEC H1 网络，遵守以太网（IEEE 802.3）协议，介质为带屏蔽的双绞线或光缆，为光缆时表示为 H1FO，可以用于构成单元网络或局域网。网络节点数可以达到 1024 个，协议采用 H1—TF 和 H1—MAP。

为了满足不同的物理要求，H1 的单元网络或局域网存在着两种不同的实现方式：铜技术和光纤技术。如果要求网络的成本低、扩展简单，那么 H1 是理想的选择。如果要求利用现存的电缆通道，并且要求覆盖更大更广的距离，那么 H1FO 光纤网是最佳的方案。

SINEC H1 网络可用在大量的总线部件、接口模块的连接上，例如采用铜或光纤技术的设有 1 个或 2 个端接口的收发器，或者为 SIMATIC、PC 装置所设计的接口模块。SINEC H1 电缆有附加的屏蔽层，因此有更高的可靠性。SINEC H1 的独特的接地技术可以保护接入的各种装置，使用带有两端口的收发器可以大大节约系统成本。

西门子公司还有 SINEC H3，是遵从 FDDI（ISO 9314）规范的主干网，通信介质为光缆，双环拓扑结构，可以扩至 500 个网络节点，保证了 100Mbit/s 的数据传输速度，允许分布区域的最大周长为 100km，绝对安全可靠。

表 4-12　西门子 S7 系列 PLC 网络

网络名称	AS—I	MPI	PROFIBUS	工业以太网
标准	AS—I 规范 IEC TG 17B	S7 协议	PROFIBUS DINE 19245	以太网 IEEE 802.3
可连接的设备	二值输入/输出模拟量输入/输出	SIMATIC： S7/C7，PG/PC HMI，WinAC	SIMATIC： S7/C7，PG/PC HMI，WinAC	SIMATIC： S7/C7，PG/PC HMI，WinAC，PCS 7 工作站、计算机
访问方式	主机/从机	主-主/主-从	低层主机/从机式的令牌传递	CSMA/CD
传输率	<5ms	187.5kbit/s	9.6～1500kbit/s	10Mbit/s
传输介质	无屏蔽双绞线电缆	屏蔽电缆/光缆	屏蔽电缆/光缆	屏蔽电缆/光缆
最大站数	31 个从机，每个从机最大 4 个二进制元件	32 个	126 个	1024 个
网络最大尺寸	线长 100m	电气：100m 光缆：23.8km	电气：9.6km 光缆：90km	电气：1.5km 光缆：200km TCP/IP 为全球范围
拓扑结构	总线型、树形	总线型	总线型、树形、星形	总线型、树形、星形
协议	SINEC S1 （ASI 协议）	内置的 S7 协议	SINEC L2—FMS L2—DP L2—TF L2—S7	SINEC H1—TF H1—MAP
提供的通信功能 ●PG/OP 通信 ●S7 基本通信 ●S7 通信 ●S5 兼容的通信 ●标准通信	与执行器 与传感器 与驱动器	PG/OP 通信 S7 基本通信 S7 通信	PG/OP 通信 S7 通信 S5 兼容的通信 标准通信	PG/OP 通信 S7 通信 S5 兼容的通信 标准通信（MAP，IT，Socket）
通信处理器的使用	使用	不使用	使用	使用

（二）西门子 PLC 网络通信方法的分类

1. 全局数据通信

全局数据通信连接示意图如图 4-33 所示。这种通信方法通过 MPI 在 CPU 间循环地交换数据，而不需要编程。当过程映像被刷新时，在循环扫描检测点上进行数据交换。全局数据可以是输入、输出、标志位、定时器、计数器和数据块区。数据通信不需要编程，不需要 CPU 的连接，而是利用全局数据表来配置。

2. 基本通信（非配置连接通信）

基本通信连接示意图如图 4-34 所示。这种通信方法可用于所有 S7—300/400 CPU，它通过 MPI 子网或站中的 K 总线（通信总线，或称 C 总线）来传送数据。最大用户数据量为 76B。当系统功能被调用时，通信连接被动态地建立和断开。在 CPU 上需要有一个自由的连接。

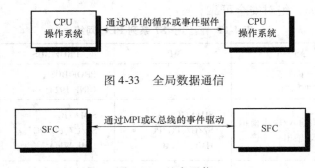

图 4-33　全局数据通信

图 4-34　基本通信

3. 扩展通信（配置连接通信）

扩展通信连接示意图如图 4-35 所示。这种通信方法可用于所有的 S7—400 CPU。通过任何子网（MPI、PROFIBUS、工业以太网）可以传送最多 64KB 的数据。它是通过系统功能块（SFB）来实现的，支持有应答的通信。数据也可以读出或写入到 S7—300（PUT/GET 块）。不仅可以传送数据，而且可以执行控制功能，例如控制通信对象的起动和停机。这种通信方法需要配置连接（连接表）。该连接在一个站的全起动时建立并且一直保持。在 CPU 上需要有自由的连接。

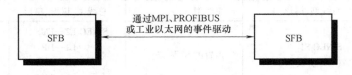

图 4-35　扩展通信

（三）西门子 PLC 网络示例

西门子 PLC 网络结构示意图如图 4-36 所示。为了满足在单元层（时间要求不严格）和现场层（时间要求严格）的不同要求，西门子公司提供了下列网络：

1）MPI 网络。可用于单元层，它是 SIMATIC S7 和 C7 的多点接口。MPI 本质上是一个 PG 接口，它被设计用来连接 PG（为了起动和测试）和 OP（人机接口）。MPI 网络只能用于连接少量的 CPU。

2）工业以太网（Industrial Ethernet）。它是一个开放的用于工厂管理和单元层的通信系统。工业以太网被设计为对时间要求不严格，用于传输大量数据的通信系统，可以通过网关设备来连接远程网络。

3）工业现场总线（PROFIBUS）。它是开放的用于单元层和现场层的通信系统。有两个版本：对时间要求不严格的 PROFIBUS，用于连接单元层上对等的智能节点；对时间要求严格的 PROFIBUS—DP，用于智能主机和现场设备间循环的数据交换。

4）点到点连接（Point-to-Point, PtP）。通常用于对时间要求不严格的数据交换，可以连接两个站或 OP、打印机、条码扫描仪、磁卡阅读机等。

5）AS—I（Actuator-Sensor-Interface，执行器-传感器-接口）。它是位于自动控制系统最底层的网络，可以将二进制传感器和执行器连接到 AS—I 网络上。

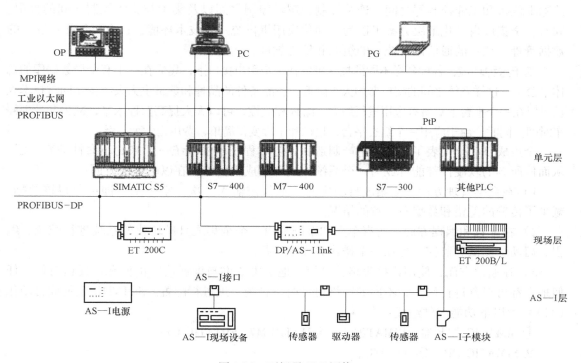

图 4-36 西门子 PLC 网络

二、西门子全集成自动化（TIA）简介

现场总线产生以后，世界各大公司纷纷推出自己的以现场总线与企业内部网为基础的工业企业网解决方案。典型的方案有以下几种。

西门子公司提出了基于 PROFIBUS 的全集成自动化（Totally Integrated Automation，TIA）的概念，它是一种开放式的利用 SIMATIC 系列产品实现的工厂控制网络的全面解决方案。罗克韦尔自动化公司推出了将信息网（Ethernet）、控制网（Control Net）、设备网（Device Net）集成到一起的系列产品，并在世界各地迅速推广。美国 Honeywell 公司也推出了 TPS（Total Plant Solution，全厂一体化解决方案）系统。Fisher Rosemount 公司提出了利用 FF 总线实现的 Plant Web 的概念。以上 4 种的共同之处在于实现了数据管理、组态和编程、通信的集成，消除了计算机与 PLC 之间的壁垒、操作员与控制系统之间的壁垒以及集中式与分布式自动化组态之间的壁垒和工厂自动化与过程自动化之间的壁垒。下面对西门子的全集成自动化方案进行介绍。

随着自动化技术的不断发展和计算机技术的飞速进步，今天的自动化控制概念也发生了巨大的变化。在传统的自动化解决方案中，自动控制实际上是由各种独立的、分散的技术和不同厂商的产品搭配起来的，比如一个大型工厂经常是由过程控制系统、PLC、上位监控计算机、SCADA 系统和人机界面产品共同进行控制。为了把所有这些产品组合在一起，需要采用各种类型和不同厂商的接口软件和硬件来对这些产品进行连接、配置和调试。

全集成自动化思想就是用一种系统完成原来由多种系统搭配起来才能完成的所有功能。应用这种解决方案，可以大大简化系统的结构，减少大量接口部件，应用全集成自动化可以消除上位机和工业控制器之间、连续控制和逻辑控制之间以及集中与分散控制之间的界限。同时，全集成自动化解决方案可以为自动化应用提供统一的技术环境，这主要包括：统一的数据管理、统一的通信以及统一的组态和编程软件。

基于这种环境，各种各样不同的技术可以在一个用户接口下，集成在一个有全局数据库的总体平台中，这样系统之间的接口费用大大降低，备品备件的品种和数量也大大减少。同时技术人员可以在一个平台下对所有应用进行组态、编程和监控，可以大大提高监控水平，减少非计划停车时间。同时，由于应用一个组态平台，培训和工程变得简单，费用也大大降低。

全集成自动化代表了一种将生产制造和工艺过程技术领域统一起来的革命性的新方法，从而使所有的软硬件都能合成为一个系统。这种集成主要体现在以下 3 个方面：

1）在数据管理方面，全集成自动化使数据仅需输入一次，整个工厂即可获得该数据，减少了传输的差错和数据不一致的情况。

2）在配置和编程方面，所有单元和系统都由一个全集成且模块化的系统进行配置、编程、启动、测试和监控，且在一个操作界面下进行。

3）在通信方面，使用连接表格就可简单地解决"谁与谁通信"的问题。任何时候、任何地点都可对其进行修改，不同的网络也可简单且统一地进行配置。SIMATIC 全集成自动化（TIA）由以下功能部件组成：

① SIMATIC 控制器，SIMATIC S7，SIMATIC M7，SIMATIC C7；

② SIMATIC DP，分布式 I/O；

③ SIMATIC 工业软件，工程工具软件系统；

④ SIMATIC PG，工业 PC；

⑤ SIMATIC HMI，人机界面；

⑥ SIMATIC NET，功能强大的通信单元；

⑦ SIMATIC PCS7，SIMATIC 过程控制系统。

习　题

1. 西门子公司的 PLC 网络可分为哪 4 个层次？试画出其金字塔结构图。
2. 西门子 PLC 网络是如何分类的？
3. 西门子 PLC 网络的通信方法是如何分类的？
4. 西门子 PLC 网络结构中包含了哪几种网络？
5. 简述西门子全集成自动化（TIA）的含义。

第五章 PLC的编程基础

第一节　PLC 编程语言

不同生产厂家的 PLC 的编程语言通常都有较大的差异，即使同一生产厂家不同型号的 PLC 的编程语言也有差异。它们的基本逻辑指令虽然较多类似，但功能指令相差较远。但如对一些基本知识能理解得较为深刻（如梯形图特点及变化、助记符格式及变化），则掌握了一种 PLC 的编程语言和编程方法，再学习另一种类型 PLC 的编程语言和编程方法，虽不能做到"举一反三"，但还是较容易做到"触类旁通"。

一、编程语言的种类及其特点

1）梯形图（LAD）语言——与继电器控制电路图类似，容易掌握，各种 PLC 均将其作为第一语言。

2）语句表（STL）语言——又称助记符语言或指令表语言，容易记忆和掌握，比梯形图语言更能编制复杂的、功能多的程序。

3）功能块图（FBD）语言——与半导体逻辑电路的逻辑框图类似，常用"与、或、非"3 种逻辑功能的组合来表达。

4）高级语言——如 BASIC 语言和 C 语言等，适用于编制复杂的程序，用个人计算机（PC）加专用编程软件（如西门子的 STEP7）来实现高级语言的编程。

目前各种类型的 PLC，一般都同时具备两种及两种以上的编程语言，而且大多数 PLC 都同时具备和使用 LAD 语言和 STL 语言，故下面重点介绍 LAD 语言和 STL 语言。

二、梯形图语言

梯形图是 PLC 中使用最多的一种语言，属图形编程语言，各厂家的、各型号的 PLC 都把它当作第一编程语言。因为它与继电器控制电路图类似，容易编程和掌握。该语言编程需用专用的图形编程器或"PC + 编程软件"式编程器。下面举例说明梯形图语言的使用。

为了便于比较，我们分别用日本三菱公司的 PLC 和德国西门子公司的 PLC 的梯形图语言对图 5-1a 所示的继电器控制电路进行编程，分别如图 5-1b 和图 5-1c 所示。

三菱和西门子编程的区别说明如下：

1）三菱和西门子梯形图类似，但不完全一样，如三菱的用─◁▷─表示继电器或接触器线圈，而西门子的用─( )来表示线圈。

2）三菱梯形图有右母线，而西门子的没有右母线。

3）西门子的梯形图程序由若干个程序块（如 Network 1、Network 2）组成，而三菱的梯形图程序则不分块。

4）三菱用 X 和 Y 分别表示输入点和输出点，而西门子则用 I 和 Q 分别表示输入点和输

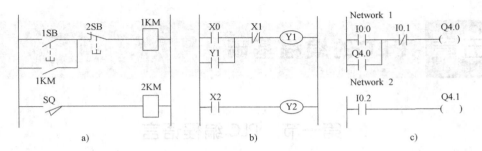

图 5-1　电路图与梯形图

a）继电器控制电路　b）日本三菱 PLC 梯形图　c）西门子 PLC 梯形图

出点（1SB、2SB、SQ 叫输入点，1KM 和 2KM 叫输出点）。

5）两种梯形图的地址格式也不一样。

三、语句表语言

它是一种类似于微机的汇编语言的编程语言，所编的程序由若干条指令组成。需采用简易编程器，比较抽象。一般与梯形图语言配合使用，互为补充。通常，设计者先编制梯形图，然后再转换成助记符语言的程序。因不同的厂家使用的助记符不同，故对同一个梯形图所编制的指令表语言也不相同，图 5-1b 和 5-1c 梯形图所对应的指令表语言的程序如下：

三菱：	LD　X0	西门子：	Network　1
	OR　Y1		O　I0.0
	ANI　X1		O　Q4.0
	OUT　Y1		AN　I0.1
	LD　X2		＝　Q4.0
	OUT　Y2		Network　2
			A　I0.2
			＝　Q4.1

四、梯形图的绘制原则

1）梯形图按元件从左到右、从上到下绘制。

2）梯形图中的触点应画在水平支路上，不应画在垂直支路上。

3）梯形图中只出现输入电器的触点而不出现输入电器的线圈。

4）梯形图中的触点原则上可以无限次的引用。

5）在编程时，首先对梯形图中的元件进行编号（即标注地址），同一个编程元件的线圈和触点要使用同一编号（或地址）。

6）梯形图中的触点可以多次串联或并联（但有上限的要求），但线圈只能并联而不能串联。

习　题

1. 说明 PLC 编程语言的种类及各自的特点，哪两种语言最常用？

2. 根据图 5-1 比较三菱和西门子梯形图的主要不同点。

3. 简述 PLC 的梯形图的绘制原则。

第二节　S7—300 PLC 编程基础

S7—300/400 PLC 常用的编程软件是 STEP 7 标准软件包。它所包括的编程语言、结构化程序的组成及其所用的数据类型、指令结构与寻址方式在未学习指令系统之前应当有较清楚的了解。

一、STEP7 的程序结构

为了适应用户程序设计的要求，STEP7 为 S7—300/400 提供了 3 种程序设计的方法，或者说 3 种用户程序结构，即线性编程、分块编程和结构化编程。

1）线性编程。所谓线性编程就是将整个用户程序都放在 OB1（循环控制组织块）中，CPU 循环扫描时，依次不断循环顺序执行 OB1 中的全部指令，如图 5-2a 所示。这种方式编程简单，不必考虑功能块、数据块、局部变量等。由于只有一个程序文件，软件管理也十分简单。这种方法对处理一些简单的自动控制任务是可以的，适于一个人进行程序编写。

2）分块编程。将用户程序分隔成一些相对独立的部分，每部分就是一个"控制分块"，每个块中包含一些指令，完成一定的功能。这些块执行顺序由放置在组织块 OB1 中的程序来确定，如图 5-2b 所示。这些块虽然也是控制某一设备或控制某一状态，但这些块与结构化编程中的功能块不同，块中编程用的是实际参数而不是形式参数。这种方法可分配多个设计人员同时编程，彼此间不会发生冲突。

3）结构化编程。在为一个复杂的自动控制任务设计时，我们会发现部分控制逻辑常常被重复使用。这种情况便可采用结构化编程方法来设计用户程序。编一些通用的指令块来控制哪些相同或相似的功能，这些块就是功能块（FB）或功能（FC），如图 5-2c 所示。在功能块中编程用的是"形参"，在调用它时要给"形参"赋"实参"，依靠赋给不同的"实参"，便可完成对多种不同设备的控制，这是一个功能块能多处使用的道理。

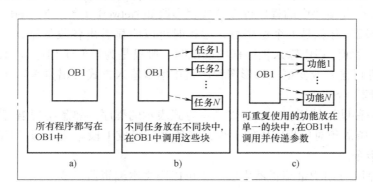

图 5-2　STEP 7 的程序结构
a）线性程序结构　b）分块程序结构　c）结构化程序结构

二、STEP7 的编程语言

STEP7 标准软件包中，提供了 LAD（梯形图）、STL（语句表）、FBD（功能块图）3 种编程语言。如果用户需要，购买"可选软件包"的"工程工具"（Engineering Tools）还可提供多种高级语言。用户可选择最适合自己开发应用的某种语言来编写应用程序。

STEP7 中提供的 3 种编程语言，可以相互转换。如可以把 LAD/FBD 图形语言编写的程序转换成 STL 语言程序，也可以反向转换。不能转换的 STL 程序仍用语句表显示，在转换中程序不会丢失。在用 STEP7 生成用户程序时，需将用户程序的指令存入逻辑块中，读者在使用 STEP7 软件时将会看到，STEP7 可提供"增量输入方式"和"自由编辑方式"两种输入方式。但增量输入方式更适合初学者，因为它对输入的每句立即进行句法检查，只有改正了错误才能完成输入。

（一）梯形图（LAD）

梯形图和电路图很相似，采用诸如触点和线圈的符号，有的地方也采用梯形图方块，如图 5-3a 所示。这种语言较适合熟悉继电器控制电路的人员使用。

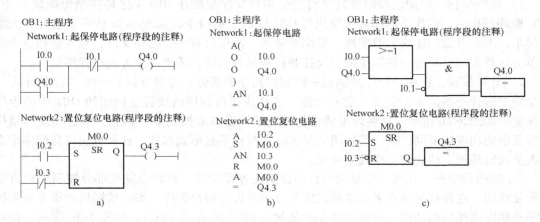

图 5-3　STEP7 的 3 种程序及其转换
a）梯形图程序（LAD）　b）语句表程序（STL）　c）功能块图程序（FBD）

STEP7 的 1 个逻辑块中的程序可以分成很多段如 Network 1 等。Network 为段，后面的编号为段号。1 个段实际就是 1 个逻辑行，编程时可以明显看出各段的结构。为了程序易读，可以在 Network 后面注释中输入程序标题或说明。段只是为了便于程序说明而附加的，实际编程时可以不进行输入或变更。梯形图程序是用增量输入方式（增量编辑器）生成的。

（二）语句表（STL）

语句表是一种助记符语言，一种以文本方式表示的程序。熟悉编程语言的程序员喜欢使用这种语言。1 条语句对应程序中的 1 步，多条语句组成 1 段。图 5-3b 列出了与图 5-3a 相对应的语句表指令。

语句表程序既可用增量编辑器生成，也可以用文本编辑器生成。

（三）功能块图（FBD）

功能块图是一种用不同的功能框图（如"与"、"或"、"非"等逻辑图）来表示操作功能的图形编程语言，在 STEP7 V3.0 以上版本提供，熟悉逻辑电路设计的人员较喜欢使用，如图 5-3c 所示。FBD 程序用增量编辑器生成。

（四）结构控制语言 S7 SCL

这是 STEP7 标准软件包通过可选软件包扩展后使用于 S7—300/400 PLC 的一种高级语

言。是符合 EN 61131—3（IEC 61131—3）标准的高级文本语言。它的语言结构与 Pascal 和 C 语言相类似。所以 S7 SCL 特别适合于习惯使用高级编程语言的人使用。

此外可选软件包还有适于连续过程描述的 S7 CFC 连续功能图编程语言；适于顺序控制的 S7 GRAPH 编程语言；适于状态图形式的 S7 HiGraph 编程语言等。S7 的编程语言非常丰富，用户可以选一种或几种混合编程，使编程工作简化。

三、结构化程序中的块

西门子 S7 系列 PLC 的 CPU 中运行者两种程序：操作系统程序和用户程序。操作系统程序是固化在 CPU 中的程序，它提供 PLC 系统运行和调度的机制。用户程序则是为了完成特定的自动化控制任务，由用户自己编写的程序。CPU 的操作系统是按照事件驱动扫描用户程序的。用户的程序或数据写在不同的块中（包括程序块或数据块），CPU 按照执行的条件是否成立来决定是否执行相应的程序块或者访问对应的数据块。

在 STEP 7 软件中主要有以下几种类型的块：

组织块（Organization Block，OB）、功能（Function，FC）、功能块（Function Block，FB）、系统功能（System Function，SFC）、系统功能块（System Function Block，SFB）、背景数据块（Instance Data Block，DI）、共享数据块（Share Data Block，DB）。

这些块中，组织块（OB）、功能（FC）、功能块（FB）以及系统功能（SFC）和系统功能块（SFB）都包含有由 S7 指令代码构成的程序代码，因此称为程序块或者逻辑块。背景数据块（DI）和共享数据块（DB）则是用于存放用户数据，称为数据块。用户可以根据自己的需要将程序写在对应的程序块中。

下面先介绍结构化编程的概念，然后逐一介绍各种块的特点和使用方法。

结构化编程是将复杂的自动化任务分解为能够反映生产过程的工艺、功能或可以反复使用的小任务，这些任务有相应的程序块（或逻辑块）来表示，程序运行时所需的大量数据和变量存储在数据块中。某些程序块可以用来实现相同或相似的功能，这些程序块是相对独立的，它们被组织块 OB1（主程序循环块）或别的程序块调用，如图 5-4 所示。

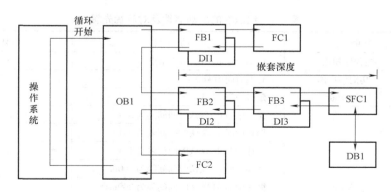

图 5-4　块调用的分层结构

在块调用中，调用者可以是各种逻辑块，包括用户编写的 OB（组织块）、FB、FC 和系统提供的 SFB（系统功能块）与 SFC（系统功能），被调用的块是 OB 之外的逻辑块。调用功能块时需要为它指定一个背景数据块，后者随功能块的调用而打开，在调用结束时自动关闭。

　　在给功能块编程时使用的是形参（形式参数），调用它时需要将实参（实际参数）赋值给形参。在一个项目中，可以多次调用同一个块，例如在调用控制发动机的块时，将不同的实参赋值给形参，就可以实现对类似但是不完全相同的被控对象（例如汽油机和柴油机）的控制。

　　块调用即子程序调用，块可以嵌套调用，即被调用的块又可以调用别的块。允许嵌套调用的层数（嵌套深度）与 CPU 的型号有关。

　　块嵌套调用的层数还受到 L 堆栈大小的限制。每个 OB 需要至少 20B 的 L 内存空间。当块 A 调用块 B 时，块 A 的临时变量将压入 L 堆栈。

　　在图 5-4 所示中，OB1 调用 FB1，FB1 调用 FC1，应按下面的顺序创建块：FC1→FB1 及其 DI1→OB1，即编程时被调用的块应该是已经存在的。

（一）用户程序中的逻辑块

　　所谓逻辑块，实际上就是用户根据控制需要，将不同设备的控制程序和不同功能的控制程序写入的程序块。在编程时，用户将其程序用不同的逻辑块进行结构化处理，也就是用户将程序分解为单个的、自成体系的多个部分（块）。程序分块后有以下优点：

　　1）规模大的程序更容易理解。

　　2）可以对单个的程序段进行标准化。

　　3）简化程序组织。

　　4）程序修改更容易。

　　5）由于可以分别测试各单个程序段，查错更为简单。

　　6）系统的调试更容易。

　　用户程序中的逻辑块有以下几种类型。

1. 组织块（OB）

　　每个 S7 CPU 均包含有一套可在其中编写程序的 OB（随 CPU 的不同而有所不同），它们是操作系统和用户应用程序在各种条件下的接口界面，或者说 OB 是由操作系统调用，可用于控制循环执行或中断执行（包括故障中断）及 PLC 启动方式等。组织块（OB）的种类见表 5-1。

表 5-1　组织块的启动事件及对应优先级

OB	中断类型	启 动 事 件	默认优先级
OB1	主程序扫描	启动结束或 OB1 执行结束	1
OB10 ~ OB17	日历时钟中断	日期时间中断 0 ~ 7	2
OB20 ~ OB23	延时中断	延时中断 0 ~ 3	3 ~ 6
OB30	循环中断	循环中断 0（默认时间间隔为 5s）	7
OB31		循环中断 1（默认时间间隔为 2s）	8
OB32		循环中断 2（默认时间间隔为 1s）	9
OB33		循环中断 3（默认时间间隔为 500ms）	10
OB34		循环中断 4（默认时间间隔为 200ms）	11
OB35		循环中断 5（默认时间间隔为 100ms）	12
OB36		循环中断 6（默认时间间隔为 50ms）	13
OB37		循环中断 7（默认时间间隔为 20ms）	14
OB38		循环中断 8（默认时间间隔为 10ms）	15
OB40 ~ OB47	硬件中断	硬件中断 0 ~ 7	16 ~ 23

（续）

OB	中断类型	启动事件	默认优先级
OB55	DPV1 中断	状态中断	2
OB56		刷新中断	2
OB57		制造厂商特殊中断	2
OB60	多处理中断	SFC35"MP_ALM"调用	25
OB61 ~ OB64	同步循环中断	同步循环中断 0 ~ 3	25
OB70	冗余故障中断（只适于 H 型 CPU）	I/O 冗余故障	25
OB72		CPU 冗余故障	28
OB73		通信冗余故障	25
OB80	异步故障中断	时间故障	26 或 28（如果 OB 存在于启动程序中优先级为 28）
OB81		电源故障	
OB82		诊断故障	
OB83		插入/删除模板中断	
OB84		CPU 硬件故障	
OB85		程序周期错误	
OB86		扩展机架、DP 主站系统或分布式 I/O 从站故障	
OB87		通信故障	
OB88		过程中断	28
OB90	背景循环	暖或冷启动或删除一个正在 OB90 中执行的块或装载一个 OB90 到 CPU 或中止 OB90	29（优先级 29 对应于优先级 0.29）
OB100	启动	暖启动	27
OB101		热启动（S7—300 和 S7—400H 不具备）	27
OB102		冷启动	27
OB121	同步错误中断	编程错误	取引起错误 OB 的优先级
OB122		I/O 访问错误	

　　OB1 是主程序循环块，由操作系统不断循环调用，在编程时总是需要的。编程时可将所有程序放入 OB1 中，或将部分程序放入 OB1，加上在 OB1 中调用其他块来组织程序。OB1 在运行时，操作系统可能调用其他 OB 块以响应确定事件。其他 OB 块的调用实际上就是"中断"，一个 OB 的执行可以被另一个 OB 的调用而中断。一个 OB 是否可以中断另一个OB 由它的优先级决定。组织块 OB 的优先级见表 5-1。OB1 的优先级最低。中断优先级响应原则是：高优先级的 OB 可以中断低优先级的 OB，而低优先级的 OB 则不能中断同级或高优先级的 OB；具有相同优先级的 OB 按照其起动事件发生的先后次序进行处理。

　　S7—300 CPU（CPU 318 除外）的每个组织块的优先级都是固定的，而对于 CPU 318 则可以通过 STEP 7 修改下列组织块的优先级。

　　1）OB10 ~ OB47，可设置优先级为 2 ~ 23。

　　2）OB70 ~ OB72（仅适用于 H CPU），可设置优先级为 2 ~ 28。

　　3）OB81 ~ OB87 可设置优先级为 24 ~ 26。

　　S7 系统允许为多个 OB 分配相同的优先级。

　　由同步错误起动的错误 OB，其执行优先级与块发生错误时的执行优先级相同。

2. 功能块（FB）

功能块（FB）属于用户自己编程的块，实际上相当于子程序。它带有一个附属的存储数据块（Instance Data Block）称为"背景数据块"（DI）。传递给 FB 的参数和静态变量存在背景数据块中，临时变量存在 L 数据堆栈中。DI 的数据结构与其功能块（FB）的参数表（变量声明表）相同。DI 随 FB 的调用而打开，随 FB 执行结束而关闭，所以存在 DI 中的数据不会丢失，但保存在 L 堆栈中的临时数据将丢失。

FB 可以使用全局数据块（DB，又称共享数据块）。

3. 功能（FC）

FC 也是属于用户自己编程的块，但它是无存储区的逻辑块。FC 的临时变量存储在 L 堆栈中，但 FC 执行结束后，这些数据丢失。要将这些数据存储，FC 可以使用全局数据块（DB）。

由于 FC 没有它自己的存储区，所以必须为它内部的形式参数指定实际参数，不能够为 FC 的局域数据分配初始值。

4. 系统功能（SFC）**和系统功能块**（SFB）

用户不需要每种功能都自己编程，S7 CPU 为用户提供了一些已经编好程序的系统功能（SFC）和系统功能块（SFB），见表 5-2 和表 5-3。它们属于操作系统的一部分，用户可以直接调用它们来编制自己的程序。与 FB 块相似，用户必须为 SFB 生成一个背景数据块（DI），并将其下载到 CPU 中。SFC 则与 FC 相似，不需要背景数据块。

表 5-2　SFC 编号及功能一览表

编　　号	短　　名	功　能　描　述
SFC0	SET_CLK	设系统时钟
SFC1	READ_CLK	读系统时钟
SFC2	SET_RTM	运行时间计时器设定
SFC3	CTRL_RTM	运行时间计时器启/停
SFC4	READ_RTM	运行时间计时器读取
SFC5	GADR_LGC	查询模块的逻辑起始地址
SFC6	RD_SINFO	读 OB 启动信息
SFC7	DP_PRAL	在 DP 主站上触发硬件中断
SFC9	EN_MSG	使能块相关，符号相关和组状态的信息
SFC10	DIS_MSG	封锁块相关，符号相关和组状态的信息
SFC11	DPSYC_FR	同步 DP 从站组
SFC12	D_ACT_DP	取消和激活 DP 从站
SFC13	DPNRM_DG	读 DP 从站的诊断数据（从站诊断）
SFC14	DPRD_DAT	读标准 DP 从站的连续数据
SFC15	DPWR_DAT	写标准 DP 从站的连续数据
SFC17	ALARM_SQ	生成可应答的块相关信息
SFC18	ALARM_S	生成恒定可应答的块相关信息
SFC19	ALARM_SC	查询最后的 ALARM_SQ 到来状态信息的应答状态
SFC20	BLKMOV	复制变量
SFC21	FILL	初始化存储区
SFC22	CREAT_DB	生成 DB

（续）

编　　号	短　　名	功　能　描　述
SFC23	DEL_DB	删除 DB
SFC24	TEST_DB	测试 DB
SFC25	COMPRESS	压缩用户内存
SFC26	UPDAT_PI	刷新过程映像更新表
SFC27	UPDAT_PO	刷新过程映像输出表
SFC28	SET_TINT	设置日时钟中断
SFC29	CAN_TINT	取消日时钟中断
SFC30	ACT_TINT	激活日时钟中断
SFC31	QRY_TINT	查询日时钟中断
SFC32	SRT_DINT	启动延时中断
SFC33	CAN_DINT	取消延时中断
SFC34	QRY_DINT	查询延时中断
SFC35	MP_ALM	触发多 CPU 中断
SFC36	M SK_FLT	屏蔽同步故障
SFC37	DMSK_FLT	解除同步故障屏蔽
SFC38	READ_ERR	读故障寄存器
SFC39	DIS_IRT	封锁新中断和非同步故障
SFC40	EN_IRT	使能新中断和非同步故障
SFC41	DIS_AIRT	延迟高优先级中断和非同步故障
SFC42	EN_AIRT	使能高优先级中断和非同步故障
SFC43	RE_TRIGR	再触发循环时间监控
SFC44	REPL_VAL	传送替代值到累加器 1
SFC46	SIP	使 CPU 进入停机状态
SFC47	WAIT	延时用户程序的执行
SFC48	S NC_RTCB	同步子时钟
SFC49	LGC_GADR	查询一个逻辑地址的模块槽位属性
SFC50	RD_LGADR	查询一个模块的全部逻辑地址
SFC51	RDSYSST	读系统状态表或部分表
SFC52	WR_USMSG	向诊断缓冲区写用户定义的诊断事件
SFC54	RD_PARM	读取定义参数
SFC55	WR_PARM	写动态参数
SFC56	WR_DPARM	写默认参数
SFC57	PARM_MOD	为模块指派参数
SFC58	WR_REC	写数据记录
SFC59	RD_REC	读数据记录
SFC60	GD_SND	全局数据包发送

（续）

编　号	短　名	功　能　描　述
SFC61	GD_RCV	全局数据包接收
SFC62	CONTROL	查询属于 S7—400 的本地通信 SFB 背景的连接状态
SFC63	AB_CALL	汇编代码块
SFC64	TIME_TCK	读系统时间
SFC65	X_SEND	向局域 S7 站之外的通信伙伴发送数据
SFC66	X_RCV	接收局域 S7 站之外的通信伙伴发来的数据
SFC67	S_GET	读取局域 S7 站之外的通信伙伴的数据
SFC68	X_PUT	写数据到局域 S7 站之外的通信伙伴
SFC69	X_ABORT	终止现存的与局域 S7 站之外的通信伙伴的连接
SFC72	I_GET	读取局域 S7 站内的通信伙伴
SFC73	I_PUT	写数据到局域 S7 站内的通信伙伴
SFC74	I_ABORT	终止现存的与局域 S7 站内的通信伙伴的连接
SFC78	OB_RT	决定 OB 的程序运行时间
SFC79	SET	置位输出范围
SFC80	RSET	复位输出范围
SFC81	UBLKMOV	不可中断复制变量
SFC82	CREA_DBL	在装载存储器中生成 DB 块
SFC83	READ_DBL	读装载存储器中的 DB 块
SFC84	WRIT_DBL	写装载存储器中的 DB 块
SFC87	C_DIAG	实际连接状态的诊断
SFC90	H_CTRL	H 系统中的控制操作
SFC100	SET_CLKS	设日期时间和日期时间状态
SFC101	RTM	处理时间计时器
SFC102	RD_DPARA	读取预定义参数(重新定义参数)
SFC103	DP_TOPOL	识别 DP 主系统中总线的拓扑
SFC104	CiR	控制 CiR
SFC105	READ_SI	读动态系统资源
SFC106	DEL_SI	删除动态系统资源
SFC107	ALARM_DQ	生成可应答的块相关信息
SFC108	ALARM_D	生成恒定可应答的块相关信息
SFC126	SYNC_PI	同步刷新过程映像区输入表
SFC127	SYNC_PO	同步刷新过程映像区输出表

表 5-3　SFB 编号及功能一览表

编　号	短　名	功　能　描　述
SFB0	CTU	增计数
SFB1	CTD	减计数

（续）

编　号	短　名	功　能　描　述
SFB2	CTUD	增/减计数
SFB3	TP	脉冲定时
SFB4	TON	延时接通
SFB5	TOF	延时断开
SFB8	USEND	非协调数据发送
SFB9	URCV	非协调数据接收
SFB12	BSEND	段数据发送
SFB13	BRCV	段数据接收
SFB14	CET	向远程 CPU 写数据
SFB15	PUT	向远程 CPU 读数据
SFB16	PRINT	向打印机发送数据
SFB19	START	在远程装置上实施暖起动和冷起动
SFB20	STOP	将远程装置变为停止状态
SFB21	RESUME	在远程装置上实施热起动
SFB22	STATUS	查询远程装置的状态
SFB23	USTATUS	接收远程装置的状态
SFB29	HS_COUNT	计数器(高速计数器,集成功能)
SFB30	FREQ_MES	频率计(频率计,集成功能)
SFB31	NOTIFY_8P	生成不带应答指示的块相关信息
SFB32	DRUM	执行顺序器
SFB33	ALARM	生成带应答显示的块相关信息
SFB34	ALARM_8	生成不带 8 个信号值的块相关信息
SFB35	ALARM_8P	生成带 8 个信号值的块相关信息
SFB36	NOTIFY	生成不带应答显示的块相关信息
SFB37	AR_SEND	发送归档数据
SFB38	HSC_A_B	计数器 A/B(集成功能)
SFB39	POS	定位(集成功能)
SFB41	CONT_C	连续 PID 调节器
SFB42	CONT_S	步进 PID 调节器
SFB43	PULSEGEN	脉冲发生器
SFB44	ANALOG	带模拟输出的定位
SFB46	DIGITAL	带数字输出的定位
SFB47	COUNT	计数器控制
SFB48	FREQUENC	频率计控制
SFB49	PULSE	脉冲宽度控制
SFB52	RDREC	读来自 DP 从站的数据记录

（续）

编　号	短　名	功　能　描　述
SFB53	WRR EC	向 DP 从站写数据记录
SFB54	RALRM	接收来自 DP 从站的中断
SFB60	SEND_PTP	发送数据（ASCII 3964（R））
SFB61	RCV_PTP	接收数据（ASCII 3964（R））
SFB62	RES_RECV	清除接收缓冲区（ASCII 3964（R））
SFB63	SEND_RK	发送数据（RK 512）
SFB64	FETCH_RK	获取数据（RK 512）
SFB65	SERVE_RK	接收和提供数据（RK 512）
SFB75	SALRM	向 DP 从站发送中断

（二）用户程序中的数据块

除逻辑块（即程序块）外，用户程序还包括数据块（DB）。数据块是用户定义的用于存取数据的存储区，该储存区在 CPU 的存储器中，可以被打开或关闭。用户可在 CPU 的存储器中建立一个或多个数据块，用来存储过程状态和其他信息，即用来保存用户程序中使用的变量数据（如数值）。用户程序可以以位、字节、字或双字操作，访问数据块中的数据。

数据块可分为共享数据块（DB）和背景数据块（DI）。从存储区来看它们都是放在数据块存储区（属工作存储区），没有什么区别。但它们的使用范围、数据结构、打开数据块方式均有不同。这里只强调一点：共享数据块（DB）是用户程序中的所有逻辑块都可以使用（读/写）。而背景数据块（DI）总是分配给指定的 FB，只在所分配的 FB 中使用背景数据块（DI）。

（三）用户程序中的系统数据块（SDB）

系统数据块（SDB）是为存放 PLC 参数所建立的系统数据存储区。SDB 中存有操作控制器的必要的数据，如组态数据、通信连接数据和其他操作参数等，用 STEP 7 中不同的工具建立。

四、STEP7 的数据类型

当代 PLC 不仅要进行逻辑运算，还要进行数字运算和数据处理。STEP 7 编程语言中大多数指令要与具有一定大小的数据对象一起进行操作。数据块、逻辑块的使用中也牵涉到数据类型问题。所以，学习和使用 PLC 时，必须认真了解它的数据类型、表示形式及标记。

（一）数制

1. 二进制数

二进制数的 1 位（bit）只能取 0 或 1 这两个不同的值，可以用来表示开关量（或称数字量）的两种不同的状态，例如触点的断开和接通，线圈的失电和得电等。如果该位为 1，表示梯形图中对应的位编程元件（例如位存储器 M 和输出过程映像 Q）的线圈"得电"，其常开触点接通，常闭触点断开，以后称该编程元件为 1 状态，或称该编程元件 ON（接通）。如果该位为 0，对应的编程元件的线圈和触点的状态与上述的相反，称该编程元件为 0 状态，或称该编程元件 OFF（断开）。二进制常数用 2#表示，例如 2#1111_0110_1001_0001 是

16 位二进制常数。

2. 十六进制数

十六进制的 16 个数字是 0~9 和 A~F（对应于十进制数 10~15），每个数字占二进制数的 4 位。B#16#、W#16#、DW#16#分别用来表示十六进制字节、字和双字常数，例如 W#16#13AF。在数字后面加 "H" 也可以表示十六进制数，例如 16#13AF 可以表示为 13AFH。

十六进制数的运算规则为逢 16 进 1，例如 B#16#3C = $3 \times 16 + 12 = 60$。

3. BCD 码

BCD 码用 4 位二进制数表示一位十进制数，例如十进制数 9 对应的二进制数为 1001。4 位二进制数共有 16 种组合，有 6 种（1010~1111）没有在 BCD 码中使用。

BCD 码的最高 4 位二进制数用来表示符号，16 位 BCD 码字的范围为 -999~+999。32 位 BCD 码双字的范围为 -9999999~+9999999。

BCD 码实际上是十六进制数，但是各位之间的关系是逢十进一。十进制数可以很方便地转换为 BCD 码，例如十进制数 296 对应的 BCD 码为 W#C#296，或 2#0000 0010 1001 0110。

二进制整数 2#0000 0001 0010 1000 对应的十进制数也是 296，因为它的第 3 位、第 5 位和第 8 位为 1，对应的十进制数为 $2^8 + 2^5 + 2^3 = 256 + 32 + 8 = 296$。

（二）数据类型

数据类型决定数据的属性，在 STEP 7 中，数据类型分为三大类：基本数据类型、复合数据类型和参数类型。复合数据类型是用户通过组合基本数据类型生成的；参数类型是用来定义传送功能块（FB）和功能（FC）参数的。

1. 基本数据类型

基本数据类型定义不超过 32bit 的数据符合 IEC 61131—3 的规定，可以装入 S7 处理器的累加器中，可利用 STEP 7 基本指令处理。

基本数据类型共有 12 种，每一个数据类型都具备关键词、数据长度及取值范围和常数表示形式等属性，表 5-4 列出了 S7—300/400 PLC 所支持的基本数据类型。

表 5-4　基本数据类型说明

类型（关键词）	位	表示形式	数据与范围	示　例
布尔（BOOL）	1	布尔量	TURE/FALSE	触点的闭合/断开
字节（BYTE）	8	十六进制	B#16#0 ~ B#16#FF	L B#16#20
字（WORD）	16	二进制	2#0 ~ 2#1111_1111_1111_1111	L 2#0000_0011_1000_0000
		十六进制	W#16#0 ~ W#16#FFFF	L W#16#0380
		BCD 码	C#0 ~ C#999	L C#896
		无符号十进制	B#(0,0) ~ B#(255,255)	L B#(10,10)
双字（DWORD）	32	十六进制	DW#16#0000_0000 ~ DW#16#FFFF_FFFF	L DW#16#0123_ABCD
		无符号数	B#(0,0,0,0) ~ B#(255,255,255,255)	L B#(1,23,45,67)
字符（CHAR）	8	ASCII 字符	可打印 ASCII 字符	'A'、'8'、','
整数（INT）	16	有符号十进制数	-32768 ~ +32767	L -23
长整数（DINT）	32	有符号十进制数	L#-214783648 ~ L#214783647	L L#23
实数（REAL）	32	IEEE 浮点数	$\pm 1.175495E-38$ ~ $\pm 3.402823E+38$	L 2.34567E+2

（续）

类型（关键词）	位	表示形式	数据与范围	示　例
时间（TIME）	32	带符号 IEC 时间，分辨率为1ms	T#-24D_20H_31M_23S_648MS ~ T#24D_20H_31M_23S_647MS	L T#8D_7H_6M_5S_0MS
日期（DATE）	32	IEC 日期,分辨率为1 天	D#1990_1_1 ~ D#2168_12_31	L D#2005_9_27
实时时间（Time_of_Daytod）	32	实时时间,分辨率为1ms	TOD#0:0:0.0 ~ TOD#23:59:59.999	L TOD#8:30:45.12
S5 系统时间（S5TIME）	32	S5 时间,以 10ms 为时基	S5T#0H_0M_10MS ~ S5T#2H_46M_30S_0MS	L S5T#1H_1M_2S_10MS

（1）位

位（bit）数据的数据类型为 BOOL（布尔）型，在编程软件中 BOOL 变量的值 1 和 0 常用英语单词 TURE（真）和 FALSE（假）来表示。

位存储单元的地址由字节地址和位地址组成，例如"I3.2"中的区域标示符"I"表示输入（Input），字节地址为3，位地址为2（见图5-5）。这种存取方式称为"字节．位"寻址方式。

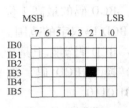

图 5-5　位数据的存放

（2）字节

8 位二进制数组成 1 个字节（Byte）（见图5-6a），其中的第 0 位为最低位（LSB），第 7 位为最高位（MSB）。

（3）字

相邻的 2 个字节组成 1 个字（Word），字用来表示无符号数。MW100 是由 MB100 和 MB101 组成的 1 个字（见图5-6b），MB100 为高位字节。MW100 中的 M 为区域标示符，W 表示字，100 为字的起始字节 MB100 的地址。字的取值范围为 W#16#0000 ~ W#16#FFFF。

图 5-6　字节、字和双字

a）MB100　b）MW100　c）MD100

（4）双字

两个字组成 1 个双字（Double Word），双字用来表示无符号数。MD100 是由 MB100 ~ MB103 组成的 1 个双字（见图5-6c），MB100 为高位字节，D 表示双字，100 为双字的起始字节 MB100 的地址。双字的取值范围为 DW#16#0000_0000 ~ DW#16#FFFF_FFFF。

（5）16 位整数

整数（Integer，INT）是有符号数，整数的最高位为符号位，最高位为 0 时为正数，为 1 时为负数，取值范围为 - 32768 ~ 32767。整数用补码来表示，正数的补码就是它的本身，将一个正数对应的二进制数的各位求反后加 1，可以得到绝对值与它相同的负数的补码。

（6）32 位整数

32 位整数（Double Integer，DINT）的最高位为符号位，取值范围为 $-2147483648 \sim 2147483647$。

（7）32 位浮点数

浮点数也称实数。例如：$+25.419$ 可表示成 $+2.5419 \times 10^1$ 或 $+2.5419E+1$ 的指数表示式，-234567 可表示成 -2.34567×10^5 或 $-2.34567E+5$。指数表示式中的指数是以 10 为底的。

STEP7 中的实数是按照 IEEE 标准表示的。在存储器中，实数占用两个字（32 位），即存放实数（浮点数）需要一个双字（32 位），最高的 31 位是符号位，0 表示正数，1 表示负数。可以表示的数的范围是 $1.175495 \times 10^{-38} \sim 3.402823 \times 10^{38}$。

$$实数值 = (sign)(1+f) \times 2^{e-127}$$

式中　sign 为符号；f 为底数（尾数）；e 为指数位值。

示例：图 5-7 所示是一个实数的格式，求出该数。

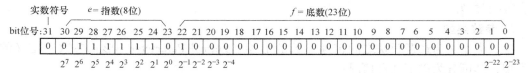

图 5-7　实数格式示例

解：第 31 位是 0，所以该数为正实数。$e = 2^6 + 2^5 + 2^4 + 2^3 + 2^2 + 2^1 = 126$。该数（32 位）$= (1 + 2^{-1}) \times 2^{e-127} = 1.5 \times 2^{126-127} = 1.5 \times 2^{-1} = 0.75$。

浮点数的优点是用很小的存储空间（4B）可以表示非常大和非常小的数。PLC 输入和输出的数值大多是整数（例如模拟量输入值和模拟量输出值），用浮点数来处理这些数据需要进行整数和浮点数之间的相互转换，浮点数的运算速度比整数运算的慢得多。

（8）常数的表示方法

常数值可以是字节、字或双字，CPU 以二进制方式存储常数，常数也可以用十进制、十六进制、ASCII 码和浮点数形式来表示。

B#16#，W#16#，DW#16#分别用来表示十六进制字节、字和双字常数。2#用来表示二进制常数，例如 2#1101_1010。

L#为 32 位双整数常数，例如 L#+5。P#为地址指针常数，例如 P#M2.0 是 M2.0 的地址。

S5T#是 16 位 S5 时间常数，格式为 S5T#aD_bH_cM_dS_eMS。其中 a、b、c、d、e 分别是日、小时、分、秒和毫秒的数值。输入时可以省掉下划线，例如 S5T#4S30MS = 4s30ms，S5T#2H15M30S = 2h15min30s。S5 时间常数的取值范围为 S5T#0H_0M_0S_0MS ~ S5T#2H_46M_30S_0MS，时间增量为 10ms。

T#为带符号的 32 位 IEC 时间常数，例如 T#1D_12H_30M_0S_250MS，时间增量为 1ms。取值范围为 -T#24D_20H_31M_23S_648MS ~ T#24D_20H_31M_23S_647MS。

DATE 是 IEC 日期常数，例如 D#2004-1-15。取值范围为 D#1990-1-1 ~ D#2168-12-31。TOD#是 32 位实时时间（Time of day）常数，时间增量为 1ms，例如 TOD#23：50：45.300。

C#为计数器常数（BCD 码），例如 C#250。8 位 ASCⅡ字符用单引号表示，例如
'ABC'。此外，B(b1、b2) B(b1、b2、b3、b4) 用来表示 2B 或 4B 常数。

2. 复合数据类型

超过 32 位的数据或由基本数据与复合数据类型的组合成的数据称为复合数据类型。
STEP 7 有以下 5 种复合数据类型：

1）数组（ARRAY）将一组同一类型的数据组合在一起，形成一个单元。可通过下标
（如［2，2］）访问数组中的数据。

2）结构（STRUCT）将一组不同类型的数据组合在一起，形成一个单元。

3）字符串（STRING）是最多有 254 个字符（CHAR）的一维数组。

4）日期和时间（DATE_AND_TIME）用于存储年、月、日、时、分、秒、毫秒和星期，
占用 8 个字节，用 BCD 格式保存。星期天的代码为 1，星期一~星期六的代码为 2~7。例
如 DT#2004-07-15-12：30：15.200 为 2004 年 7 月 15 日 12 时 30 分 15.2 秒。

5）用户定义的数据类型 UDT（User-defined Data Types）：由用户将基本数据类型和复
合数据类型组合在一起，形成的新的数据类型。可以在数据块（DB）和变量声明表中定义
复合数据类型。

3. 参数类型

参数类型是为在逻辑块之间传递参数的形参（Formal Parameter，形式参数）定义的数
据类型，其可分为以下几种情况：

1）TIMER（定时器）和 COUNTER（计数器）：指定执行逻辑块时要使用的定时器和计
数器，对应的实参（Actual Parameter，实际参数）应为定时器或计数器的编号，其标记为
Tnn（nn 为定时器号）和 Cnn（nn 为计数器号），例如 T3，C21。

2）BLOCK（块）：指定一个块用作输入和输出，参数声明决定了使用的块的类型，其
标记为 FBnn（nn 为 FB 块号）、FCnn（nn 为 FC 块号）、DBnn（nn 为 DB 块号）、SDBnn
（nn 为 SDB 块号）。块参数类型的实参应为同类型的块的绝对地址编号（例如 FB2）或符号
名（例如"Motor"）。

3）POINTER（指针）：6 字节指针类型，用来传递 DB 的块号或数据地址。一个指针给
出的是变量的地址而不是变量的数值大小，其标记为 P#储存区地址，例如 P#M50.0 是指向
位存储器 M50.0 的双字地址指针，用 P#M50.0 是为了访问位存储器 M50.0。

4）ANY：10 字节指针类型，用来传递 DB 块号或数据地址、数据类型以及数据数量。
其标记为 P#储存区地址_数据类型_长度，如 P#M10.0_word_5，当实参的数据类型未知或
在功能块中需要使用变化的数据类型时，可以把形参定义为 ANY 参数类型。这样，就可以
将任何数据类型的实参给 ANY 类型的形参，而不必像其他类型那样保证实参形参类型一致。

五、PLC 中的存储器与寄存器

（一）PLC 的存储器

PLC 的存储器有系统存储器和用户存储器两大类。系统存储器是存放系统程序的，不需
要讨论；用户存储器是存放用户程序（含数据）的，需要了解。了解用户存储器和 CPU 的
寄存器对理解 PLC 的工作原理、指令的类型、组成及使用、CPU 执行指令的过程、编写用
户程序（尤其是复杂的程序）以及提高编程质量都是非常有用的。因此，下面重点讨论用

户存储器。

用户存储器由程序存储器和数据存储器组成，即将用户存储器划分为程序存储区和数据存储区两大存储区域，如图 5-8 所示。

1. 程序存储器

程序存储器即装载存储区。装载存储区可分为动态装载存储区（用 CPU 中的内置 RAM）和可选的固定装载存储区（使用内置的 EEPROM 或可拆卸 FEPROM 卡），用于存放用户程序（全部的、不包含符号地址和解释的）。每次 PLC 一上电，固定装载存储区的用户程序全部移入到动态装载存储区。这样做的原因是固定装载存储区能永久保存用户程序，而动态装载存储区的用户程序不能一直保持。为了防止动态装载存储区的程序在突然停电时丢失，常用后备电池（如锂电池）保持。

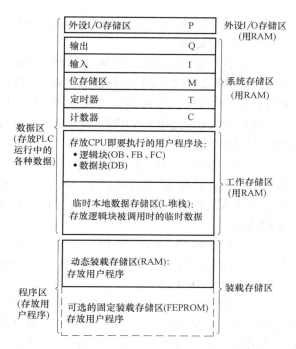

图 5-8 S7—300PLC 存储器的组成

有的 CPU 有集成的装载存储器，有的可以用微存储器卡（MMC）来扩展，CPU31xC 的用户程序只能装入插入式的 MMC。断电时数据保存在 MMC 存储器中，因此，数据块的内容基本上被永久保留。

下载程序时，用户程序（逻辑块和数据块）被下载到 CPU 的装载存储器，CPU 把可执行部分复制到工作存储器，符号表和注释保存在编程设备中。

2. 数据存储器

（1）工作存储区

工作存储区占用 CPU 模块中的部分 RAM，它是集成的高速存取的 RAM，用于存储 CPU 运行时所执行的用户程序单元（逻辑块和数据块）的复制件。为了保证程序执行的快速性和不过多地占用工作存储器，只有与程序执行有关的块被装入工作存储区。

CPU 工作存储区也为程序块的调用安排了一定数量的临时本地数据存储区（或称 L 堆栈），用来存储逻辑块被调用时的临时数据，访问局域数据比访问数据块中的数据更快。用户生成块时，可以声明临时变量（TEMP），它们只在执行该块时有效，执行完后就被覆盖了。也就是说，L 堆栈中的数据在程序块工作时有效，并一直保持，当新的块被调用时，L 堆栈将进行重新分配。

在 FB、FC 或 OB 运行时，块变量声明表中声明的暂时变量存在临时本地数据存储区（L 堆栈）；L 堆栈提供空间以传送某些类型参数和存放梯形图中间结果。块结束执行时，临时本地存储区再行分配，不同的 CPU 提供不同数量的临时本地存储区。

语句表（STL）程序中的数据块可以被标识为"与执行无关"（UNLINIKED），它们只是存储在装载存储器中。有必要时，可以用 SFC20"BLKMOV"将它们复制到工作存储区。

复位 CPU 的存储器时，RAM 中的程序被清除。

（2）系统存储区

系统存储区为不能扩展的 RAM，是 CPU 为用户程序提供的存储器组件，被划分为若干个地址区域，分别用于存放不同的操作数据，例如，输入过程映像、输出过程映像、位存储器、定时器和计数器、块堆栈、（B 堆栈）、中断堆栈（I 堆栈）和诊断缓冲区等。

系统存储区可通过指令在相应的地址区域内对数据直接进行寻址。下面介绍系统存储区中的几个地址区域的作用：

1）输入/输出（I/Q）过程映像表。在扫描循环开始时，CPU 读取数字量输入模块中输入信号的状态，并将它们存入过程映像输入表 I 中。在扫描循环中，用户程序计算输出值，并将它们存入过程映像输出表 Q 中。在扫描循环结束时，将过程映像输出表的内容写入数字量输出模块。

用户程序访问 PLC 的输入（I）和输出（Q）地址区时，不是去读写数字信号模块中的信号状态；而是访问 CPU 中的过程映像区。I 和 Q 均可以按位、字节、字和双字来存取，如：I0.0、IB0、IW0 和 ID0。

与直接访问 I/O 模块相比，访问过程映像表可以保证在整个程序周期内，过程映像的状态始终一致。在程序执行过程中，即使接在输入模块的外部信号状态发生了变化，过程映像表中的信号状态仍然保持不变，直到下一个循环才被刷新。由于过程映像保存在 CPU 的系统存储器中，访问它的速度比直接访问 I/O 模块快得多。

输入过程映像在用户程序中的标识符为 I，是 PLC 接收外部输入数字量信号的窗口。输入端可以外接常开触点或常闭触点，也可以接多个触点组成的串、并联电路。PLC 将外部电路的通、断状态读入并存储在输入过程映像中。外部输入电路接通时，对应的输入过程映像为 ON（1 状态）；反之为 OFF（0 状态）。在梯形图中，可以多次使用输入过程映像的常开触点和常闭触点。

输出过程映像在用户程序中的标识符为 Q，在循环周期结束时，CPU 将输出过程映像的数据传送给输出模块，再由后者驱动外部负载。如果梯形图中 Q0.0 的线圈“得电”，继电器型输出模块中对应的硬件继电器的常开触点闭合，使接在 Q0.0 对应的输出端子的外部负载工作。输出模块中的每一个硬件继电器仅有一对常开触点，但是在梯形图中，每一个输出位的常开触点和常闭触点都可以多次使用。

除了操作系统对过程映像的自动刷新外，S7—400 CPU 可以将过程映像划分为最多 15 个区段，这意味着如果需要，可以独立于循环来刷新过程映像表的某些区段。用 STEP 7 指定的过程映像区段中的每一个 I/O 地址不再属于 OB1 过程映像 I/O 表，需要定义哪些 I/O 模块地址属于哪些过程映像区段。

可以在用户程序中用 SFC（系统功能）刷新过程映像。SFC26 “UPDAT_PI”用来刷新整个或部分过程映像输入表，SFC27 “UPDAT_PO”用来刷新整个或部分过程映像输出表。某些 CPU 也可以调用 OB（组织块），由系统自动地对指定的过程映像分区刷新。

2）内部存储器标志位（M）存储器区。内部存储器标志位用来保存控制逻辑的中间操作状态或其他控制信息。虽然名为“位存储器区”，表示按位存取，但是也可以按字节、字或双字来存取。当按位存取时，它的作用相当于中间继电器。

3）定时器（T）存储器区。定时器相当于继电器系统中的时间继电器。给定时器分配的字用于存储时间基值和定时值（0～999）。定时值及定时剩余时间可以以二进制或 BCD 码方式读取。

4）计数器（C）存储器区。计数器用来累计其计数脉冲上升沿的次数，有加计数器、减计数器和加/减计数器。给计数器分配的字用于存储计数值及当前值（0～999）。计数值及当前计数值可以以二进制或 BCD 码方式读取。

（3）外设 I/O 存储区

通过外设 I/O 存储区（PI 和 PQ），用户可以不经过过程映像输入和过程映像输出，直接访问本地的和分布式的输入模块和输出模块。不能以位（bit）为单位访问外设 I/O 存储区，只能以字节、字和双字为单位访问。

外设输入（PI）和外设输出（PQ）存储区除了和 CPU 型号有关外，还和具体的 PLC 应用系统的模块配置相联系，其最大范围为 64KB。

S7—300 CPU 的输入映像表 128B 是外设输入存储区（PI）首 128B 的映像，是在 CPU 循环扫描中读取输入状态时装入的。输出映像表 128B 是外设输出存储区（PQ）的首 128B 的映像。CPU 在写输出时，可以将数据直接输出到外设输出存储区（PQ），也可以将数据传送到输出映像表。在 CPU 循环扫描更新输出状态时，将输出映像表的值传送到物理输出。

S7—300 由于模拟量模块的最小地址已超过了 I/O 映像表的最大值 128B，因此只能以字节、字或双字的形式通过外设 I/O 存储区（PI 和 PQ）直接存取，不能利用 I/O 映像表进行数据的输入、输出。而开关量模块则既可用 I/O 映像表也可通过外设 I/O 存储区进行数据的输入、输出。

表 5-5 列出了 S7—300/400 的存储器区域划分、功能、访问方式、标识符。表中给出的最大地址范围不一定是实际可使用的地址范围，实际可使用的地址范围由 CPU 的型号和硬件组态（配置、设置，在 PLC 书中也称为组态）决定。

表 5-5　存储区及其功能

区域名称	区域功能	访问区域的单元	标识符	最大地址范围
输入过程映像存储区（I）	在循环扫描的开始，操作系统从输入模块中读入输入信号存入本区域，供程序使用	输入位	I	0～65535.7
		输入字节	IB	0～65535
		输入字	IW	0～65534
		输入双字	ID	0～65532
输出过程映像存储区（Q）	在循环扫描期间，程序运算得到的输出值存入本区域。循环扫描的末尾，操作系统从中读出输出值并将其传送至输出模块	输出位	Q	0～65535.7
		输出字节	QB	0～65535
		输出字	QW	0～65534
		输出双字	QD	0～65532
位存储器（M）	本区域提供的存储器用于存储程序中运算的中间结果	存储器位	M	0～255.7
		存储器字节	MB	0～255
		存储器字	MW	0～254
		存储器双字	MD	0～252
外部输入（PI）外部输出（PQ）	通过本区域，用户程序能够直接访问输入和输出模块（即外部输入和外部输出）	外部输入字节	PIB	0～65535
		外部输入字	PIW	0～65534
		外部输入双字	PID	0～65532
		外部输出字节	PQB	0～65535
		外部输出字	PQW	0～65534
		外部输出双字	PQD	0～65532

（续）

区域名称	区 域 功 能	访问区域的单元	标识符	最大地址范围
定时器（T）	定时器指令访问本区域可得到定时剩余时间	定时器（T）	T	0～255
计数器（C）	计数器指令访问本区域可得到当前计数值	计数器（C）	C	0～255
数据块（DB）	本区域包含所有数据块的数据。如果需要同时打开两个不同的数据块，则可用"OPN DB"打开一个，用"OPN DI"打开另一个。用指令 L DBWi 和 L DI-Wi 进一步确定被访问数据块中的具体数据。在用"OPN DI"指令打开一个数据时，打开的是与功能块（FB）和系统功能块（SFB）相关联的背景数据块	用"OPN DB"打开数据块： 数据位 数据字节 数据字 数据双字 用"OPN DI"打开数据块： 数据位 数据字节 数据字 数据双字	DBX DBB DBW DBD DIX DIB DIW DID	0～65535.7 0～65535 0～65534 0～65532 0～65535.7 0～65535 0～65534 0～65532
本地数据（L）	本区域存放逻辑块（OB、FB 或 FC）中使用的临时数据，也称为动态本地数据。一般用作中间暂存器。当逻辑块结束时，数据丢失，因为这些数据是存储在本地数据堆栈（L 堆栈）中的	临时本地数据位 临时本地数据字节 临时本地数据字 临时本地数据双字	L LB LW LD	0～65535.7 0～65535 0～65534 0～65532

（二）PLC 中的寄存器

PLC 的 CPU 中包含有一些寄存器，如图 5-9 所示。CPU 使用这些寄存器便于执行逻辑运算、算术运算、装载和传输等操作。

弄清这些寄存器的组成及功能对编写复杂程序很有用，但对编写开关量控制的程序用处不大。因此，对此只作一些简要介绍，详细内容可参阅西门子 PLC 的相关资料。

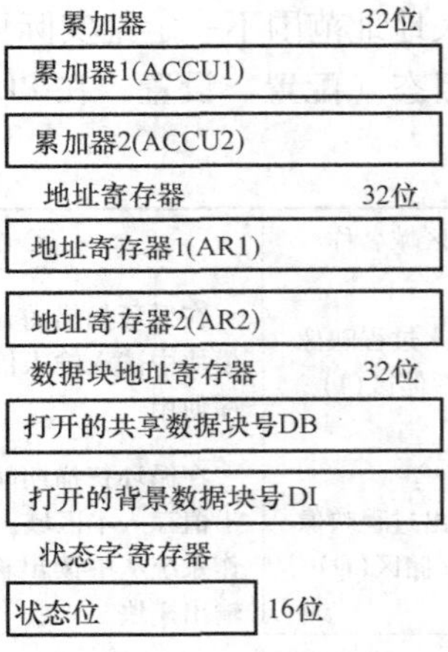

1. 累加器

S7—300 系列的 PLC 拥有 2 个累加器，而 S7—400 系列的 PLC 则拥有 4 个累加器。每个累加器有 32 位，由低位字和高位字组成。累加器是用于处理数字运算、比较或其他涉及字节、字或双字指令的通用寄存器。在使用语句表指令编程时，累加器的状态是编程者应该掌握的。而使用梯形图或功能图指令时，则可不必太关心累加器的内容。

2. 地址寄存器

S7 系列的 PLC CPU 中有两个地址寄存器，即 AR1 和
AR2，每个地址寄存器为 32 位。地址寄存器常用于寄存器间接寻址，在语句表指令中有专门的指令对其进行操作。如果只使用梯形图或功能图指令，也可不必关心地址寄存器的内容。

3. 数据块寄存器

S7 系列的 PLC CPU 中有两个数据块寄存器，每个数据块寄存器的长度为 32 位。一个为

累加器　　　　　　32 位
| 累加器1（ACCU1） |
| 累加器2（ACCU2） |
地址寄存器　　　　32 位
| 地址寄存器1（AR1） |
| 地址寄存器2（AR2） |
数据块地址寄存器　32 位
| 打开的共享数据块号DB |
| 打开的背景数据块号DI |
状态字寄存器
| 状态位 | 16 位 |

图 5-9　S7—300 PLC 的
CPU 寄存器组成

共享数据块 DB 的寄存器，另一个为背景数据块 DI 的寄存器。数据块寄存器包含了被激活的数据块的块号以及数据块的长度。用户在访问数据块时，如果指令中没有指明是哪一个数据块，则 CPU 将访问数据块寄存器中存储的数据块号；如果指令中指明了数据块号，则 CPU 将会把该数据块的信息装入数据块寄存器中以备使用。因此，在编程序时，如果明确指令所访问的数据块的块号，则可不必关心数据块寄存器中的内容。

4. 状态字寄存器

状态字（见图 5-10）是一个 16 位的寄存器，用于存储 CPU 执行指令的状态。状态字中的某些位用于决定某些指令是否执行和以什么样的方式执行，执行指令时可能改变状态字中的某些位，用位逻辑指令和字逻辑指令可以访问和检测它们。

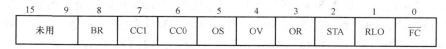

图 5-10 状态字的结构

1）$\overline{FC}$。状态字的第 0 位称为首次检测位（$\overline{FC}$）。若该位的状态为"0"，则表明一个梯形逻辑网络的开始，或指令为逻辑串的第一条指令。CPU 对逻辑串第一条指令的检测（称为首次检测）产生的结果直接保存在状态字的 RLO 位中，经过首次检测存放在 RLO 中的"0"或"1"称为首次检测结果。该位在逻辑串的开始时总是为"0"，在逻辑串指令执行过程中该位为"1"，输出值令或与逻辑运算有关的转移指令（表示一个逻辑串结束的指令）将该位清"0"。

2）RLO。状态字的第 1 位称为逻辑运算结果位（Result of Logic Operation，RLO）。该位用来存储执行位逻辑指令或比较指令的结果。RLO 的状态为"1"，表示有能流流到梯形图中运算点处，为"0"则表示无能流流到该点。可以用 RLO 触发跳转指令。

3）STA（状态位）。状态字的第 2 位称为状态位。状态位存储关联地址位的值。在执行位逻辑指令读指令时，STA 的状态与所访问的位存储器的状态保持一致。在执行位逻辑指令写指令时，STA 的状态与写入的状态保持一致。对于不访问存储器的位指令，状态位没有意义。状态位不受指令的检查，只在程序测试期间被解释。

4）OR。状态字的第 3 位称为或值位（OR），在先逻辑"与"后逻辑"或"的逻辑运算中，OR 位暂存逻辑"与"的操作结果，以便进行后面的逻辑"或"运算。其他指令将 OR 位复位。

5）OV。状态字的第 4 位称为溢出位（OV），如果算术运算或浮点数比较指令执行时出现错误（如：溢出、非法操作和不规范的格式），溢出位被置"1"。如果后面的同类指令执行结果正常，该位被清"0"。

6）OS。状态字的第 5 位称为溢出状态保持位（OS，或称为存储溢出位）。OV 位被置"1"时 OS 位也被置"1"，OV 位被清"0"时 OS 位仍保持"1"，所以它保存了 OV 位，用于指明前面的指令执行过程中是否产生过错误。只有 JOS（OS = 1 时跳转）指令、块调用指令和块结束指令才能复位 OS 位。

7）CC1 和 CC0。状态字的第 7 位和第 6 位称为条件码位（CC1 和 CC0）。这两位用于表示在累加器 1（ACCU1）中产生的算术运算或逻辑运算的结果与 0 的大小关系、比较指令的执行结果或移位指令的移出位状态（见表 5-6 和表 5-7）。

表5-6　算术运算后 CC1、CC0 状态代表的意义

CC1	CC0	算术运算（无溢出时）	整数算术运算（有溢出时）	浮点数算术运算（有溢出时）
0	0	结果 = 0	整数加时结果产生负值范围溢出	平缓下溢
0	1	结果（负数）< 0	相乘结果负值范围溢出；加、减的结果正值范围溢出	结果（负数）负值范围溢出
1	0	结果（正数）> 0	乘、除时结果正值范围溢出；加、减时负值范围溢出	结果（正数）正值范围溢出
1	1	—	相除时除数为 0	非法操作

说明：表5-6中，整数中包括：单整数（16 位）和双整数（32 位），其正、负值范围（最大正值与最小负值）见表5-4介绍；浮点数中所谓"平缓下溢"是指运算结果的正值或负值的绝对值过小，即负数下溢范围为 $-1.175494E-38 <$ 结果（负数）$< -1.401298E-45$；正数下溢范围为 $+1.401298E-45 <$ 结果（正数）$< +1.175494E-38$。

表5-7　指令执行后的 CC1 和 CC0 状态代表的意义

CC1	CC0	比较指令	移位和循环移位指令	字逻辑指令
0	0	累加器 2 = 累加器 1	移出位为 0	结果为 0
0	1	累加器 2 < 累加器 1	—	—
1	0	累加器 2 > 累加器 1	—	结果不为 0
1	1	非法的浮点数	移出位为 1	—

8）BR。状态字的第 8 位称为二进制结果（BR）位。它将字处理程序与位处理联系起来，在一段既有位操作又有字操作的程序中，用于表示字操作结果是否正确。将 BR 位加入程序后，无论字操作结果如何，都不会造成二进制逻辑链中断。在梯形图的方框指令中，BR 位与 ENO 有对应关系，用于表明方框指令是否被正确执行：如果执行出现了错误，BR 位为"0"，ENO 也为"0"；如果功能被正确执行，BR 位为"1"，ENO 也为"1"。

在用户编写的 FB 和 FC 语句表程序中，必须对 BR 位进行管理，功能块正确执行后，使 BR 位为"1"，否则使其为"0"。使用 SAVE 指令可将 RLO 存入 BR 中，从而达到管理 BR 位的目的。当 FB 或 FC 执行无错误时，使 RLO 为"1"，并存入 BR；否则在 BR 中存入"0"。

9）未用位。状态字的 9~15 位未使用。

以上简要介绍了 S7—300PLC 的 CPU 在执行程序时需要用到的寄存器。通常在编制复杂程序（如运算程序、通信程序等）才会用到它。所以，初学者在刚开始学习时，可以先不必深究寄存器的工作原理和过程，可先掌握指令的使用方法。在以后学习指令的过程中，通过学习每一个用到寄存器的指令，再逐渐加深对寄存器的理解，进一步提高自己的编程能力，改进编程方法。

六、S7—300 PLC 编址

在进行 PLC 程序设计时，必须先确定 PLC 组成系统各 I/O 点的地址以及所用到的其他存储器（如位存储器、定时器、计数器等）的地址。PLC 通常采用两种编址方法，即绝对地址法和符号地址法，绝对地址法又有两种，即面向槽位的编址法和面向用户的编址法（即用户自定义地址的方法）。

（一）默认值编址法（默认地址法）

S7—300 PLC 的 I/O 模块一般采用默认值编址法，它采用绝对地址法，是面向槽位的编程法。即根据 I/O 模块所在的机架号和槽位号编址。由于各机架的槽位都有一个规定的默认地址，所以，该法又称为默认地址法。这种方法的缺点是软、硬件设计不能分开进行。默认值编址法的地址分配如图 5-11 所示。

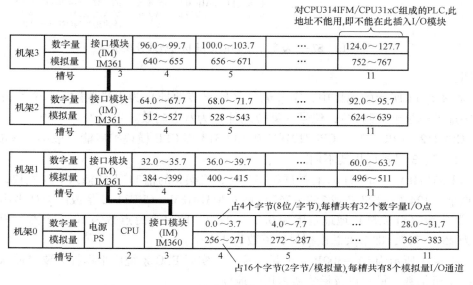

图 5-11　S7—300 数字量和模拟量 I/O 地址分配图

1. 数字量 I/O 编址

图 5-11 中，各槽位占 4 个字节，每字节 8 位，对应 32 个数字量 I/O 点（位地址），依次排列，以此确定每个 I/O 点所占用的具体地址。

如数字量地址：

它表示的输入地址是在 0 号机架，4 号槽位的第 2 个字节的第 3 位。

例如：若在 0 号机架的第 4 槽中插入一块 16 点的输入模块，则该输入模块仅使用了 0.0～1.7 的地址，而 2.0～3.7 的地址就自动丢失，但这些丢失的地址可作为中间继电器使用，如图 5-12 所示。

2. 模拟量 I/O 编址

对模拟量 I/O 插槽，每个槽位（32 位）给模拟量划分为 16 个字节地址（等于 8 个模拟量通道，一个通道占 2 个字节，即一个字）。如 IW272 表示模拟量输入通道 272 所占字节地址为 IB272、IB273。

例如：若在 0 号机架的第 5 槽中插入一块 8 路模拟量输入模块时，该模板的 8 路模拟量输入地址为 IW272、IW274……IW286，如图 5-12 所示。

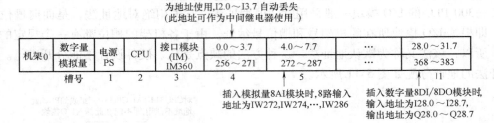

图 5-12 S7—300 数字量和模拟量 I/O 地址分配示例

说明：

1）在图 5-11 所示的地址中，字节编号（即字节地址）为十进制数（1 个字占 2 个字节，故字地址也是十进制数），位号（即位地址）为八进制数。

2）CPU312、CPU312C、CPU312IFM 和 CPU313 等 CPU 模块扩展能力最小，只能使用 0 号机架，1、2、3 号扩展机架不用。

3）CPU314IFM、CPU31xC 有扩展机架 3 时，机架 3 的槽 11 不能插入 I/O 模块，因为该区域的地址（124.0 ~ 127.7 或 752 ~ 767）被 CPU314IFM、CPU31xC 集成的 I/O 占用。

4）数字量（开关量）地址范围为 0.0 ~ 127.7，即最大总点数为 1024 个点；模拟量地址范围为 256 ~ 767，即最大总模拟量通道数为 256 个。

5）图 5-11 所示为 S7—300PLC 的最大配置，实际 PLC 系统应根据控制要求而选取的模块数来决定机架数、槽数以及模块所占用的地址。

以上介绍了默认值编址法。默认值编址法的缺点是：槽位的地址不能充分利用，会造成地址丢失，使地址不连续，出现空隙，造成浪费。丢失的地址不能再作 I/O 地址用（但可作为内部中间继电器使用），用面向用户的编址法可弥补这一缺点。

（二）面向用户的编址法

面向用户的编址法就是用户自定义地址的方法。S7—300 系列 PLC 只有 CPU315、CPU315—2DP、CPU316—2DP、CPU318—2DP 以及 CPU31xC 支持面向用户的编址，其他 CPU 型号的 PLC 不能采用此种编址方式。所谓面向用户的编址即应用 STEP 7 软件对模块自由分配用户所选择的地址。定义模块的起始地址后，所有其他模块的地址都基于这个起始地址。

面向用户编址的优点：①可使模块之间不会出现地址的空隙，编址区域可充分利用；②当生成标准软件时，可编制独立的、不依赖于 S7—300 硬件组态的地址程序，可使软、硬件设计分开进行。

（三）符号地址

上面所介绍的 I/O 地址都是"绝对地址"，在程序中 I/O 信号、位存储器、定时器、计数器、数据块和功能块都可以使用绝对地址，但这样阅读程序较困难。用 STEP 7 编程时可以用符号名代替绝对地址（如用起动按钮 SB1 代替输入地址 I0.1），这就是符号地址，使用符号地址使程序阅读更容易。

使用"程序编辑器"或"符号编辑器"可以为下列储存区的绝对地址定义符号名：

输入/输出映像存储器 I/Q

位存储器	M/MB/MW/MD
定时器/计数器	T/C
逻辑块	FB/FC/SFB/SFC/OB
数据块	DB（仅用于符号编辑器）
用户定义的数据类型	UDT

STEP 7 中定义符号地址是先给需要使用的绝对地址或参数变量定义符号，然后在程序中使用所定义好的符号进行编程。STEP 7 中可以定义的符号有两种：全局符号和局部符号。全局符号是在符号编辑器中定义的符号，在所有的块中都可使用，并指向符号编辑器中指定的绝对地址。STEP 7 的一个项目中可以包含多个工作站，每个工作站的 S7 程序中都有符号编辑器，可为本工作站编辑全局符号，如图 5-13 所示。

图 5-13　符号编辑器工具

依次双击【S7_Pro1】→【S7 程序（1）】→【符号】项，可进入符号编辑器。符号编辑器的环境如图 5-14 所示，图中已编辑部分符号。

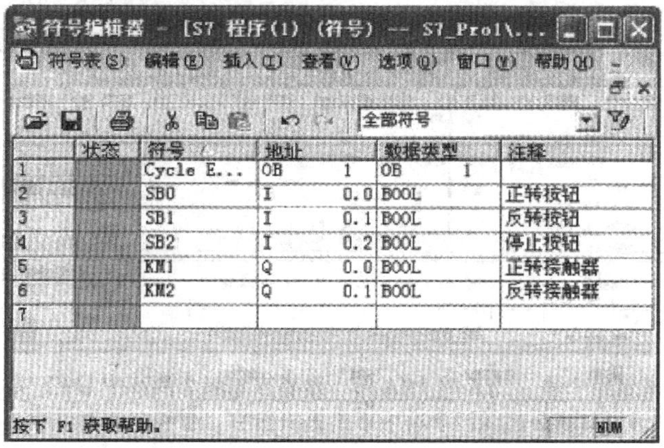

图 5-14　符号编辑器的环境

用户可在符号编辑器中编辑本工作站的全局符号。在编辑符号时，不能出现相同的符号，相同的地址变量也不允许出现两次。符号栏、地址栏以及数据类型必须填写。图 5-14

中的状态栏将显示无效的符号定义，状态栏中标注如下：

　　=：表示在符号表中出现相同的符号名或者地址。

　　x：表示符号不完整（缺少符号或者是地址）。

　　将编辑好的符号表保存好。打开程序编辑器，可在编程序时直接使用符号名编程。输入的符号将自动加引号表示全局符号（注意：编程序时不需要用户输入引号，程序编辑器会自动加入引号），如图 5-15 所示。

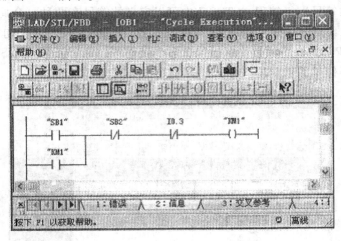

图 5-15　使用全局变量编写程序

　　局部符号是在程序块中的变量声明表中定义。定义的对象也只限于用于本程序块的参数、静态数据和临时数据等，且所定义的符号只在本程序块中有效。例如在功能块 FB1 中的变量声明表中可定义输入型变量 SB1、SB2，输出型变量 KM1，局部变量在程序中以"#"号显示，如图 5-16 所示。

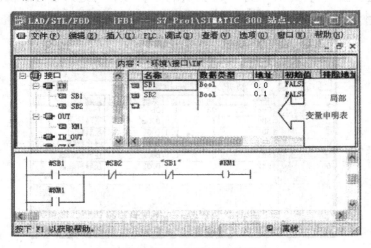

图 5-16　使用局部变量编写程序

　　全局符号和局部符号的区别见表 5-8。在定义符号名时，注意符号名必须是唯一的，符号名最多可用 24 个字符，其应代表某种意义，便于程序阅读。

（四）集成的输入、输出点的地址的确定

S7—300 PLC 中，有些 CPU 模块（如 CPU312IFM、CPU312C、CPU314IFM 等）上集成有输入、输出点，其地址占用 3 号机架第 11 槽位的绝对地址，从 124.0（数字量地址）或 752（模拟量地址）开始顺序占用，余下的地址丢失，但可作内部（中间）继电器使用。

表 5-8　全局符号和局部符号的比较

	全局符号	局部符号
使用范围	整个用户程序中所有的块,均可以使用,符号是唯一确定的	只在定义的块中有效,同一个符号可以在不同的块中定义使用。局部符号也可以与全局符号相同,但以#标志为局部符号,以双引号标志为全局符号
符号标志	双引号:例如"SB1"	#号:例如#SB1
定义对象	输入、输出、定时器、计数器 位存储器和各种程序块和数据块(不包括局部数据块)	块的参数(输入、输出、输入/输出) 块的静态数据(FB) 块的临时数据(FB、FC)
定义工具	符号编辑器	程序编辑器中程序块的变量声明区

例如 CPU312IFM 或 CPU312C，它们的 10 个数字量输入（DI）地址为 I124.0 ~ I125.1（其中 I124.6 ~ I125.1 为 4 个特殊输入点，可设置为"高速计数器""频率测量"或"中断输入"等）。6 个数字量输出（DO）地址为 Q124.0 ~ Q124.5。

又如 CPU314IFM 的 20 个数字量输入（DI）地址为 I124.0 ~ I126.3（其中 I126.0 ~ I126.3 为 4 个特殊输入点，可设置为"高速计数器""频率测量"或"中断输入"等）。6 个数字量输出（DO）地址为 Q124.0 ~ Q124.5。4 个模拟量输入（AI）地址为 IW128、IW130、IW132、IW134。1 个模拟量输出（AO）地址为 QW128。

七、STEP7 的指令类型与指令结构

用户程序是由一系列指令构成的，指令是程序的最小独立单位。最常用的编程语言有梯形图（LAD）和语句表（STL）两种，因此指令也有梯形图指令和语句表指令之分。它们表达的形式不同，但表示的内容是相同或基本相同的。在具体介绍指令时这两种指令将一起介绍。

（一）STEP7 指令系统中的指令类型

STEP 7 提供的 SIMATIC 编程语言和语言表达方式符合 IEC 61131—3 标准。SIMATIC 编程语言是为 S7 系列 PLC 而设计的，它们有梯形图（LAD）、语句表（STL）和功能块图（FBD）3 种形式。S7—300/400 系列 PLC 有丰富的指令系统，即可实现一般的逻辑控制、顺序控制，也可实现更复杂的控制，且编程容易。

S7—300/400 系列 PLC 的指令系统主要包括以下指令类型：

1）逻辑指令。包括各种进行逻辑运算的指令。如各种位逻辑运算指令、字逻辑运算指令。

2）定时器和计数器指令。包括各种定时器和计数器线圈指令和功能更强的方块图指令。

3）数据处理与数学运算指令。包括数据的各种装入、传送、转换、比较、整数算术运

算、浮点数算术运算和累加器操作（利用累加器对数据存储及运算），对数据进行移位和循环移位等的指令。

4）程序执行控制指令。包括跳转指令、循环指令、块调用指令、主控指令。

5）其他指令。指上述未包括的如地址寄存器指令、数据块指令、显示指令和空操作指令。

从下一章开始将对上述指令及其使用方法进行介绍，读者在掌握指令使用方法后，便具有了编程的基础。未对具体指令介绍前，对与指令有关的一些共同问题在下面先进行介绍。

（二）指令的形式与组成

1. 梯形图指令（LAD）

梯形图语言是一种图形语言，其图形符号多数与电器控制电路图相似，直观也较易理解，很受电气技术人员和初学者欢迎。梯形图指令有以下几种形式：

1）单元式指令。用不带地址和参数的单个梯形图符号表示。如图 5-17a 表示的是对逻辑操作结果（RLO）取反的指令。

2）带地址的单元式指令。用带地址的单个梯形图符号表示。如图 5-17b 表示将前面逻辑串的值赋值给该地址指定的线圈。

3）带地址和数值的单元式指令。这种单个梯形图符号，需要输入地址和数值。如图 5-17c 表示是带保持的接通延时定时器线圈，地址表明定时器编号，数值表明延迟的时间。

4）带参数的梯形图方块指令。用带有表示输入和输出横线的方块式梯形图符号来表示。如图 5-17d 表示的实数除法方块梯形图。输入在方块的左边，输出在方块的右边。

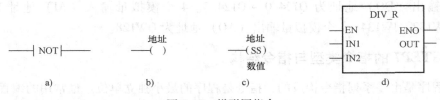

图 5-17 梯形图指令

EN 为启动输入，ENO 为启动输出。它们连接的都是布尔数据类型（位状态）。如果 EN 启动（即它有信号状态 1），而且方块能够无错误地执行其功能，则 ENO 的状态为 1；如果 EN 为 0 或方块执行出现错误，则 ENO 状态为 0（不启动）。IN1、IN2 端填入输入参数；OUT 端填入能放置输出信息的存储单元。方块式梯形图上任一输入和输出参数的类型，均属于基本数据类型，见表 5-4。

2. 语句表指令（STL）

也称语句指令或指令表，是一种类似于计算机汇编语言的指令，这种指令很丰富，有些地方它能编出梯形图和功能块图无法实现的程序。语句指令有两种格式：

1）操作码加操作数组成的指令。一条语句表指令中有一个操作码，它"告诉"CPU 这条指令要做什么，它还有一个操作数，也称为地址，它"告诉"CPU 在哪里做。例如：

$$\text{A} \quad \text{I2.0}$$
操作码┘ └操作数（地址）

这是一条位逻辑指令，其中"A"是操作码，它表示要进行"与"操作；"I2.0"是操作数，它告诉是对输入继电器的触点 I2.0 去进行"与"操作。

2）只有操作码的指令。这种语句指令只有操作码，不带操作数，因为它们的操作对象是唯一的，为简便起见，不在指令中说明。例如：

NOT

是对逻辑操作结果（RLO）取反的指令，操作数 RLO 隐含其中。

3. 指令中的操作数

梯形图指令和语句指令都涉及地址或操作数。如位逻辑指令以二进制数（位）执行它们的操作，装载和传送指令以字节、字或双字执行它们的操作，而算术指令还要指明所用数据的类型等。因此对操作数必须有清楚的认识。

PLC 指令中的操作数或地址可以是以下的任何一项：

1）常数。指在程序中不变的数。这类数可用来给定时器和计数器赋值，也可用于其他的运算。常用到的常数数据类型（数制、表示格式、范围）见表 5-4，常数当然也包括了 ASCII 字符串。常数的示例在表 5-4 中。

2）状态字的位。PLC 的 CPU 中包含有一个 16 位的状态字寄存器，其中前 9 位为有效位，指令的地址可以是状态字中的一个位或多个位。例如：

A　BR（状态字中的 BR 位为操作数，其参与"与"运算）

3）符号名。指令中可以用符号名作为地址。编程时仅能使用已定义过的符号名（已输入到符号表中的共享符号名和块中的局部符号名）。例如：

A　Motor. on（对符号名地址为 Motor. on 的位执行"与"操作）

4）数据块和数据块中的存储单元。可以把数据块号和数据块中的存储单元（存储位、字节、字、双字）作为指令的地址。例如：

OPN　DB5（打开地址为 DB5 的数据块）

A　DB10. DBX4. 3（用数据块 DB10 中的数据位 DBX4. 3 做"与"运算）

5）各种功能 FC、功能块 FB、集成的系统功能 SFC、集成的系统功能块 SFB 及其编号。均可作为指令的地址。例如：

CALL　FB10，DB10（调用功能块 FB10，及与之相关的背景数据块 DB10）

6）由标识符和标识参数表示的地址。说明如下：一般情况下，指令的操作数在 PLC 的存储器中，此时操作数由操作数标识符和参数组成。操作数标识符由区标识符和位数标识符组成，区标识符表示操作数所在存储区，位数标识符说明操作数的位数。区标识符有：I（输入映像存储区），Q（输出映像存储区），M（位存储区），PI（外部输入），PQ（外部输出），T（定时器），C（计数器），DB（数据块），L（本地数据）；位数标识符有：X（位），B（字节），W（字、2 字节），D（双字、4 字节），没有位数标识符的也是表示操作数的位数是 1 位。标识符的表示方法具体如表 5-5 所示。表 5-5 所示中给出了不同存储区的最大地址范围（PLC 内部元件的最大数）。这并不一定是实际可使用的地址范围，可使用的地址范围由 CPU 的型号和硬件配置决定。如 S7—300 CPU 的部分地址范围可查表 4-2。

关于用地址标识符所表明的操作数还有两点要加以说明：由于 PLC 物理存储器是以字节为单位，所以总是以字节单位来确定存储单元。因此：

1）存储区位地址：包括字节号与位号，用"点"分开。如 M10.7 表示地址是存储单元

MB10 字节的第 7 号位。

2）存储区字地址或双字地址：它占存储区连续的 2 个字节或 4 个字节，标识参数总是用字或双字最低的字节号为基准标记。图 5-18 所示说明以下地址标识符所指地址：

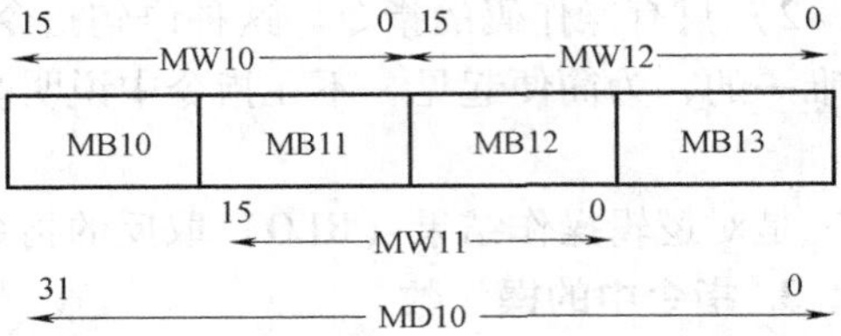

存储区字节地址（MB）：如 MB10、MB11、MB12、MB13 示于图 5-18 中。

图 5-18　以字节单位确定存储单元

存储区字地址（MW）：如 MW10（含 MB10、MB11），MW11（含 MB11、MB12）示于图 5-18 中，其余类推。

存储区双字地址（MD）：如 MD10（含 MB10、MB11、MB12、MB13）。

注意：当使用绝对地址的宽度为字或双字时，应保证没有任何重叠的字节分配，以免造成数据读写错误。

4. 寻址方式

一条指令应能指明操作功能与操作对象，而操作对象可以是参加操作的数本身或操作数所在的地址。所谓寻址方式就是指令指定操作对象的方式。STEP 7 指令的操作对象（操作数）已如上述，它有 4 种寻址方式，即立即寻址、直接寻址、存储器间接寻址和寄存器间接寻址。

（1）立即寻址

操作数本身就在指令中，不需再去寻找操作数。包括那些未写操作数的指令，因为其操作数是唯一的，为方便起见不再在指令中写出。例如：

```
L      37          //把整数 37 装入累加器 1
L      'ABCD'      //把 ASCⅡ码字符 ABCD 装入累加器 1
L      C#987       //把 BCD 码数值 987 装入累加器 1
OW     W#16#F05A   //将十六进制常数 F05A 与累加器 1 低字逐位作"或"运算
SET                //把 RLO 置 1
```

（2）直接寻址

所谓直接寻址，就是指令中直接给出存放操作数的存储单元的地址。例如：

```
A      I0.0        //用输入位 I0.0 进行"与"逻辑操作
L      IB10        //将输入字节 IB10(I10.0～I10.7 共 8 位)的内容装入累加器 1
L      MW64        //将位存储区字 MW64(MB64、MB65 两字节)的内容装入累加
                     器 1
=      M115.4      //将 RLO 的内容赋值给存储位 M115.4
S      L20.0       //将本地数据位 L20.0 置 1
T      DBD12       //把累加器 1 中的内容传送至数据双字 DBD12(DBB12、DBB13、
                     DBB14、DBB15)中
```

（3）存储器间接寻址

存储器间接寻址指令中的操作对象是一个存储器（必须是表 5-5 所示的存储器），这个存储器中的内容是存操作数的区域地址的编号或位地址编号。所谓存储器间接寻址就是以存储器的内容作为地址，通过这个地址间接找到操作数，所以这个地址又称为地址

指针。

由于表示地址的复杂程度不一样，如定时器（T）、计数器（C）、数据块（DB）、功能块（FB、FC）的编号范围在 0 到 65535 之内，只要 16 位就够了，因此它们只用字指针（对应存储器也只用字存储器）。而其他地址如包含有位的地址，如输入位、输出位等，其编号范围为 0 ~ 65535.7，用 16 位已不够，则要用到双字指针（对应存储器当然也是双字存储器）。指针的两种格式如图 5-19 所示。

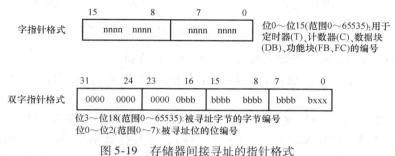

图 5-19　存储器间接寻址的指针格式

下面是存储器间接寻址指令的示例：

OPN	DB［MW 2］	//打开由 MW2 所存数字为编号的数据块（MW 中的位数为 16 位，属于字指针）
=	DIX［DBD 4］	//将 RLO 赋值给背景数据位，具体的位号存在数据双字 DBD4 中（DBD 的位数为 32 位，属于双字指针）
A	I［MD2］	//对输入位进行"与"操作，具体位号存在存储器双字 MD2 中（MD 的位数为 32 位，属于双字指针）

下面是如何应用字和双字指针的示例：

L	+5	//将整数 +5 装入累加器 1
T	MW2	//将累加器 1 的内容传送给存储字 MW2，此时 MW2 的内容为 5
OPN	DB［MW2］	//打开数据块 5（用存储器间接寻址法）
L	P#8. 7	//将 2#0000 0000 0000 0000 0000 0000 0100 0111（二进制数）装入累加器 1（注：P#表示 32 位的双字指针）
T	MD2	//将累加器 1 的内容传送给存储双字 MD2，此时 MD2 的内容为 8.7（双字指针表示的数）
A	I［MD2］	//对输入位 I8.7 进行"与"逻辑操作
=	Q［MD2］	//将 RLO 状态输出给 Q8.7

存储器间接寻址方式的优点是：程序执行过程中，通过改变操作数存储器的地址，可改变取用的操作数，如用在循环程序的编写中。

（4）寄存器间接寻址

前面已经谈到 S7 CPU 中有两个 32 位的地址寄存器 AR1 和 AR2，它们用于对各存储区的存储器内容实现寄存器间接寻址。寻址的方法是将地址寄存器的内容加上偏移量便得到了被寻址的地址（即存操作数的地址）。下面进行具体介绍。

寄存器间接寻址有两种：一种称为"区域内寄存器间接寻址"，一种称为"区域间寄存器间接寻址"。两种方式下地址寄存器存储的地址指针格式在 4 个标志位（＊和 rrr）上各有区别，图 5-20 所示为地址寄存器内指针格式。

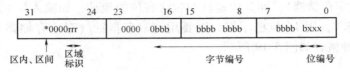

图 5-20　寄存器间接寻址指针格式

根据图 5-20 说明两种寄存器间接寻址的地址指针安排：

1）位 31＝0，表明是区域内寄存器间接寻址；位 31＝1，表明是区域间寄存器间接寻址。

2）位 24、25、26（rrr）区域标识。当为区域内寻址时将 rrr 设为 000（无意义）。区域内寻址的存储区由指令中明确给出（见下面示例），这种指针格式适用于在确定的存储区内寻址。当为区域间寻址时，区域标识位用于说明所在存储区。这样，就可通过改变这些位，实现跨区寻址。区域标识位（rrr）所代表的存储区域见表 5-9。

表 5-9　区域间寄存器间接寻址的区域标识

位 26、25、24 的二进制内容	代表的存储区域	位 26、25、24 的二进制内容	代表的存储区域
000	P（I/O，外设输入/输出）	100	DBX（共享数据块）
001	I（输入过程暂存区）	101	DIX（背景数据块）
010	Q（输出过程暂存区）	110	L（先前的本地数据，也就是说先前未完成块的本地数据）
011	M（位存储区）		

3）位 3 至位 18（bbbb bbbb bbbb bbbb）：被寻地址的字节编号（0～65535）。

4）位 0 至位 2（×××）：被寻地址的位编号。如果要用寄存器间接寻址方式访问一个字节、字或双字，则必须令指针中位的地址编号为 0。

下面举例说明如何使用两种指针格式实现区域内、区域间寄存器间接寻址。

例 5-1　区域内寄存器间接寻址

L　　　　　P#8.7　　　　//将 2#0000 0000 0000 0000 0000 0000 0100 0111 的双字指针装入累加器 1

LAR1　　　　　　　　　//将累加器 1 的内容传送至地址寄存器 1（AR1），实现的是把一个指向位地址单元 8.7 的区内双字指针存放在 AR1 中

A　　　　　I［AR1,P#0.0］　　//地址寄存器 AR1 的内容（8.7）与偏移量（P#0.0）相加结果为 8.7，指明是对输入位 I8.7 进行"与"操作（指令中明确给出存储区 I）

＝　　　　　Q［AR1,P#1.1］　　//地址寄存器 AR1 的内容（8.7 未变）与偏移量（P#1.1）相加结果为 10.0，指明是对输出位 Q10.0 操作，即将上面"与"逻辑操作结果（RLO）赋值给 Q10.0

注：AR1 内容 8.7 即字节 8，位 7；偏移量 P#1.1 即字节 1，位 1。两者相加时字节对字节相加按十进制，位与位相加按八进制，结果为 10.0。

例 5-2　区域间寄存器间接寻址

L	P#I7.3	//将区间双字指针 I7.3 即 2#1000 0001 0000 0000 0000 0000 0011 1011 装入累加器 1
LAR1		//将累加器 1 的内容(I7.3)传送至地址寄存器 AR1
L	P#Q8.7	//将区间双字指针 Q8.7 即 2#1000 0010 0000 0000 0000 0000 0100 0111 装入累加器 1
LAR2		//将累加器 1 的内容(Q8.7)传送至地址寄存器 AR2
A	[AR1,P#0.0]	//对输入位 I7.3 进行"与"逻辑操作(地址寄存器 AR1 的内容 I7.3 与偏移量 P#0.0 相加结果为 I7.3)
=	[AR2,P#1.1]	//将上面"与"逻辑操作结果(RLO)赋值给输出位 Q10.0(地址寄存器 AR2 的内容 Q8.7 与偏移量 P#1.1 相加结果为 Q10.0)

例 5-3　区域间寄存器间接寻址（字节、双字地址）

L	P#I8.0	//将输入位 I8.0 的双字指针装入累加器 1
LAR2		//将累加器 1 的内容(I8.0)传入地址寄存器 AR2
L	P#M8.0	//将存储器位 M8.0 的双字指针装入累加器 1
LAR1		//将累加器 1 的内容(M8.0)传入地址寄存器 AR1
L	B[AR2,P#2.0]	//把输入字节 IB10 装入累加器 1(输入字节 10 为 AR2 中的 8 字节加偏移量 2 字节)。
T	D[AR1,P#56.0]	//把累加器 1 的内容装入存储双字 MD64(存储双字 64 为 AR1 中的 8 字节加偏移量 56 字节)。

注意：地址寄存器间接寻址的方式只适用于 STL 语言。

习　题

1. STEP 7 的程序结构有哪几种？分述每种程序结构的含义。

2. 什么叫结构化编程？结构化程序中主要用到哪几种类型的程序块和数据块？

3. 什么是组织块和 OB1？OB1 的作用是什么？

4. 什么是 FB 和 FC？它们有何共同点和不同点？

5. 什么是 SFB 和 SFC？它们有何区别？SFB 与 FB、SFC 与 FC 有何区别？

6. 什么是 DB、DI 和 SDB？DB 与 DI 有何区别？DB 与 SDB 有何区别？

7. STEP 7 中的数据类型有哪三大类？基本数据类型包括哪些种类？

8. 存储器的位、字节、字和双字有什么关系？M100.1、MB100、MW100、MD100 的含义是什么？

9. STEP 7 中数据的参数类型有哪几种？分别举例说明。

10. PLC 的存储器有哪两大类？各有何作用？用户存储器有哪几大部分组成？

11. 简述用户存储器中的系统储存区的组成及各部分的作用。

12. 什么是状态字寄存器？简述状态字各位的含义。

13. S7—300PLC 有哪些编址方法？简述各编址方法的含义。

14. CPU312C 上集成的 I/O 地址如何确定？

15. 在 0 号机架的 5 号槽位上插入 16DI 模块、4 号槽位上插入 8AO 模块、6 号槽位上插入 8DI/8DO 模块时，它们的地址如何确定？

16. 什么是梯形图指令，有何特点？STEP 7 中的梯形图指令有哪几种形式？分别举例说明。

17. 什么是语句表指令？有何特点？STEP 7 中的语句表指令有哪几种形式？分别举例说明。

18. 语句表指令中的操作码和操作数的作用是什么？试举例说明。NOT 指令的操作数是什么？

19. STEP 7 中语句表指令中的操作数可用什么参数来做？分别举例说明。

20. 一个 32 位存储器可用哪些类型的地址？指出指令 A   M10.0、A   MB10、A   MW10、A   MD10 中的地址及其类型。

21. STEP 7 中有哪些寻址方式？分述各方式的含义。

22. 什么叫地址指针？哪些寻址方式用到地址指针？

第六章

S7—300PLC指令系统及编程

S7—300 PLC 具有丰富的指令系统，其中包括逻辑指令和功能指令两大类。逻辑指令包括位逻辑指令、定时器指令、计数器指令、字逻辑指令。功能指令主要包括以下几个方面：

1）数据处理与算术运算指令：该类指令主要包括数据的交换、传送、数据格式的转换、数据比较、算术运算、累加器操作、移位和循环移位等。这方面的指令很丰富、直接影响到 PLC 功能的多少和编制复杂程序的难易程度。

2）程序执行控制指令：该类指令主要指程序执行的顺序与控制程序结构的有关指令，其中包括跳转指令、循环指令、块调用指令和主控继电器指令。该指令的应用，可使程序编制更灵活、高效，且有利于提高编程质量。

3）其他功能指令：该类指令主要包括地址寄存器指令、数据块指令、显示和空操作指令。该指令可作为上述功能指令的补充，使相应的功能更容易实现。

掌握逻辑指令就可以编制开关量或数字量控制程序了，要编制模拟量控制程序及其他复杂控制程序（如 PID 控制程序、通信处理程序等）还需要功能指令。

对各种生产厂家的 PLC 和同一个厂家的不同机型的 PLC，其逻辑指令都大同小异，如表6-1 所示的位逻辑指令。学会一种类型的 PLC 的逻辑指令，再学其他类型的 PLC 的逻辑指令就容易多了，可以做到触类旁通。而功能指令因生产厂家不同和同一个厂家的机型不同而差别较大，不容易做到触类旁通，但它与"微机原理"和"单片机原理及应用"两门课程中汇编程序的指令相近，若这两门课程学得好，学好功能指令也不难。

第一节　逻　辑　指　令

一、位逻辑指令

位逻辑指令处理的对象是"1"和"0"数字信号，这两个数字组成了二进制计数系统中的"位"，可代表输入触点的"闭合"和"断开"，或输出线圈的"通电"和"断电"。位逻辑指令的功能就是采集 I/O 信号状态（1 或 0），并进行逻辑运算，再将逻辑运算结果（1 或 0）储存在状态字寄存器的 RLO 位上或输出线圈（如位存储器 M、输出映像存储器 Q 等）位上。位逻辑指令的类型及其含义见表6-1。

（一）标准触点指令

标准触点指令的类型及其功能见表6-2。

（二）输出指令

1. 输出线圈指令（一般输出指令）

输出线圈指令及其功能见表6-3。

（1）举例

图6-1说明了上述指令的用法。

表6-1 位逻辑指令

指令	说　明	指令	说　明
A	AND,逻辑与,电路或触点串联	XN(	逻辑异或非加左括号
AN	AND NOT,逻辑与非,常闭触点串联	)	右括号
O	OR,逻辑或,电路或触点并联	=	赋值
ON	OR NOT,逻辑或非,常闭触点并联	R	RESET,复位指定的位或定时器、计数器
X	XOR,逻辑异或	S	SET,置位指定的位或设置计数器的预置值
XN	XOR NOT,逻辑异或非	NOT	将 RLO 取反
A(	逻辑与加左括号	SET	将 RLO 置位为 1
AN(	逻辑与非加左括号	CLR	将 RLO 清 0
O(	逻辑或加左括号	SAVE	将状态字中的 RLO 保存到 BR 位
ON(	逻辑或非加左括号	FN	下降沿检测
X(	逻辑异或加左括号	FP	上升沿检测

表6-2 标准触点指令的类型及其功能

LAD 指令	STL 指令	操作数	数据类型	存储区	功　能
〈位地址〉 ┤├	A 〈位地址〉	〈位地址〉	BOOL	I、Q、M、T、C、D、L	"与"指令:用于单个常开触点的串联或串联逻辑行的开始
〈位地址〉 ┤├	O 〈位地址〉				"或"指令:用于单个常开触点的并联或并联逻辑行的开始
〈位地址〉 ┤/├	AN 〈位地址〉	〈位地址〉	BOOL	I、Q、M、T、C、D、L	"与非"指令:用于单个常闭触点的串联或串联逻辑行的开始
〈位地址〉 ┤/├	ON 〈位地址〉				"或非"指令:用于单个常闭触点的并联或并联逻辑行的开始

注:在 STEP7 中,程序都是用程序块组成,上、下程序块的梯形图左母线不连,不用区分触点的串（并）联和串（并）联逻辑行的开始。

表6-3 输出线圈指令及其功能

LAD 指令	STL 指令	操作数	数据类型	存储区	功　能
〈位地址〉 ──( )	=〈位地址〉	〈位地址〉	BOOL	I、Q、M、T、C、D、L	把逻辑串运算结果 RLO 的值赋值给输出线圈,并结束一个逻辑串

注:I 用得少,只有当 I 的全部或部分位没有被现场输入信号占用时,可当作中间继电器使用。

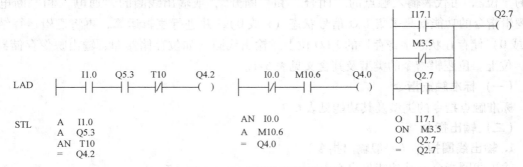

图6-1 触点及线圈程序示例

（2）说明

1）一般输出指令可以并联使用，如图 6-2 所示。

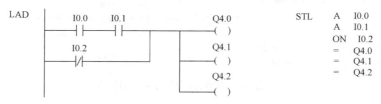

图 6-2　多重输出示例

2）一般输出指令在梯形图中可连续使用，但用 STL 编程时要注意指令的用法，如图 6-3所示。

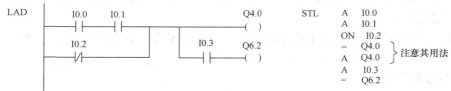

图 6-3　输出线圈指令连续使用示例

2. 中间输出指令

中间输出指令及其功能见表 6-4。在编制梯形图程序时，如果一个逻辑串很长不便于编辑时，可以将逻辑串分成几段，前一段的逻辑运算结果（RLO）可作为中间输出储存在指定的存储区（I、Q、M、D、L）的某一位中，该储存位可以当作一个触点出现在其他逻辑串中。

表 6-4　中间输出指令及其功能

LAD 指令	STL 指令	操作数	数据类型	存储区	功　　能
〈位地址〉 ——(#)——	=〈位地址〉 A〈位地址〉	〈位地址〉	BOOL	I、Q、M、 D、L	把逻辑串中间运算结果 RLO 的值赋值给指定的〈位地址〉

（1）举例

图 6-4 和图 6-5 所示说明了中间输出指令的用法。

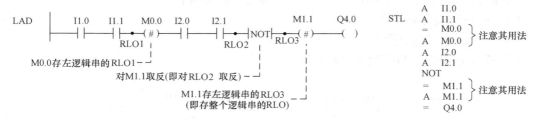

图 6-4　中间输出指令示例

（2）说明

1）中间输出指令被安置在逻辑串中间，用于将其前的位逻辑操作结果（此处的 RLO 值）保存到指定位地址（有人称它为"连接器"或"中间赋值元件"），如图 6-4 所示。

2）"连接器"和其他元件串联时，中间输出指令同触点一样，可插入逻辑串中间。

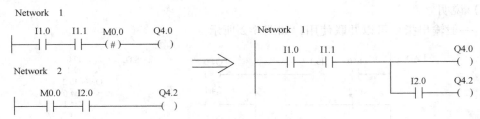

图 6-5　中间输出指令的应用

3）"连接器"不能直接与左母线（相当于电路的电源母线）相连，也不能放在逻辑串的结尾或分支结尾处。

4）可以用取反指令"─┤NOT├─"对"连接器"进行取反操作，如图 6-4 所示。

5）使用中间输出指令可以使复杂逻辑块程序简化成若干个简单逻辑块程序，如图 6-5 所示。

（三）嵌套指令

嵌套指令只有 STL 指令，用于电路块串、并联的编程。它有"与嵌套"和"或嵌套"两种指令。

1."与嵌套"指令

"与嵌套"指令用于电路块串联的编程。其指令格式如下：

A(──与嵌套开始指令

　)──与嵌套结束指令

图 6-6 所示说明了与嵌套指令的用法。

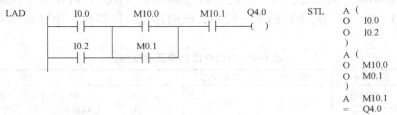

图 6-6　与嵌套指令用法示例

2."或嵌套"指令

"或嵌套"指令用于电路块并联的编程。其指令格式如下：

O(──或嵌套开始指令

　)──或嵌套结束指令

图 6-7 所示说明了与嵌套指令的用法。

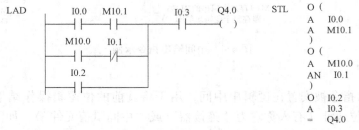

图 6-7　或嵌套指令用法示例

3. 说明

先"与"后"或"（即电路
元件先串后并）可不用嵌套指令
中的括号，如图 6-8 所示。

图 6-8 中，由 I0.0 和 I0.1 组
成的电路实际上是一个"异或"
电路，若用"异或"指令编程则
可使程序更简洁。

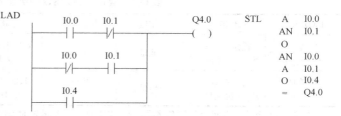

图 6-8　用先"与"后"或"原则编程

（四）"异或"和"异或非（同或）"指令

1. "异或"指令

异或指令只有 STL 指令，专用于异或门逻辑电路的编程。其指令格式如下：

$$\begin{cases} X \langle 位地址\,1 \rangle \\ X \langle 位地址\,2 \rangle \end{cases} \quad 或 \begin{cases} XN \langle 位地址\,1 \rangle \\ XN \langle 位地址\,2 \rangle \end{cases}$$

图 6-9 说明了异或指令的用法。当 I0.0 和 I0.1 不同时动作时，输出线圈 Q4.0 状态为
1，反之为 0。

对比图 6-8 和图 6-9 可见，用"异或"指令编程则可使程序更简洁。

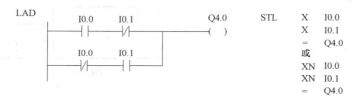

图 6-9　异或指令的用法

2. "同或"指令

同或指令只有 STL 指令，专用于同或门逻辑电路的编程。其指令格式如下：

$$\begin{cases} X \quad \langle 位地址\,1 \rangle \\ XN \langle 位地址\,2 \rangle \end{cases} \quad 或 \begin{cases} XN \langle 位地址\,1 \rangle \\ X \quad \langle 位地址\,2 \rangle \end{cases}$$

图 6-10 说明了同或指令的用法。当 I0.0 和 I0.1 同时动作时，输出线圈 Q4.0 状态为 1，
反之为 0。

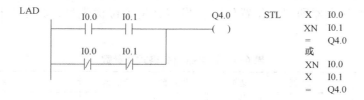

图 6-10　同或指令的用法

（五）置位/复位指令

复位/置位指令及其功能见表 6-5。

表 6-5　复位/置位指令的类型及其功能

LAD 指令	STL 指令	操作数	数据类型	存储区	功　能
〈位地址〉 ——（S）	置位指令： S　〈位地址〉	〈位地址〉	BOOL	I、Q、M、 D、L	给指定位地址的"位"置1，并结束一 个逻辑串
〈位地址〉 ——（R）	复位指令： R　〈位地址〉	〈位地址〉	BOOL	I、Q、M、T、 C、D、L	给指定位地址的"位"置0，并结束一 个逻辑串

注：1. 复位指令不仅可以复位存储器，还可以使正在运行的定时器停止或使计数器清零。
　　2. 复位/置位的 LAD 指令只能放在逻辑串的最右端，不能放在逻辑串的中间，它们也属于输出指令。
　　3. 置位指令具有保持功能，即使指定位地址的"位"一直为1，直到复位指令把它清零。

图 6-11 说明了复位/置位指令的用法。

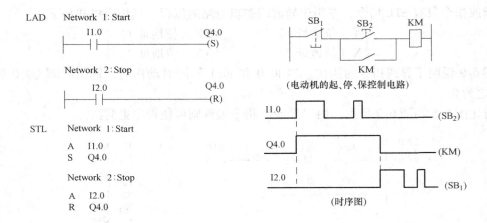

图 6-11　复位/置位指令的用法示例及时序图

图 6-11 的程序中，只要 I1.0 一闭合，不论 I1.0 闭合后是否又断开，Q4.0 将一直保持通电状态（1 态），直到 I2.0 闭合且不论闭合后是否又断开，Q4.0 才断电（0 态）。其功能同电动机的起停保控制电路类似。

（六）触发器指令

触发器指令可以用在逻辑串最右边结束一个逻辑串；也可以用在逻辑串当中作为一个特殊触点，影响右边的逻辑操作结果。其功能同电动机的起、停、保控制电路类似。

触发器指令有 S-R 触发器和 R-S 触发器两种。S-R 触发器即"置位复位"触发器，是复位优先型；R-S 触发器即"复位置位"触发器，是置位优先型，其指令格式及参数见表 6-6。

表 6-6　触发器指令格式及参数

LAD 指令	STL 指令	操作数	数据类型	存储区	说　　明
〈位地址〉 SR 置位信号 — S　Q — 复位信号 — R 复位优先型	A 置位信号 S　〈位地址〉 A 复位信号 R　〈位地址〉	〈位地址〉、 R、S、Q	BOOL	I、Q、M、D、L	S＝0、R＝1，复位，即 Q＝0 S＝1、R＝0，置位，即 Q＝1 S＝1、R＝1，复位，即 Q＝0，故称 为复位优先型

（续）

LAD 指令	STL 指令	操作数	数据类型	存储区	说　明
复位信号　RS 置位信号　置位优先型	A 复位信号 R〈位地址〉 A 置位信号 S〈位地址〉	〈位地址〉、 R、S、Q	BOOL	I、Q、M、D、L	S=0，R=1，复位，即 Q=0 S=1，R=0，置位，即 Q=1 S=1，R=1，置位，即 Q=1，故称为置位优先型

注：置位具有保持功能，即使指定位地址的"位"一直为 1，直到复位信号把它清零。

图 6-12 说明了 SR 触发器和 RS 触发器指令的用法。

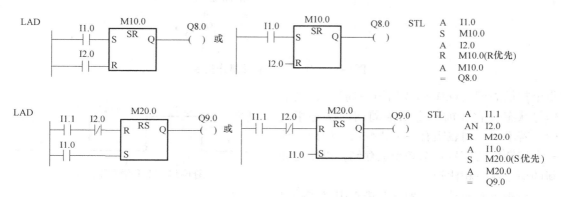

图 6-12　SR 触发器和 RS 触发器指令用法示例

（七）对 RLO 的直接操作指令

可用表 6-7 中的指令来直接改变逻辑操作结果位 RLO 的状态。如图 6-13 所示中 LAD（1），设 I0.0 与 I0.1 均为闭合，则 RLO 中应为 1，但经 NOT 指令后 RLO 中变为 0，所以 Q8.0 为 0（断电）。

表 6-7　对 RLO 的直接操作指令

LAD 指令	STL 指令	功能	说　明
—│NOT│—	NOT	取反 RLO	在逻辑串中，将当前的 RLO 状态变反；还可令 STA 位置 1
无	SET	置位 RLO	把 RLO 无条件置 1，并结束逻辑串；使 STA 置 1，OR、$\overline{FC}$ 清 0
无	CLR	复位 RLO	把 RLO 无条件清 0，并结束逻辑串；使 STA、OR、$\overline{FC}$ 清 0
—（SAVE）	SAVE	保存 RLO	把 RLO 状态存入状态字的 BR 位中

又如图 6-13 中的 LAD（2）中，SAVE 指令将当前 RLO 状态（上一个程序块的最后一个 RLO，而不是 I1.5 的状态）存入 BR 位中，下面用检测 BR 位（此处为 Q4.0 的状态）来重新检查保存的 RLO。

执行图 6-13 中的 STL（3）程序，SET 指令使 RLO 为 1，赋值 M10.0～M10.2 为 1；CLR 指令使 RLO 为 0，赋值 M11.5、Q4.2 为 0。

（八）跳变沿检测指令

当信号状态变化时就产生跳变沿：从 0 变到 1 时，产生一个上升沿（也称正跳沿）；从 1 变到 0 时，则产生一个下降沿（也称负跳沿），如图 6-14 所示。跳变沿检测的方法是：在

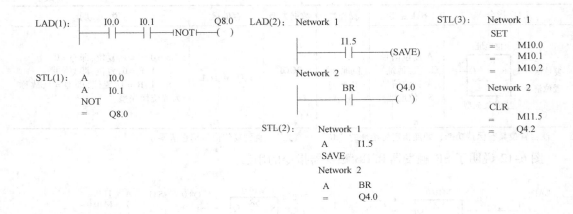

图 6-13　对 RLO 的直接操作指令

每个扫描周期（OB1 循环扫描一周），把当前
信号状态和它在前一个扫描周期的状态相比
较，若不同，则表明有一个跳变沿。因此，前
一个周期里的信号状态必须被存储，以便能和
新的信号状态相比较。

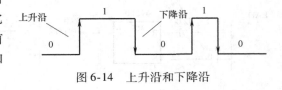

图 6-14　上升沿和下降沿

　　该指令有两种：一种是对逻辑串操作结果
RLO 的跳变沿检测指令，另一种是对单个触点跳变沿检测指令。它们又分正跳沿检测指令
和负跳沿检测指令，现分述如下。

1. 对 RLO 跳变沿检测指令

　　RLO 跳变沿检测指令用于检测逻辑串操作结果 RLO 的跳变沿，其指令格式及功能见表
6-8。

表 6-8　RLO 跳变沿检测指令格式及功能

LAD 指令	STL 指令	操作数	数据类型	存储区	功　　能
〈位地址〉—（P）—	FP〈位地址〉	〈位地址〉用于存储 RLO 状态	BOOL	I、Q、M、D、L	该指令可对左边逻辑串操作结果 RLO 的正跳沿检测，并在有正跳沿时刻，该指令右边的 RLO 的状态变为一个正脉冲，脉宽为一个 OB1（主程序循环块）的扫描周期
〈位地址〉—（N）—	FN〈位地址〉				该指令对 RLO 的负跳沿检测，并在有负跳沿时刻，该指令右边的 RLO 的状态变为一个正脉冲

　　注：〈位地址〉用于存储左边逻辑串操作结果 RLO 状态，可供 CPU 检测该 RLO 上一个扫描周期的状态，以便与当前
　　　　RLO 状态相比较，来判断该 RLO 是正跳沿还是负跳沿。

　　图 6-15 所示说明了 RLO 跳变沿检测指令的用法。

2. 对单个触点跳变沿检测指令

　　单个触点跳变沿检测指令用于检测单个触点跳变沿，它使用梯形图方块指令，该方块指
令同触发器一样可看作是一个特殊的常开触点。其指令格式及功能见表 6-9。

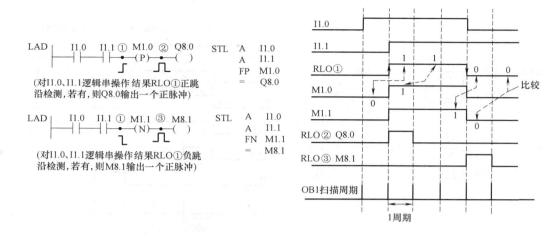

图 6-15 RLO 跳变沿检测

表 6-9 对单个触点跳变沿检测指令的格式及功能

LAD 指令	STL 指令	操作数	数据类型	存储区	功　能
〈位地址1〉 POS 允许 — Q 〈位地址2〉— M_BIT	A(A〈位地址1〉 FP〈位地址2〉)	〈位地址1〉 被检测触 点状态	BOOL	I、Q、M、D、L	只要允许信号为1,则可对 〈位地址1〉触点的正跳沿检 测,若有正跳沿,Q 输出一个 正脉冲,脉宽为一个 OB1 扫 描周期
〈位地址1〉 NEG 允许 — Q 〈位地址2〉— M_BIT	A(A〈位地址1〉 FN〈位地址2〉)	〈位地址2〉 存储被检测 触点状态	BOOL	Q、M、D	只要允许信号为1,则可对 〈位地址1〉触点的负跳沿检 测,若有负跳沿,Q 输出一个 正脉冲,脉宽为一个 OB1 扫 描周期
		Q 单稳输出	BOOL	I、Q、M、D、L	

注:1. 〈位地址1〉为被检测触点,该地址存储被检测触点的状态,可供 CPU 检测该地址的当前状态。
　　2. 〈位地址2〉与〈位地址1〉状态一样,该地址也存储被检测触点的状态,可供 CPU 检测〈位地址1〉上一个扫描周期的状态,以便与〈位地址1〉当前状态相比较,来判断被检测触点是正跳沿还是负跳沿。
　　3. 在有正负跳沿时,Q 输出一个正脉冲,脉宽为一个 OB1 扫描周期(即 Q 只能在一个扫描周期内保持为1,故 Q 又称为单稳输出)。
　　4. 该方块指令同触发器方块指令一样,可看作是一个特殊的常开触点,当 Q = 1,触点闭合(仅闭合一个扫描周期),若 Q = 0,则触点断开。

图 6-16 所示说明了单个触点跳变沿检测指令的用法。

(九) 位逻辑指令的应用

1. 验灯程序的编写

在过去的控制系统中,一般使用了大量的指示灯来指示设备的运行状态。如卷烟包装机控制系统操作面板上就装有几十个灯。由于灯的寿命有限,发生故障时常给操作人员带来错觉,解决的办法通常是设计一个验灯程序,操作人员接班时先检查一下所有指示灯是否完好。

验灯程序的编写很简单。在 PLC 中加用 1 个输入点如 I3.7,其外部连接一个常开按钮。由于 I3.7 的内部触点是无数的,控制指示灯输出点的梯形图上均并联 1 个 I3.7 常开触点,

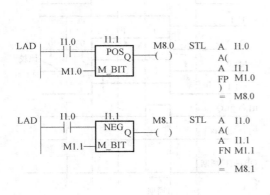

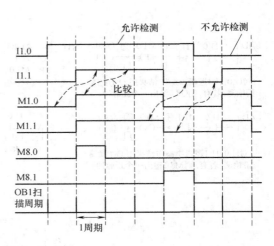

图 6-16 单个触点跳变沿检测

当它闭合时指示灯均亮，以查验灯的好坏。

如图 6-17 所示，Q4.0 是控制电动机接触器线圈的输出点：Q4.0 为 0 时表示电动机停转，Q4.1 外接的绿灯亮；Q4.0 为 1 时表示电动机运转，Q4.2 外接的红灯亮，验灯触点为 I3.7，其程序示于图 6-17 中。

2. 利用触发器编写第一信号记录程序

在工业现场一旦有故障发生可能随之带来多个故障，如果能找出第一个故障信号，对排除故障可能带来很大方便。编写这种程序的方法与编写大家所熟悉的"抢答器"控制程序类似。

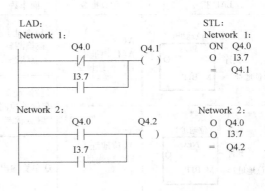

图 6-17 验灯程序

抢答器的功能是当一组抢到答题权时，本组显示灯亮，同时其他抢答台抢答无效，显示灯也不会亮。只有主持人按动复位按钮，才能恢复下一轮抢答。

设 I1.0、I1.1、I1.2 和 Q5.0、Q5.1、Q5.2 分别为第 1、2、3 抢答台的抢答按钮与显示灯的输出点，I2.0 为主持人复位按钮的输入点。按抢答器功能要求设计程序如图 6-18 所示。注意：程序中只能使用复位优先型触发器，不能使用置位优先型触发器。

3. 二分频器程序编写

二分频器是一种具有一个输入端和一个输出端的功能单元，输出频率为输入频率的一半。实现二分频的方法有很多种，下面介绍其中两种。

（1）利用"与""或"指令实现二分频器程序

设输入为 I1.0，输出为 Q4.0，根据二分频要求 I1.0 接通 2 次，Q4.0 只接通 1 次。其波形如图 6-19 所示。利用常开、常闭触点串并联实现二分频程序，如图 6-20 所示。图中增加存储位 M4.0 作为控制 Q4.0 的附加条件，其通断波形示于图 6-19 中。

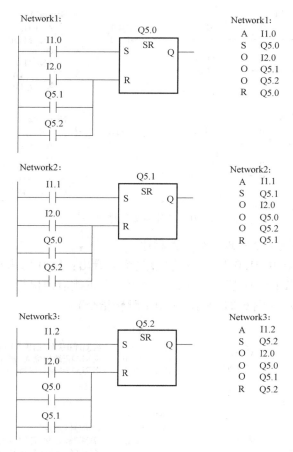

图 6-18　抢答器程序

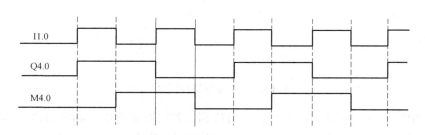

图 6-19　二分频波形图（时序）

从波形图和梯形图均可看出，Q4.0 变为 1 的条件是 I1.0 为 1 且 M4.0 为 0。Q4.0 为 1 后，I1.0 为 0 时，Q4.0 仍可自保为 1，直到 I1.0 又为 1；而 M4.0 变为 1 的条件是 I1.0 为 0 且 Q4.0 为 1。M4.0 为 1 后，I1.0 为 1 时，M4.0 也保持不变（以此区别 Q4.0 处的状态），直到 I1.0 又为 0 时，M4.0 才变为 0。

读者也可通过 I1.0 的时序（当 I1.0 第 1 次为 1，第 1 次为 0；第 2 次为 1，第 2 次为 0；…）分析出 Q4.0，M4.0 变化的波形。

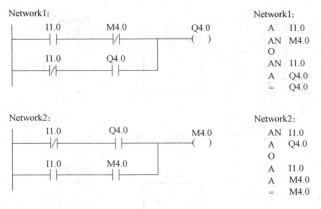

图 6-20　二分频器程序之一

（2）利用跳变沿检测指令实现二分频器程序

分析二分频器波形图中 I1.0 与 Q4.0 波形关系可看出：I1.0 每出现一个正跳沿，Q4.0 便反转一次。因此只要设计一个反转程序，每测得一个正跳沿则执行一次反转，没有正跳沿则不执行反转。具体程序如图 6-21 所示。（用了跳转指令）

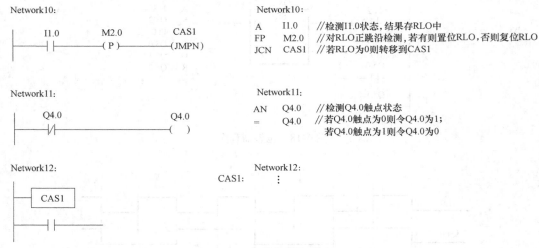

图 6-21　二分频器程序之二

图 6-21 中所示 Network10 对 I1.0 正跳沿检测：若没有正跳沿，则转向执行 Network12 的程序；若有正跳沿，则顺序执行 Network11 中的程序。Network11 实现输出反转：若常闭触点 Q4.0 为 1（说明原 Q4.0 线圈为 0）则令线圈 Q4.0 为 1（实现反转）；若 Q4.0 常闭触点为 0（说明原 Q4.0 线圈为 1）则令线圈 Q4.0 为 0（同样实现反转）。尽管在 Network11 中使用的是输出赋值指令，因它只是在输入有正跳沿时才执行，其他情况下不执行，使得 Q4.0 具有了保持特性，获得了图 6-19 所示的波形。

4. 往复运动小车控制程序的编写

一小车由电动机拖动，起动后小车自动前进，至指定位置又自动后退至起始位置，然后又前进，如此反复运行直至命令停止。根据上述控制要求，对 I/O 点分配如下。小车控制程序如图 6-22 所示。

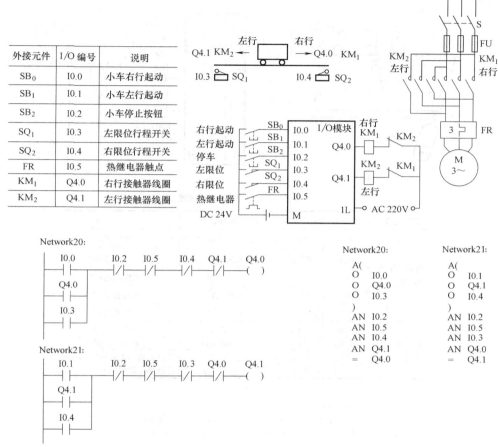

图 6-22　小车控制程序

5. 跳变沿检测指令的应用——传送带运动方向检测

图 6-23a 所示的传送带一侧装配有两个反射式光传感器（PEB$_1$ 和 PEB$_2$，两者之间的安装距离小于包裹的长度），用于检测包裹在传送带上的移动方向，并用方向指示灯 HL$_1$ 和 HL$_2$ 指示。光传感器触点为常开触点，当检测到物体时动作（闭合）。

地址分配及符号定义见图 6-23d 所示表格，端子配置如图 6-23b 所示。

由于在机械安装上两个传感器之间的距离小于包裹的长度，因此可以知道：如果光传感器 PEB$_1$ 先有效，说明在两个光传感器之间的传送带上有包裹，且传送带向左传动；如果光传感器 PEB$_2$ 先有效，说明在两个光传感器之间的传送带上有包裹，且传送带向右传动。方向检测部分的 LAD 程序如图 6-23e 所示。

Network1 说明，如果 PEB$_1$ 上出现信号状态由 "0" 到 "1" 的变化（上升沿），同时 PEB$_2$ 的信号状态为 "0"，表示传送带上的包裹向左移动。

Network2 说明，如果 PEB$_2$ 上出现信号状态由 "0" 到 "1" 的变化（上升沿），同时 PEB$_1$ 的信号状态为 "0"，表示传送带上的包裹向右移动。

Network3 说明，如果光传感器没有被遮挡，则表示在两个光传感器之间没有包裹，方向指示灯熄灭。

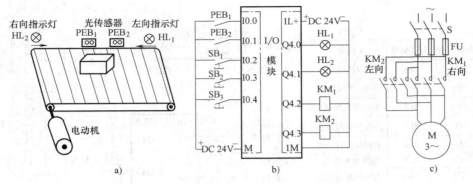

a) 传送带　b) 端子配置　c) 主电路图

传送带运动方向检测系统地址分配表

编程元件	元件地址	定义符号	传感器/执行器	说 明
数字量输入 DC32×24V	I0.0	PEB1	反射式光传感器，常开	光传感器1
	I0.1	PEB2	反射式光传感器，常开	光传感器2
	I0.2	SB₁	常开按钮	右向起动按钮
	I0.3	SB₂	常开按钮	左向起动按钮
	I0.4	SB₃	常开按钮	停止按钮
数字量输出 DC32×24V	Q4.0	HL₁	LED指示灯	左向运动显示
	Q4.1	HL₂	LED指示灯	右向运动显示
	Q4.2	KM₁	直流接触器	传送带电动机右向控制接触器
	Q4.3	KM₂	直流接触器	传送带电动机左向控制接触器

d)

Network 1:Title:

```
    I0.0      M10.0      I0.1       Q4.0
────┤ ├──────(P)────────┤/├───────( S )
```

Network 2:Title:

```
    I0.1      M10.1      I0.0       Q4.1
────┤ ├──────(P)────────┤/├───────( S )
```

Network 3:Title:

```
    I0.0      I0.1                  Q4.0
────┤/├───────┤/├─────────────────( R )
                                    Q4.1
                     └────────────( R )
```

e)

图 6-23　传送带运动方向检测

a) 传送带　b) 端子配置　c) 主电路图　d) 传送带运动方向检测系统地址分配表　e) 方向检测部分的梯形图

二、字逻辑指令

（一）字逻辑 STL 指令

字逻辑 STL 指令是可带操作数（常数）或不带操作数的指令。对于 STL 形式的字逻辑运算指令，字逻辑运算是将两个 16 位的字或 32 位双字逐位进行逻辑运算的指令。参加运算的两个数，一个在累加器 1 中，另一个可以在累加器 2 中或在指令中以立即数（常数）的方式给出。"字"逻辑运算结果放在累加器 1 的低字中；"双字"逻辑运算结果放在累加器 1 中，累加器 2 的内容保持不变。

字逻辑运算结果影响状态字的标志位。如果字逻辑运算结果为 0，则 CC1 被复位为 0，如果字逻辑运算结果不是 0，则 CC1 被置为 1，CC0 和 OV 位则总是复位为 0。

字逻辑运算指令的语句表和梯形图表示格式，见表 6-10。

表 6-10 字逻辑运算指令格式及说明

STL 指令	操作数	LAD 指令	说明	功 能
AW	不带操作数或带常数	WAND_W EN ENO IN1 OUT IN2	字"与" （WAND_W）	两个 16 位的"字"逐位进行"与"逻辑运算
OW		WOR_W EN ENO IN1 OUT IN2	字"或" （WOR_W）	两个 16 位的"字"逐位进行"或"逻辑运算
XOW		WXOR_W EN ENO IN1 OUT IN2	字"异或" （WXOR_W）	两个 16 位的"字"逐位进行"异或"逻辑运算
AD		WAND_DW EN ENO IN1 OUT IN2	双字"与" （WAND_DW）	两个 32 位的"双字"逐位进行"与"逻辑运算
OD		WOR_DW EN ENO IN1 OUT IN2	双字"或" （WOR_DW）	两个 32 位的"双字"逐位进行"或"逻辑运算
XOD		WXOR_DW EN ENO IN1 OUT IN2	双字"异或" （WXOR_DW）	两个 32 位的"双字"逐位进行"异或"逻辑运算

下面举例说明字逻辑 STL 指令的应用。

例 6-1 使用不带操作数的字 "与" 指令 AW。

STL

L	MW10	//把存储字 MW10 的内容写入累加器 1 低字中
L	MW20	//把存储字 MW20 的内容写入累加器 1 低字中,累加器 1 原内容移至累加器 2
AW		//累加器 1、2 低字内容逐位进行"与"逻辑运算,结果存放在累加器 1 低字中
T	MW12	//把累加器 1 低字中内容传送至存储区 MW12 中

设 MW10,MW20 中存储内容如图 6-24 所示,按位进行与运算后,存入 MW12 的内容亦示于图 6-24 中。

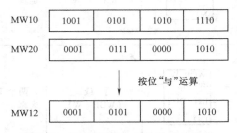

图 6-24　两个字间的 AW 指令的操作

例 6-2 使用 32 位常数异或 XOD 指令的示例。该程序实现了累加器与指令中给出的 32 位常数的异或逻辑运算。

L	MD10	//把存储区双字 MD10 的内容写入累加器 1
XOD	DW#16#ABCD _ 1978	//把累加器 1 的内容与常数 DW#16#ABCD _ 1978 按位进行异或逻辑运算,结果放在累加器 1 中
T	MD14	//把累加器 1 中的内容传送到存储区双字 MD14 中

设 MD10 中存储内容如图 6-25 所示,与异或 XOD 指令中常数按位进行异或运算后,传入存储双字 MD14 的内容亦示于图 6-25 中。

图 6-25　32 位常数 XOD 指令的操作

（二）字逻辑梯形图方块指令

上述字逻辑语句表指令都有对应的梯形图方块指令,梯形图方块图形符号如表 6-10 所示。

表 6-10 所示中,方块上的指令符号说明了该方块的功能。IN1 为逻辑运算第一个数输

入端，IN2 为第二个数输入端，OUT 为逻辑运算结果输出端，EN 为允许（使能）输入端，ENO 为允许输出端。当 EN 的信号状态为 1，则启动字逻辑运算指令，且使 ENO 为 1，若 EN 为 0，则不进行字逻辑运算，此时 ENO 也为 0。启动字逻辑运算后，对 IN1、IN2 端的两个数字逐位进行逻辑运算。参与逻辑运算的数及结果均为字或双字数据类型，它们可以存储在存储区 I、Q、M、D、L 中。图 6-26a 进行的是输入字 IW0 中 16 位与常数 W#16#3A2F 的 16 位逐位进行逻辑与运算，运算的结果放在存储字 MW10 中。图 6-26b 进行的是存储双字 MD0 中 32 位与数据双字 DBD10 中 32 位逐位进行逻辑与运算，运算结果放在存储双字 MD4 中。

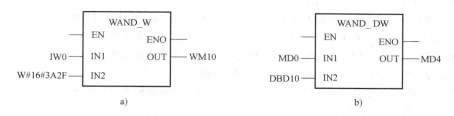

图 6-26　字逻辑梯形图方块指令

a）字逻辑方块　b）双字逻辑方块

（三）字逻辑运算指令的应用

字逻辑运算指令有各种用途，下面简单举例说明。

例如，用字逻辑指令来屏蔽（取消）不需要的位，取出所需要的位，也可对所需要的位进行设定。如图 6-27 所示，取出用 BCD 数字拨码开关送入输入存储字 IW0 中的 3 个 BCD 数，并将 I0.4 ~ I0.7 这 4 位置位 BCD 数 2（设时基号）。实现方法如图 6-27 所示（本例目的是：将拨码开关的数据作为定时器的时间设定值，设定时基为 1s，存入 MW2 中）。

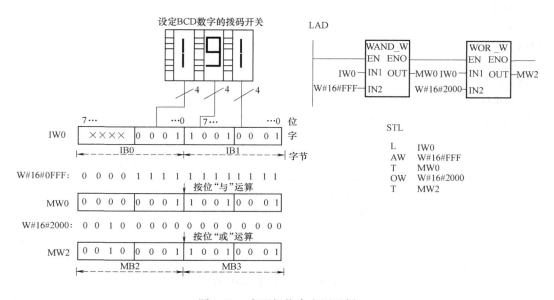

图 6-27　字逻辑指令应用示例

　　编程思路：先用 W#16#0FFF 和输入存储字 IW0 进行字和字相"与"运算（WAND _ W），运算结果送入存储字 MW0。MW0 中结果如图 6-27 所示，它取出了 3 个输入的 BCD 数并将相应的第 4 位置为 0。再通过 MW0 和 W#16#2000 进行字和字相"或"运算，运算结果送入存储字 MW2 中。MW2 中的数即为所求，如图 6-27 中所示。

习　题

1. S7—300PLC 的指令系统中，逻辑指令包括哪几个方面？功能指令包括哪几个方面？

2. 标准触点指令有哪几种？分述其功能。

3. 输出指令有哪几种？分述其功能。

4. 输出线圈指令的操作数能否使用输入映像储存区 I 的"位地址"？试说明为什么。

5. 输出线圈指令（一般输出指令）能否并联使用或在梯形图中能否连续使用？试分别举例说明。

6. 什么情况下宜使用中间输出指令？使用中间输出指令需注意哪些问题？

7. 嵌套指令的作用是什么？嵌套指令只有哪种类型的指令？

8. 异或指令和同或指令各有何作用？异或指令和同或指令只有哪种类型的指令？使用嵌套指令编写异或电路和同或电路程序有何缺点？

9. 分述置位/复位指令的功能。使用中应注意哪些问题？

10. 分别用标准触点指令和置位/复位指令编写电动机起、停、保控制电路的 LAD 程序，并对比它们的特点。

11. 说明触发器指令的功能。触发器指令有几种？它们有何区别？

12. 说明触发器指令和置位/复位指令在功能上的区别。

13. 跳变沿检测指令有哪几种？试分述其功能。

14. 试将图 6-28 所示 LAD 程序转换成 STL 程序。

15. 试将图 6-29 所示 LAD 程序转换成 STL 程序。

16. 试将下列 STL 程序转换成 LAD 程序。

```
A(
A    I0.0
A    I0.1
ON   I0.2
)
AN   I0.3
 =   Q4.0
 =   Q4.1
 =   Q4.2
```

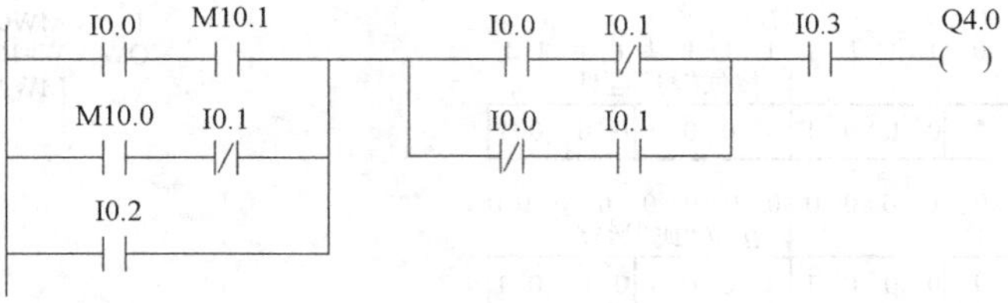

图 6-28　习题 14 的 LAD 程序

17. 试编写图 6-30 所示电动机正反转控制电路的 LAD 程序和 STL 程序，并画出硬件地址分配图。

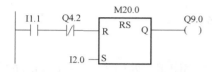

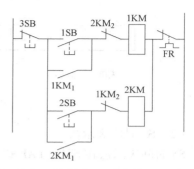

图 6-29　习题 15 的 LAD 程序　　　　图 6-30　电动机正反转控制电路

第二节　定时器与计数器指令

一、定时器指令

（一）定时器基础知识

定时器是一种由位和字组成的复合单元。其触点用位表示，定时值存储在定时器字中（占 2B，即 16 位存储器）。定时器的地址就是"T〈元件号〉"，如 T1、T8 等。

1. 定时值的设定

定时器的使用和时间继电器一样，也要设置定时时间，即定时值。当定时器线圈通电时，定时器启动并延时，延时到，定时器的触点动作；当定时器线圈断电时，其触点也动作。定时值的设定可通过以下两种方法进行。

（1）直接表示法

直接表示法仅在语句表指令（STL）中使用，其指令格式如下：

L　W#16#wxyz　　//执行后，把 wxyz 存入累加器 1 低字（即低 16 位）中，其中 xyz 以 BCD
　　　　　　　　码形式存入，w 以二进制码形式存入

其中　xyz——定时值，取值范围为 1～999；

　　　w——时基号，取值范围为 0、1、2、3，分别对应不同的时基，见表 6-11。

定时时间 = 时基 × 定时值（xyz）

如 W#16#2127 = 1s × 127 = 127s

表 6-11　时基与定时范围

时　　基	时基号（w）	分　辨　率	定　时　范　围
10ms	0	0.01s	10ms～9s990ms
100ms	1	0.1s	100ms～1min39s990ms
1s	2	1s	1s～16min39s
10s	3	10s	10s～2h46min30s

例如：　　A　I0.0　　　　//允许 T4 启动的输入控制信号

　　　　　L　W#16#2127　//把 2127 存入累加器 1 低字中

　　　　　SP　T4　　　　 //启动 T4，且累加器 1 存放的 2127 自动装入定时器字

　　　　　　　　　　　　　中，如图 6-31 所示

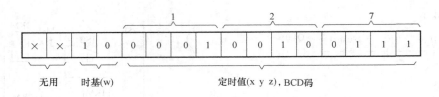

图 6-31　定时器字（16 位）

（2）S5 时间表示法

S5 时间表示法在 STL、LAD 以及梯形图方块指令中都能用。西门子 S7 系列 PLC 的定时器是继承西门子 S5 系列 PLC 的，故称 S5 时间表示法。其指令格式如下：

L　S5T#aHbbMccSdddMS　　　　//执行后，把定时值 aHbbMccSdddMS 以二进制数的形式存
　　　　　　　　　　　　　　　入累加器 1 低字（即低 16 位）中

其中：aH——a 小时；bbM——bb 分；ccS——cc 秒；dddMS——ddd 毫秒。

　　　　时间设定范围——10ms ~ 2h46min30s。这里时基不用设定，操作系统会自动选择能满
　　　　　　足定时范围要求的最小时基。

说明：该指令执行是把定时值以二进制数的形式装入累加器 1 中，当执行后面的定时器指令时，累加器 1 存放的定时值会以二进制数的形式自动装入定时器字中，这一点与"直接表示法"不一样，大家要注意。

2. 定时器指令类型及其特点

1）语句表指令。除梯形图及梯形图方块指令分别对应的语句表指令外，定时器语句表指令还增加了以下两种功能：

① 可用定时器再启动指令 FR，使定时器启动后再启动（此时定时值大于原定时值）。

② 可查看定时器当前剩余时间（二进制码时间和 BCD 码都可以）。

2）梯形图指令。无再启动和查看当前剩余时间功能。

3）梯形图方块指令。有可查看定时器当前剩余时间的功能。

（二）定时器类型及其特征

定时器类型共有 5 种，现分述如下。

1. 脉冲定时器（SP）指令

启动指令：

LAD：　T〈元件号〉　　　　STL：　L　〈定时值〉　　　//装入定时值
　　　　——（SP）　　　　　　　　SP　T〈元件号〉　　　//启动定时器
　　　　〈定时值〉

复位指令：

LAD：　T〈元件号〉　　　STL：　R　T〈元件号〉　　　//定时器复位
　　　　——（R）

（1）举例

图 6-32 所示说明了脉冲定时器 SP 指令的用法。

（2）SP 的特征（定时器输出脉宽≤定时值）

1）当输入允许信号脉宽≥定时值时，定时器导通时间为定时值（即定时器常开触点闭

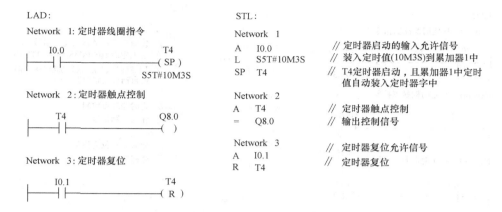

图 6-32　脉冲定时器 SP 指令应用示例

合时间为定时值）。

2）当输入允许信号脉宽＜定时值时，定时器导通时间为输入允许信号的脉冲宽度（即定时器常开触点闭合时间为输入允许信号脉宽）。

3）当复位定时器时，定时器导通时间最小为输入允许信号上升沿与复位信号上升沿之间的时间，最大为定时值。

说明：输入允许信号的正跳沿对启动定时器起作用。SP 定时器动作的时序如图 6-33 所示。

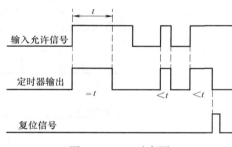

图 6-33　SP 时序图

2. 扩展脉冲定时器（SE）指令

启动指令：

LAD：T〈元件号〉　　　STL：L〈定时值〉　　//装入定时值
　　　——（SE）　　　　　　　　　SE　T〈元件号〉　//启动定时器
　　　〈定时值〉

复位指令：

LAD：T〈元件号〉　　　STL：R　T〈元件号〉　//定时器复位
　　　——（R）

（1）举例

图 6-34 所示说明了扩展脉冲定时器 SE 指令的用法。

（2）SE 的特征（定时器输出脉宽≥定时值）

1）输入允许信号一接通（即有正跳沿），计时开始，无论输入允许信号长短，定时器都输出 1 个正脉冲，脉宽为定时值，（即定时器常开触点闭合时间为定时值）。

2）在定时值以内，输入允许信号连续有 2 次及 2 次以上，定时器导通时间大于定时值（等于首、末二次输入允许信号上升沿之间的时间加上定时值）。

说明：输入允许信号的正跳沿对启动定时器起作用。SE 定时器动作的时序如图 6-35 所示。

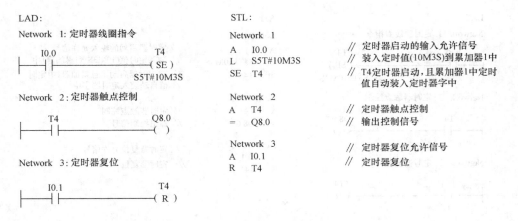

图6-34 扩展脉冲定时器SE指令应用示例

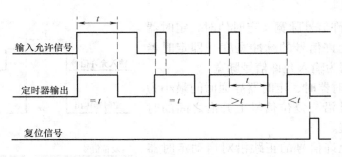

图6-35 SE的时序图

3. 接通延时定时器（SD）指令

启动指令：

LAD：T〈元件号〉   STL：L 〈定时值〉   //装入定时值
——（SD）   SD T〈元件号〉   //启动定时器
〈定时值〉

复位指令：

LAD：T〈元件号〉   STL：R T〈元件号〉   //定时器复位
——（R）

（1）举例

图6-36所示说明了接通延时定时器SD指令的用法。

（2）SD的特征

SD的特征同通电延时时间继电器的一样，其特征如下：

1）输入允许信号一接通（即有正跳沿），计时开始，定时器触点延时动作。

2）输入允许信号关闭，定时器也关闭。因此，SD定时器的输入允许信号的导通时间一定要大于定时值，否则，定时器不起作用。

SD定时器动作的时序如图6-37所示。

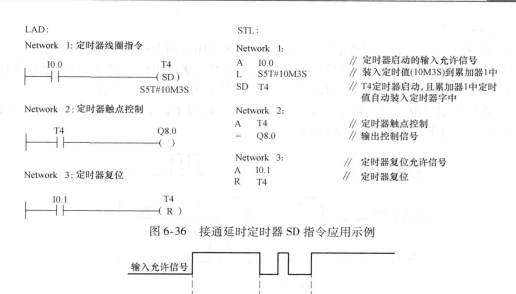

图 6-36 接通延时定时器 SD 指令应用示例

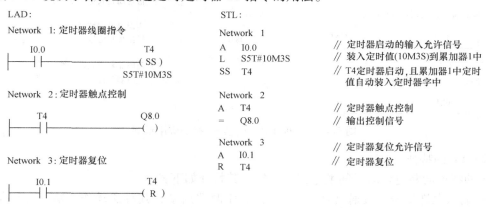

图 6-37 SD 的时序图

4. 保持型接通延时定时器（SS）指令

启动指令：

LAD： T〈元件号〉 ——（SS） 〈定时值〉

STL： L 〈定时值〉 //装入定时值
SS T〈元件号〉 //启动定时器

复位指令：

LAD： T〈元件号〉 ——（R）

STL： R T〈元件号〉 //定时器复位

（1）举例

图 6-38 说明了保持型接通延时定时器 SS 指令的用法。

LAD：

Network 1: 定时器线圈指令

```
   I0.0              T4
 ──┤ ├──          ──( SS )
                  S5T#10M3S
```

Network 2: 定时器触点控制

```
   T4                Q8.0
 ──┤ ├──          ──(   )
```

Network 3: 定时器复位

```
   I0.1              T4
 ──┤ ├──          ──( R )
```

STL：

Network 1
A I0.0 // 定时器启动的输入允许信号
L S5T#10M3S // 装入定时值(10M3S)到累加器1中
SS T4 // T4定时器启动,且累加器1中定时值自动装入定时器字中

Network 2
A T4 // 定时器触点控制
= Q8.0 // 输出控制信号

Network 3
A I0.1 // 定时器复位允许信号
R T4 // 定时器复位

图 6-38 保持型接通延时定时器 SS 指令应用示例

（2）SS 的特征

所谓保持型就是指输入允许信号关闭，定时器不关闭，即保持了。其特征如下：

1）定时器输入允许信号短暂接通（输入允许信号有正跳沿时计时开始），定时器触点要延长一段时间（即定时值）才动作，输入允许信号关闭，定时器不关闭。

2）在定时值以内，输入允许信号连续有 2 次及 2 次以上，定时器延时时间大于定时值。SS 定时器动作的时序如图 6-39 所示。

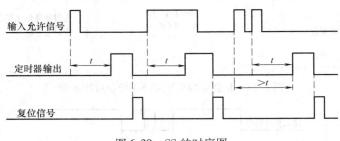

图 6-39　SS 的时序图

5. 关断延时定时器（SF）指令

启动指令：

LAD：T〈元件号〉　　　STL：　L　〈定时值〉　　　//装入定时值
　　　　──（SF）　　　　　　　　SF　T〈元件号〉　　　//启动定时器
　　　　〈定时值〉

复位指令：

LAD：T〈元件号〉　　　STL：　R　T〈元件号〉　　　//定时器复位
　　　　──（R）

（1）举例

图 6-40 所示说明了关断延时定时器 SF 指令的用法。

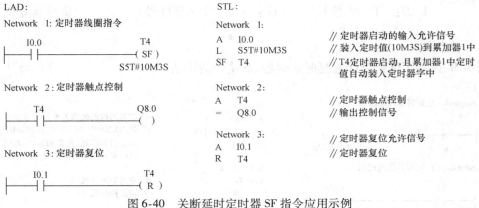

图 6-40　关断延时定时器 SF 指令应用示例

（2）SF 的特征

SF 的特征同断电延时时间继电器的一样，其特征如下：

1）输入允许信号一接通（即有正跳沿），定时器启动，其触点动作；输入允许信号一关断（即有负跳沿）计时开始，定时器延时关闭，定时器触点要延长一段时间（即定时值）

才动作；

2）复位信号在输入允许信号接通时不起作用，只有在输入允许信号关断时才起作用。

SF 定时器动作的时序如图 6-41 所示。

（三）定时器梯形图方块指令

程序设计中可以用定时器线圈来满足各种时间控制的要求。但西门子 S7 系列还提供了另一种 S7 定时器梯形图方块，这种定时器方块的类型和基本功能和上述定时器线圈类型和功

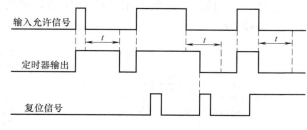

图 6-41 SF 的时序图

能相同，但方块定时器在方块上还增加了一些功能，以方便用户使用。下面对定时器梯形图方块指令进行介绍。

定时器梯形图方块也是 5 种，即

1）脉冲定时器，定时器输入允许信号接通时间很长，但定时器接通时间固定。

2）扩展脉冲定时器，定时器输入允许信号接通时间无论短长，定时器接通时间固定。

3）接通延时定时器，定时器输入允许信号接通后，定时器要延长一段时间才接通。

4）保持型接通延时定时器，定时器输入允许信号短暂接通，定时器要延长一段时间接通。

5）关断延时定时器，定时器输入允许信号断开后，定时器要延长一段时间才断开。

定时器方块指令及参数见表 6-12。

表 6-12 定时器梯形图方块指令及其参数

脉冲定时器	扩展脉冲定时器	接通延时定时器	保持型接通延时定时器	关断延时定时器
T元件号 S_PULSE S Q TV BI R BCD	T元件号 S_PEXT S Q TV BI R BCD	T元件号 S_ODT S Q TV BI R BCD	T元件号 S_ODTS S Q TV BI R BCD	T元件号 S_OFFDT S Q TV BI R BCD

参　　数	数据类型	存储区	说　　明
元件号	TIMER	T	定时器编号
S	BOOL	I,Q,M,D,L	启动输入端
TV	S5TIME	I,Q,M,D,L	设置定时时间（指定用 S5TIME 格式）端
R	BOOL	I,Q,M,D,L	复位输入端
Q	BOOL	I,Q,M,D,L	定时器状态输出（触点开闭状态）端
BI	WORD	I,Q,M,D,L	剩余时间输出（二进制码格式）端
BCD	WORD	I,Q,M,D,L	剩余时间输出（BCD 码格式）端

比较定时器线圈和定时器方块指令不难看出：方块指令中用 TV 端可直接进行定时时间设定（只能用 S5TIME 格式）；用 Q 端可直接进行定时器对外输出；定时器的剩余定时时间可分别用二进制数和 BCD 数从 BI 端和 BCD 端输出，方便用户使用及查看。

下面以关断延时定时器梯形图方块为例说明其用法。如图 6-42 所示，定时器元件号

T4，标在方块图外上方，方块上方所标 S _ OFFDT 表明 T4 为关断延时定时器。输入 I0.0 接在 S 端控制定时器 T4 的启动，输入 I0.1 接在 R 端控制定时器 T4 复位，定时时间接在 TV 端设定为 3S，定时器 T4 的状态用于控制 Q 端外接的 Q8.0。与梯形图功能对应的语句表程序列于图 6-42 旁。

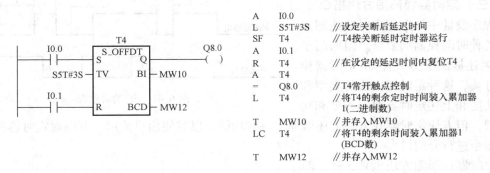

A	I0.0	
L	S5T#3S	//设定关断后延迟时间
SF	T4	//T4按关断延时定时器运行
A	I0.1	
R	T4	//在设定的延迟时间内复位T4
A	T4	
=	Q8.0	//T4常开触点控制
L	T4	//将T4的剩余定时时间装入累加器1(二进制数)
T	MW10	//并存入MW10
LC	T4	//将T4的剩余时间装入累加器1(BCD数)
T	MW12	//并存入MW12

图 6-42 定时器方块指令应用示例

（四）定时器语句表（STL）指令

与定时器线圈梯形图及定时器梯形图方块对应的语句表（STL）指令在上面已经进行了介绍，读者对照后不难掌握，也可根据需要选择使用。

定时器梯形图方块写成 STL 指令时，使用的是定时器线圈 STL 指令，只不过增加了两种查看当前剩余定时时间的指令。作为一个完整的定时器语句表指令，需再增加一种定时器再启动指令。图 6-43 所示为一个脉冲定时器的完整 STL 指令及其工作波形。

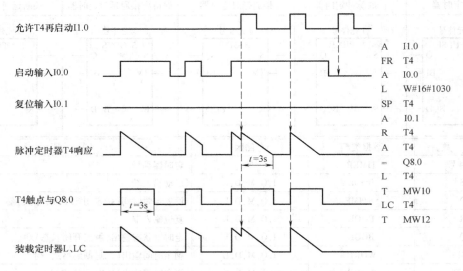

图 6-43 脉冲定时器 STL 程序及工作波形

对 STL 程序中新增语句功能说明如下：

1. 允许定时器再启动指令（FR）

在允许指令（FR）前逻辑操作结果（RLO）从 0 变为 1（图 6-43 中 I1.0 闭合），可触发一个正在运行的定时器再启动。相当于再重新装一次起始设定时间，让正在运行的定时器又重新工作，这样延时时间一定大于原来的定时值。允许定时器再启动指令对正在运行的定时器才起作用，否则不起作用。

允许再启动指令，不是启动定时器的必要条件，也不是正常定时器操作的必要条件。

2. 装载定时器当前剩余时间值

定时器运行时，从设定时间开始进行减计时，减到 0 表示计时时间到。定时器梯形图方块"BI"输出端输出的是包含 10 位二进制数表示的当前时间值（不带时间基准），"BCD"输出端输出的是包含 3 位 BCD 数（12 位）和时间基准（存第 12、13 号位）表示的当前时间值。在 STL 程序中为了查看定时器的当前时间即剩余时间，增加了相应的对定时器时间值的装入与传送指令（L、T；LC、T）。这些指令也不是必需的，根据需要确定是否要编入。

3. 定时器的时间设定格式

STL 中可用直接表示法，也可用 S5 时间表示法。梯形图中只能用 S5 时间表示法来进行时间设定。

4. STL 指令编程的一般顺序

顺序是：允许定时器再启动→装定时值→启动定时器→检测定时器输出状态→查看当前剩余时间→定时器复位。

（五）定时器应用举例

1. 脉冲信号发生器程序

脉冲信号是常用到的一种控制信号，如控制间歇铃声等。它也可以采用多种编程方法来实现，这里介绍两种。

1）用接通延时定时器（SD）产生占空比可调的脉冲发生器，梯形图与语句表程序如图 6-44 所示。I0.0 启动脉冲发生器工作，Q4.0 脉冲输出，定时器 T21 设置输出 Q4.0 为 1 的时间（脉冲宽度为 3s），定时器 T22 设置输出 Q4.0 为 0 的时间（2s）。这里占空比为 3:2。

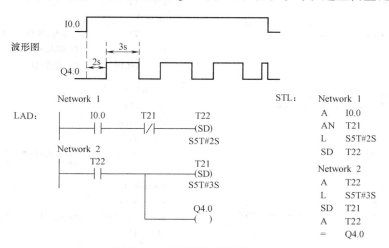

图 6-44　脉冲发生器程序之一

2）用定时器梯形图方块产生占空比可调的脉冲发生器。用 I0.0 启动脉冲发生器工作，Q4.0 为脉冲输出。关断延时定时器 T21（S_OFFDT 方块）设置输出 Q4.0 为 1 的时间（脉冲宽度为 3s），接通延时定时器 T22（S_ODT 方块）设置 Q4.0 为 0 的时间（2s）。占空比为 3:2。程序如图 6-45 所示。

LAD方块：

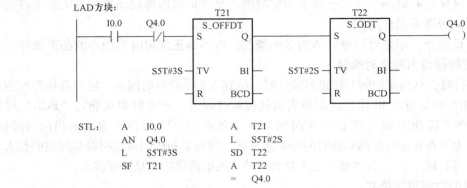

```
STL:    A    I0.0            A    T21
        AN   Q4.0            L    S5T#2S
        L    S5T#3S          SD   T22
        SF   T21             A    T22
                             =    Q4.0
```

图 6-45 脉冲发生器程序之二

2. 锅炉鼓风机、引风机控制程序

按锅炉操作，起动时先起动引风机运转，经过 10s 后再起动鼓风机运转；停止时先关鼓风机，经过 15s 后再关引风机，根据上述要求编出的程序如图 6-46 所示。图 6-46 中 I0.0 接起动按钮，I0.1 接停止按钮，接通延时定时器（SD）T1 控制鼓风机延时起动，接通延时定时器（SD）T2 控制引风机延时断开，Q4.0 外接引风机，Q4.1 外接鼓风机。

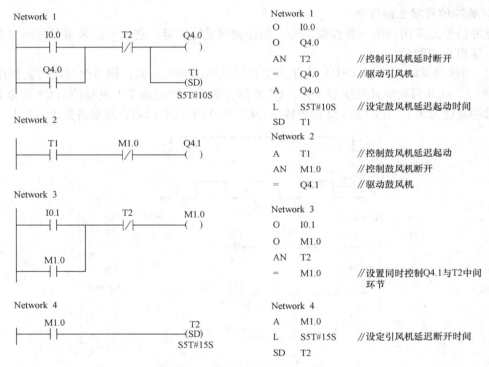

```
Network 1
O    I0.0
O    Q4.0
AN   T2       //控制引风机延时断开
=    Q4.0     //驱动引风机
A    Q4.0
L    S5T#10S  //设定鼓风机延迟起动时间
SD   T1

Network 2
A    T1       //控制鼓风机延迟起动
AN   M1.0     //控制鼓风机断开
=    Q4.1     //驱动鼓风机

Network 3
O    I0.1
O    M1.0
AN   T2
=    M1.0     //设置同时控制Q4.1与T2中间
               环节

Network 4
A    M1.0
L    S5T#15S  //设定引风机延迟断开时间
SD   T2
```

图 6-46 鼓风机、引风机控制程序

二、计数器指令

（一）计数器基本知识

计数器用于对计数器指令前面程序的逻辑操作结果 RLO 的正跳沿（即正脉冲）计数。

计数器是一种由位和字组成的复合单元，其触点用位表示。计数初值存在计数器字中（占 2B，即 16 位存储器）。计数范围为 0 ~ 999，当计数器"加计数"达到上限 999 时，累加停止（即 999 + 1 = 999）；当计数器"减计数"达到 0 时，将不再减少（即 0 - 1 = 0）。计数器地址就是"C〈元件号〉"，如 C1、C20 等。

1. 计数器的动作过程

在其他型号的 PLC 中，甚至是德国西门子的 S7—200 PLC，计数器的设定值是与"计数到"的概念相关联的。也就是说，在常规中，当计数达到设定值时，计数器输出触点（即计数器的位）有动作。但 S7—300PLC 的计数器与此不同，只要"当前计数值"不为 0，计数器的输出为 1，即其常开触点闭合，常闭触点打开。

然而，"计数到"、"计数器输出有动作"的概念在生产过程控制中是经常用到的，可 S7—300 PLC 的计数器却不符合这一概念，即不符合常规。它常用以下两种方法来实现"计数到"。

1）减法计数器。先把设定的计数初值送入计数器字中，计数器输出便立刻从 0 到 1，产生一个正跳变沿。在"当前计数值"大于 0 的时候，计数器输出为 1；当减计数减到 0，即"当前计数值"等于 0 时，计数器输出从 1 到 0，产生一个负跳变沿，再用负跳变沿检测指令，测出计数器"计数到"，也可以用其他方法检测"计数到"，例如，用计数器的常闭触点与装计数值指令的允许信号的常开触点串联也可测出计数器"计数到"。

2）加法计数器。置计数初值时，计数器输出不动作，输出为 0。在"当前计数值"大于 0 的时候，其输出为 1（实际上，加法计数器工作时，计数值总是大于 0，输出总为 1，只有当复位时，输出才为 0）。若加计数加到大于或等于计数初值时，其输出仍为 1，不变化，此时可用查看"当前剩余计数值（BCD 数）"指令，即"LC　C〈元件号〉"查出计数器的"当前计数值"，再用装入指令"T〈指定字地址〉"把当前计数值转移到"该指定的字地址"上去，最后用"比较指令"把当前计数值与设定的计数初置（常数）进行比较，若相等，则说明"计数到"，比较指令的结果（相当于一个特殊触点）输出为 1，相当于"计数到"时计数器输出从 0 到 1，满足了常规的情况，如图 6-107 所示。

综上所述，无论是加法计数器还是减法计数器，只要当前计数值等于 0，计数器输出为 0；若当前计数值大于 0，其输出为 1，复位时，计数值清零，其输出为 0。

总之，加法计数器使用起来比较麻烦，而减法计数器则相对简便，故在 S7—300 PLC 中常用减法计数器。

2. 计数初值设定方法

下面举例说明。

L　C#127　　//把计数初值 127 放在累加器 1 低字（即低 16 位）中

S　C20　　　//累加器 1 低字内容被当作计数初值以 BCD 码形式装入计数器字中

计数初值以 BCD 码形式装入计数器字中的情形如图 6-47 所示。

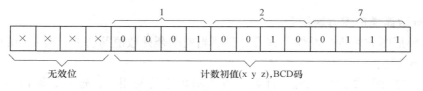

图 6-47　计数器字（16 位）

3. 计数器类型及其特征

加法计数器——输入脉冲每有一个正跳沿，计数值加 1，加到设定的计数初值（小于 999）时也不停止计数，其触点也不动作，加到 999 时停止计数，其触点动作。

减法计数器——输入脉冲每有一个正跳沿，计数值减 1，减到 0 时，停止计数，其触点动作。

可逆计数器——有加、减两个输入端，加输入端每有一个正脉冲时（或正跳沿），计数值加 1；减输入端每有一个正脉冲时，计数值减 1，两个输入端都同时有输入脉冲时，不计数，即保持当前剩余计数值不变。

（二）计数器梯形图指令及其对应的语句表指令

计数器梯形图指令没有专门的可逆计数器指令，只有计数器线圈指令。现分述如下：

置计数初值　　　　LAD：C〈元件号〉　　　STL：L〈计数初值〉
　　　　　　　　　　——（ SC ）　　　　　　　　S　C〈元件号〉
　　　　　　　　　　〈计数初值〉

加计数　　　　　　C〈元件号〉　　　　　　　CU　C〈元件号〉
　　　　　　　　　　——（ CU ）

减计数　　　　　　C〈元件号〉　　　　　　　CD　C〈元件号〉
　　　　　　　　　　——（ CD ）

复位　　　　　　　C〈元件号〉　　　　　　　R　C〈元件号〉
　　　　　　　　　　——（ R ）

计数器编程顺序是：启动加计数或启动减计数→计数器置数→计数器复位→检测计数器输出状态，如图 6-48 所示。

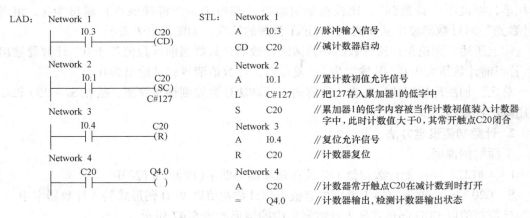

图 6-48　减计数器指令应用示例

（三）计数器梯形图方块指令

计数器梯形图方块指令增加了查看计数器当前剩余计数值的功能，有专门的可逆计数器指令，见表 6-13。

下面以可逆计数器为例，说明计数器方块图指令的使用。各输入、输出端的连接如图 6-49 所示。方块图中当 S（置位）输入端的 I0.1 从 0 跳变到 1 时，计数值就设定为 PV 端输入的值。PV 输入端可用 BCD 码指定设定值（C#0～999），也可用存储 BCD 数的单元指定设定值，图6-49 所示中指定 BCD 数为5。R（复位）输入端的 I0.4 为1时，计数器的值置为0。如果复位条件满足，计数器不能计数，也不能置数。当 CU（加计数）输入端 I0.2 从0变到1时，计数器的当前值加1（最大值999）。当 CD（减计数）输入端 I0.3 从0变到1时，计数器的当前值减1（最小值0）。如果两个计数输入端都有正跳沿，则加、减操作都执行，计数保持不变。当计数值大于0时输出 Q 上的信号状态为1；当计数值等于0时，Q 上的信号为0，图6-49 中 Q4.0 也相应为1或0。输出端 CV 和 CV_BCD 分别输出计数器当前的二进制计数值和 BCD 计数值，图6-49 中 MW10 存当前二进制计数值，MW12 存当前 BCD 格式计数值。

表6-13　计数器梯形图方块指令及参数

可逆计数器	加计数器	减计数器
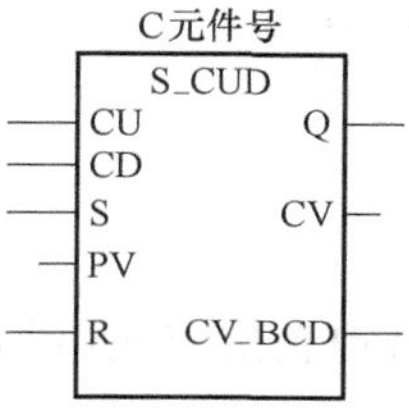 C元件号 S_CUD CU　Q CD S　CV PV R　CV_BCD	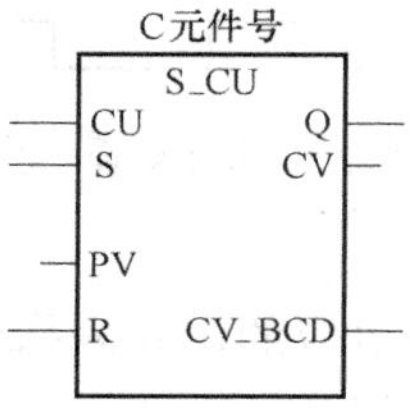 C元件号 S_CU CU　Q S　CV PV R　CV_BCD	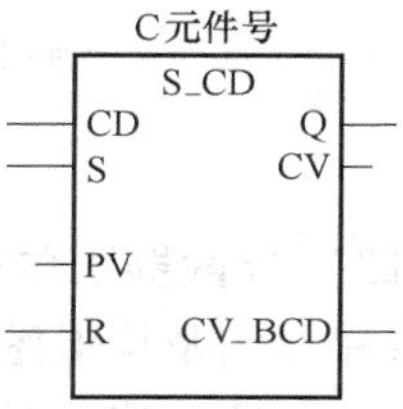 C元件号 S_CD CD　Q S　CV PV R　CV_BCD

参　数	数据类型	存储区	说　明
元件号	COUNTER	C	计数器编号，范围与 CPU 有关
CU	BOOL	I,Q,M,D,L	加计数输入端
CD	BOOL	I,Q,M,D,L	减计数输入端
S	BOOL	I,Q,M,D,L	计数器预置输入端
PV	WORD	I,Q,M,D,L	计数初始值输入（BCD 码，范围:0～999）
R	BOOL	I,Q,M,D,L	复位计数器输入端
Q	BOOL	I,Q,M,D,L	计数器状态输出端
CV	WORD	I,Q,M,D,L	当前计数值输出（整数格式）端
CV_BCD	WORD	I,Q,M,D,L	当前计数值输出（BCD 码格式）端

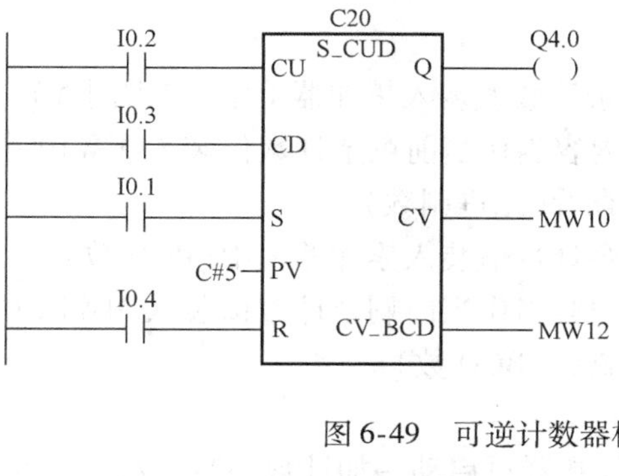

```
A    I0.2        A    C20
CU   C20         =    Q4.0
A    I0.3        L    C20
CD   C20         T    MW10
A    I0.1        LC   C20
L    C#5         T    MW12
S    C20
A    I0.4
R    C20
```

图6-49　可逆计数器梯形图方块的使用

可逆计数器工作波形图如图6-50 所示。

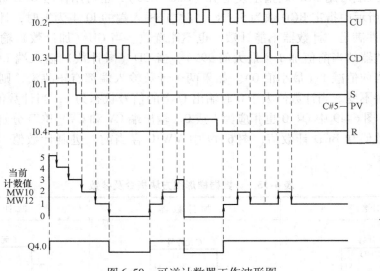

图 6-50   可逆计数器工作波形图

（四）计数器语句表指令

除梯形图及梯形图方块指令分别对应的语句表指令外，计数器语句表指令还增加了以下两种功能，该功能不是必需的，要根据需要取舍。

1. 允许计数器再启动指令（FR）

在 FR 指令前的逻辑操作结果（RLO）从 0 变为 1，即输入条件有上升沿时，可触发一个正在运行的计数器再启动，相当于再重新装一次计数初值，让正在运行的计数器又重新工作，当然，此计数值大于原计数初值。FR 指令对正在运行的计数器才起作用，否则，FR 指令不起作用。

例如：

    ⋮

    A   I2.0   //计数器信号

    FR   C20   //允许计数器 C20 再启动

    ⋮

2. 查看计数器当前剩余计数值

例如：

    ⋮

    L   C20   //将 C20 的当前剩余计数值装入累加器 1 中（二进制数）

    T   MW10   //把累加器 1 低字内容当作当前剩余计数值装入 MW10 中,以取当前剩余计数值供查看（二进制数）

    LC   C20   //将 C20 的当前剩余计数值装入累加器 1 中（BCD 数）

    T   MW12   //把累加器 1 低字内容当作当前剩余计数值装入 MW12 中,以取当前剩余计数值供查看（BCD 数）

    ⋮

用语句表指令编程的一般顺序是，允许计数器再启动→加计数→减计数→置计数初值→计数器复位→检测计数器输出状态→查看当前计数值，如图 6-49 所示的 STL 程序。

（五）计数器应用举例

计数器用于对各种脉冲计数。当定时器不够用时，计数输入端输入的标准时钟脉冲也可作定时器使用。一般定时器延时时间不到 3h，但计数器与定时器组合可设计长延时的定时器，举例如下。

图 6-51 便是一个实现 10h 接通延时的程序。I0.0 接通一下对计数器 C1 置计数初值，此时，计数器 C1 动作，其常闭触点 C1 打开，Q4.0 仍为 0，不动作，I0.0 闭合开始计时，用接通延时定时器 T5、T6 产生周期为 1min 的脉冲序列。利用 T5 触点对 C1 减计数，当 C1 减为 0 后，其常闭触点闭合，Q4.0 为 1，表示 10h 延时时间到。

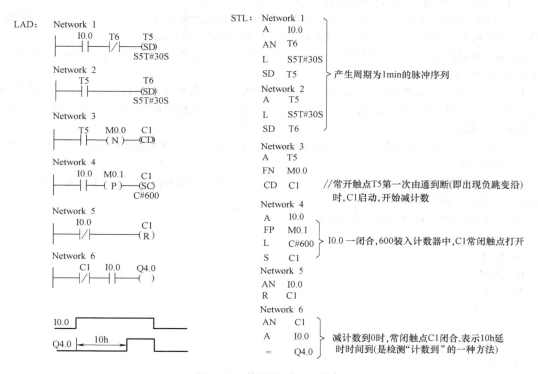

图 6-51　接通延时 10h 程序

习　题

1. 什么叫定时器和计数器？定时器字与计数器字有何异同点？
2. S7—300 PLC 的定时值设定方法有哪两种方法？分别用在什么地方？并举例说明。
3. 解释 L　W#16#3118 指令的含义，其时基是多少？定时时间是多少？
4. 简述 S7—300 PLC 的定时器指令类型及其特点。
5. S7—300 PLC 的定时器有哪几种？每一种的特征是什么？
6. S7—300 PLC 的定时器梯形图方块指令有哪几种？定时器梯形图方块指令与定时器梯形图指令在功能上有何区别？
7. 如何检测定时器当前剩余时间？
8. 简述用 STL 指令编写定时器程序的一般顺序。
9. 简述 S7—300 PLC 计数器的动作过程。

10. 简述 S7—300 PLC 计数器的类型及其特征。

11. S7—300 PLC 计数器梯形图方块指令与梯形图指令有何区别？

12. 如何检测计数器当前剩余计数值？

13. 试设计一个 3h 40min 的长延时电路程序。

14. 设计一振荡电路的梯形图程序和语句表程序，要求如下：当输入接通时，输出 Q0.0 闪烁，接通和断开交替进行。接通时间为 1s，断开时间为 2s。

15. 编写 PLC 控制程序，使 Q4.0 输出周期为 5s，占空比为 1:4 的连续脉冲信号。

16. 设计一个对锅炉鼓风机和引风机控制的梯形图程序。控制要求如下：

（1）开机时首先起动引风机，10s 后自动起动鼓风机；

（2）停机时立即关断鼓风机，20s 后自动关断引风机。

17. 按下起动按钮 I0.0，Q4.0 控制的电动机运行 30s，然后自动断电，同时 Q4.1 控制的制动电磁铁开始通电，10s 后自动断电。用扩展脉冲定时器和断开延时定时器设计控制电路。

18. 按下起动按钮 I0.0，Q4.0 延时 10s 后变为 ON，按下停止按钮 I0.1，Q4.0 变为 OFF，用保持型接通延时定时器设计程序。

19. 用接在 I0.0 输入端的光电开关检测传送带上通过的产品。有产品通过时，I0.0 为 ON，如果在 10s 内没有产品通过，由 Q0.0 发出报警信号，用 I0.1 输入端外接的开关解除报警信号。试画出梯形图并写出对应的语句表程序。

20. 第一次按按钮时指示灯亮，第二次按按钮时指示灯闪亮，第三次按按钮时指示灯灭，如此循环。试编写梯形图程序。

21. 用一个按钮控制两盏灯，第一次按下时第一盏灯亮，第二盏灭；第二次按下时第一盏灯灭，第二盏灯亮；第三次按下时两盏灯都灭。试编写梯形图程序。

22. 把下面的 STL 程序转换成 LAD 程序。

Network 1

O　I0.0

O　Q4.0

AN　T2

＝　Q4.0

A　Q4.0

L　S5T#10S

SD　T1

Network 2

A　T1

AN　M1.0

＝　Q4.1

23. 把图 6-52 所示的减计数器的 LAD 程序转换成 STL 程序。

24. 把图 6-53 所示的加计数器的 LAD 程序转换成 STL 程序。

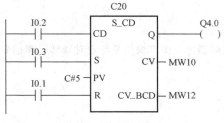

图 6-52　减计数器

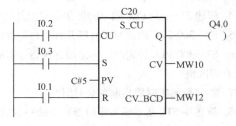

图 6-53　加计数器

第三节　数据处理与算术运算指令

S7—300 PLC 可以按字节（B）、字（W）、双字（DW）访问存储器。数据处理与算术运算指令包括数据装入与传送指令、数据类型转换指令、比较指令、算术运算指令、移位指令、累加器操作指令和地址寄存器的加指令。

一、数据装入与传送指令

应用装入（L，Load）指令和传送（T，Transfer）指令可以在输入与存储器或输出与存储器之间或存储器与存储器之间交换数据。CPU 在每次扫描中无条件地执行这些指令，这些指令的执行不受逻辑操作结果 RLO 状态的影响。

数据交换的方法一般是通过累加器进行的，即装入指令（L）和传送指令（T）必须通过累加器进行数据交换。S7—300 PLC 有两个 32 位的累加器，即累加器 1 和累加器 2。L 指令将源数据装入累加器 1（累加器 1 原有数据移入累加器 2，累加器 2 原有数据被覆盖）。然后 T 指令将累加器 1 中的内容写入目的存储区，累加器 1 的内容保持不变。L 和 T 指令可以对字节（8 位）、字（16 位）、双字（32 位）数据进行操作。累加器有 32 位，当数据小于 32 位，数据在累加器中向右对齐（低位对齐），多余各位填 0。装入指令与传送指令见表6-14。

表6-14　装入指令与传送指令

指　　令	说　　明
L〈操作数〉	装入指令,将数据装入累加器1,累加器1原有的数据装入累加器2
L STW	将状态字装入累加器1
LAR1 AR2	将地址寄存器2的内容装入地址寄存器1
LAR1〈操作数〉	将操作数的内容(32位双字指针)装入地址寄存器1
LAR2〈操作数〉	将操作数的内容(32位双字指针)装入地址寄存器2
LAR1	将累加器1的内容(32位双字指针)装入地址寄存器1
LAR2	将累加器1的内容(32位双字指针)装入地址寄存器2
T〈操作数〉	传送指令,将累加器1的内容写入目的存储区,累加器1的内容不变
T STW	将累加器1中的内容传送到状态字
TAR1 AR2	将地址寄存器1的内容传送到地址寄存器2
TAR1〈操作数〉	将地址寄存器1的内容(32位双字指针)传送给被寻址的操作数
TAR2〈操作数〉	将地址寄存器2的内容(32位双字指针)传送给被寻址的操作数
TAR1	将地址寄存器1的内容传送到累加器1,累加器1中的内容保存到累加器2
TAR2	将地址寄存器2的内容传送到累加器1,累加器1中的内容保存到累加器2
CAR	交换地址寄存器1和地址寄存器2中的数据

L，T 指令的执行与状态位无关，也不会影响到状态位。S7—300 不能用 L STW 指令装入状态字中的$\overline{FC}$、STA 和 OR 位。

可以不经过累加器 1，直接将操作数装入或传送出地址寄存器，或将两个地址寄存器的内容直接交换，指令 TAR1〈操作数〉和 TAR2〈操作数〉可能的目的区为双字 MD、LD、DBD 和 DID。

装入指令和传送指令有 3 种寻址方式：立即寻址、直接寻址和间接寻址。

（一） 立即寻址的装入与传送指令

操作数是指令操作或运算的对象，寻址方式是指令取得操作数的方式，操作数可以直接给出或间接给出。立即寻址的操作数直接在指令中，下面是使用立即寻址的例子。

L	− 35	//将 16 位十进制常数 − 35 装入累加器 1 的低字中
L	L#5	//将 32 位常数 5 装入累加器 1
L	B#16#5A	//将 8 位十六进制常数装入累加器 1 最低的字节中
L	W#16#3E4F	//将 16 位十六进制常数装入累加器 1 的低字中
L	DW#16#567A3DC8	//将 32 位十六进制常数装入累加器 1
L	2#0001_1001_1110_0010	//将 16 位二进制常数装入累加器 1 的低字中
L	25.38	//将 32 位浮点数常数（25.38）装入累加器 1
L	'ABCD'	//将 4 个字符装入累加器 1
L	TOD#12:30:3.0	//将 32 位实时时间常数装入累加器 1
L	D#2004-2-3	//将 16 位日期常数装入累加器 1 的低字中
L	C#50	//将 16 位计数器常数装入累加器 1 的低字中
L	T#1M20S	//将 16 位定时器常数装入累加器 1 的低字中
L	S5T#2S	//将 16 位定时器常数装入累加器 1 的低字中
L	P#M5.6	//将指向 M5.6 的指针装入累加器 1
AW	W#16#3A12	//常数与累加器 1 的低字相"与"，运算结果在累加器 1 的低字中
L	B#(100,12,50,8)	//装入 4B 无符号常数

（二） 直接寻址的装入与传送指令

直接寻址在指令中直接给出存储器或寄存器的区域、长度和位置，例如用 MW200 指定位存储区中的字，地址为 200；MB100 表示以字节方式存取，MW100 表示存取 MB100、MB101 组成的字，MD100 表示存取 MB100 ~ MB103 组成的双字。下面是直接寻址的程序实例：

A	I0.0	//输入位 I0.0 的"与"（AND）操作
L	MB10	//将 8 位位存储器字节装入累加器 1 最低的字节中
L	DIW15	//将 16 位背景数据字装入累加器 1 的低字中
L	LD22	//将 32 位局域数据双字装入累加器 1
T	QB10	//将 ACCU1-LL 中的数据传送到过程映像输出字节 QB10
T	MW14	//将 ACCU1-L 中的数据传送到位存储器字 MW14
T	DBD2	//将 ACCU1 中的数据传送到数据双字 DBD2

（三）存储器间接寻址

在存储器间接寻址指令中，给出一个作为地址指针的存储器，该存储器的内容是操作数所在存储单元的地址。使用存储器间接寻址可以改变操作数的地址，在循环程序中经常使用存储器间接寻址。

地址指针可以是字或双字，当定时器（T）、计数器（C）、数据块（DB）、功能块（FB）和功能（FC）的编号范围小于 65535 时，使用字指针就够了。

31	24 23		16 15		8 7		0
0000 0000	0000 0bbb		bbbb bbbb		bbbb bxxx		

图 6-54　存储器间接寻址的双字指针格式

其他地址则要使用双字指针，如果要用双字格式的指针访问一个字、字节或双字存储器，必须保证指针的位编号为 0，例如 P#Q20.0。双字指针的格式如图 6-54 所示。位 0 ~ 2 为被寻址地址中位的编号（0 ~ 7），位 3 ~ 18 为被寻址的字节的编号（0 ~ 65535）。只有双字 MD、LD、DBD 和 DID 能作地址指针。下面是存储器间接寻址的例子：

> L　　QB[DBD 10]　　//将输出字节装入累加器 1,输出字节的地址指针在数据双字 DBD10 中
> //如果 DBD10 的值为 2#0000 0000 0000 0000 0000 0000 0010 0000,装入的是 QB4
> A　　M[LD 4]　　//对位存储器作"与"运算,地址指针在局域数据双字 LD4 中
> //如果 LD4 的值为 2#0000 0000 0000 0000 0000 0000 0010 0011,则是对 M4.3 进行操作

（四）寄存器间接寻址

S7 中有两个地址寄存器 AR1 和 AR2，通过它们可以对各存储区的存储器内容作寄存器间接寻址。地址寄存器的内容加上偏移量形成地址指针，后者指向数值所在的存储单元。

地址寄存器存储的双字指针格式如图 6-55 所示。其中第 0 ~ 2 位（xxx）为被寻址地址中位的编号（0 ~ 7），第 3 ~ 18 位（bbbb bbbb bbbb bbbb）为被寻址地址的字节的编号（0 ~ 65535）。第 24 ~ 26 位（rrr）为被寻址地址的区

31	24 23		16 15		8 7		0
x000 0rrr	0000 0bbb		bbbb bbbb		bbbb bxxx		

图 6-55　寄存器间接寻址的双字指针格式

域标识号，第 31 位 x = 0 为区域内的间接寻址，第 31 位 x = 1 为区域间的间接寻址。

第一种地址指针格式包括被寻址数值所在存储单元地址的字节编号和位编号，存储区的类型在指令中给出，例如 L　DBB[AR1, P#6.0]。这种指针格式适用于在某一存储区内寻址，即区内寄存器间接寻址。第 24 ~ 26 位（rrr）应为 0。

第二种地址指针格式的第 24 ~ 26 位还包含了说明数值所在存储区的存储区域标识符的编号 rrr，用这几位可实现跨区寻址，这种指针格式用于区域间寄存器间接寻址。

如果要用寄存器指针访问一个字节、字或双字，必须保证指针中的位地址编号为 0。

指针常数 P#5.0 对应的二进制数为 2#0000 0000 0000 0000 0000 0000 0010 1000。下面是区内间接寻址的例子：

> L　　P#5.0　　//将间接寻址的指针装入累加器 1
> LAR1　　//将累加器 1 中的内容送到地址寄存器 1

A　　M[AR1,P#2.3]　　　　//AR1 中的 P#5.0 加偏移量 P#2.3,实际上是对 M7.3 进行操作

=　　Q[AR1,P#0.2]　　　　//逻辑运算的结果送 Q5.2

L　　DBW[AR1,P#18.0]　　//将 DBW23 装入累加器 1

下面是区域间间接寻址的例子:

L　　P#M6.0　　　　　　　//将存储器位 M6.0 的双字指针装入累加器 1

LAR1　　　　　　　　　　//将累加器 1 中的内容送到地址寄存器 1

T　　W[AR1,P#50.0]　　　//将累加器 1 的内容传送到存储器字 MW56

P#M6.0 对应的二进制数为 2#1000 0011 0000 0000 0000 0000 0011 0000。因为地址指针 P#M6.0 中已经包含有区域信息,使用间接寻址的指令 T W[AR1,P#50] 中没有必要再用地址标识符 M。

寄存器间接寻址的区域标识位见表 6-15。

表 6-15　寄存器间接寻址的区域标识位

区域标识符	存　储　区	位 26 ~ 24
P	外设输入输出	000
I	输入过程映像	001
Q	输出过程映像	010
M	位存储区	011
DBX	共享数据块	100
DIX	背景数据块	101
L	块的局域数据	110

（五）　读取或传送状态字指令

指令格式如下:

L　STW　　//将状态字装入累加器 1 中,即将状态字中的 1、4、5、6、7、8 位装入累加器 1 低字中的相应位中,但不能装入状态字的 $\overline{FC}$（0 位）、STA（2 位）和 OR（3 位）3 个状态字位,而累加器 1 的 9 ~ 31 位则清零。该指令的执行与状态位无关,而且对状态字没有任何影响

T　STW　　//将累加器 1 中的 0 ~ 8 位传送到状态字的相应位

（六）　地址寄存器内容的装入和传送指令

S7—300PLC 有两个地址寄存器,即 AR1 和 AR2。对于地址寄存器可以不经过累加器 1 而直接将操作数装入和传送,或直接交换两个地址寄存器的内容。

1. LAR1 〈操作数〉

使用 LAR1 指令可以将操作数的内容（32 位指针）装入地址寄存器 AR1,执行后累加器 1 和累加器 2 的内容不变。指令的执行与状态位无关,而且对状态字没有任何影响。

操作数可以是累加器 1、指针型常数（P#）、存储双字（MD）、本地数据双字（LD）、数据双字（DBD）、背景数据双字（DID）或地址寄存器 AR2。操作数可以省略,若省略操作数,则直接将累加器 1 的内容装入地址寄存器 AR1。指令示例见表 6-16。

2. LAR2 〈操作数〉

使用 LAR2 指令可以将操作数的内容（32 位指针）装入地址寄存器 AR2,指令格式同

表6-16　LAR1 指令示例

示例(STL)	说　明	示例(STL)	说　明
LAR1	将累加器 1 的内容装入 AR1	LAR1 DBD2	将数据双字 DBD2 中的指针装入 AR1
LAR1 P#I0.0	将输入位 I0.0 的地址指针装入 AR1	LAR1 DID30	将背景数据双字 DID30 中的指针装入 AR1
LAR1 P#MI0.0	将一个 32 位指针常数装入 AR1	LAR1 LD180	将本地数据双字 LD180 中的指针装入 AR1
LAR1 P#2.7	将指针数据 2.7 装入 AR1	LAR1 P#Start	将符号名为"Start"的存储器的地址指针装入 AR1
LARI MD20	将存储双字 MD20 的内容装入 AR1	LAR1 AR2	将 AR2 的内容传送到 AR1

LAR1 的格式，其中的操作数可以是累加器 1、指针型常数（P#）、存储双字（MD）、本地数据双字（LD）、数据双字（DBD）或背景数据双字（DID），但不能用 AR1。

3. TAR1〈操作数〉

使用 TAR1 指令可以将地址寄存器 AR1 的内容（32 位指针）传送给被寻址的操作数，指令的执行与状态位无关，而且对状态字没有任何影响。

操作数可以是累加器 1、存储双字（MD）、本地数据双字（LD）、数据双字（DBD）、背景数据双字（DID）或 AR2。操作数可以省略，若省略操作数，则直接将地址寄存器 AR1 的内容传送到累加器 1，累加器 1 的原有内容传送到累加器 2。指令示例见表6-17。

表6-17　TAR1 指令示例

示例(STL)	说　明	示例(STL)	说　明
TAR1	将 AR1 的内容传送到累加器 1	TAR1 LD180	将 AR1 的内容传送到本地数据双字 LD180
TAR1 DBD20	将 AR1 的内容传送到数据双字 DBD20	TAR1 AR2	将 AR1 的内容传送到地址寄存器 AR2
TAR1 DID20	将 AR1 的内容传送到背景数据双字 DID20		

4. TAR2〈操作数〉

使用 TAR2 指令可以将地址寄存器 AR2 的内容（32 位指针）传送给被寻址的操作数，指令格式同 TAR1。其中的操作数可以是累加器 1、存储双字（MD）、本地数据双字（LD）、数据双字（DBD）、背景数据双字（DID），但不能用 AR1。

5. CAR

使用 CAR 指令可以交换地址寄存器 AR1 和地址寄存器 AR2 的内容，指令不需要指定操作数。指令的执行与状态位无关，而且对状态字没有任何影响。

（七）装入时间值或计数值

在介绍定时器和计数器时，对如何设置定时器时间设定值及计数初值已作了介绍。这里主要对如何读出定时器字中的当前剩余时间和计数器字中的当前计数值作一点补充说明。

装入定时器当前剩余时间指令有直接装载和 BCD 装载两种。如：

L　　T10　　　//将定时器 T10 中当前剩余时间以二进制数格式装入累加器 1 的低字中(不带时基)

LC　　T10　　　//将定时器 T10 当前剩余时间以 BCD 码格式装入累加器 1 低字中(带

时基）

定时器时间值数据格式如图 6-56 所示。

装入计数器当前计数值指令，也有直接装载和 BCD 装载两种。如：

L　　C10　　　　//将计数器 C10 中二进制格式的计数值直接装入累加器 1 的低字中

LC　　C10　　　//将计数器 C10 中二进制格式的计数值以 BCD 码格式装入累加器 1 低
　　　　　　　　　　字中

图 6-56　定时器时间值数据格式

（八）梯形图方块传送指令（MOVE 指令）

上面介绍的是利用 STL 指令进行数据的装入（L）和传送（T），这里介绍的是用梯形图方块直接进行数据传送。传送方块指令如图 6-57 所示。

图 6-57　MOVE 方块指令

如果允许输入端 EN 为 1，就执行传送操作，将输入（IN）处的值传送到输出（OUT），并使 ENO 为 1；如果 EN 为 0，则不进行传送操作，并使 ENO 为 0，即 ENO 总保持与 EN 相同的信号状态。传送方块可传送的数据长度可以为 8 位、16 位和 32 位的所有基本数据类型（包括常数），但传送用户自定义的数据类型，如数组或结构，则必须用系统集成功能 BLKMOV（SFC20）进行。

图 6-58 所示为传送方块使用示例。图中输入位 I0.0 闭合，则执行传送操作，将存储字 MW20 的内容传送至数据字 DBW10，输出 Q4.0 为 1；若输入位 I0.0 断开，则不执行传送操作，输出 Q4.0 为 0。下面是与图 6-58 对应的语句表程序：

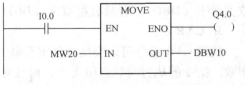

图 6-58　MOVE 方块指令的使用示例

A　　　　I0.0

JNB　　　_001　　　//如果 RLO = 0 则跳转，并把 0 存于 BR 位中；RLO = 1 则向下
　　　　　　　　　　　执行

L　　　　MW20　　//进行数据传送

T　　　　DBW10

SET　　　　　　　//使 RLO 位为 1

SAVE		//把 RLO 状态存入 BR 位，BR 位为 1
CLR		//使 RLO 位为 0，并结束逻辑串
_001：A	BR	
＝	Q4.0	

二、数据转换指令

在 PLC 程序中会遇到各种类型的数据和数据运算，而算术运算总是在同类型数间进行，另外用于输入和显示的数一般习惯用十进制数（BCD 数），因此在编程时总会遇到数制转换的问题，这些就需要用到转换指令。

数据转换指令是将累加器 1 中的数据进行数据类型转换，转换的结果仍放在累加器 1 中。在 STEP7 中，可以实现 BCD 码与整数、整数与双整数（长整数）、双整数与实数间的转换，还可以实现整数的反码、整数的补码、实数求反等操作。

下面先回顾一下数据格式，然后再介绍数据转换指令的使用方法。

（一）数据格式

PLC 中常用到的数据格式如下：

1. 十进制数（BCD 码数）格式

十进制数的每一位用 4 个二进制位表示，因为最大的数是 9，所以需要 4 位才能表示（1001）。从 0 到 9 的 BCD 码数与二进制数表示是相同的。BCD 数分为 16 位（字）和 32 位（双字），正数和负数。用 4 个最高位表示 BCD 数的符号：0000 表示正，1111 表示负，其余每 4 位为一组，表示一位十进制数。表示格式举例如下：

1）字 BCD 码正数（如 W#16#569）存储格式如图 6-59 所示。

2）字 BCD 码负数（如 W#16#F143）存储格式如图 6-60 所示。

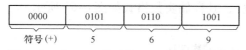

图 6-59　字 BCD 码正数 W#16#569 存储格式

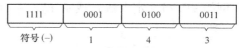

图 6-60　字 BCD 码负数 W#16#F143 存储格式

3）双字 BCD 码正数（如 DW#16#569）存储格式如图 6-61 所示。

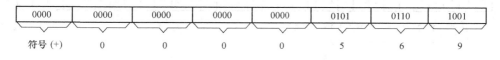

图 6-61　双字 BCD 码正数 DW#16#569 存储格式

2. 整数（INT）、双整数（DINT）格式

整数和双整数二进制数格式分为 16 位整数和 32 位整数（又称长整数或双整数）；正数和负数。用最高的 1 位（即 16 位的整数用第 15 位、32 位的整数用第 31 位）表示符号：0 表示正，1 表示负。16 位整数的范围是 −32768 ～ +32767；32 位整数的范围是：L# −2147483648 ～ L# +2147483647。

在二进制格式中，整数的负数形式用正数的二进制补码表示。二进制补码利用正数取反加 1 得到。整数存储格式示例如图 6-62 所示。

正16位整数(如+413)存储格式：

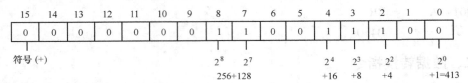

负16位整数(如-413)存储格式：

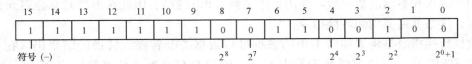

正32位双整数(如+296)存储格式：

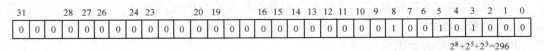

图 6-62　整数存储格式示例

3. 实数（REAL）格式

STEP7 中的实数是按照 IEEE 标准表示的。在存储器中，实数占用两个字（32 位），即存放实数（浮点数）需要一个双字（32 位），最高的 31 位是符号位，0 表示正数，1 表示负数。可以表示的数的范围是 $1.175495 \times 10^{-38} \sim 3.402823 \times 10^{38}$。

$$实数值 = (\text{sign})(1 + f) \times 2^{e-127}$$

其中，sign 为符号；f 为底数（尾数）；e 为指数位值。

例如 +0.75（定点数）或 +7.5E-1（浮点数），其存储实数格式如图 6-63 所示。

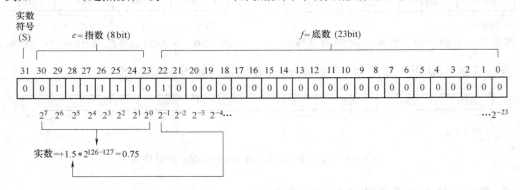

图 6-63　实数 +0.75 存储格式

再例如，观察图 6-64 所示的存储的实数，可计算出所表示的十进制数为 +10。

（二）BCD 数和整数间的转换

BCD 数可转换为整数、双整数，反之亦可。为了需要，还可将整数转换成双整数。指令表示格式示例见表 6-18。表内梯形图方块中：EN—转换允许输入端；ENO—转换允许输出端；IN—被转换数输入端；OUT—转换结果输出端，方框上部为方块转换功能。被转换数

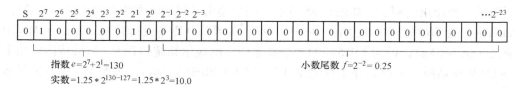

指数 $e = 2^7 + 2^1 = 130$

实数 $= 1.25 * 2^{130-127} = 1.25 * 2^3 = 10.0$

小数尾数 $f = 2^{-2} = 0.25$

图 6-64　实数 +10 存储格式

和转换结果可以存储在存储区 I、Q、M、D、L 中。

表 6-18　转换指令表

功　能	梯形图方块	STL	功　能
BCD 数（3 位） ↓ 整数（16 位）	BCD_I —EN　　ENO— IW4—IN　OUT—MW10	L　IW4 BTI T　MW20	IW4 中为 3 位被转换的 BCD 数（范围： −999 ~ +999） MW20 中为转换后的 16 位整数
整数（16 位） ↓ BCD 数（3 位）	I_BCD —EN　　ENO— MW10—IN　OUT—QW12	L　MW10 ITB T　QW20	MW10 中为 16 位被转换的整数 QW12 中为转换后的 3 位 BCD 数 如果出现溢出则 ENO = 0（见执行说明）
BCD 数（7 位） ↓ 双整数（32 位）	BCD_DI —EN　　ENO— MD8—IN　OUT—MD12	L　MD8 BTD T　MD12	MD8 中为被转换的 7 位 BCD 数（范围： −9999999 ~ +9999999） MD12 中为转换后的 32 位双字整数
双整数（32 位） ↓ BCD 数（7 位）	DI_BCD —EN　　ENO— MD10—IN　OUT—QD4	L　MD10 DTB T　QD4	MD10 中为被转换的 32 位整数 QD4 中为转换后的 7 位 BCD 数 如果出现溢出则 ENO = 0（见执行说明）
整数（16 位） ↓ 双整数（32 位）	I_DI —EN　　ENO— MW10—IN　OUT—MD12	L　MW10 ITD T　MD12	MW10 中为被转换的 16 位整数 MD12 中为转换后的 32 位整数
双整数（32 位） ↓ 实数（32 位）	DI_R —EN　　ENO— MD10—IN　OUT—MD14	L　MD10 DTR T　MD14	MD10 中为被转换的 32 位整数 MD14 中为转换后的实数（32 位）

对表 6-18 的执行说明：

1）在执行 BCD 码转换为整数或双整数指令时，如果 BCD 数是无效数（如其中一位值在 A ~ F 即 10 ~ 15 范围内），将得不到正确的转换结果，并会导致系统出现"BCDF"错误。在这种情况下，程序的正常运行顺序被终止，并有下述之一事件发生：①CPU 将进入 STOP 状态，"BCD 转换错误"信息写入诊断缓冲区（条件标识符号 2521）；②如果 OB121 已编程就调用，即用户可以在组织块 OB121 中编写错误响应程序，以处理这种同步编程错误。

2）在执行整数转换为 BCD 码数时，由于 3 位 BCD 码数所能表示的范围（−999 ~ +999）小于 16 位整数的数值范围（−32768 ~ +32767），如果整数超出了 BCD 码所能表示的范围，便得不到正确的转换结果，称为溢出。此时 ENO 输出为 0，同时状态字中的溢出位（OV）和溢出保持位（OS）将被置 1。在程序中一般需要根据 OV 或 OS，或 ENO 判断转换结果是否有效。基于相同原因，在执行双整数转换为 BCD 数时，也要注意这个问题。

3）在编程时，因为运算或比较等原因，需将整数转换成双整数，可用表 6-18 中第 5 条指令。

下面举一个使用的例子，如图 6-65 所示。图中绘出了梯形图方块及对应语句表程序。

如果输入端 EN 所接 I0.0 为 1，则进行转换；如果为 0 则不进行转换。存储字 MW10 中装的应是 3 位 BCD 数，设为 +915（如果格式非法，则显示系统错误）。如果转换成功 ENO 为 1，执行转换后所得的整数存于存储字 MW12 中（如图中所示）。如果 EN 为 0 或转换不成功则 ENO 为 0，Q4.0 为 1。

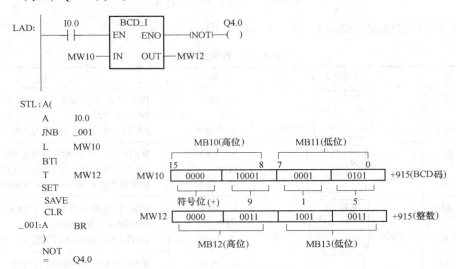

图 6-65　转换方块图使用

（三）双整数和实数间的转换

用户程序中有时需要整数相除，相除的结果可能小于 1，由于这些值只能用实数表示，所以需要转换到实数。此外，其他实数运算和比较也会用到实数转换，实数是 32 位数，一般整数要转换为实数时，须先将整数转换为双整数后再进行。

1. 双整数（32 位）转换为实数（32 位）

梯形图方块指令（DI_R）和语句表指令（DTR）均列于表 6-18 中最后一条。当 EN = 1 时执行转换，将存储双字 MD10（MB10、11、12、13）中的 32 位整数转换为 32 位实数并输出存于 MD14（MB14、15、16、17）中，ENO 为 1。当 EN = 0 时，不执行转换且 ENO = 0。

2. 实数（32 位）转换为双整数（32 位）

转换指令的梯形图方块和图形均相似，但方框上部字符不一样。当然也要注意 IN（被转换数据输入）端和 OUT（转换结果输出）端的数据类型。实数转换为双整数时，IN 端和 OUT 端接的都是 DWORD 双字单元，可以是 ID、QD、MD、DBD、LD。为简化介绍，用图 6-66 统一表示转换方块，方块中上部字符见表 6-19。

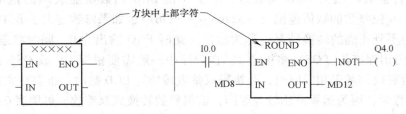

图 6-66　梯形图方块转换指令框图及示例

表6-19 实数转换为双整数指令表

梯形图方块上部字符	STL 指令	转 换 规 则
ROUND	RND	将实数转换为最接近的整数
CEIL	RND +	将实数转换为大于或等于该实数的最小整数
FLOOR	RND –	将实数转换为小于或等于该实数的最大整数
TRUNC	TRUNC	只取实数的整数部分

因为实数的数值范围远大于 32 位整数，所以有的实数不能成功地转换为 32 位整数。如果被转换的实数格式非法或超出了 32 位整数的表示范围，则在累加器 1 中得不到有效的转换结果，状态字中的 OV 和 OS 被置 1。

执行表 6-19 所示的指令，就是在将累加器 1 中的实数转换为 32 位整数。但化整的规则不相同，同一实数，执行不同转换指令，所得结果有些区别。RND 指令中将实数转换为最接近的整数是指：实数的小数部分执行小于 5 舍，大于 5 入，等于 5 则选择偶数结果。如 100.5 化整为 100，而 101.5 化整为 102。表 6-20 所示为执行表 6-19 所示指令的示例。

表6-20 实数化整结果示例

被转换的实数	执行下面转换指令后所得的整数			
	RND	RND +	RND –	TRUNC
+ 99.5	+ 100	+ 100	+ 99	+ 99
– 99.5	– 100	– 99	– 100	– 99
+ 102.5	+ 102	+ 103	+ 102	+ 102
– 101.5	– 102	– 101	– 102	– 101

数据转换指令的简单应用：要求将一个 16 位整数转换成实数（32 位）。先要将 16 位整数转换成 32 位整数，然后再从 32 位整数转换到 32 位实数。此实数便可用于带有实数的运算程序，转换程序如图 6-67 所示。

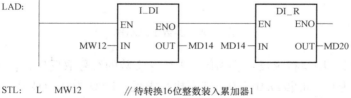

```
STL:   L    MW12      // 待转换16位整数装入累加器1
       ITD            // 在累加器1中将16位整数转换成32位整数
       DTR            // 将累加器1中的32位整数转换成32位实数
       T    MD20      // 累加器1的32位实数输出给MD20
```

图6-67 数据转换指令的简单应用示例

（四）求反、求补指令

对整数、双整数的二进制数求反码，即逐位将 0 变为 1，1 变为 0。对整数、双整数求补码，即逐位取反后再加 1。实数的求反则只是将符号位取反，求补只对整数或双整数才有意义。

求反、求补梯形图方块指令的图形与图 6-66 相同，只不过 IN 端为求反、求补数据输入端，OUT 端为反码、补码数据输出端。IN 端和 OUT 端接的是存储区 I、Q、M、D、L 的字或双字。求反、求补梯形图方块指令中上部字符表示法和 STL 指令见表 6-21。

表 6-21 求反、求补指令表

梯形图方块上部字符	STL 指令	功 能 说 明
INV_I	INVI	整数求反,对 16 位二进制数逐位取反
INV_DI	INVD	双整数求反,对 32 位二进制数逐位取反
NEG_I	NEGI	整数求补,对整数取反后再加 1
NEG_DI	NEGD	双整数求补,对双整数取反后再加 1
NEG_R	NEGR	实数求反,对 32 实数的符号位取反

下面举例说明其用法。

例如，整数求补，其程序和转换过程如图 6-68 所示。

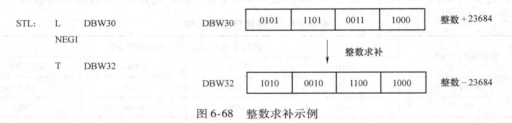

图 6-68 整数求补示例

又例如，实数求反，如图 6-69 所示。

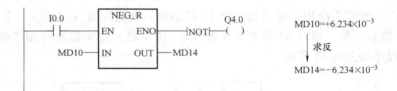

图 6-69 实数求反示例

如果 I0.0 为 1，则执行求反：将 MD10 中所存实数的符号取反后，输出到 MD14 中，且 ENO 为 1，Q4.0 为 0。如果 I0.0 为 0，则不执行求反，ENO 为 0，Q4.0 为 1。

整数的二进制求反，实际上是对原整数用 FFFF（H）或 FFFFFFFF（H）进行"异或"操作，因此每一位都变为其相反的值。从 STL 指令看出，求反、求补操作均在累加器中进行。

三、数据比较指令

在编程时有时需要对两个量进行比较，比较指令只能在两个同类型数据间进行。被比较的两个数可以是：I——两个整数（16 位定点数）；D——两个双整数（32 位定点数）；R——两个实数（32 位的 IEEE 格式浮点数）。若比较的结果为"真"，则令 RLO = 1，否则 RLO = 0。比较指令影响状态字，如有必要，用指令测试状态字有关位可得到两个比较数更详细情况。

比较类型有等于、不等于等 6 种，用比较符表示。3 种数据的 6 种比较见表 6-22。它实际上是 STL 比较指令的格式。在比较指令的梯形图方块上部也采用了表 6-22 所示的符号，同一符号在两种语言格式（STL，LAD）中均使用，对读者记忆更为方便。下面举例说明比较指令的用法。其他类型比较指令的用法读者不难举一反三。

表 6-22　数据比较类型（数据比较 STL 指令）

名　　称	整 数 比 较	双整数比较	实　　数
等于	＝＝I	＝＝D	＝＝R
不等于	＜＞I	＜＞D	＜＞R
大于	＞I	＞D	＞R
小于	＜I	＜D	＜R
大于等于	＞＝I	＞＝D	＞＝R
小于等于	＜＝I	＜＝D	＜＝R

例如，两个整数进行大于等于比较，其程序如图 6-70 所示。

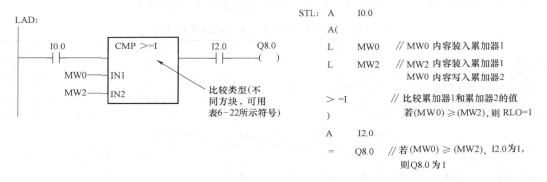

图 6-70　数据比较指令的用法

在上述梯形图中，比较数值放在两个输入端 IN1 和 IN2，用 IN1 去和 IN2 比较。这里如果输入字 MW0 的内容大于等于输入字 MW2 的内容，则比较结果为"真"。上例中，若输入位 I0.0 为 1，（MW0）≥（MW2），输入位 I2.0 为 1 这 3 个条件同时成立，则输出位 Q8.0 为 1。

由上例看出，方块比较指令在逻辑串中，可等效于一个常开触点。如果比较结果为"真"，则该常开触点闭合（意味着电流可流过），否则触点断开。由于比较指令的使用与触点类似，可以与其他触点串联或并联，因此比较指令不能放在逻辑串的最后。

梯形图方块指令的输入和输出均为 BOOL 数，可以取自 I、Q、M、D、L。被比较数 IN1 和 IN2 的数据类型与指令类型有关，且只能在两个同类型数据间比较。被比较数 IN1 和 IN2 可以取自 I、Q、M、D、L 或常数。

四、算术运算指令

现代 PLC 实际上是一台工业控制计算机，一般都有很强的运算能力。对 S7—300 PLC，算术运算指令有两大类，即基本算术运算指令（四则运算指令）和扩展算术运算指令（数学函数指令）。

（一）　基本算术运算指令

基本算术运算指令可完成整数、双整数和实数（32 位浮点数）的加、减、乘、除和双整数除法取余等运算。

S7—300 PLC 的基本算术运算指令有相同的格式，其梯形图运算方块框图如图 6-71 所示。现对其用法作如下说明：

1）方框上部 ×××_× 为运算符号（见表6-27），它表明进行的是哪种算术运算。

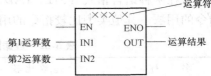

图 6-71　梯形图运算方块框图

2）如果在允许输入端 EN 的 RLO =1，就执行运算。如果运算没有出现错误，则允许输出端 ENO =1；如果运算结果超出了数据类型的表示范围（见表5-4）或有错误（如两个运算数的格式错误），即出现了无效的运算结果，则状态字的 OV 和 OS 位为1，并使允许输出端 ENO =0。当 ENO =0 时，方块之后被 ENO 连接的（串级排列）其他功能梯形图部分将不能继续执行。

有效运算结果和无效运算结果对状态字的影响见表 6-23 ~ 表 6-26。

表 6-23　有效的整数运算结果对状态字的影响

运　算　结　果	CC1	CC0	OV	OS
运算结果 =0	0	0	0	无影响
−32768 < =16 位运算结果 <0，或 −2147483648 < =32 位运算结果 <0（负数）	0	1	0	无影响
32767 > =16 位运算结果 >0，或 2147483647 > =32 位运算结果 >0（正数）	1	0	0	无影响

表 6-24　无效的整数运算结果对状态字的影响

运　算　结　果	CC1	CC0	OV	OS
加法下溢出:16 位运算结果 = −65536，或 32 位运算结果 = −4294967296	0	0	1	1
乘法下溢出:16 位运算结果 < −32767，或 32 位运算结果 < −2147483648（负数）	0	1	1	1
加减法溢出:16 位运算结果 >32767，或 32 位运算结果 >2147483647（正数）	0	1	1	1
乘除法溢出:16 位运算结果 >32767，或 32 位运算结果 >2147483647（正数）	1	0	1	1
加减法下溢出:16 位运算结果 < −32767，或 32 位运算结果 < −2147483648（负数）	1	0	1	1
双字加法的运算结果 = −4294967296	0	0	1	1
除法指令或 MOD 指令的除数为 0	1	1	1	1

表 6-25　实数运算结果在有效范围内时的状态字

运　算　结　果	CC1	CC0	OV	OS
运算结果为 +0 或 −0（零）	0	0	0	无影响
−3.402823E +38 < 运算结果 < −1.175494E −38（负数）	0	1	0	无影响
+1.175494E −38 < 运算结果 <3.402824E +38（正数）	1	0	0	无影响

3）IN1 端为第 1 运算数（被加数、被减数、被乘数、被除数），IN2 端为第 2 运算数（加数、减数、乘数、除数）。IN1 端和 IN2 端的数据类型可为整数（I）、双整数（DI）和实数（R），其操作数可以为 I、Q、M、D、L 及常数。OUT 端为运算结果输出端，其数据类型可为整数（I）、双整数（DI）和实数（R），其操作数可以为 I、Q、M、D、L。除"整数

表 6-26　实数运算结果在无效范围内的状态字

运算结果	CC1	CC0	OV	OS
负数下溢出：−1.175494E−38＜运算结果＜−1.401298E−45	0	0	1	1
正数下溢出：+1.401298E−45＜运算结果＜+1.175494E−38	0	0	1	1
溢出：运算结果＜−3.402823E+38（负数）	0	1	1	1
溢出：运算结果＞3.402823E+38（正数）	1	0	1	1
不是有效的浮点数或非法的指令（输入值超出允许范围）	1	1	1	1

乘法"运算外，IN1、IN2 和 OUT 三端的数据类型必须相同。对"整数乘法"运算，IN1、IN2 两端的运算数用 16 位（W，字）整数，OUT 端的运算结果（乘积）为 32 位的双整数（DW，双字）。

4）实际上，算术运算都是在累加器 1（ACCU1）和累加器 2（ACCU2）中进行，尤其是执行语句表算术指令时，对累加器中保存的数的概念就更加清晰，如图 6-72 所示。算术运算时，第 1 运算数保存在累加器 2 中，第 2 运算数保存在累加器 1 中，算术运算结果保存在累加器 1 中（原存的第 2 运算数被覆盖）。

5）算术运算时，算术运算不受 RLO 控制，对 RLO 也不产生影响。但算术运算对状

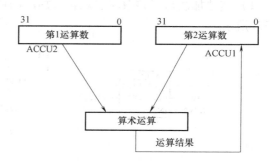

图 6-72　算术运算中累加器的使用

态字中的 CC1 和 CC0、OV、OS 有影响，见表 6-23 ~ 表 6-26。故可以用位操作指令或条件跳转指令对状态字中的标志位进行判断操作。

6）表 6-27 列出了算术运算的 STL 指令及梯形图方块上部所标的运算字符，可供选用或组成算术运算的梯形图方块指令时用。

表 6-27　基本算术运算指令

算术运算	STL 指令			梯形图方块上部运算字符		
	整数	双整数	实数	整数	双整数	实数
加	+ I	+ D	+ R	ADD_I	ADD_DI	ADD_R
减	− I	− D	− R	SUB_I	SUB_DI	SUB_R
乘	* I ①	* D	* R	MUL_I ①	MUL_DI	MUL_R
除	/I ②	/D ③	/R	DIV_I ②	DIV_DI ③	DIV_R
除法取余	—	MOD ④	—	—	MOD_DI ④	—
加整数常数	+ ＜16 位常数＞ ⑤	+ ＜32 位常数＞ ⑤	—	—	—	—

算术运算指令的一般规定已如上述，对一些特殊之处（表 6-27 中①、②、③、④、⑤）说明如下：

① 整数乘法运算时，第 1、2 运算数（被乘数、乘数）用 16 位（字），相乘结果（即乘积）用 32 位（双字）。

② 整数除法运算时，用方块指令（DIV_I）在 OUT 端处输出"商"（舍去余数），用

STL 指令（/I）时，“商”存在累加器 1 的低字中，“余数”存在累加器 1 的高字中。

③ 双整数除法运算时，方块图指令商（舍去余数）在 OUT 端处输出（32 位值），而用 STL 指令（/D）时，商则是保留在累加器 1 中。

④ MOD 为双整数“除法取余”指令。执行方块指令时在 OUT 处输出的是两个双整数相除所得的余数（小数，32 位值），执行 STL 指令时余数作为结果保存于累加器 1 中。

⑤ 执行“+ <16 位常数>”或“+ <32 位常数>”指令时，累加器 1 的内容与 16 位或与 32 位整数常数相加，运算结果保存到累加器 1 中。这两个指令只有 STL 形式，无梯形图方块形式。

下面举例说明基本算术运算指令的用法。

1）整数加法与双整数减法。整数加法的用法如图 6-73a 所示，双整数减法的用法如图 6-73b所示。

```
STL:
L    MW0     //被加数(MW0)→ACCU1
L    MW2     //(MW0)→ACCU2,加数(MW2)→ACCU1
+D           //(MW0) + (MW2)→ ACCU1,“和”存ACCU1
T    MW10    //相加之和→WM10
```

a)

```
STL:
L    MD0     //被减数(MD0)→ACCU1
L    MD4     //(MD0)→ACCU2,减数(MD4)→ACCU1
-D           //(MD0) - (MD4)→ACCU1,“差”存 ACCU1
T    MD10    //相减之差→MD10
```

b)

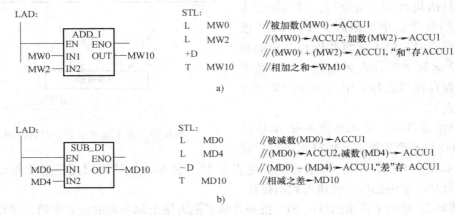

图 6-73 加、减指令的用法

a）整数加法的用法 b）双整数减法的用法

2）整数乘法。整数乘法的用法如图 6-74 所示。

```
STL:
L    MW0     //被乘数(MW0)→ACCU1
L    MW2     //(MW0)→ACCU2,乘数(MW2)→ACCU1
*I           //(MW0) * (MW2)→ACCU1,“积”存ACCU1
T    MD10    //相乘之积→MD10
```

图 6-74 整数乘法的用法

3）双整数除法（舍去余数）。双整数除法（舍去余数）的用法如图 6-75 所示。

```
STL:
L    MD0     //被除数(MD0)→ACCU1
L    MD4     //(MD0)→ACCU2,除数(MD4)→ACCU1
/D           //(MD0)/(MD4) = 商(去余数)→ACCU1
T    MD10    //去余数后的商→MD10
```

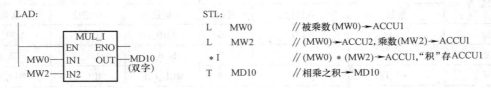

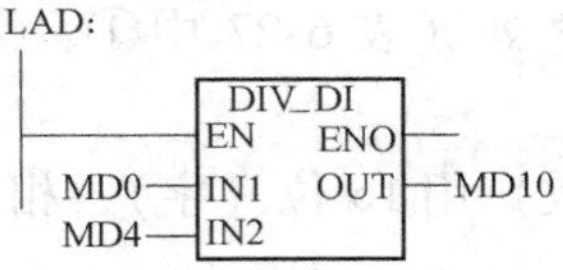

图 6-75 双整数除法（舍去余数）的用法

4）双整数除法取余。求输入双字 ID10 的内容与常数 32 相除的余数，结果保存到 MD20 中。

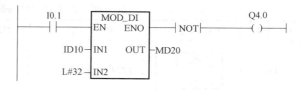

图 6-76 求余运算举例

对应的 LAD 梯形图如图 6-76 所示，当 I0.1 信号状态为"1"时，开始执行求余运算，并用 Q4.0 指示运算结果是否有效（0 表示有效，1 表示无效）。

5）整数除法（STL 形式）。下面是整数除法运算的例子：

L　IW10　　//IW10 的内容装入累加器 1 的低字中

L　MW14　　//累加器 1 的内容装入累加器 2,MW14 的内容装入累加器 1 的低字中

/I　　　　 //累加器 2 低字的值除以累加器 1 低字的值,结果（商）存放在累加器 1 的低字中,余数存放在累加器 1 的高字中

T　MW10　　//累加器 1 低字中的运算结果传送到 MW10 中

设 IW10 的值为 13，MW14 的值为 4，13 除以 4，指令执行后的商（3）存放在累加器 1 的低字中，余数（1）存放在累加器 1 的高字中。最后，商（3）保存在 MW10 中。

6）16 位整数的算术运算指令应用。

L　IW10　　　　　//将输入字（IW10 的内容）装入累加器 1 的低字中

L　MW12　　　　　//将累加器 1 低字中的内容装入到累加器 2 的低字中,将存储字（MW12 的内容）装入累加器 1 的低字

+I　　　　　　　 //将累加器 2 低字和累加器 1 低字相加,结果保存到累加器 1 的低字中

+68　　　　　　　//将累加器 1 的低字中的内容加上常数 68,结果保存到累加器 1 的低字中

T　DB1. DBW25　　//将累加器低字中的内容（结果）传送到 DB1 的 DBW25 中

（二）扩展算术运算指令

扩展算术运算指令可完成 32 位浮点数的平方、平方根、自然对数、基于 e 的指数运算、三角函数及取绝对值等运算，指令格式及说明见表 6-28。

对于 STL 形式的扩展算术运算指令，可对累加器 1 中的 32 位浮点数进行运算，结果保存在累加器 1 中，指令执行后将影响状态字的 CC1、CC0、OV 和 OS 状态位。

对于梯形图 LAD 形式的扩展运算指令，由参数 IN 提供 32 位浮点数（操作数可以是：I、Q、M、L、D 或常数），运算结果保存在由 OUT 指定的存储区（操作数可以是：I、Q、M、L、D）中。EN（类型：BOOL）为使能输入信号，当 EN 的信号状态为"1"时，激活运算；ENO（类型：BOOL）为使能输出，如果指令未执行或运算结果在允许范围之外，则 ENO = 0，否则 ENO = 1。EN 和 ENO 使用的操作数可以是：I、Q、M、D、L。

使用扩展算术运算指令还需注意以下几个问题：

1）浮点数开平方指令 SQRT 的输入值应大于等于 0，其运算结果为正或 0。

2）求某数以 10 为底的对数时，应将该数的自然对数值除以 2.302585（10 的自然对数值）。例如

$$lg100 = (ln100)/2.302585 = 4.605170/2.302585 = 2$$

表 6-28　扩展算术运算指令格式及说明

STL 指令	LAD 指令	说　明	STL 指令	LAD 指令	说　明
SQR	SQR EN ENO IN OUT	浮点数的平方运算	TAN	TAN EN ENO IN OUT	浮点数的正切运算
SQRT	SQRT EN ENO IN OUT	浮点数的平方根运算	ASIN	ASIN EN ENO IN OUT	浮点数的反正弦运算
EXP	EXP EN ENO IN OUT	浮点数的指数运算	ACOS	ACOS EN ENO IN OUT	浮点数的反余弦运算
LN	LN EN ENO IN OUT	浮点数的自然对数运算	ATAN	ATAN EN ENO IN OUT	浮点数的反正切运算
SIN	SIN EN ENO IN OUT	浮点数的正弦运算	ABS	ABS EN ENO IN OUT	浮点数的取绝对值运算
COS	COS EN ENO IN OUT	浮点数的余弦运算			

3）浮点数三角函数指令的输入值如果是以角度为单位的浮点数，求三角函数之前应先将角度值乘以 $\pi/180$，转换为弧度值。

4）浮点数反正弦函数指令 ASIN 和浮点数反余弦函数指令 ACOS 的取值范围为

$$-1 \leqslant 输入值 \leqslant +1$$
$$-\pi/2 \leqslant 运算结果 \leqslant +\pi/2$$

5）浮点数反正切函数指令 ATAN 的取值范围为

$$-\pi/2 \leqslant 运算结果 \leqslant +\pi/2$$

下面举例说明扩展算术运算指令的用法。

1）求平方运算：

	OPN	DB17	// 打开数据块 DB17
	L	DBD0	// 装入浮点数到累加器 1
	SQR		// 求平方，结果送累加器 1
	AN	OV	// 扫描 OV 是否为 0
	JC	OK	// 若运算没错误则转到 OK
	BEU		// 若运算有错误则无条件结束
OK:	T	DBD4	// 保存结果

2）求余弦运算：

	L	MD0	// 装入浮点数到累加器 1
	COS		// 求余弦，结果送累加器 1

T	MD4	//保存结果

3）求反正切运算：

L	MD10	//装入浮点数到累加器1
ATAN		//反正切运算,结果送累加器1
AN	OV	//扫描 OV 是否为 0
JC	OK	//若运算没错误则转到 OK
BEU		//若运算有错误则无条件结束
OK:T	MD20	//保存结果

（三）算术运算指令应用举例

例 6-3　使用加法指令扩展计数器的计数范围。

计数器的计数范围是 0～999，显然不能满足生产的要求。要扩大计数的范围，可以把 2 个及以上计数器串联起来，也可以使用加法指令来扩展加法计数器的计数范围。例如，使用整数加法指令最大计数值可达 32767，如果使用双整数加法指令，则最大计数值可达 2147483647。同理，使用减法指令也可以实现减法计数器功能。

在图 6-77 所示的程序中，当 I0.1 的状态为"1"时，程序段 2 将整数 0 赋予 MW10 中，当 I0.1 的状态为"0"，可以进行计数操作。程序

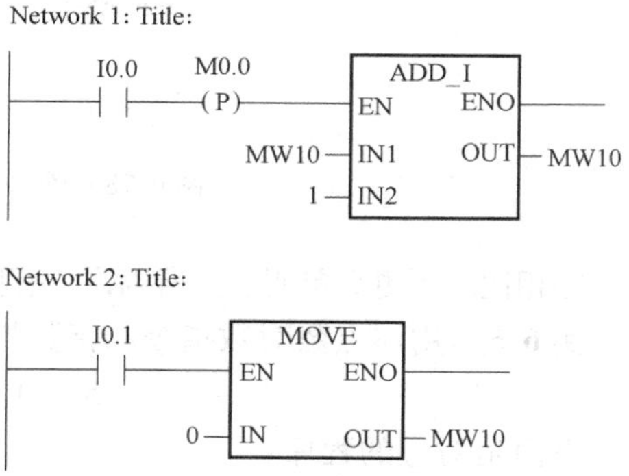

图 6-77　使用整数加法指令扩展
计数器的计数范围的梯形图

段 1 中，I0.0 接点后的上升沿检测指令是必不可少的。当 I0.0 的状态有"0"到"1"的变化时，上升沿检测指令的输出为"1"，执行加法指令，将 MW10 的内容加 1 以后再送回到 MW10 中。执行完以后，MW10 中的内容将被新的值所代替。

若 I0.0 后面没有边沿检测指令，则由于 PLC 是采用循环扫描的工作方式，扫描周期为毫秒级（即为几毫秒～几百毫秒），当按下 I0.0 端对应的控制按钮时，即使很快放开此按钮，I0.0 为"1"的时间也可能是扫描周期的几十倍，也就是说加法指令被执行了几十次。因此不能准确记录按下 I0.0 的次数，所以需要在 I0.0 后面加边沿检测指令。将来编程时，还有很多指令只希望在一个扫描周期中执行一次，这就要用到边沿检测指令。

例 6-4　要求存储在字 MW10 的数字每增加 20，QW12 中显示的 BCD 数就增加 1。例如，瓶子数存储在字 MW10，每 20 个瓶子装一箱，把装箱数送去 QW12 中显示。其程序如图6-78所示。

图 6-78 所示的 LAD 及其对应的 STL 程序，其逻辑很清楚，不用多解释。不过，从这个程序中可以看出 SAVE 和 BR 指令的用法；也可以看出这里所谓的 ENO 就是 BR。若直接用STL 编写，则程序如下：

```
L   MW10
L   20
/I
ITB
T   QW12
```

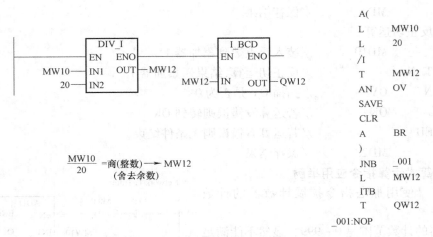

图 6-78　除法的 LAD 及其对应的 STL 程序

则相比之下更简单明了。所以说，有些情况下，用 STL 编写的程序往往是最简洁的程序。

例 6-5 用浮点数对数指令和指数指令求 5 的立方。计算公式为

$$5^3 = \mathrm{EXP}(3 \times \mathrm{LN}5) = 125$$

下面是对应的程序：

```
L   L#5      //装入双整数常数
DTR          //转换为浮点数
LN
L   3.0      //装入浮点数常数
*R
EXP
RND          //将浮点数四舍五入转换为整数
T   MW40     //计算结果存入 MW40
```

例 6-6 压力变送器的量程为 0 ~ 10MPa，输出信号为 4 ~ 20mA，S7—300 的模拟量输入模块的量程为 4 ~ 20mA，转换后的数字量为 0 ~ 27648，设转换后的数字为 N，试求以 kPa 为单位的压力值。

解： 0 ~ 10MPa（0 ~ 10000kPa）对应于转换后的数字 0 ~ 27648，转换公式为

$$P = (10000 \times N)/27648(\mathrm{kPa})$$

值得注意的是在运算时一定要先乘后除，否则会损失原始数据的精度。假设 A-D 转换后的数据 N 在 MD6 中，以 kPa 为单位的运算结果在 MW10 中。图 6-79 是实现上式中的运算的梯形图程序。

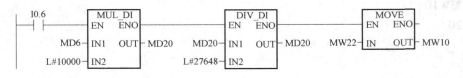

图 6-79　运算程序

如果某一方块指令的运算结果超出了整数运算指令的允许范围，状态位 OV 和 OS 将为 1，使能输出 ENO 为 0，不会执行在该方框指令右边的指令。

值得注意的是 A-D 转换后的最大数字为 27648，乘以 10000 以后可能超过 16 位整数的允许范围，所以最好使用双字乘法指令 MUL_DI，以免出错。双字除法指令 DIV_DI 的运算结果为双字，但是由上式可知运算结果实际上不会超过 16 位正整数的最大值（32767），所以可以用 MOVE 指令将 MD20 的低字 MW22 中的 16 位整数运算结果传送到 MW10 中。

五、移位与循环移位指令

移位指令将累加器 1 的低字（16 位字）或累加器 1 的全部内容（32 位双字）左移或右移若干位。移动的位数由 n 决定。左移 n 位相当于乘以 2^n，例如将十进制数 3 对应的二进制数 2#11 左移 2 位，相当于乘以 4，左移后得到的二进制数 2#1100 对应于十进制数 12。右移 n 位相当于除以 2^n，例如将十进制数 24 对应的二进制数 2#11000 右移 3 位，相当于除以 8，右移后得到的二进制数 2#11 对应于十进制数 3。

移位和循环移位指令及功能说明见表 6-29，梯形图方块指令格式如图 6-80 所示。

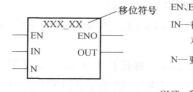

移位符号
EN、ENO—允许输入、允许输出端
IN—待移位数值(可以是I、Q、M、D、L字或数字)输入端
　　对STL指令,待移位的数值是存在累加器1中
N—要移位位数(可以是I、Q、M、D、L字或常数)输入端
　　对STL指令,要移位的位数是存在累加器2中
OUT—移位操作结果(字或双字)输出端,可输出到I、Q、M、D、L
　　对STL指令,移位操作结果是存在累加器1中

图 6-80　移位和循环移位方块指令格式

表 6-29　移位和循环移位指令及功能说明

名　称	STL 指令	梯形图方块上部移位符号	功　能　说　明
字左移	SLW	SHL_W	累加器 1 低字内容逐位左移,空出位填充 0
字右移	SRW	SHR_W	累加器 1 低字内容逐位右移,空出位填充 0
双字左移	SLD	SHL_DW	累加器 1 整个内容逐位左移,空出位填充 0
双字右移	SRD	SHR_DW	累加器 1 整个内容逐位右移,空出位填充 0
整数右移	SSI	SHR_I	累加器 1 低字内容逐位右移,空出位填充符号位(正填 0,负填 1)
双整数右移	SSD	SHR_DI	累加器 1 整个内容逐位右移,空出位填充符号位(正填 0,负填 1)
双字左循环	RLD	ROL_DW	累加器 1 整个内容逐位左移,空出位填充累加器 1 移出的位
双字右循环	RRD	ROR_DW	累加器 1 整个内容逐位右移,空出位填充累加器 1 移出的位
双字左循环(带 CC1 位)	RLDA	—	累加器 1 整个内容带 CC1 位逐位左移一位,空出位填充 CC1 移出的位
双字右循环(带 CC1 位)	RRDA	—	累加器 1 整个内容带 CC1 位逐位右移一位,空出位填充 CC1 移出的位

使用移位和移位循环指令时，应注意以下几点：

1）移位和移位循环指令的梯形图方块指令是将 IN 端的内容送入累加器 1 中，N 端指定要移位的位数，然后将移位结果送入 OUT 端指定的目的地址，如图 6-80 所示。当允许输入 EN 端为高电平（1）时，将执行移位或移位循环指令，如果移位或移位循环指令成功执行，允许输出端 ENO 为高电平（1），连接在 ENO 端后面的梯形图指令将会执行。当允许输入 EN 端为低电平（0）时，将不执行移位或移位循环指令，允许输出端 ENO 为低电平（0），连接在 ENO 端后面的梯形图指令将不会执行。

带 CC1 的循环指令无梯形图方块指令，只有 STL 指令。CC1 的循环指令只移一位，无须指定移位位数。

2）STL 的移位和循环移位指令的执行是无条件的，也就是说，它们的执行可不根据任何条件，也不影响逻辑操作结果 RLO。

3）无符号数（字或双字）左移时，高位内容丢失，低位内容自动补 0 右移时，低位内容丢失，高位内容自动补 0。而有符号数（整数或双整数）只有右移指令，整数右移时，高位补符号位的内容（即正数全补 0，负数全补 1），低位内容丢失。移出的最后一位也同时保存到状态字的 CC1 位，状态字的 CC0 和 OV 位被清零。

4）16 位的移位指令只影响累加器 1 低字中的 0～15 位，累加器 1 高字中的 16～31 位不受影响。

5）允许移位的位数：0 < 字移位位数 ≤ 16，0 < 双字移位位数 ≤ 32，如果移位位数等于 0，则移位指令被当作 NOP（空操作）指令来执行；否则，状态字的 CC0 和 OV 位被清零。如果字或双字的移位位数超出允许值的上限，则移位结果全为 0 且 CC1 位也为 0。如果整数或双整数的移位位数超出允许值的上限，则移位结果是：正数全为 0 且 CC1 位也为 0，负数全为 1 且 CC1 位也为 1。带 CC1 的循环指令只移一位。

6）移位位数的指定可用以下两种方法：一是在移位和循环移位指令中直接给出立即数（如 SSI　6，移位位数为 6）；二是通过装入指令（L）将立即数或存储器（I、Q、M、D、L）中的数装入累加器 1 的低字中，其编程顺序是：先装入移位位数，后装入要移位的数。因此，要移位的数是存在累加器 1 中，而移位位数是存在累加器 2 的低字中。

下面举例说明移位和循环移位指令的用法。

（1）有符号整数右移（用 STL 指令）

```
L   MW4      //将 MW4 的内容装入累加器 1 的低字中
SSI  4       //累加器 1 低字中的有符号整数右移 4 位,结果仍存在累加器 1 的低字中
T   MW8      //累加器 1 的低字中的移位结果传送到 MW8 中
```

设 MW4 的内容为一个负数，图 6-81 给出了移位前后的累加器 1 中的二进制数值。因为累加器 1 低字中是一个负数，右移后，其低字的高位添了 4 个 1。移位前后累加器 1 的高字内容没有变化。

图 6-81 的结果也可用下列程序实现：

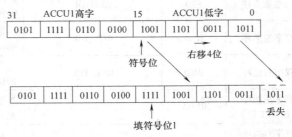

图 6-81　负整数在累加器 1 中右移 4 位

L　+4　　　//将 +4 装入累加器 1 中

L　MW4　　//将累加器 1 中 +4 装入累加器 2 的低字中,将 MW4 的内容装入累加器 1
　　　　　　 的低字中

SSI　　　　//累加器 1 低字中的有符号整数右移 4 位,结果仍存在累加器 1 的低字中

T　MW8　　//累加器 1 的低字中的移位结果传送到 MW8 中

注意:MW4 中的内容并没有变化,MW4 中内容的移位结果存在 MW8 中。

(2) 16 位字左移

L　MW4　　//将 MW4 的内容装入累加器 1 的低字中

SLW　6　　//累加器 1 低字内容左移 6 位,结果仍存在累加器 1 的低字中

T　MW8　　//累加器 1 的低字中的移位结果传送到 MW8 中

图 6-82 所示给出了移位前后的累加器 1 中的二进制数值,左移后,其低字的低位添了 6 个 0。移位前后累加器 1 的高字内容没有变化。

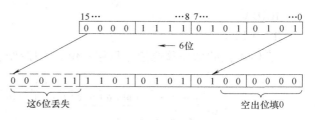

图 6-82　字在累加器 1 中左移 6 位

(3) 有符号整数右移(用 LAD 指令)

其用法如图 6-83 所示。

(4) 双字左循环移位

其用法如图 6-84 所示。

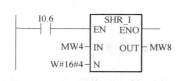

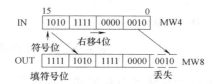

图 6-83　有符号数右移指令

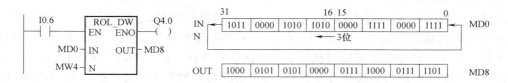

图 6-84　双字左循环移位指令

假设 MW4 中的数字为 3,当 I0.6 为 1 时,MD0 中的双整数被循环左移 3 位,移位后的结果写入 MD8。如果循环移位指令被成功地执行,Q4.0 被置位为 1。

以下是与图 6-84 中梯形图完全对应的语句表程序:

A　I0.6

JNB　001　　//如果 RLO = 0 则,跳转至 _001,并令 BR = 0;如果 RLO = 1,向下
　　　　　　　 执行

L　MW4　　 //左循环移位位数 +3 存在 MW4 中,(MW4)→ACCU1,即 +3 →
　　　　　　　 ACCU1

```
    L   MD0        //待左循环移位双字 MD0→ACCU1,原 ACCU1 中 +3→ACCU2
    RLD            //MD0 中内容左循环移 3 位,其最后一位为 1,故 CC1 =1
    T   MD8        //循环移位结果存 MD8
    SET            //使 RLO 为 1,并结束逻辑串
    SAVE           //把 RLO 状态(现为 1)存入 BR 位
    CLR            //使 RLO 为 0,并结束逻辑串
_001:A   BR
    =   Q4.0       //如果循环移位指令被成功执行,BR 位为 1,则 Q4.0 被置为 1
```

（5）带 CC1 位双字右循环移位指令（RRDA）

```
L   MD10
RRDA
T   MD20
```

带 CC1 位的循环移位指令只移一位。程序执行情况如图 6-85 所示。

图 6-85　带 CC1 位双字右循环移位指令

要想在同一个存储字中看到移位的效果,可以将 IN 和 OUT 端指定相同的地址。如图 6-86所示,当 I0.2 的状态为"1"时,CPU 将 MW10 中的数据读入累加器 1 低字中并移位,然后又将移位后的结果写回到 MW10 中,将 MW10 中以前的数据覆盖掉。

注意:移位指令是高电平执行。由于 PLC 采用循环扫描的工作方式,因此,当按下 I0.2 对应的外部输入按钮时,I0.2 的输入信号保持高电平 1s 的时间,可能是循环扫描周期的几十倍。这时,移位指令可能被执行了几十次。每执行一次,都将 MW10 中的内容左移 1 位,这样,MW10 中的内容很快会变为全"0"的状态。如果想要每次按下 I0.2 的外部输入按钮,移位指令只执行一次,可以在 I0.2 的常开节点后加上升沿检测指令（P）,将 EN 端的信号变成只有一个扫描周期的高电平信号,如图 6-87 所示。

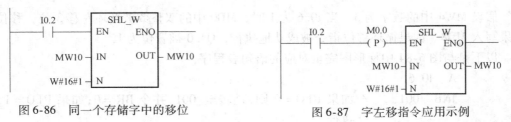

图 6-86　同一个存储字中的移位　　　　　图 6-87　字左移指令应用示例

ENO 端的输出可根据需要自行选择是否使用。如果移位和循环移位指令被成功执行,则 ENO 为 1,否则为 0。

六、累加器操作指令

累加器是 PLC 中的一个重要元件，在数据处理和数字运算中都使用了累加器。直接对累加器进行操作，有助于处理程序中的一些问题，表 6-30 列出了对累加器进行直接操作的主要指令。对累加器内容的求反、求补、移位、循环移位等操作指令在前面已经介绍，此外不再赘述。指令的执行与 RLO（逻辑操作结果）无关，也不会对 RLO 产生影响。

表 6-30　累加器操作指令

名称	STL 指令	功　能　说　明
互换	TAK	累加器 1 和累加器 2 内容的交换
压入	PUSH	累加器 1 的内容移入累加器 2（累加器 2 原内容丢失）
弹出	POP	累加器 2 的内容移入累加器 1（累加器 1 原内容丢失）
增加	INC 〈8 位常数〉	累加器 1 低字的低字节内容加上指令中给出的 8 位常数（0~255）[①]
减少	DEC 〈8 位常数〉	累加器 1 低字的低字节内容减去指令中给出的 8 位常数（0~255）[①]
反转	CAW	交换累加器 1 低字中 2 个字节的顺序
交换	CAD	颠倒累加器 1 中 4 个字节的顺序

[①] 指令执行是无条件的，结果不影响状态字。

TAK、PUSH、POP 是对两个累加器直接操作的指令，其工作情况如图 6-88 所示。CAW、CAD 是对一个累加器即累加器 1 直接操作的指令，执行时其内部字节变化如图 6-89 所示。

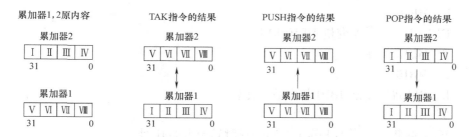

图 6-88　TAK、PUSH、POP 指令的执行结果

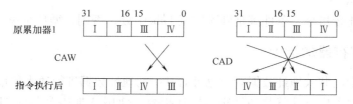

图 6-89　CAW、CAD 指令执行时累加器 1 的变化

下面举例说明累加器操作指令的使用方法。

（一）TAK 指令的用法举例

比较存储字 MW10 和 MW20 中所存整数的大小，并将大的整数减去小的整数，结果存入 MW30 中。STL 程序如下（累加器 1、2 低字分别用 ACCU1-L、ACCU2-L 表示）：

L	MW10	//第一个待比较数(MW10)装入 ACCU1-L
L	MW20	//第二个待比较数(MW20)装入 ACCU1-L,第一个数(MW10)装入 ACCU2-L
>I		//如果(MW10)>(MW20),则为真,RLO=1;否则 RLO=0
JC	NEXT	//如果 RLO=0 则顺序执行;如果 RLO=1,则跳转到 NEXT
TAK		//MW10 与 MW20 中的数互相交换(将大数存入 ACCU2-L)

NEXT: – I   //ACCU2-L 减去 ACCU1-L(大数减去小数)结果存 ACCU1-L

  T MW30 //相减结果存 MW30

(二) INC 指令的用法举例

完成从 1~5 共 5 个数的叠加。以 MB10 为变量进行循环处理，以 MW30 为存储累加的和，结果送入 MW40 中。

STL 程序如下：

```
      L   0
      T   MW30      //给累加和 MW30 赋初值
      L   1
      T   MB10      //给累加变量 MB10 赋初值
Labell:L   MW30
      L   MB10
      +I            //MW30 与 MB10 相加
      T   MW30      //结果送入 MW30 中
      L   MB10
      INC  1        //变量 MB10 加 1
      T   MB10
      L   MB10
      L   B#16#5    //MB10 与常数 5 比较
      <=I
      JC  Labell    //小于等于 5 则循环跳转至 Label1 处
      L   MW30      //否则,将累加和的结果送入 MW40 中
      T   MW40
```

说明：通过比较指令，条件满足则跳转至 Label1 处，否则，循环结束，将结果输出。

七、地址寄存器加指令

地址寄存器中已装入地址数据后，也可对其中的地址数据进行适当的增加处理，其结果还存在该地址寄存器中，这就是地址寄存器加指令。使用"加指令"时如用到累加器 1 或指针常数时，应保证其格式正确（符合地址表示形式）。地址寄存器加指令有以下 4 条：

+ AR1	//指令中没有明确操作数,把累加器 1 的低字内容加至地址寄存器 AR1
+ AR2	//指令中没有明确操作数,把累加器 1 的低字内容加至地址寄存器 AR2

　　+ AR1　　P#Byte. Bit　　　　　//把一个指针常数加至地址寄存器 AR1，指针常数范围：
　　　　　　　　　　　　　　　　　0.0～4095.7

　　+ AR2　　P#Byte. Bit　　　　　//把一个指针常数加至地址寄存器 AR2，指针常数范围：
　　　　　　　　　　　　　　　　　0.0～4095.7

下面举例说明其用法，例如：

L　　　　　　P#250.7　　　　　//把指针常数 250.7 装入累加器 1 中
　+ AR1　　　　　　　　　　　//把 250.7 加至地址寄存器 AR1
　+ AR2　　P#126.7　　　　　//把指针常数 126.7 加至地址寄存器 AR2

第四节　程序执行控制指令

　　控制指令主要指控制程序执行的顺序和控制程序结构的有关指令。包括跳转指令、循环指令、块调用指令和主控继电器指令。

一、跳转指令

　　PLC 的程序一般是各条语句按从上到下顺序逐条执行的，这种执行方式称为线性扫描。但有时因某种原因，如因控制或运算的需要，需中断程序的线性扫描，跳过程序中的某一部分再继续按线性扫描方式向下执行，则要用到跳转指令。跳转指令分无条件跳转指令和条件跳转指令两种。

（一）无条件跳转指令

　　无条件跳转指令 JU 的指令格式如下：

STL 指令：JU < 地址标号 >

　　　　　　　　　　　　　　地址标号
LAD 指令：├────────（JMP）　　//LAD 形式的无条件跳转指令要直接连接到最左
　　　　　　　　　　　　　　　　　　　边母线，否则将变成条件跳转指令

　　程序执行过程中，扫描到无条件跳转指令 JU，就立即无条件终止正常程序的顺序执行，使程序跳转到指定目标处（地址标号）继续执行。跳转目标用指令中的地址标号来指明。地址标号最多为 4 个字符，第一个字符必须是字母（或_，即下划线），其余字符可为字母或数字。地址标号标志着程序继续执行的地点。在 STL 程序中地址标号标在指令的左边，用冒号与指令分隔。在梯形图中，地址标号在一个网络的开始。在编程器上，从梯形逻辑浏览中选择 LABEL（标号），出现空方块，将标号名填入方块中。

　　跳转指令只能用在 FB、FC 和 OB 中，但跳转指令和跳转目标必须在同一个逻辑块内，不能跳转到别的 FB、FC 和 OB 中去。在一个逻辑块中，同一个跳转目标的地址标号只能出现一次，不能重名（不同逻辑块中的目标标号地址可以重名）。最长的跳转距离为程序代码中的 64KB（ –32768 或 +32767 个字）。在跳转指令和地址标号之间，任何指令和程序段在跳转时都不执行。

　　图 6-90 表示出无条件跳转指令的使用方法。当程序执行到无条件跳转指令时，将直接跳转到 L1 处执行。

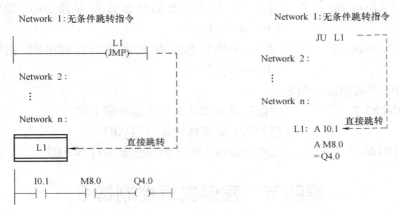

图 6-90 无条件跳转指令

（二）多分支跳转指令（跳转表格指令）

多分支跳转指令只有 STL 指令，它是一系列无条件跳转到某分支的指令。多分支跳转指令 JL 的指令格式如下：

JL〈地址标号〉

多分支指令 JL 必须与无条件跳转指令 JU 配合使用，可根据累加器 1 低字中低字节的内容及 JL 所指定的标号实现最多 255 个分支（目的地）的跳转。跳转分支（目的地）列表必须位于 JL 指令和由 JL 指令所指定的标号之间，每个跳转分支（目的地）都由一个无条件跳转指令 JU 组成，JU 指令紧随 JL 指令之后。

如果累加器 1 低字中低字节的内容小于 JL 指令和由 JL 指令所指定的标号之间的 JU 指令的数量，JL 指令就会跳转到其中一条 JU 处执行，并由 JU 指令进一步跳转到目标地址；如果累加器 1 低字中低字节的内容为 0，则直接执行 JL 指令下面的第一条 JU 指令；如果累加器 1 低字中低字节的内容为 1，则直接执行 JL 指令下面的第二条 JU 指令；如果跳转的目的地的数量太大，则 JL 指令跳转到目的地列表中最后一个 JU 指令之后的第一个指令。

图 6-91 表示出多路分支跳转指令的使用方法。

（三）条件跳转指令

条件跳转指令先要判断跳转的条件是否满足，若满足，程序跳转到指定的目标标号处继续执行；若不满足，程序不跳转，顺序执行。其程序流程图如图 6-92 所示。图 6-92b 中所示的"另外程序"视需要来确定要不要，一般的跳转多为不要，条件满足时直接跳转到共同程序，如图 6-92a 所示。

条件跳转指令主要是语句表（STL）指令，根据跳转条件的不同它共有 15 条。条件跳转梯形图指令只有 2 条，下面分别介绍。

1. 条件跳转语句表（STL）指令

状态寄存器（状态字）中的逻辑操作结果位（RLO）、二进制结果位（BR）、溢出位（OV）、存储溢出位（OS）、条件码 1（CC1）和条件码 0（CC0）均可以是跳转的条件。因为它们的状态能反映程序运行过程中的多种情况，具体见表 6-23 ~ 表 6-26。用这些作为跳转的条件，可以方便程序的控制与编写。表6-31列出了这 15 条指令。

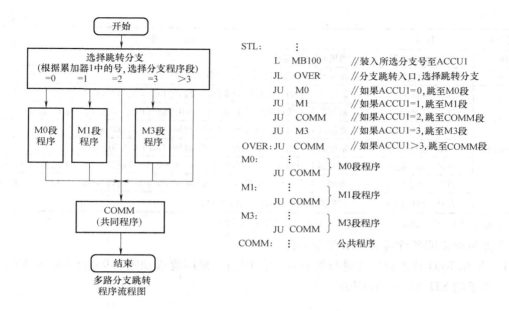

图 6-91　多路分支跳转指令的使用

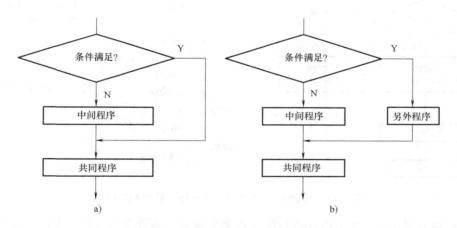

图 6-92　条件跳转指令执行流程

a) 直接跳转　b) 有"另外程序"

表 6-31　条件跳转 STL 指令表

跳转条件	STL 指令		说　　明
RLO	JC	地址标号	如果 RLO = 1,则跳转
	JCN	地址标号	如果 RLO = 0,则跳转
RLO 与 BR	JCB	地址标号	如果 RLO = 1 且 BR = 1 则跳转。指令执行时将 RLO 保存在 BR 中
	JNB	地址标号	如果 RLO = 0 且 BR = 0 则跳转。指令执行时将 RLO 保存在 BR 中
BR	JBI	地址标号	如果 BR = 1 则跳转,指令执行时,OR、$\overline{FC}$ 清 0,STA 置 1
	JNBI	地址标号	如果 BR = 0 则跳转,指令执行时,OR、$\overline{FC}$ 清 0,STA 置 1

（续）

跳转条件	STL 指令	说　　明
OV	JO　地址标号	如果 OV = 1 则跳转
OS	JOS　地址标号	如果 OS = 1 则跳转,指令执行时,OS 清 0
CC1 与 CC0	JZ　地址标号	累加器 1 中的计算结果为零(= 0)跳转(CC1 = 0,CC0 = 0)
	JN　地址标号	累加器 1 中的计算结果为非零(< >0)跳转(CC1 = 0 或 1,CC0 = 1 或 0)
	JP　地址标号	累加器 1 中的计算结果为正(>0)跳转(CC1 = 1,CC0 = 0)
	JM　地址标号	累加器 1 中的计算结果为负(<0)跳转(CC1 = 0,CC0 = 1)
	JMZ　地址标号	累加器 1 中的计算结果小于等于零(< = 0 非正)跳转(CC1 = 0 或 1,CC0 = 0)
	JPZ　地址标号	累加器 1 中的计算结果大于等于零(> = 0 非负)跳转(CC1 = 0,CC0 = 1 或 0)
	JUO　地址标号	实数溢出跳转(CC1 = 1、CC0 = 1)

注：通过 CC1、CC0 的状态，可反映累加器 1 中计算结果的情况。

下面举例说明条件跳转 STL 指令的使用。

1）根据 RLO 状态对程序进行跳转控制的应用。程序要求如图 6-93 所示的流程图，满足这一要求的 STL 程序列在图旁。

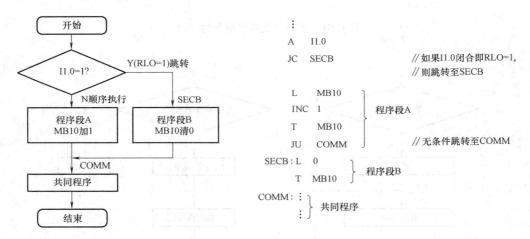

图 6-93　根据 RLO 状态对程序进行跳转控制的应用

2）根据算术运算结果对程序进行跳转控制的应用。程序要求如图 6-94 所示的流程图，满足其要求的 STL 程序列在图旁。图 6-94 中未使用 JO 指令，而使用了 JOS 指令，因为 JO 指令只能判断前面 – I 指令是否溢出，见程序中的 "＊"。

2. 条件跳转梯形图（LAD）指令

梯形图跳转指令只有两条，见表 6-32。其中 JMP 也可用于无条件跳转（对应 STL 指令为 JU）。

表 6-32　梯形图跳转指令

STL 指令	LAD 指令	功　能　说　明
JC　地址标号	地址标号 —(JMP)	用于 RLO = 1 的条件跳转,条件跳转时,清零 OR、$\overline{FC}$;置位 STA、RLO (也可用于无条件跳转,无条件跳转时不影响状态字)
JCN　地址标号	地址标号 —(JMPN)	当 RLO = 0 时跳转,清零 OR、$\overline{FC}$;置位 STA、RLO

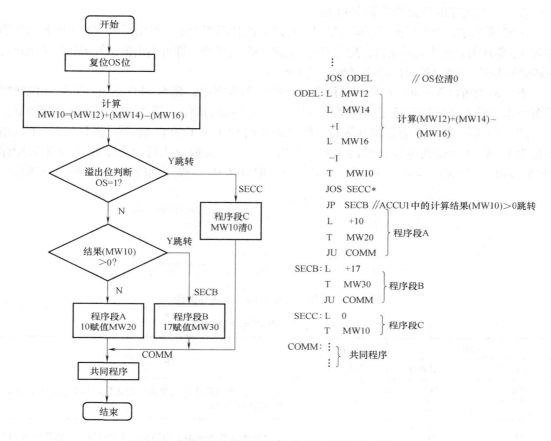

图 6-94 根据算术运算结果对程序进行跳转控制的应用

下面介绍条件跳转梯形图指令的用法

（1）一般用法

如图 6-95 所示，如果输入 I0.0 与 I0.1 均为 1，则执行跳转指令，程序转移至标号 CAS1 处执行。跳转指令与标号之间的不执行，也就是说即使 I0.3 为 1，也不令 Q4.0 置位。

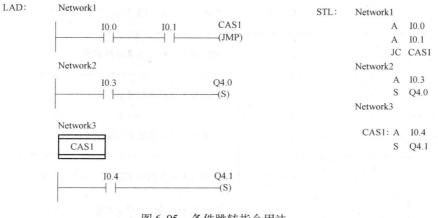

图 6-95 条件跳转指令用法

（2）用状态字的位做跳转条件的用法

在 S7 系列中，没有根据算术运算结果直接跳转的梯形图指令。但用反映状态字中各位状态的常开、常闭触点作为跳转条件，配合使用上面两条跳转指令，即可编出根据算术运算结果进行跳转的梯形图。与状态字的位有关的触点见表 6-33。

表 6-33 中的 LAD 单元符号可以用在各种梯形图程序中，影响 RLO 状态。如用在跳转梯形图中作为输入条件则形成了以状态字的位为条件的跳转操作。其使用方法举例说明如下：

图 6-96 第一条实现的是非零跳转，检测条件码 CC1 和 CC0 的组合如果不为 0，则该结果位为 1。程序跳转到地址标号为 CAS1 处执行。第二条指令执行时，如果出现非法操作（实数溢出），则无序异常位（反位）UO 为 0（RLO 为 0），程序跳转到 CAS2 处向下执行。

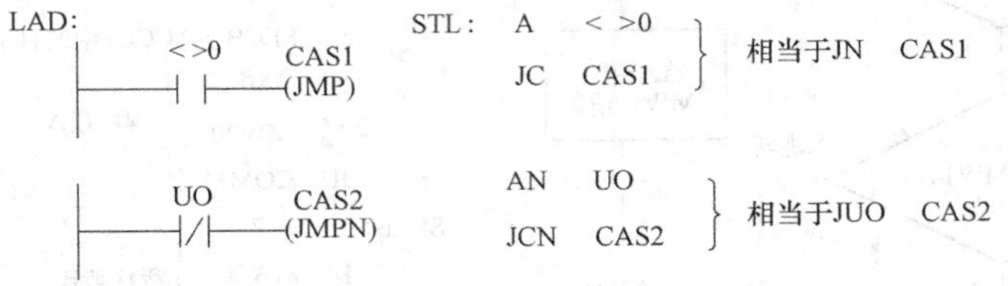

```
LAD:                          STL:  A   < >0  ⎫
      < >0    CAS1                  JC  CAS1  ⎬ 相当于 JN  CAS1
   ─┤ ├──(JMP)                                ⎭

      UO      CAS2                  AN  UO    ⎫
   ─┤/├──(JMPN)                     JCN CAS2  ⎬ 相当于 JUO CAS2
                                              ⎭
```

图 6-96 使用状态字中的位作转移条件

表 6-33 状态位指令格式及说明

LAD		STL 等效指令	说　明
常开触点	常闭触点		
OV ─┤ ├─	OV ─┤/├─	A OV	溢出标志，当运算结果超出允许的正数或负数范围时，OV = "1"，否则，OV = "0"
OS ─┤ ├─	OS ─┤/├─	A OS	溢出异常标志，当运算结果超出允许的正数或负数范围时，OS = "1"，否则，OS = "0"。OS 具有保持功能，直到离开当前块
UO ─┤ ├─	UO ─┤/├─	A UO	无序异常标志，当浮点运算的结果无序（是否出现无效的浮点数）时，UO = "1"，否则，UO = "0"
BR ─┤ ├─	BR ─┤/├─	A BR	二进制异常标志，当二进制结果出现无效数字时，BR = "1"，否则，BR = "0"
==0 ─┤ ├─	==0 ─┤/├─	A = =0	判断算术运算的结果是否等于 0
< >0 ─┤ ├─	< >0 ─┤/├─	A < >0	判断算术运算的结果是否不等于 0
>0 ─┤ ├─	>0 ─┤/├─	A >0	判断算术运算的结果是否大于 0
<0 ─┤ ├─	<0 ─┤/├─	A <0	判断算术运算的结果是否小于 0
>=0 ─┤ ├─	>=0 ─┤/├─	A > =0	判断算术运算的结果是否大于或等于 0
<=0 ─┤ ├─	<=0 ─┤/├─	A < =0	判断算术运算的结果是否小于或等于 0

（四）　跳转指令应用举例

例 6-7　试求和 $\sum\limits_{k=1}^{20} k$ 。

求和程序如图 6-97 所示。

说明：在程序的 Network1 中，首先对 MW10 和 MW20 赋初值 1，通过正边缘触发指令使 Network1 只执行一次，完成初值的设定；在 Network3 和 Network4 中通过整数加法指令，使 MW10 实现从 1 到 20 的数值产生，而 MW20 则实现累加 20 个数的任务；通过 Network2 的条件跳转语句实现 20 以外数值的跳转；Network5 中，当数值大于等于 20 时，将累加结果送至 MW40 中。

例 6-8　试设计时钟脉冲发生器。要求输出位从 Q12.0 ~ Q13.7（16 位）分别输出频率范围为 2 ~ 0.000061Hz 的脉冲。

时钟脉冲发生器的程序如图 6-98 所示。

说明：程序中 Network1 和 Network2 表示扩展脉冲定时器 T1 每隔 250ms 产生一个负脉冲；Network4 只有当 T1 定时时间到的情况下，负脉冲产生时才执行，此时 RLO 之值为零，这样存储器 MW100 的内容加 1；Network5 表示存储器内容 MW100 传输到 QW12 中，那么因为 MW100 的不断累加，使输出位从 Q12.0 ~ Q13.7 分别输出频率范围从 2 ~ 0.000061Hz 的脉冲。

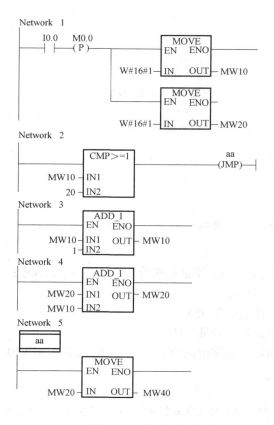

图 6-97　求和程序

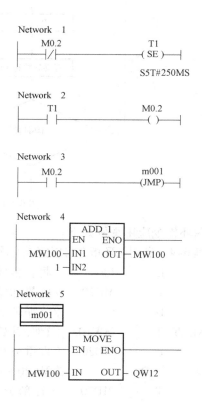

图 6-98　时钟脉冲发生器的程序

二、循环指令

循环控制指令一般称为循环指令。使用循环指令可以多次重复执行某程序段。循环指令的格式为

$$
\left.
\begin{aligned}
&地址标号：\\
&\quad \vdots\\
&\quad \vdots\\
&LOOP\ 地址标号
\end{aligned}
\right\} 循环体
$$

指令中地址标号指出循环所回到的地方，在地址标号与 LOOP 地址标号间构成循环体（重复执行程序段）。循环次数存在累加器 1 中，即 LOOP 指令以累加器 1 为循环计数器。LOOP 指令执行 1 次，将累加器 1 低字中的值减 1。如果不是 0，则回到循环体开始处（地址标号处）继续循环执行；如果是 0 则停止循环，执行 LOOP 指令下面的指令。

循环次数不能是负数，程序设计时应保证循环计数器中的数为正整数（数值范围 1 ~ 32767）或字型数据（数值范围：W#16#0001 ~ W#16#FFFF）。

图 6-99 用于说明循环指令的用法，考虑到循环体（程序段 A）中可能用到累加器 1，设置了一个循环计数暂存器 MB10。

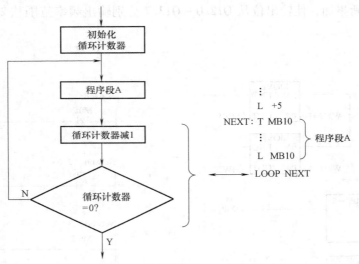

图 6-99 循环指令 LOOP 的使用

循环指令应用举例如下。

例 6-9 利用循环指令可以完成有规律的重复计算过程，下面是求阶乘 "8!" 的示例程序：

L	L#1	//将长整数常数装入累加器 1
T	MD20	//将累加器 1 的内容传送到 MD20
L	8	//将循环次数装入累加器 1 的低字中
NEXT: T	MW10	//循环开始，将累加器 1 低字的内容（循环变量值）装入 MW10
L	MD20	//取部分积
*D		//MD20 × MW10
T	MD20	//存部分积，循环结束后 MD20 = 8 × 7 × 6 × 5 × 4 × 3 × 2 × 1 = 40320

L　　　MW10　　//取当前循环变量值装入累加器 1

LOOP　　NEXT　　//如果累加器 1 低字中的内容不为 0，则转到 NEXT 继续循环执
　　　　　　　　　　行并对累加器 1 的低字减 1

…　　　　　　//循环结束，执行其他指令

三、功能块调用指令与数据块指令

（一）功能块调用指令

S7 系列采用结构化程序设计时，常常要调用功能块（FB、FC、SFB、SFC）来组成用户程序，这就需要用到功能块调用指令，也会遇到块结束指令。在这里先对这类指令进行简单介绍，对于功能块及其参数与调用的详细了解，读者可参阅西门子 STEP7 编程手册。

功能块调用指令有梯形图（LAD）指令和语句表（STL）指令两种，见表 6-34。块调用指令可以调用用户编写的功能块（FB、FC）或操作系统提供的功能块（SFB、SFC）。调用指令的操作数是功能块类型及其编号。当调用的功能块是 FB 或 SFB 块时，还要提供相应的背景数据块（DB），使用调用指令时，可以为被调用功能块中的形参（表 6-34 中所示 Par1、Par2、Par3 等）赋以实际参数（在方块图或指令中填写）。调用时应保证实参与形参的数据类型一致，详见西门子 STEP7 编程手册。UC 和 CC 指令不能实现参数传递，下面举例说明调用指令的使用。

表 6-34　功能块（FB、FC、SFB、SFC）调用与块结束指令

LAD 指令	STL 指令	说　　明
DB×× FB×× EN　ENO Par1　Par2 Par3	CALL　FB××,DB×× Par1：= Par2：= Par3：=	调用 FB、FC、SFB、SFC 的指令。只在调用 FB、SFB 时提供背景数据块 DB×× DB×× 背景数据块号 FB×× 被调用功能块号 FC×× 被调用功能号
FC×× EN　ENO Par1　Par2 Par3	CALL　FC×× Par1：= Par2：= Par3：=	EN 允许输入 ENO 允许输出 Par1、Par2、Par3 等为功能块的 in、out、in_out 形参
FC×× —（CALL）	CALL　FC×× （或 SFC）	被调用的一般是不带参数的 FC 或 SFC 号
FC×× EN　ENO	UC　FC×× （或 SFC）	无条件调用功能块（一般是 FC 或 SFC××），但不能传递参数
	CC　FC××	当 RLO＝1 时执行调用（一般是 FC），但不能传递参数
——（RET）	BEU（或 BE）	无条件结束当前块的扫描，将控制返还给调用块
—┤├—（RET）	BEC	RLO＝1 结束当前块的扫描，RLO＝0 将继续在当前块内扫描

注：功能块类型（FB、FC、SFB、SFC）及其编号（如 FB20）是作为地址输入的，功能块的地址可以是绝对地址或符号地址。

例 6-10　在方块指令中使用 EN/ENO 参数。如果 EN = 0，块不被执行，且 ENO = 0；如果 EN = 1，块被执行，这样可以根据 RLO 来调用该块，无条件调用和条件调用的程序分别如图 6-100a 和 b 所示。

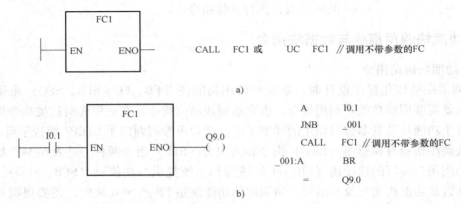

图 6-100　在功能块调用的方块指令中使用 EN/ENO 参数
a) 无条件调用　b) 条件调用

例 6-11　功能块 FB10 的一个背景数据块为 DB13，在 FB10 中定义了 3 个形参，各形参的参数名、数据类型及实参如图 6-101 中的表格所示，调用程序如图 6-101 所示。

形参	数据类型	实参
Switch	BOOL	I1.0
Length	WORD	MW10
Speed	DWORD	MD20

图 6-101　具有形参的功能块调用指令的用法

块结束指令见表 6-34，它有两种，即无条件块结束指令和有条件块结束指令。

无条件块结束指令（BEU），本指令结束对当前块的扫描，使扫描返回到调用的程序中。有条件块结束指令（BEC），本指令当条件的逻辑操作结果（RLO）为 1 时，结束当前块的扫描，将控制返还给调用块。当条件的 RLO = 0，程序将不执行 BEC，继续在当前块内扫描。

下面是使用 BEC 程序的例子：

```
A     I0.1      //刷新 RLO
BEC             //如果 RLO = 1，结束块；如果 RLO = 0，不执行 BEC，继续程序扫描
L     IW4
T     MW10
```

（二）数据块指令

数据块指令见表 6-35。使用表中指令即数据块时，要注意必须先打开一个数据块，然后才能使用与数据块有关的指令。在访问已经打开的数据块内的存储单元时，其地址中不必指明是哪一个数据块的数据单元。例如，在打开 DB10 后，DB10. DBW35 可简写为 DBW35。

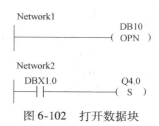

图 6-102　打开数据块

在梯形图中，与数据块操作有关的指令只有一条无条件打开共享数据块或打开背景数据块的指令，其用法如图 6-102 所示。在 Network2 中，因为数据块 DB10 已经打开，其中的数据位 DBX1.0 相当于 DB10. DBX1.0。

表 6-35　数据块指令

LAD 指令	STL 指令	功　能　说　明
DB（或 DI）号 ———（OPN） （只有 OPN 指令）	OPN	该指令打开一个数据块作为共享数据块或背景数据块,如 OPN DB10、OPN DI20
	CAD	该指令交换数据块寄存器,使共享数据块成为背景数据块,或者相反
	DBLG	该指令将共享数据块的长度(字节数)装入累加器1,如 L　DBLG
	DBNO	该指令将共享数据块的块号装入累加器1,如 L　DBNO
	DILG	该指令将背景数据块的长度(字节数)装入累加器1,如 L　DILG
	DINO	该指令将背景数据块的块号装入累加器1,如 L　DINO

表 6-35 中所示 OPN 指令为打开数据块的传统方法（先打开后访问），其他方法和详细内容请参看西门子 STEP7 编程手册。

下面举例说明 L　DBLG 指令的用法。如要求：当数据块的长度大于 50 个字节时，程序跳转到 ERR 标号处，该处指令调用功能块 FC10，做出适当处理。程序如下：

```
OPN      DB10      //打开共享数据块 DB10
L        DBLG      //将共享数据块的长度装入累加器 1
L        +50       //将整数 50 装入累加器 1，共享数据块长度移入累加器 2
> = I              //打开数据长度≥50 个字节吗
JC       ERR       //是大于等于则跳转至标号 ERR 处，不是则顺序向下执行
A        I0. 0     //执行一个与操作
BEU                //不管逻辑操作结果如何，当前块结束
ERR：CALL  FC10     //对于块长度≥50 情况，调用 FC10 做出相应处理
```

下面的例子说明 L　DBNO 指令的用法。如要求检查当前所打开的数据块号是否在 100 到 200 范围内（即 DB100～DB200 间）。程序如下：

```
L        DBNO      //将目前已打开的数据块块号装入累加器 1
L        +100      //将下限值 100 装入累加器 1，待检查的数据块块号移入累加
                     器 2
< I                //待检查数据块块号 <100 吗
JC       ERR       //是小于 100 则跳转至标号 ERR 处，不是则顺序向下执行
L        DBNO      //将目前已打开的数据块块号装入累加器 1
```

L	+200	//将上限值 200 装入累加器 1，待检查的数据块块号移入累加器 2
>I		//待检查数据块号 >200 吗
JC	ERR	//是大于 200 则跳转至标号 ERR 处，不是则说明块号在要求范围内顺序执行
A	I0.0	//执行一个与操作
BEU		//不管逻辑操作结果如何，当前块结束

ERR：⋮

四、主控继电器指令

主控继电器（MCR）是一种继电器梯形图逻辑的主开关，用于控制电流（或能流）的通断。图 6-103 所示为带主控继电器的梯形图逻辑电路，主控继电器触点前的母线（电源母线 A）称为主母线，其后的母线（电源母线 B）称为子母线。若 MCR 线圈得电（I0.0 闭合），则 MCR 常开触点闭合，子母线得电，与子母线相连的控制线路则处于可控状态。若 MCR 线圈失电（I0.0 断开），则 MCR 常开触点断开，与子母线相连的控制线路将不能工作。

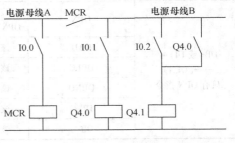

图 6-103 主控继电器的梯形图逻辑电路

在 STEP7 中，可用下面所示的 STL 程序实现与图 6-103 所示相同的功能。其中与主控继电器相关的指令见表 6-36。

MCRA		//激活 MCR 区
A	I0.0	//扫描 I0.0
MCR(		//若 I0.0 = 1，则打开 MCR（子母线开始）MCR 位为 1
A	I0.1	//扫描 I0.1
=	Q4.0	//若 I0.1 = 1 且 MCR 位为 1，则 Q4.0 动作
O	I0.2	//扫描 I0.2
O	Q4.0	//扫描 Q4.0
=	Q4.1	//若 Q4.0 信号状态为 1 或 I0.2 = 1 且 MCR 位为 1，则 Q4.1 动作
)MCR		//结束 MCR 区
MCRD		//关闭 MCR 区

表 6-36 与主控继电器相关指令

STL 指令	LAD 指令	说 明
MCRA	—(MCRA)	表示受主控继电器控制区的开始(启动 MCR 功能)
MCRD	—(MCRD)	表示受主控继电器控制区的结束(取消 MCR 功能)
MCR(	—(MCR <)	主控继电器，当 RLO = 1 时接通子母线，其后的指令与子母线相关
)MCR	—(MCR >)	无条件关断子母线，其后的指令与子母线无关

现通过图 6-104 所示说明主控继电器功能及使用方法。

主控继电器指令"MCR("和")MCR"在主控区内（MCRA 和 MCRD 指令之间）可起作用，即其间的指令将根据 MCR 位的状态进行操作。如图中当 I0.0 为 1 时，I0.7 闭合，Q8.5、M0.6 为 1；当 I0.4 闭合，Q9.0 置位。当 I0.0 为 0 时，不管 I0.7 和 I0.4 为闭合或断开，Q8.5、M0.6 均为 0，Q9.0 维持原状。MCR 是否动作对与子母线相连的控制逻辑操作结果的影响见表 6-37。在 MCR 指令以外，如图中 Q9.5 状态，不受 MCR 位状态影响，仍然只受 I1.0、M4.0 控制。

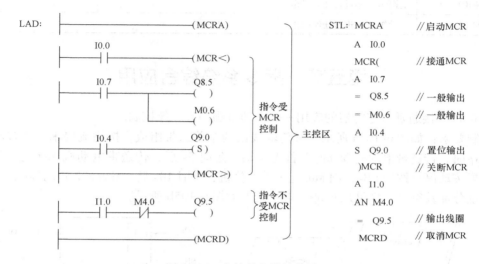

图 6-104　主控继电器的使用

表 6-37　MCR 对逻辑操作的影响

MCR 位状态	=（输出线圈或中间输出）	S 或 R（置位或复位）	T（传送或赋值）
0	写入 0 模仿掉电时继电器的静止状态	不写入 模仿掉电时的自锁继电器，使其保持当前状态	写入 0 模仿一个元件，在掉电时产生 0 值
1	正常执行	正常执行	正常执行

使用 MCR 指令时要注意：

1）"MCR("和")MCR"必须成对出现，以表示子母线的开始与结束。

2）MCR 控制可以嵌套，由于 MCR 的嵌套堆栈是一个 LIFO（后进先出）堆栈，只能有 8 个堆栈输入，因此最多可以嵌套 8 层。

3）若在 MCRA 和 MCRD 之间有块结束指令 EBU，CPU 执行 BEU 的同时也会结束 MCR 区。如果在 MCR 区内有块调用指令，MCR 的激活状态不能继承到被调用的块中，必须在被调用的块内重新激活新的 MCR 区。

4）在实际应用中，为了安全，对于紧急停机功能，禁止用 MCR 功能代替硬接线机械式主控继电器。

五、显示和空操作指令

语句表指令中包括以下显示和空操作（不操作）指令，见表6-38。

表 6-38　显示和空操作指令

STL 指令	功 能 说 明
BLD	程序显示指令（空指令），控制编程器显示程序的形式，执行程序时不产生任何影响
NOP0	空操作 0，不进行任何操作
NOP1	空操作 1，不进行任何操作

第五节　指令系统综合应用

例 6-12　接通延时定时器的应用——电动机顺序起、停控制。

控制要求：如图6-105a所示，某传输线由两个传送带组成，按物流要求，当按动起动按钮 SB_1 时，传送带电动机 Motor_2 首先起动，延时 5s 后，传送带电动机 Motor_1 自动起动；如果按动停止按钮 SB_2，则 Motor_1 立即停机，延时 10s 后，Motor_2 自动停机。

地址分配及符号定义见表6-39。端子配置如图6-105b所示。

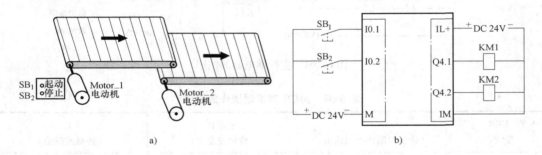

图 6-105　物流传送带

a）实物示意　b）端子配置

表 6-39　物流传送带控制系统 I/O 分配

编程元件	元件地址	符　号	传感器/执行器	说　明
数字量输入 DC 32 × 24V	I0. 1	SB_1	常开按钮 1	起动按钮
	I0. 2	SB_2	常开按钮 2	停止按钮
数字量输出 DC 32 × 24V	Q4. 1	KM1	直流接触器	传送带电动机 Motor_1 起、停控制
	Q4. 2	KM2	直流接触器	传送带电动机 Motor_2 起、停控制

物流传送带控制程序，可采用接通延时定时器和保持型接通延时定时器的线圈指令 SD 和 SS 实现，如图6-106a所示；也可采用接通延时定时器和接通延时保持定时器梯形图方块指令实现，如图6-106b所示。

例 6-13　用比较和计数指令编写开、关灯程序，要求灯控按钮 I0.0 按下一次，灯 Q4.0 亮，按下两次，灯 Q4.0，Q4.1 全亮，按下三次灯全灭，如此循环。

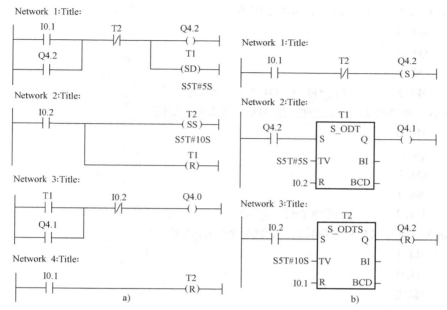

图 6-106 电动机顺序起、停控制程序

a) 线圈指令实现 b) 方块指令实现

分析：在程序中所用计数器为加法计数器，当加到 3 时，必须复位计数器，这是关键。灯控制程序如图 6-107 所示。

说明：在程序的 Network1 中，以灯控按钮 I0.0 的正跳沿触发加计数器；在 Network2 中比较可知是第一次按下按钮，所以灯 Q4.0 亮；在 Network3 中是第二次按下按钮，所以灯 Q4.0、Q4.1 全亮；在 Network4 中是第三次按下按钮，所以灯全灭，此时使 M0.0 通电，并复位计数器。这样保证程序能顺序执行。

此例如果用 Set/Reset 指令实现，则语句表程序表现为

Network1：按钮按下

A	I0.0
FP	M0.0
=	M1.0

Network2：在灯都不亮时，将 M4.1 置位

A	M1.0
AN	Q4.0
AN	Q4.1
S	M4.1 //使 Q4.0 一个灯亮

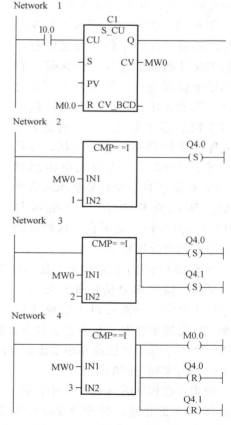

图 6-107 灯控制程序

Network3：在一个灯亮时，将 M4.2 置位

A　　　　M1.0

A　　　　Q4.0

AN　　　Q4.1

S　　　　M4.2　　　　//使 Q4.0、Q4.1 两个灯亮

Network4：在两个灯全都亮时，使 M4.1 和 M4.2 复位

A　　　　M1.0

A　　　　Q4.0

A　　　　Q4.1

R　　　　M4.1

R　　　　M4.2　　　　//使两个灯一起灭

Network5：通过 M4.1 和 M4.2，控制两个灯的亮灭

A　　　　M4.1

=　　　　Q4.0

A　　　　M4.2

=　　　　Q4.1

注意：在 Network2 和 Network3 中不能用直接置位 Q4.0 和 Q4.1，因为循环扫描互相影响的缘故。所以在 Network5 中，通过 M4.1 和 M4.2 来控制输出。

例 6-14　图 6-108 所示为仓库区及显示面板。在两个传送带之间有一个装 100 件物品的仓库，传送带 1 将物品送至临时仓库。传送带 1 靠近仓库区一端的光电传感器（I0.0）确定有多少物品运送至仓库区，传送带 2 将仓库区中的物品运送至货场，传送带 2 靠近仓库区一端的光电传感器（I0.1）确定已有多少物品从库区送至货场。显示面板上有五个指示灯（Q12.0~Q12.4），显示仓库区物品的占有空间的百分比程度。

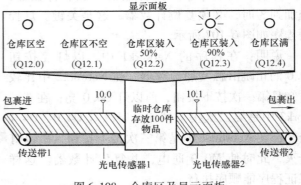

图 6-108　仓库区及显示面板

图 6-109 给出了显示面板上指示灯控制程序。

分析：输入 I0.0 信号每次从"0"变到"1"时，计数器加 1，表示光电传感器检测到物品进入仓库；当输入 I0.1 信号每次从"0"变到"1"时，计数器减 1，表示光电传感器检测到物品送出仓库。其中显示 50% 的指示灯亮时，是物品数在 50%~90% 范围时的显示。所以运用大于等于比较器和小于比较器的并联。同样物品数在 90%~100% 范围时，也运用两个比较器实现范围的限定。

说明：在程序的 Network1 中，通过光电传感器 I0.0 的正跳沿脉冲触发加计数器，光电传感器 I0.1 的正跳沿脉冲触发减计数器，当前计数值在 MW0 中显示；在 Network2 和 Network3 中，通过与 0 的比较指令可知，仓库区的状态为空还是非空，分别用指示灯 Q12.0 和

Q12.1 表示；在 Network4 和 Network5 中分别通过两个比较器的串联可知仓库区的状态在 50%～90% 之间，或是在 90%～100% 之间，两种状态用指示灯 Q12.2 和 Q12.3 表示；在 Network6 中显示仓库区满载，这一状态用 Q12.4 表示。计数器复位用按钮 I0.2 来实现。

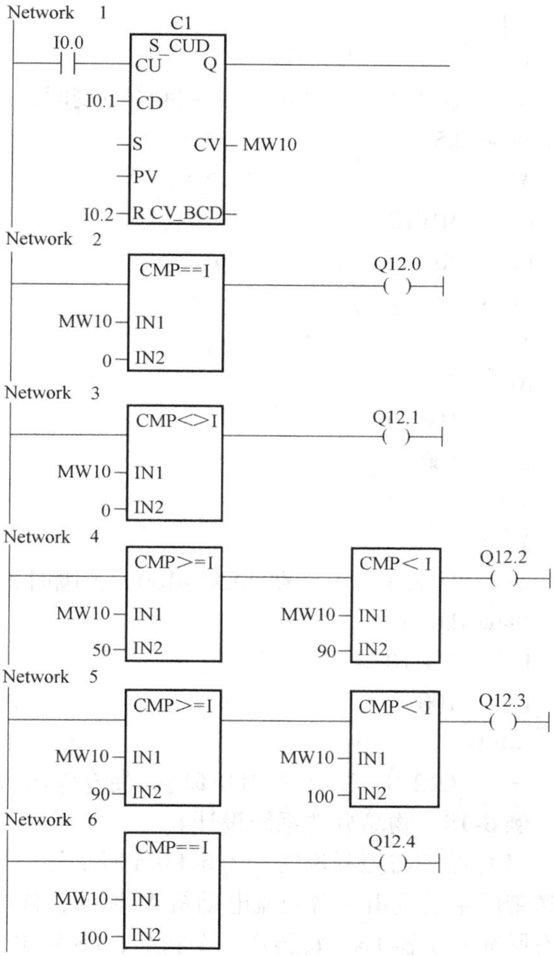

　　对应的语句表程序是

Network1

A	I0.0	//在 I0.0 的正跳沿
CU	C1	//加 1
A	I0.1	//在 I0.1 的正跳沿
CD	C1	//减 1
A	I0.2	
R	C1	//用 I0.2 复位 C1
L	C1	
T	MW10	//将 C1 当前值存入 MW10 中

Network2

L	MW10	
L	0	
==I		
=	Q12.0	//在等于 0 时，使仓库区空显示灯亮

Network3

L	MW10	
L	0	
<>I		
=	Q12.1	//不等于 0 时，使仓库区不空显示灯亮

Network4

A(	
L	MW10
L	50
>=I	
)	
A(	
L	MW10
L	90

图 6-109　显示面板上指示灯控制程序

```
 < I
)
 =      Q12.2        //在 50% ~ 90% 范围时，使仓库区装入 50% 指示灯亮
Network5
A(
L       MW10
L       90
 >= I
)
A(
L       MW10
L       100
 < I
)
 =      Q12.3        //在 90% ~ 100% 范围时，使仓库区装入 90% 指示灯亮
Network6
L       MW10
L       100
 == I
 =      Q12.4        //在 100% 时，使仓库区满指示灯亮
```

例 6-15　物品分选系统设计。

（1）原理与控制说明。图 6-110a 所示是一个简单的物品分选系统。物品由传送带发送，传送带的主动轮由一台交流电动机 M 拖动，该电动机的通断由接触器 KM 控制，从动轮上装有脉冲发生器 LS，每传送一个物品，LS 发出一个脉冲，作为物品发送的检测信号，次品检测在传送带的 0 号位进行，由光检测装置 PH1 检测，当次品在传送带上继续往前走，到 4 号位置时应使电磁铁 YV 通电，电磁铁向前推，次品落下，当光开关 PH2 检测到次品落下时，给出信号，让电磁铁 YV 断电，电磁铁缩回，正品则到第 9 号位置时装入箱中，光开关 PH3 为正品装箱计数检测用。

（2）I/O 分配。物品分选系统的端子配置如图 6-110b 所示，I/O 分配见表 6-40。

（3）控制程序。该系统比较简单，可采用线性编程方式将整个程序放在 OB1 内，如图 6-111 所示。系统梯形图控制程序由 6 个网络（Network）构成，各部分的工作情况如下：

Network1：实现传送带的起、停控制。按动起动按钮 SB3 可起动传送带；在任何情况下，按动停止按钮 SB4，可立即使传送带停止；传送带传动过程中，若正品计数器 C1（采用减计数器）计数到 0，则立即使传送带停止，以便将装满工件的包装箱搬走。

Network2 ~ Network4：实现次品工件检测。由于传送带只有 0 号位有一个次品检测传感器，为了在 4 号位能正确剔除次品工件，编程时设定了一个次品标志字 MW0 来寄存次品的位置。当次品检测传感器 PH1 在 0 号位检测到次品时，即对标志字的 M0.0 置"1"，然后采用移位的方式，每当物品检测传感器 LS 检测到一个工件时，即对次品标志字执行一次左移，这样当次品到达 4 号位时，就会使 M0.4 变为"1"。在需要时，可按动次品标志复位按

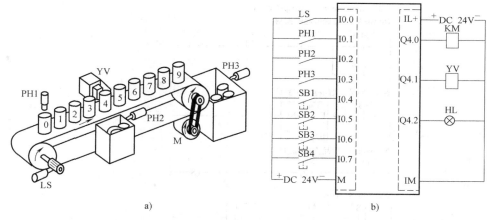

图 6-110　物品分选系统

a）物品分选系统简图　b）物品分选系统的 PLC 端子配置图

表 6-40　物品分选系统 I/O 分配

编程元件	元件地址	符　号	传感器/执行器	说　明
数字量输入 DC 32×24V	I0.0	LS	脉冲发生器,常开	发送物品检测
	I0.1	PH1	光传感器 1,常开	次品检测
	I0.2	PH2	光传感器 2,常开	次品落下检测
	I0.3	PH3	光传感器 3,常开	正品落下检测
	I0.4	SB1	常开按钮 1	次品标志复位
	I0.5	SB2	常开按钮 2	正品计数器启动
	I0.6	SB3	常开按钮 3	传送带起动按钮
	I0.7	SB4	常开按钮 4	传送带停止按钮
数字量输出 DC 32×24V	Q4.0	KM	接触器	传送带电动机起、停控制
	Q4.1	YV	电磁铁	次品推动电磁铁
	Q4.2	HL	指示灯	装箱满指示灯

钮 SB1 对次品标志字 MW0 复位。

Network5：次品剔除。程序采用复位优先的 SR 触发器实现，当次品标志 M0.4 为 "1"，则置位 SR 触发器，驱动电磁铁 YV 将次品推出，同时清除次品标志 M0.4；当次品落下，检测传感器 PH2 检测到次品已经落下后，立即复位 SR 触发器，并释放电磁铁。

Network6：正品计数。正品计数器 C1 采用减 1 计数器，传动带传送过程中，每当正品落下时检测传感器 PH3 动作一次，即对 C1 执行一次减 1 操作，当 C1 减到 0 时，立即驱动装箱满指示灯 HL，同时其常开触点断开，使传送带停止；常闭触点闭合，为 C1 重启（装入初值，假设为 20）做好准备。当计数器减到 0 时，如果按动起动按钮 SB3，可立即对 C1 重启，并起动传送带；当计数器还未减到 0 时，如果按动起动按钮 SB3，不能对 C1 重启，但可以正常起动传送带。在需要时，如果按动正品计数器 C1 启动按钮 SB2，立即启动 C1。

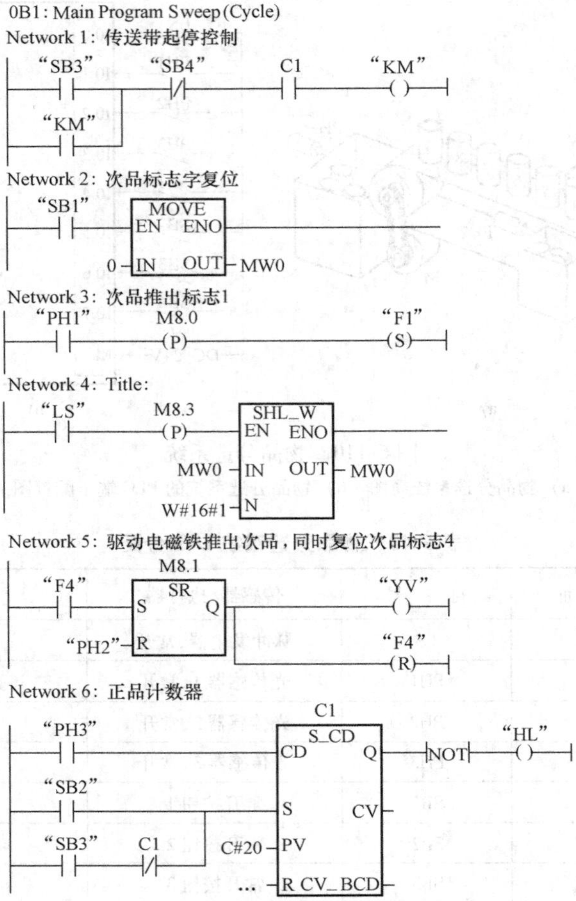

0B1: Main Program Sweep(Cycle)

Network 1: 传送带起停控制

```
   "SB3"      "SB4"       C1        "KM"
  ──┤ ├──────┤/├────────┤/├────────( )──
   "KM"
  ──┤ ├──
```

Network 2: 次品标志字复位

```
   "SB1"        ┌─── MOVE ───┐
  ──┤ ├─────────┤EN      ENO├──
                │            │
            0 ──┤IN     OUT├── MW0
                └────────────┘
```

Network 3: 次品推出标志1

```
   "PH1"       M8.0                  "F1"
  ──┤ ├────────┤ ├───────────────────(S)──
               (P)
```

Network 4: Title:

```
   "LS"       M8.3      ┌─── SHL_W ───┐
  ──┤ ├────────┤ ├──────┤EN       ENO├──
               (P)      │             │
                   MW0 ─┤IN      OUT├── MW0
                        │             │
              W#16#1 ──┤N            │
                        └─────────────┘
```

Network 5: 驱动电磁铁推出次品,同时复位次品标志4

```
              M8.1
   "F4"     ┌── SR ──┐              "YV"
  ──┤ ├─────┤S     Q├───────────────( )──
            │        │
   "PH2"──  ┤R       │              "F4"
            └────────┘              (R)──
```

Network 6: 正品计数器

```
                        C1
   "PH3"            ┌── S_CD ──┐          "HL"
  ──┤ ├────────────┤CD      Q├──│NOT│────( )──
                   │           │
   "SB2"           │           │
  ──┤ ├────────────┤S       CV├──
                   │           │
   "SB3"    C1     │           │
  ──┤ ├────┤/├─────┤PV       │
                C#20          │
    ...     ─────R CV_BCD├──
                   └───────────┘
```

图 6-111　物品分选系统控制梯形图

习　题

1. 数据装入与传送指令有何作用?数据装入与传送指令有哪几种寻址方式?试举例说明。

2. 执行下列指令后,最后一条指令对哪一个输出位进行操作?

L　　DW#16#00000049

T　　MD4

A　　Q［MD4］

3. 执行下列指令后,累加器1中装入的是 MW ____ 中的数据。

L　　P#10. 0

LAR2

L　　MW［AR2, P#5. 0］

4. 执行下列指令后,累加器1中装入的是____中的数据。

L　　P#Q3. 0

LAR1

T　　B［AR1, P#2. 0］

5. 设计立即读取 I3.5 的程序。

6. 简述数据转换指令的作用。

7. 频率变送器的量程为 45～55Hz，输出信号为 DC 4～20mA，模拟量输入模块的额定输入电流为 DC 4～20mA，设转换后的数字为 N，试编写求以 0.01Hz 为单位的频率值的程序。

8. 压力变送器的量程为 0～18MPa，输出信号为 4～20mA，S7—300 的模拟量输入模块的量程为 4～20mA，转换后的数字量为 0～27648，设转换后的数值为 N，试编写求以 kPa 为单位的压力值的程序。

9. 比较 MD10 和 MD20 中所存双整数的大小，并将大的双整数减去小的双整数，结果存入 MD30 中。

10. 如果 MW4 中的数小于等于 IW2 中的数，令 M0.1 为 1，反之令 M0.1 为 0。设计语句表程序。

11. 指出图 6-112 中的错误，左侧垂直线断开处是相邻网络的分界点。

12. 用浮点数对数指令和指数指令求 $\sqrt{16}$。

13. 试编写求和 $\sum\limits_{k=1}^{10} k$ 的 LAD 程序。

14. 试编写求阶乘 5! 的 STL 程序。

15. 编写完成下面算式的程序。

$$\frac{50 \times 30 - 1}{50 + 1}$$

16. 用语句表设计程序，求 MW20～MW40 中的数据的累加和。

17. 半径（＜1000 的整数）在 DB2.DBW2 中，取 π = 3.14159，用浮点数运算指令计算圆的周长，运算结果转换为整数，存放在 DB2.DBW8 中。

18. 要求同 17 题，用整数运算指令计算圆周长。

19. 要求利用移位指令使 8 盏灯以 0.2s 的速度自左向右亮起，到达最右侧后，再自右向左返回最左侧，如此反复。I0.0 = 1 时移位开始，I0.0 = 0 时移位停止。

20. 易拉罐自动生产线上，需要统计出每小时生产的易拉罐数量。易拉罐饮料一个接一个不断地经过计数装置，假设计数装置上有一个感应传感器，每当一听饮料经过时，就会产生一个脉冲。要求编制程序将 8h 的生产数量统计出来。

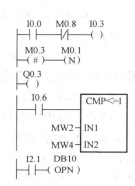

图 6-112　题 11 的图

第七章 STEP7结构化程序设计

一个复杂的生产过程或大规模的分散被控对象，总是可以把它分解为若干个较小的分过程，控制任务的这种分解有以下优点：

1）有助于将复杂的控制任务明确化、清晰化、模块化，各模块任务也相对较为简单。

2）有助于明确系统中各 PLC 或 PLC 中各 I/O 区的控制任务分工及系统软、硬件资源的合理分配。

3）这是一种模块化的思想，在程序设计阶段，有助于编写出结构化程序，这不仅使应用程序简洁明了，而且易于程序的测试与维护。

4）在调试阶段，有助于调试工作分步进行。

特别值得指出的是，自动化过程的这种分解处理，得到了 STEP7 "开发软件包" 在各个技术层次上的支持。它将控制任务分为项目，项目可以由一个或多个 CPU 程序组成，而每个 CPU 程序又是由它的各种逻辑块和数据块构成，逻辑块中的功能块总是对应一个控制分过程。S7 系列 PLC 中的通信联网功能和 "全局数据" 概念，可协调整个控制系统的正常运行。

第一节 结构化编程与中断

一、结构化编程

在为一个复杂的自动控制任务做设计时，我们会发现部分控制逻辑常常被重复使用。这种情况便可采用结构化编程方法来设计用户程序。编一些通用的指令块来控制那些相同或相似的功能，这些块就是功能块（FB）或功能（FC）。在功能块中编程用的是 "形参"，在调用它时要给 "形参" 赋给 "实参"，依靠赋给不同的 "实参"，便可完成对多种不同设备的控制，这是一个功能块能多处使用的道理。

在 STEP7 软件中，结构化编程的用户程序都是以 "块" 的形式出现的。"块" 是一些独立的程序或数据单元，有组织块（OB）、功能块（FB、FC）和数据块（DB）等三大类，所以，结构化编程的用户程序由组织块（OB）、功能块（FB、FC）和数据块（DB）构成。

组织块（OB）是操作系统和用户应用程序在各种条件下的接口界面，OB1 是主程序循环块，即可以循环执行的主程序块，是用户程序的主干，在任何情况下它都是需要的。其他组织块（OB）除了启动程序和背景程序等非中断类的组织块（OB）之外，大多数组织块（OB）则对应不同的中断处理程序。

用户根据生产控制的复杂程度，将程序放在不同的逻辑块（包括 OB、FC 和 FB）中。程序运行时所需的大量数据或变量存储在数据块中，它分为可供任何逻辑块（FB、FC 或 OB）使用的共享数据块（DB）和只供指定功能块（FB）使用的背景数据块（DI），调用功能块（FB）时也必须为其指定一个相应的背景数据块（DI），它随功能块（FB）的调用而打开，随功能块（FB）的结束而关闭。在块调用时，调用块可以是任何逻辑块（OB、FB、FC、SFB、SFC），被调用的块只能是功能块（除 OB 外的逻辑块）。

在结构化编程中，块的数量、块调用的顺序和嵌套深度即所谓的调用分层结构，依据用户程序的需要而定。但不同的 CPU 块的数量和块嵌套调用允许的层数有所不同，如 CPU314 块嵌套深度为 8 层。在一个循环周期内，块调用的分层结构如图 5-4 所示。

块嵌套调用的层数，除与 CPU 型号有关外，还受到 L 堆栈中数据可能溢出的限制。如 CPU314，在嵌套调用中所有激活块（没有结束的块）的临时变量的总数不能超过 256B（详见本章第三节）。所有 OB 要求至少 20B 的 L 堆栈中的内存空间。所以 OB1 即使没有声明使用其他额外的临时变量，也要使用 20B 的 L 堆栈中的内存空间。另外，当一个逻辑块调用第二个逻辑块时，新逻辑块的临时变量将先前的临时变量压入 L 堆栈。如果调用许多逻辑块进行嵌套执行，其他被调用块的所有临时变量之和必须小于 236B。

块调用时除了临时变量数据压入 L 堆栈外，其他有关信息存入"块堆栈"（B 堆栈）。有关内容在本章第三节中介绍。

二、PLC 中断

S7 系列 PLC 采用循环程序处理与中断程序处理结合的工作方式。中断处理方式在计算机和 PLC 中均得到广泛应用。这种工作方式是当有中断申请时，CPU 将暂时中断现有程序的执行，转而执行相关的中断程序，中断程序执行完毕后，再返回原程序执行。但不同 PLC 对中断的处理可能各有不同，下面介绍 S7—300/400 系列 PLC 的中断。

（一）中断源

所谓中断源，即发出中断请求的来源。PLC 的中断源可能来自 PLC 模块的硬件中断或是 CPU 内部的软件中断。S7 系列 PLC 因型号不同，中断源的个数与类型也有所不同。它以组织块（OB）的形式出现，S7 提供了各种不同的组织块，每个组织块（OB）给予一个编号，用于实现不同的中断申请及相应的中断处理。

S7 系列 PLC 的中断源，或者说中断组织块（OB）的类型，归纳起来有以下两大类：

（1）定期的时间中断组织块

定期地执行某中断程序，有两种方式：

1）日期时间中断组织块（OB10～OB17）。它可以是某特定时间执行一次，或从某特定时间开始并按指定的间隔时间（如每分钟、每小时、每天）重复地执行中断。如重复在每天 17:00 保存数据。

2）循环中断组织块（OB30～OB38）。它是 CPU 从 RUN 开始计算，每隔一段预定时间（如 100ms）执行一次中断。例如，在这些组织块中调用循环采样控制程序。

（2）事件驱动的中断组织块

这是一类在发生特定事件时申请的中断，有以下三种方式：

1）硬件中断组织块（OB40～OB47）。它具有硬件中断能力。信号模板出现的过程事件中断信号可立即打断循环程序，转而执行中断程序。

2）延时中断组织块（OB20～OB23）。可以在一个过程事件出现后延时一段时间响应。

3）错误中断组织块。错误中断是在 CPU 检测到 PLC 内部出现了错误和故障时而产生的中断。它也将中断循环程序的执行并决定系统如何处理。它分为同步错误组织块

（OB121、OB122）和异步错误组织块（OB80 ~ OB87）。同步错误出现在用户程序执行过程中。异步错误有 PLC 故障、优先级错误或循环时间超过等。

（二）中断优先级

中断组织块（OB）即 S7 系列 PLC 的中断源不止一个。当有多个"中断源"同时申请中断时，CPU 响应哪个中断，即操作系统该调用哪个中断组织块执行，这里有一个中断优先级的问题。各组织块都规定了优先级，同时申请中断时，高优先级的中断总是优先执行的，而且高优先级中断组织块还可中断低优先级的中断组织块的程序执行（在指令边界处），这被称为中断嵌套。具有同等优先级的 OB 不能相互中断，而是按照中断发生的先后顺序执行。

在 STEP7 中，优先级的范围为 1 ~ 29，其中优先级 28 最高，29 实际上是 0.29，即 OB29 的优先级最低，其次就是 OB1，它的优先级是 1。对于 S7—300 PLC 的 CPU，各个 OB 的优先级都是固定的，用户无法改变。表 7-1 列出了 S7 系列 PLC 的 CPU 支持的 OB 以及与其对应的类型和默认的优先级。需要注意，该表中列出的是 S7—300 和 S7—400 中各系列 CPU 支持的全部 OB 类型，对于 S7—300 PLC 的 CPU，并不能支持表中所有的 OB 类型。如果要详细了解每一种 OB 的功能，可以在 STEP7 的在线帮助中以相应的 OB 名为关键字进行检索。

表 7-1 OB 的类型与默认优先级

OB 编号	启动事件	默认的优先级
OB1	主程序,循环执行	1
OB10 ~ OB17	8 个日期时间中断	2
OB20 ~ OB23	4 个延时中断	3 ~ 6
OB30 ~ OB38	9 个循环中断	7 ~ 15
OB40 ~ OB47	8 个硬件中断	16 ~ 23
OB55	状态中断(DPV1 中断)	2
OB56	刷新中断	2
OB57	制造厂商用特殊中断	2
OB60	调用 SFC35 时启动,多处理器中断	25
OB61 ~ OB64	4 个周期同步中断	25
OB70	I/O 冗余故障(只对于 H 型 CPU)	25
OB72	CPU 冗余故障(只对于 H 型 CPU)	28
OB73	通信冗余故障(只对于 H 型 CPU)	25
OB80	时间错误	26,启动时为 28
OB81	电源故障	26,启动时为 28
OB82	诊断中断	26,启动时为 28
OB83	模块插/拔中断	26,启动时为 28
OB84	CPU 硬件故障	26,启动时为 28
OB85	程序故障	26,启动时为 28
OB86	扩展机架,DP 主站系统或分布式 I/O 从站故障	26,启动时为 28
OB88	过程中断	28
OB90	暖或冷启动、删除块或背景循环	29(对应于优先级 0.29)
OB100	暖启动	27
OB101	热启动	27
OB102	冷启动	27
OB121	编程错误	与被中断的块在同一优先级
OB122	I/O 访问故障	与被中断的块在同一优先级

（三）中断工作过程

中断处理用来实现对特殊内部事件或外部事件的快速响应。如果没有中断，CPU 循环执行组织块 OB1。在循环执行用户程序的过程中，如果 CPU 检测到有中断请求，因为 OB1 的优先级最低（背景组织块 OB90 除外），所以操作系统在现有程序的当前指令执行结束后（称断点）立即响应中断，调用申请中断的组织块（OB），执行该 OB 中的程序。当该 OB 中程序执行完毕后，返回原程序断点处继续原程序的执行。

当正在执行某组织块（OB）的中断程序时，CPU 又检测到一个中断请求，此时操作系统要进行优先级比较。具有同等优先级的 OB 不能相互中断，而是按照发生的先后顺序执行。若后面申请中断 OB 的优先级高，则当前的 OB 将被中断，转而执行高优先级 OB 的程序。因此中断允许按优先级嵌套调用。

中断程序不是由程序块调用，而是在中断事件发生时由操作系统调用。因为不能预知系统何时调用中断程序，而中断程序不能改写其他程序中可能正在使用的存储器，故应在中断程序中尽可能地使用局域变量并设置中断的参数。只有设置了中断的参数，并且在相应的组织块中有用户程序存在，中断才能被执行。如果不满足上述条件，操作系统将会在诊断缓冲区中产生一个错误信息，并执行异步错误处理。

一个组织块（OB）被另一个新组织块（OB）中断时，保护中断现场的工作由操作系统完成。包括被中断 OB 的局部数据压入 L 堆栈；被中断 OB 的断点现场信息分别保存到中断堆栈（I 堆栈）和块堆栈（B 堆栈）中。

图 7-1 表示 CPU314 为优先级分配 L 堆栈的情况。CPU314 的 L 堆栈为 1536B，整个 L 堆栈供程序中的所有优先级划分使用。CPU314 的每个组织块可以多层嵌套调用，但一个组织块（OB）的临时变量的总数不能超过 256B。当来一个新组织块中断调用时，新组织块的临时变量也在 L 堆栈中生成。图 7-1 所示为 OB1 被 OB10 中断，OB10 又被 OB81 中断时 L 堆栈中局域数据的分配情况。

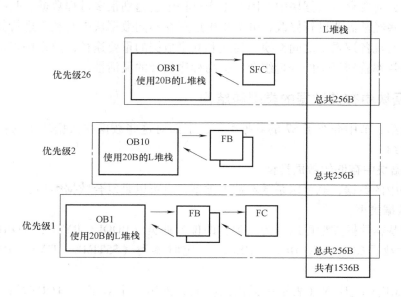

图 7-1　CPU314 为优先级分配 L 堆栈

在多层嵌套调用时，若临时变量数量定义不当，L 堆栈就会溢出。一旦发生 L 堆栈溢出，S7—300 PLC 立即由 RUN 模式变成 STOP 模式。

编写中断程序时，应使中断程序尽量短小，以减少中断程序的执行时间，减少对其他处理的延迟，否则可能引起主程序控制的设备操作异常。设计中断程序时应遵循"越短越好"的原则。

（四）中断控制

用户程序能够对一个中断发生后是否真正产生中断调用来进行控制，即在程序运行中适时地屏蔽或允许中断调用，对中断的控制功能用 STEP7 提供的 SFC 完成。

SFC39（DIS_IRT）可禁止处理所有优先级的中断和异步错误，也可有选择地禁止某个优先级的中断或使优先级范围的中断和异步错误得到处理。被 SFC39 禁止的中断需用 SFC40 允许，在 CPU 完全再启动后，SFC39 的作用自动失效。

SFC40（EN_IRT）允许处理由 SFC39 禁止的中断和异步错误，可以全部允许，也可有选择地允许。SFC40 一般与 SFC39 配对使用。

SFC41（DIS_AIRT）可延迟处理比现行优先级更高的中断和异步错误，直到用 SFC42 允许。

SFC42（EN_AIRT）允许处理由 SFC41 暂时禁止的中断和异步错误。所以，SFC42 与 SFC41 必须配对使用。

第二节　数据块及其数据结构

用户程序的指令中包括操作数，执行每条指令都应当找到操作数，如何找？有寻址方式。操作数存在哪里？存在 CPU 的存储器中，见表 5-5。表中"数据块（DB）"一行中是将用户数据保存在数据块（DB）中。

用户数据为何要存在数据块中？因为生产过程中会遇到很多过程数据、基准值、给定值或预置值，有些经常需要进行修改，分类集中放置在不同数据块中有利于进行数据管理；数据块也是用于实现各逻辑块之间交换、传递和共享数据的重要途径；数据块丰富的数据结构有助于程序高效率管理复杂的变量组合，提高程序设计的灵活性。

一、数据块中存储数据的类型和结构

在第五章第二节中介绍了 S7 的数据类型，下面对这些数据在数据块中的存储方式及结构建立进行介绍。

（一）数据块中存储的数据类型

在数据块中的数据，既可以是基本数据类型，也可以是复合数据类型。

1. 基本数据类型

表 5-4 的基本数据类型可以分为三类，即位数据类（BOOL、BYTE、WORD、DWORD、CHAR）、数学数据类（INT、DINT、REAL）、定时器类（S5TIME、TIME、DATE、TIME_OF_DAY）。

例如，TIME_OF_DAY（表示一天内的时间，占用一个双字）：TOD#23：59：59.999，它是用无符号整数的形式表示的从每天零时（0：00：00）开始的时间（毫秒数），即以

DW#16#0526877 形式存储。

基本数据类型的数据长度不超过 32 位，可利用 STEP7 基本指令处理，能完全装入累加器中。

2. 复合数据类型

复合数据类型是基本数据类型的组合，其数据长度超过 32 位。因为数据长度超过累加器的长度，所以不能用装入指令一次把整个数据装入累加器，往往需要利用一些特殊的方法（如调用标准程序库中的系统功能块）来处理这些数据。复合数据类型见表 7-2。

表 7-2　复合数据类型

类型	长度	说　明
DATA_AND_TIME 或 DT（日期-时间）	64	按照 BCD 码格式顺序存在 8B 中:年(字节 0),月(字节 1),日(字节 2),小时(字节 3),分(字节 4),秒(字节 5),毫秒(字节 6 及字节 7 高 4 位),星期(字节 7 低 4 位)。例如,DT#02-10-26-02:24:53.9997
STRING（字符串）	8 * (字符个数 + 2)	定义最多 254B(CHAR 基本类型),加 2B 首部,最长 256B。可通过定义字符数量来减少一个字符串所需存储空间(默认值为 254)。例如,STRING[7]'SIMATIC'。此字符串占 9B
ARRAY（数组）	用户定义	相同数据类型的元素组合。如测量值: ARRAY[1··20]表示一个一维的整数数组 　　　　　INT
STRUCT（结构）	用户定义	多种数据类型的元素组合。如定义一个名为 Motor 的"结构",格式显示如下: Motor:STRUCT　　　　构造名 Motor Speed:INT　　　　　1 个整数(存储速度) Current:REAL　　　　1 个浮点数(存储电流值) END_STRUCT　　　　结构结束
UDT（用户数据类型）	用户定义	将较多基本和复合数据类型组合成用户自己定义的数据类型,存放在 UDT 块中(UDT1…UDT65535)。这个 UDT 块就可以作为数据类型来使用

（二）数据块中数据类型的生成和使用

在复合数据类型中，日期-时间（DATE_ AND_ TIME）类型的名称、位数及格式是由操作系统定义的，用户不可改变，并且该数据类型在 S7—300 PLC 中必须用标准功能块（SFC）才能访问。其他复合数据类型可在逻辑块变量声明表中或数据块中定义。

1. 数组（ARRAY）的生成与访问

数组（ARRAY）是同一类型的数据组合而成的一个单元，以便用户使用。

（1）建立数组

在逻辑块变量声明表中或数据块中生成一个数组时，应指定数组的名称，例如 PRESS，声明数组的类型时要使用关键字 ARRAY，用下标（Index）指定数组的大小，下标的上、下限放在方括号中，数组的维数最多为 6 维，各维之间用逗号隔开，每一维的首、尾数字之间用双点隔开，数组中每一维的下标取值范围是 – 32768 ~ 32767，但是下标的下限必须小于上限，例如 ARRAY［1··3，1··2，1··3，2··4，– 2··3，30··36］是一个六维数组，其中 – 2··3 是合法的下标定义。若指定该数组名为 PRESS，则数组的第一个元素为 PRESS［1，1，1，2，– 2，30］，最后一个元素为 PRESS［3，2，3，4，3，36］。

数组中元素的数据类型应指定，可以是基本数据类型和复合数据类型（ARRAY 类型除

外，即数组类型不可以嵌套），例如，图7-2给出了一个二维数组 ARRAY [1 ·· 2，1 ·· 3]
的结构，并指定为 INT 整数类型，即该数组为6个整数的数组。

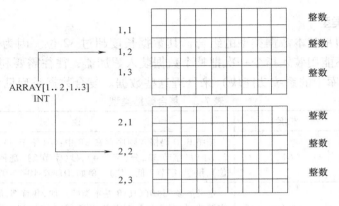

图 7-2　二维数组的结构

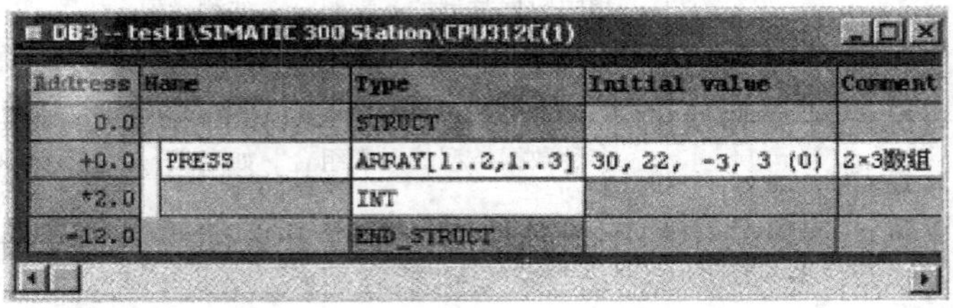

图 7-3　在数据块 DB3 中建立一个 2 ×3 数组

图 7-3 所示是一个在共享数据块 DB3 中建立的 2×3 数组。图中各栏目的说明如下：

1）Address（地址）：由 STEP7 自动分配的地址，它是变量占用的第一个字节地址，存
盘时由程序编辑器产生。其中，" + "项表示与 STRUCT（表示构造开始，END_ STRUCT
表示结束构造）有关联的初始地址；" * "项表示一个数组元素所占的地址字节数；" = "
项表示该 STRUCT 要求的总的存储区字节数。

2）Name（名称）：输入数组的符号名。如 PRESS、Motor_ data 等。

3）Type（数据类型）：数组的数据类型。如 BOOL、WORD、INT、STRUCT、UDT 等基
本数据类型或复合数据类型，注意不能用 ARRAY 类型。

4）Initial Value（初值）：如果不想用默认值可输入初值。如"30、22、-3、3（0）"
（这里的 3（0）表示后 3 个数组元素全为 0，是一种简化的写法）。当数据块第一次存盘时，
若用户没有明确地声明实际值，则初值将被用于实际值。

5）Comment（注释）：用于栏目的文字注释，最多可为 80 个字符。如"2×3 数组"。

（2）访问数组

利用数组中指定元素的下标可访问数组中的元素数据，这时数据块名、数组名及下标一
起使用并用英语的句号分开。如图 7-5 中声明的数组在 DB3（假设符号名 MOTOR）数据块
中，可用以下符号地址或绝对地址访问存在 DB3 中数组的第 3 个元素（数据类型为整数
INT，占用一个字或两个字节）：

MOTOR. PRESS[1,3] 或 DB3. DBW5

（3）用数组作参数传递

数组可以在逻辑块变量声明表中或数据块中定义。如果在逻辑块变量声明表中把其形参定义为数组类型时，可将实际参数数组作为参数传送，但必须将整个数组而不是数组的某些元素作为参数传递。当然，在调用块时，也可以将某个数组的元素赋值给同一类型的参数。

将数组作为参数传递时，并不要求作为形参和实参的两个数组有相同的名称，但它们必须有同样的组织结构、相同的数据类型并按相同的顺序排列。例如都是由整数组成的 2 × 3 格式的数组。

2. 结构（STRUCT）的生成与访问

结构（STRUCT）可以将不同数据类型的元素组合成一个整体，或者说结构是不同类型的数据组合，如图 7-4 所示。可以用基本数据类型、复合数据类型（包括数组、结构和用户定义的数据类型 UDT）。但由数组或结构组成的结构最多只能嵌套 8 层。用户可以将过程控制中有关的数据统一组织在一个结构中，作为一个数据单元来使用，而不是使用大量的单个元素，这为统一处理不同类型的数据或参数提供了方便。

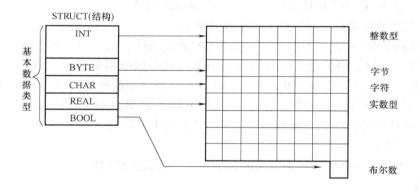

图 7-4　基本数据类型存储及由其组成的“结构”

（1）建立结构

结构可以在数据块中定义，也可以在逻辑块变量声明表中定义。在图 7-5 的数据块 DB3

DB3 -- test1\SIMATIC 300 Station\CPU312C(1)

Address	Name	Type	Initial value	Comment
0.0		STRUCT		
+0.0	PRESS	ARRAY[1..2,1..3]	30, 22, -3, 3 (0)	2×3数组
*2.0		INT		
+12.0	STACK	STRUCT		结构
+0.0	AMOUNT	INT	0	整数
+2.0	TEMPRATURE	REAL	1.034000e+003	实数
+6.0	END	BOOL	FALSE	位变量
=8.0		END_STRUCT		
+20.0	VOLTAGE	INT	220	整数
=22.0		END_STRUCT		

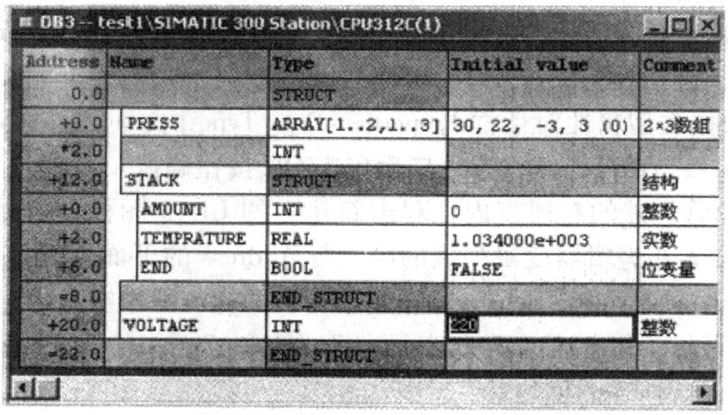

图 7-5　在数据块 DB3 中定义数据和结构

中，定义了一个符号名为 PRESS 的数组和一个符号名为 STACK 的结构，还定义了一个独立的名为 VOLTAGE 的整数型变量。可以为结构中各元素设置初值（Initial Value）和加上注释（Comment）。

（2）访问结构

可以用结构中的元素的符号地址或绝对地址来访问结构中的元素。下面以图 7-5 为例来说明：

设数据块 DB3 的符号名为 TANK，结构的符号名已定义为 STACK，则存放"总量（AMOUNT）"数据（数据类型为整数 INT，占用一个字或两个字节）的符号地址为 TANK. STACK. AMOUNT；存放"总量（AMOUNT）"的绝对地址为 DB3. DBW12。

（3）用结构作参数传递

结构可以在逻辑块变量声明表中或数据块中定义。如果在逻辑块变量声明表中把其形参定义为结构类型时，可将实际参数结构作为参数传送，但必须将整个结构而不是结构的某些元素作为参数传递。当然，在调用块时，也可以将某个结构的元素赋值给同一类型的参数。

将结构作为参数传递时，并不要求作为形参和实参的两个结构有相同的名称，但它们必须有同样的组织结构、相同的数据类型并按相同的顺序排列。

3. 用户定义的数据类型（UDT）的生成与访问

用户定义的数据类型（UDT）是一种特殊的数据结构，由用户自己生成，定义好后在用户程序中多次使用。UDT 也是由基本数据类型或复合数据类型组成，只是其组合方式是由用户定义的。但它和结构（STRUCT）不同，UDT 是一个模板，可以用来定义其他变量，使用前必须首先单独建立，并存放在称为 UDT 的特殊数据块中，故称为 UDT 块。定义好后，这个 UDT 块便可作为一个数据类型在多个数据块中使用它。

（1）建立 UDT

建立一个名称为 UDT3 的用户定义的数据类型，其数据结构如下：

STRUCT

　　Speed：INT

　　Current：REAL

END_STRUCT

可按以下步骤建立：

1）首先在 SIMATIC 管理器中选择 S7 项目的 S7 程序（S7 Program）的块文件夹（Blocks）；然后执行菜单命令 Insert→S7 Block→Data Type，如图 7-6 所示。

2）在弹出的数据类型属性对话框 Properties-Data Type 内，可设置要建立的 UDT 属性，如 UDT 的名称（UDT1、UDT2）。设置完毕后单击 OK 按钮确认。

3）在 SIMATIC 管理器的右视窗内，双击新建立的 UDT3 图标，启动 LAD/STL/FBD 编辑器，如图 7-7 所示。在编辑器变量列表的第二行 Address 的下面 "0.0" 处单击鼠标右键，用快捷命令 Declaration Line after Selection 在当前行下面插入两个空白描述行。

4）按图 7-7 所示的格式输入两个变量（Speed 和 Current）。最后单击保存按钮保存 UDT3，这样就完成了 UDT3 的创建。

编辑窗口内各列的含义如下：

1）Address（地址）：由 STEP7 自动分配的地址，它是变量占用的第一个字节地址，存

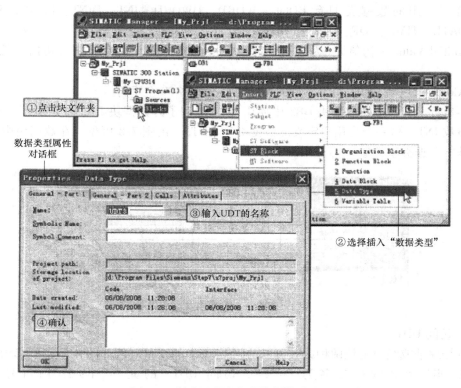

图 7-6　创建用户定义的数据类型 UDT

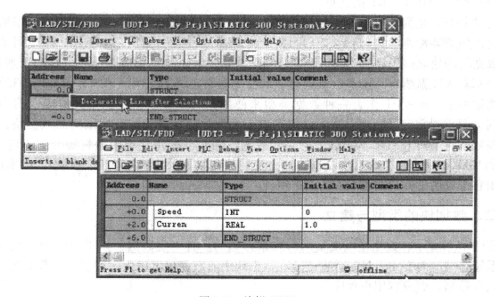

图 7-7　编辑 UDT3

盘时由程序编辑器产生。

2）Name（名称）：输入变量的符号名，如 Speed、Current 等。

3）Type（数据类型）：变量的数据类型。单击鼠标右键，在快捷菜单 Elementary Type

内可选择。可用的数据类型有 BOOL、WORD、DWORD、INT、DINT、REAL、S5TIME、TIME、DATE、TIME_ OF_ DAY 和 CHAR。

4）Initial Value（初值）：为数据单元设定一个默认值。如果不输入初值，就以 0 为初值。

5）Comment（注释）：用于栏目的文字注释，最多 80 个字符。

图 7-8 给出了一个在数据块 DB2 中使用 UDT 的例子。数据块 DB2 中定义了两个变量，一个为整数 INT，另一个为用户定义的数据类型 UDT3。由图 7-8 可见，在数据块中 UDT 的用法与基本数据类型类似。

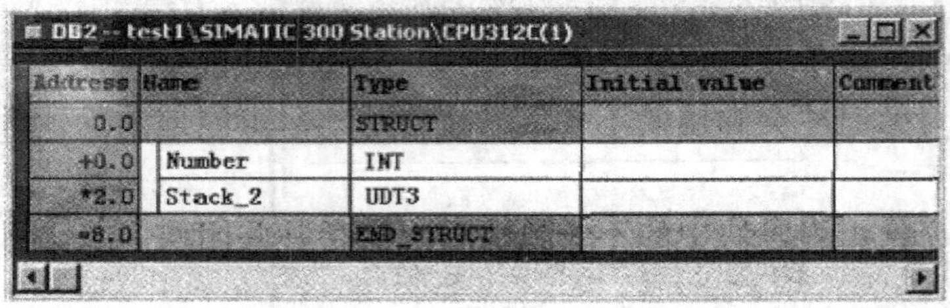

Address	Name	Type	Initial value	Comment
0.0		STRUCT		
+0.0	Number	INT		
*2.0	Stack_2	UDT3		
=8.0		END_STRUCT		

图 7-8　使用 UDT

（2）访问 UDT

用符号地址或绝对地址两种方式可以访问 UDT 中的变量。例如图 7-8 在 DB2 中使用了 UDT，设 DB2 定义的符号名为 Process，访问 UDT3 的元素 Speed，用符号地址为 Process. Stack_ 2. Speed；用绝对地址为 DB2. DBW2。

（3）数据块使用 UDT 的优点

建立 UDT，是为了将 UDT 作为一种数据类型使用，以方便定义多个有相同数据结构的数据块，如图 7-8 建立的 Stack_ 2 与图 7-5 的 STACK 相比，结构基本相同，但使用了 UDT 使得数据块的建立过程显然要快得多。特别是多处使用同样的 UDT 时，这一优点更加突出。

当相同的数据结构需要多次使用时，往往先把它定义为 UDT（UDT1 ~ UDT65535），再输入数据块中。把 UDT 作为一种数据类型来使用，可节省数据块的录入时间。因为使用 UDT 时，只需对它定义一次，就可以用它来产生大量的具有相同数据结构的数据块，可以用这些数据块来输入用于不同目的的实际数据。例如可以建立用于颜料混合配方的 UDT，将这个 UDT 指定给几个数据块（DB），并使用这些数据块为特定任务存入不同的实际值，然后用它生成用于不同颜色配方的数据组合。

二、数据块的类型与建立

西门子 PLC 中，数据是以变量的形式来存储的。有一些数据，如 I、Q、M、T、C 等，存在系统存储区内，而大量的数据存放在数据块中。数据块占用程序容量。顾名思义，数据块里只有数据，而没有用户程序。

数据块（DB）用来分类存储设备或生产线中变量的值，数据块也是用来实现各逻辑块之间的数据交换、数据传递和共享数据的重要途径。数据块丰富的数据结构便于提高程序的执行效率和进行数据管理。从用户的角度出发，数据块主要有两个作用，其一是用来存放一些在设备运行之前就必须放到 PLC 中的重要数据，在运行过程中，用户程序主要是去读这些数据（最典型的就是配方）；其二是在数据块中根据需要安排好存放数据的位置和顺序，以便在生产过程中把一些重要的数据（如产量、实际测量值等）存放到这些指定的位置上。

用户可以在存储器中建立一个或多个数据块，每个数据块可大可小，但 CPU 对数据块数量及数据总量有限制，如对 CPU314，其数据块数量为 127 个，用作数据块的存储器最多 8KB，用户定义的数据总量不能超出这个限制。对数据块必须遵循先建立（定义）后使用的原则，否则将造成系统错误。

（一）　数据块的类型

数据块一般分为共享数据块（DB 或 Shared DB）和背景数据块（DI 或 Instance DB）两种。用户定义的数据类型也可以看成一种特殊的用户定义数据块（DB of Type）。

共享数据块又称为全局数据块，它不附属于任何逻辑块。在共享数据块中和全局符号表中声明的变量都是全局变量。用户程序中所有的逻辑块（FB、FC、OB 等）都可以使用（读写）共享数据块和全局符号表中的数据。

背景数据块是专门指定给某个功能块（FB）或系统功能块（SFB）使用的数据块，它是 FB 或 SFB 运行时的工作存储区。当用户将数据块与某一功能块相连时，该数据块即成为该功能块的背景数据块，功能块的变量声明表决定了它的背景数据块的结构和变量。不能直接修改背景数据块，只能通过对应的功能块的变量声明表来修改它。调用 FB 时，必须同时指定一个对应的背景数据块。只有 FB 才能访问存放在它的背景数据块中的数据。

在符号表中，共享数据块的数据类型是它本身，背景数据块的数据类型是对应的功能块。

一般情况下，一个 FB 都有一个对应的背景数据块，但一个 FB 可以根据需要使用不同的背景数据块。如果几个 FB 需要的背景数据完全相同，也可定义成一个背景数据块，供它们分别使用。通过多重数据块，也可将几个 FB 需要的不同的背景数据定义在一个背景数据块中，以优化数据管理（具体参看本章第三节静态变量的设置）。

背景数据块与共享数据块在 CPU 的存储器中是没有区别的，只是因为打开方式不同，才在打开时有背景数据块和共享数据块之分。一般来说，任何一个数据块都可以当作共享数据块或背景数据块来使用，但实际上一个数据块（DB）当作背景数据块使用时，必须与 FB 的要求格式相符。

（二）　建立数据块

在编程阶段和程序运行中都能定义（即生成、建立）数据块。大多数数据块在编程阶段和其他块一样，在 SIMATIC 管理器或增量编辑器中生成。用户可以选择创建共享数据块或背景数据块，创建一个新的背景数据块时必须指定它所属的功能块（FB）。

定义数据块的内容包括数据块号及块中的变量（如变量符号名、数据类型、初值等）。定义完成后，数据块中变量的顺序及类型决定了数据块的数据结构，变量的多少决定了数据块的大小。数据块在使用前，必须作为用户程序的一部分下载到 CPU 中。

1. 建立共享数据块（DB）

建立共享数据块的方法和建立程序块的方法一样。在 SIMATIC Manager 窗口下，用鼠标右键点击 Blocks，然后选中 Insert→S7 Block→Data Block，就会弹出 Properties-Data Block 对话框，如图 7-9 所示。

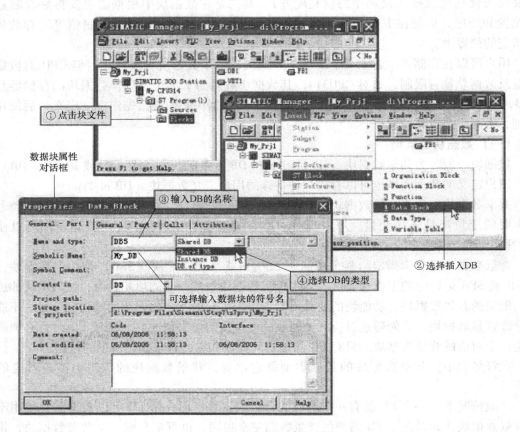

图 7-9　建立共享数据块（DB）

在对话框中的 Name and type 栏中做出正确选择（即填写 DB5，在 Shared DB、Instance DB、DB of type 的三种选项中选择 Shared DB）后，单击 OK 按钮，就建立了一个新的共享数据块 DB5。和打开程序块进行编辑一样，双击这个数据块图标，就把这个数据块打开了，如图 7-10 所示。

刚打开的数据块是空的，用户须自己编辑这个数据块。在 Name 栏目中填上变量名称，在 Type 栏目中填上数据类型。在 Type 栏目中可以用鼠标右键列出数据类型清单，然后选择合适的数据类型。Name 和 Type 是必须填写的。系统会根据数据类型自动地为每个变量分配地址（Address）。这是一个相对地址，它相当重要。因为我们往往需要根据地址来访问这个变量。在初值（Initial value）栏目，可以按需要填上初值也可以不填。若不填写，则初值就为零；若填了初值，则在首次存盘时系统会将该值复制（Copy）到实际值（Actual value）栏中。下载数据块时，下载的值是实际值，初值不能下载。注释（Comment）栏目，填写该变量的注释，也可以让它空着。每个数据块的长度取决于实际编辑的长度。而最大的长度，对于 S7—300 来说是 8KB，对于 S7—400 来说是 64KB。

2. 建立背景数据块（DI）

要生成背景数据块，首先应生成对应的功能块（FB），然后再生成背景数据块。所以，背景数据块直接附属于功能块，它是自动生成的。例如，当编好的功能块（FB）存盘时，

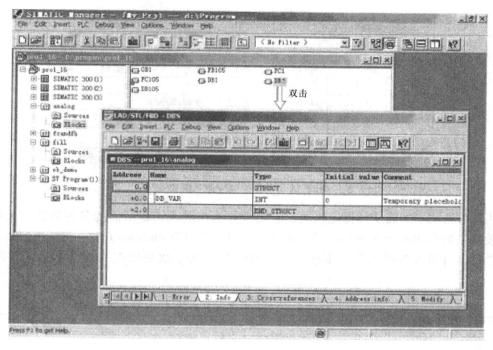

图 7-10　打开共享数据块（DB）

背景数据块中所含数据为功能块的变量声明表中所存数据。功能块的变量决定了其背景数据块的结构（变量的初值取自关联块）。背景数据块数据结构的修改只能在相关的功能块中进行，不能独自修改。对于背景数据块来说，用户可以修改变量的实际值。为修改变量的实际值，用户必须工作在数据块的数据显示（浏览）方式中。

数据块有两种显示方式，即声明表显示方式和数据显示方式，菜单命令 "View"→"Declaration View" 和 "View"→"Data View" 分别用来指定这两种显示方式。

声明表显示状态用于定义和修改共享数据块中的变量，指定它们的名称、类型和初值，STEP7 根据数据类型给出默认的初值，用户可以修改初值。可以用中文给每个变量加上注释，声明表中的名称只能使用字母、数字和下划线，地址是 CPU 自动指定的。

在数据显示状态，显示声明表中的全部信息和变量的实际值，用户只能改变每个元素的实际值。复合数据类型变量的元素（例如数组中的各元素）用全名列出。如果用户输入的实际值与变量的数据类型不符，将用红色显示错误的数据。在数据显示状态下，用菜单命令 "Edit"→"Initialize Data Block" 可以恢复变量的初值。

在 SIMATIC 管理器中，用菜单命令 "Insert"→"S7 Block"→"Data Block" 生成数据块，在弹出的窗口中，选择数据块的类型为背景数据块（Instance），并输入对应的功能块的名称。操作系统在编译功能块时将自动生成功能块对应的背景数据块中的数据，其变量与对应功能块的变量声明表中的变量相同，不能在背景数据块中增减变量，只能用数据显示（Data View）方式修改其实际值。在数据块编辑器的 "View" 菜单中选择是声明表显示方式还是数据显示方式。背景数据块声明表显示方式如图 7-11 所示。

背景数据块声明表包括栏目的内容说明见表 7-3。

Data Block C:\zebra\prog_int\db9

Addr	Decl	Name	Type	Initial Value	Comment
0.0	IN	Speed	INT	0	RPM
2.0	OUT	Runtime	DINT	L#0	
6.0	IN_OUT	History	REAL	0.000000e.0	
10.0	IN_OUT	Motor_On	BOOL	FALSE	
10.1	IN_OUT	Motor_Off	BOOL	FALSE	

图 7-11 背景数据块显示格式

共享数据块不附属于任何逻辑块，它可含有生产线或设备所需的各种数值。请注意，共享数据块的声明表中无表 7-3 栏目中“参数类型”（Declaration）这一栏。定义时用户按其栏目，可输入想存放在数据块中的各种变量。共享数据块声明表显示格式如图 7-8 所示。

表 7-3 背景数据块声明表栏目

栏目	解释
地址（Address）	STEP7 自动分配给变量的地址
参数类型（Declaration）	本栏目表明在功能块的变量声明表中各变量是如何声明的： • 输入参数（IN） • 输出参数（OUT） • 输入/输出参数（IN_OUT） • 静态数据（STAT）
变量名（Name）	在功能块变量声明表中给出的符号名
数据类型（Type）	显示功能块的变量声明表中给出的数据类型，变量可以有基本数据类型，复杂数据类型，或用户声明数据类型。如果在功能块中调用其他功能块，必须声明其调用静态变量，用这个静态数据类型也可声明一个功能块或一个系统功能块（SFB）
初值（Initial Value）	用户在功能块的变量声明表中输入初值，如果不想输入，则软件给出默认值。如果用户没有给变量声明实际值，当数据块第一次存盘时，补值将作为实际值
注释（Comment）	在功能块的变量声明表中输入的注释，以便对数据元素文字说明，用户不能编辑该域

三、访问数据块

在用户程序中可能定义了许多数据块，而每个数据块中又有许多不同类型的数据。因此，访问（读/写）时需要明确打开的数据块号和数据块中的数据位置与类型。如果访问了不存在的数据单元或数据块，并且又没有编写错误处理 OB，CPU 将进入 STOP 模式。

只有打开的数据块才能访问。由于有两个数据块寄存器（DB 和 DI 寄存器），所以最多可同时打开两个数据块。一个作为共享数据块，共享数据块的块号存储在 DB 寄存器中；一个作为背景数据块，背景数据块的块号存储在 DI 寄存器中。没有专门的数据块关闭指令，在打开一个数据块时，先打开的数据块自动关闭。

（一）寻址数据块

与位存储器相似，数据块中的数据单元按字节进行寻址，S7—300 的最大块长度是 8KB。可以装载数据字节、数据字或数据双字。当使用数据字时，需要指定第一个字节地址（如 L　DBW2），按该地址装入 2B。使用双字时，按该地址装入 4B，如图 7-12 所示。

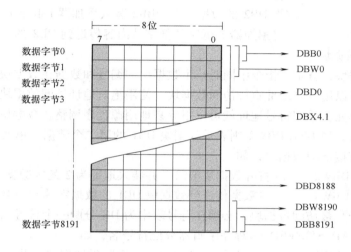

图 7-12　数据块寻址

（二）访问数据块

访问数据块时需要明确数据块的编号和数据块中的数据类型及位置，在 STEP7 中可以采用传统访问方式，即先打开后访问，也可以采用完全表示的直接访问方式。

1. 先打开后访问

可用指令"OPN DB…"打开共享数据块（自动关闭之前打开的共享数据块），或用指令"OPN DI…"打开背景数据块（自动关闭之前打开的背景数据块）。如果在创建数据块时，给数据块定义了符号名，如 My_DB，也可以使用指令 OPN "My_DB"打开数据块。如果 DB 已经打开，则可用装入（L）或传送（T）指令访问数据块。

例 7-1　打开并访问共享数据块。

OPN	"My_ DB"	//打开数据块 DB1，作为共享数据块
L	DBW2	//将 DB1 的数据字 DBW2 装入累加器 1 的低字中
T	MW0	//将累加器低字中的内容传送到存储字 MW0
T	DBW4	//将累加器 1 低字中的内容传送到 DB1 的数据字 DBW4
OPN	DB2	//打开数据块 DB2，作为共享数据块，同时关闭数据块 DB1
L	DBLG	//装入共享数据块 DB2 的长度
L	MD10	//将 MD10 装入累加器
< D		//比较数据块 DB2 的长度是否足够长

JC   ERRO   //如果长度小于存储双字 MD10 中的数值，则跳转到 ERRO

例 7-2 打开并访问背景数据块。

OPN   "My_ DB"   //打开数据块 DB1，作为共享数据块

L   DBW2   //将 DB1 的数据字 DBW2 装入累加器 1 的低字中

T   MW0   //将累加器低字中的内容传送到存储字 MW0

T   DBW4   //将累加器 1 低字中的内容传送到 DB1 的数据字 DBW4

OPN   DI2   //打开数据块 DB2，作为背景数据块

L   DIB2   //将 DB2 的数据字节 DBB2 装入累加器 1 低字的低字节中

T   DIB10   //将累加器 1 低字的低字节内容传送到 DB2 的数据字节 DBB10

2. 直接访问数据块

直接访问数据块，就是在指令中同时给出数据块的编号和数据在数据块中的地址。可以用绝对地址，也可以用符号地址直接访问数据块。使用绝对地址访问数据块，必须手动定位程序中的数据块单元，采用符号地址就可以很容易地用源程序调整。数据块中的存储单元的地址由两部分组成，如 DB1. DBW2 则表示数据块 DB1 的第二个数据字单元。

用绝对地址直接访问数据块，如

L   DB1. DBW2   //打开数据块 DB1，并装入地址为 2 的字数据单元

T   DB1. DBW4   //将数据传送到数据块 DB1 的数据字单元 DBW4

要用符号地址直接访问数据块，必须在符号表中为 DB 分配一个符号名，同时为数据块中的数据单元用 LAD/STL/FBD S7 程序编辑器分配符号名，如

L   "My_DB". V1   //打开符号名为"My_DB"的数据块，并装入名为"V1"的
                       数据单元

在程序中两种寻址方式均可使用，但在同一条指令中符号名和绝对地址不能混用，如 DB29. Number 的用法是错误的。使用符号名访问数据块使程序易读，易确保访问的正确，易修改数据块的结构。

3. 打开与关闭数据块

如果可能，建议使用合成指令访问数据块，不易出错。在数据块访问中要注意当前打开的究竟是哪个数据块，以免出错。

1）打开的数据块一直保持到一个新的数据块打开（用 OPN 指令打开或合成指令打开）时才关闭。

2）一个 OB 或 FC 在调用另一个 FC 时退出，但当前打开的数据块保持有效。返回到调用的 OB、FC 时，退出时有效的数据块再次打开，如图 7-13 所示。

3）功能块（FB）调用不同。FB 总是带着背景数据块（DB），调用时自动打开背景数据块（所以一般不在 FB 程序中用 OPN DIn 指令打开数据块）。但当返回调用块时，先前打开的全局数据块不再有效，为此，必须重新打开需要的全局数据块。图 7-13 中在执行"L DBW10"指令时应明确打开的数据块。

四、多重背景数据块

每次调用一个 FB 时都需要一个背景数据块。由于数据块的数量有限，当 FB 进行多层调用时，可生成一个多重背景数据块，供多个 FB 使用，而不需要生成几个背景数据块。具

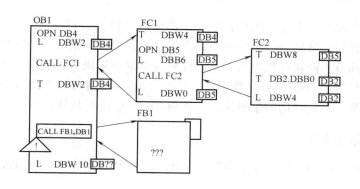

图 7-13　数据块打开与关闭

体办法如图 7-14 所示。

功能块 FB100 被调用时（如 OB1 调用它），将只需要一个公用的（多重）背景数据块 DB100。功能块 FB100 中调用 FB12、FB13 本来均需要背景数据块。现将其数据放在 DB100 中。在 FB100 定义变量声明表时，将 FB12、FB13 定义为静态变量，在 FB100 中用符号名调用，如"CALL　Motor_ 10"，"CALL　Pump_ 10"，这样就不需要为其单独指定背景数据块了。

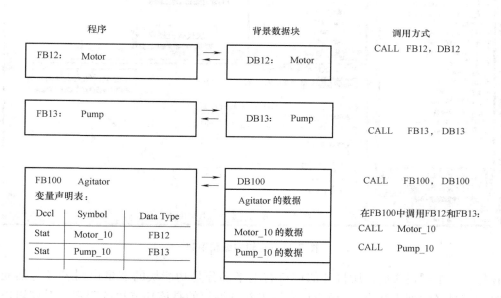

图 7-14　多重背景数据块

第三节　功能块编程与调用

在结构化编程中要用到许多逻辑块和数据块。功能块（FB、FC、SFB、SFC）和组织块（OB）统称为逻辑块（或程序块）。实质上它们都是用户编写的子程序。这些程序可以被反复调用, 功能块中编写的程序是用户程序的一部分。功能块 (FB) 有一个数据结构与该功能块的参数完全相同的数据块, 称为背景数据块, 背景数据块依附于功能块, 它随着功能块的调用而打开, 随着功能块的结束而关闭。存放在背景数据块中的数据在功能块结束时继续保持。而功能 (FC) 则不需要背景数据块, 功能 (FC) 调用结束后数据不能保持。组织块 (OB) 是由操作系统直接调用的逻辑块。下面对 FB、FC 进行具体介绍。

一、功能块的结构

逻辑块 (OB、FB、FC) 由变量声明表、代码段及其属性等几部分组成。其结构如图 7-15 所示。

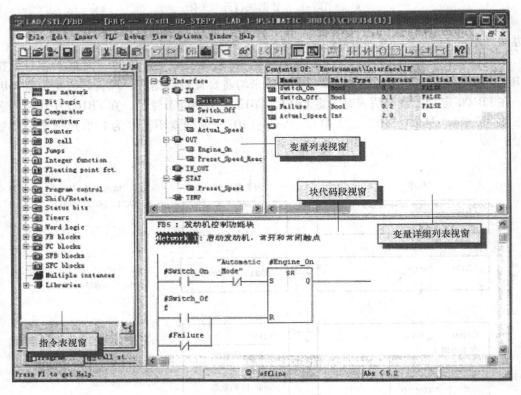

图 7-15　逻辑块编辑窗口

在打开一个逻辑块后, 所打开的窗口右上半部分是功能块的变量声明表 (包括变量列表视窗和变量详细列表视窗), 而窗口右下半部分编写的是该功能块的程序。对逻辑块编程时必须编辑下列三个部分:

1) 变量声明表。分别定义形参、静态变量和临时变量 (FC 中不包括静态变量); 确定各变量的声明类型 (Decl.)、变量名 (Name) 和数据类型 (Data Type), 还要为变量设置初值 (Initial Value)。如果需要, 还可为变量注释 (Comment)。在增量编程模式下, STEP7 将自动产生局部变量地址 (Address)。

2) 代码段。在代码段中, 对将要由 PLC 进行处理的块代码进行编程。它由一个或多个程序段组成。要创建程序段, 可使用各种编程语言。例如, 梯形图 (LAD)、语句表 (STL)

或功能块图（FBD）。

3）块属性。块属性包含了其他附加的信息。例如由系统输入的时间标志或路径。此外，也可输入相关详细资料，如名称、系列、版本以及作者等，还可为这些逻辑块分配系统属性。

（一）功能块变量声明表的结构

功能块变量声明表的结构如图 7-15 所示。功能块变量声明表是在变量声明表中定义该块用到的局部数据（或变量）。该块的程序要用到变量声明表中的名称，因此变量声明表和其下面的指令部分是紧密联系的。

变量声明表中定义的局部数据（或变量）分为"参数（包含 IN、OUT、IN_ OUT）"、"静态变量（STAT）"和"临时变量（TEMP）"。参数是在调用块和被调用块间传递的数据，所以可定义一个参数为块的输入值或块的输出值，或块的输入/输出值。所以要声明参数类型为输入（IN）、输出（OUT）和输入/ 输出（IN_ OUT）。静态变量和临时变量（暂态变量）是仅供功能块本身使用的数据。表 7-4 给出了逻辑块变量声明表中局部数据的声明类型及其使用说明。

表 7-4 中参数与变量排列的顺序，也是在创建逻辑块变量声明表时声明的顺序和变量在内存中的存储顺序。在逻辑块中不需使用的局部数据类型，不必在变量声明表中声明。

表 7-4　局部数据声明类型

参数与变量(声明类型)	说　　明
输入参数(IN)	输入参数的值由调用的逻辑块提供(FB、FC 中可设置此参数。OB 中不能设置,因 OB 不能被用户调用)
输出参数(OUT)	输出参数表示是向调用的逻辑块返回数据(同上)
输入/输出参数 （IN_OUT）	参数的值由调用的块提供,由被调用的块修改,然后返回调用块(同上)
静态变量(STAT)	静态变量存储在背景数据块中,块调用结束后,其内容被保留(仅 FB 中可设置)
临时变量(TEMP)	临时变量存储在 L 堆栈中,块执行结束临时变量的值就不再存储(在 FB、FC、OB 中均可设置)

在执行逻辑块时，用户应清楚了解数据被存储的情况：

1）当执行功能块（FB）时，背景数据块中保留有输入、输出、输入/输出和静态变量的运行结果。在调用 FB 时，若没有提供实参，则 FB 使用背景数据块中的数值。FB 的临时变量存在 L 堆栈中（不保留）。

2）功能（FC）没有背景数据块，所以不能使用静态变量。其输入、输出、输入/输出参数作为调用块提供的指向实参的指针，存储在操作系统专为参数传递而保留的额外空间中。FC 的临时变量存在 L 堆栈中。

3）对于组织块（OB），它是由操作系统调用的，用户不能参与，因此 OB 中只定义临时变量，执行时存在 L 堆栈中。

变量声明表中各栏目的含义及规定见表 7-5。

（二）功能块变量声明表的定义与使用

1. 用形式参数定义输入、输出、输入/输出参数

为了保证功能块对某一类设备控制（即控制工艺过程相同的不同对象）的通用性，在程序中能多处被调用,用户在编写功能块程序时就不能使用实际设备对应的存储区地址参数(如不能使用 I1.0、Q8.3 等),而应使用这一类设备的抽象地址参数。这些抽象参数称为形式参数,简称形参。

图 7-5　功能块变量声明表栏目含义

栏目	含义	要点	编辑
Address (地址)	按 BYTE. BIT 格式产生地址	对多于一个字节的数据类型,地址用跳到下一个字节地址来表示,关键字为 *:一个数组元素按字节表示的大小 +:与 STRUCT(结构)的开始有关的初始地址 =:STRUCT(结构)要求的完整存储区	系统输入:地址是由系统进行分配的,并且,当用户结束一个变量声明的输入时显示
Variable(变量)	变量的符号名	变量符号必须以字母开始,不允许用保留的关键字	需要
Declaration (声明类型)	声明类型,变量的"目的"	根据不同的块类型,可以用下列类型 输入参数:"IN" 输出参数:"OUT" 输入/输出参数:"IN_OUT" 静态变量:"STAT" 临时变量:"TEMP"	根据不同的块类型,由系统提供
Date Type (数据类型)	变量的数据类型(基本数据类型、复合数据类型、参数类型)	单击鼠标右键弹出菜单再选择合适的元素数据类型	需要
Initial Value (初值)	如果不想用默认值,可在该栏目设置初值	必须与数据类型匹配。当数据块第一次存盘时若用户没有明确地声明实际值,则初值将被用于实际值	可选
Comment (注释)	用于文档栏目的文字注释		可选

例如,下面的程序为不可分配参数的逻辑块的程序:

```
A    I1. 0
A    M40. 1
=       Q8. 3
```

下面的程序为可分配参数的逻辑块的程序:

```
A   #Acknow      //#表示变量声明表中的局部变量
A   #Report
=   #Display
```

功能块程序应编成可分配参数形式,在调用功能块对具体设备控制时,将该设备的相应实际存储区地址参数(简称实参)传递给功能块,功能块在运行时以实参替代形参,从而实现对具体设备的控制。当对另一设备控制时,同样将另一设备的实参传递给功能块。

因此,对可传递参数功能块的变量声明表中定义参数名(Name)时要用形参,实参在调用功能块时给出,但实参的数据类型必须与形参一致。功能块中的输入参数(IN)只能读,输出参数(OUT)只能写,输入/输出参数(IN_OUT)可读/可写。参数传递可将调用块的信息传递给被调用块,也能把被调用块的运行结果返回给调用块。另外,还有一个

"RETURN"参数，它是依据 IEC 61131—3 额外定义的有特殊名称的参数，该参数用于功能（FC）中。

用形式参数定义输入、输出、输入/输出参数的具体步骤如下：

1）创建或打开一个功能块（FB）或功能（FC），如图 7-16 所示。

2）在图 7-16 所示的变量声明表内，首先选择参数类型（IN、OUT、IN_ OUT），然后输入参数名称（如 Engine_ On），再选择该参数的数据类型（有下拉列表），如果需要还可以为每一个参数分别加上相关注释。

一个参数定义完后，按 Enter 键即出现新的空白行。

2. 定义静态变量

静态变量（STAT）在 PLC 运行期间始终被存储，S7 将静态变量定义在背景数据块中。当功能块被调用运行时，能读出或修改静态变量；功能块被调用运行结束后，静态变量保留在数据块中。由于只有功能块（FB）有关联的背景数据块，所以只能为功能块（FB）定义静态变量。功能（FC）不能有静态变量。

功能块（FB）用多重背景数据块时，要将其调用的功能块（FB）定义为静态变量并给予符号名，以减少 DB 个数（见本章第二节）。

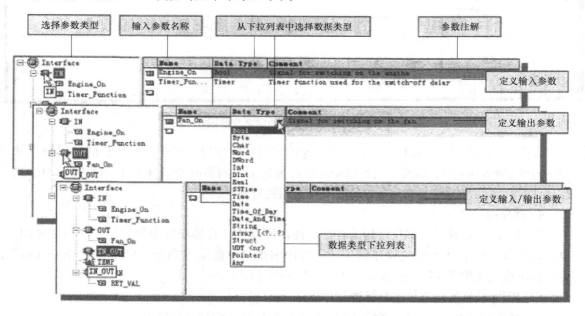

图 7-16　定义形式参数

3. 定义临时变量

临时变量仅在逻辑块运行时有效，逻辑块结束时存储临时变量的内存被操作系统另行分配。S7 将临时变量定义在 L 堆栈中，L 堆栈是为存储逻辑块的临时变量而专设的，当逻辑块程序运行时，在 L 堆栈中建立该逻辑块的临时变量，一旦逻辑块执行结束，堆栈重新分配，因而信息丢失。

在使用临时变量之前，必须在功能块的变量声明表中进行定义，在 TEMP 行中输入变量名和数据类型，临时变量不能赋予初值。

当完成一个 TEMP 行后，按 Enter 键，一个新的 TEMP 行添加在其后。L 堆栈的绝对地址由系统赋值并在 Address 栏中显示。如图 7-17 所示，在功能 FC1 的局部变量声明列表内定义了一个临时变量 result。

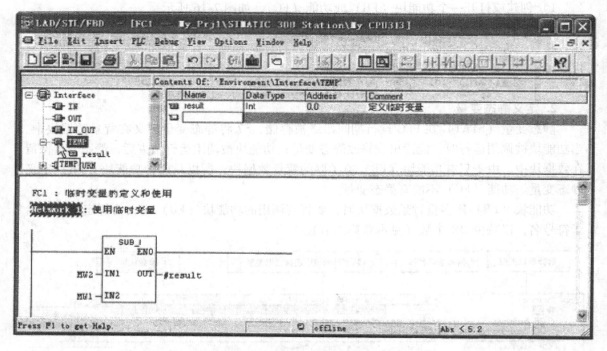

图 7-17 临时变量的定义与使用

在图 7-17 中，Network1 为一个用符号地址访问临时变量的例子。减运算的结果被存储在临时变量# result 中。当然，也可以采用绝对地址来访问临时变量（如 T LW0），由于这样会使得程序的可读性变差，所以最好不要采用绝对地址。

4. 程序库

程序库用来存放可以多次使用的程序部件，可以从已有的项目中将它们复制到程序库，也可以在程序库中直接生成程序部件。用程序编辑器中的菜单命令 "View"→"Overviews" 可以显示或关闭图 7-17 左边的指令目录和程序库（Libraries）。

STEP7 标准软件包提供下列标准程序库：

1）系统功能块（SFB）、系统功能（SFC）和标准组织块（OB）。

2）IEC 功能块。处理时间和日期信息、比较操作、字符串处理与选择最大值和最小值等。

3）PID 控制块与通信块。用于 PID 控制和通信处理器（CP）。

4）其他功能块（Miscellaneous Blocks），例如用于时间标记和实时钟同步等的块。

用户安装可选软件包后，还会增加其他的程序库。

（三）逻辑块中局部数据的类型

在逻辑块的变量声明表中有一栏明确所用局部数据的"数据类型"（Data Type），以便操作系统给变量分配所需的存储空间。局部数据类型除"基本数据类型"（见表 5-4）

和复合数据类型（见表 7-2）之外，还有专门为逻辑块之间参数类的形参传递数据的参数类型。参数类的形参包括定时器形参、计数器形参、块地址形参、指针和 ANY 类形参，见表 7-6。

表 7-6　变量声明表 "Data Type"（数据类型）中的参数类型

声明的参数类型	容量	说　　明
TIMER （定时器）	2B	在功能块中定义一个定时器形参,调用时必须赋予定时器实参(如 T10)
COUNTER （计数器）	2B	在功能块中定义一个计数器形参,调用时必须赋予计数器实参(如 C20)
BLOCK_FB BLOCK_FC BLOCK_DB （块） BLOCK_SDB	2B	在功能块中定义一个功能块或数据块形参变量,调用时给功能块类或数据块类形参赋予实际的功能块或数据块编号(用绝对地址如 FC 101、DB42 或符号地址如 Value 等)
POINTER （指针）	6B	在功能块中定义一个形参,该形参说明的是内存的地址指针。调用时可给形参赋予实参
ANY（任意参数）	10B	当实参的数据类型未知时,可以使用本类型

下面对表 7-6 作补充说明：

（1）指针参数类型（POINTER）

一个指针给出的是变量的地址而不是变量的数值大小。在有些功能块中，可能使用指针编程更为方便。定义指针类型的形参，就能在功能块中先使用一个虚设的指针，待调用功能块时，再为其赋予确定的地址。例如，用 P#M50.0 以访问内存 M50.0。

（2）ANY 类型

当实参的数据类型不能确定或在功能块中需要使用变化的数据类型时，可以把形参定义为 ANY 参数类型。这样就可以将任何数据类型的实参传给 ANY 类形参，而不必像其他类型那样保证实参、形参类型一致。STEP7 自动为 ANY 类型分配 80bit（10B）的内存，STEP7 用这 80bit 存储实参的起始地址、数据类型和长度编码。

例如，功能块 FC100 有三个参数（in_part1，in_part2，in_part3）被定义为 ANY 类型。当功能块 FB10 调用功能块 FC100 时，FB10 传递的可以是一个整数（静态变量 Speed）、一个字（MW100）和数据块 DB10 中的双字（DB10. DBD40）。而当功能块 FB11 调用功能块 FC100 时，FB11 传递的可以是一个实数数组（临时变量 Thermo）、一个布尔值（M1.3）和一个定时器（T2），FB10 和 FB11 分别调用 FC100 时，传递的实参类型完全不同。

（四）不同逻辑块可声明的变量类型及可用数据类型的规定

STEP7 对逻辑块在变量声明表中声明使用的数据类型是有限制的，表 7-7 列出了各种逻辑块允许声明的变量类型及其允许的数据类型。从表 7-7 可以看出，由于用户不能调用组织块，不需为组织块传递参数。所以 OB 没有输入类型变量（IN）、输出类型变量（OUT）、输入/输出类型变量（IN_OUT）；由于 OB 没有背景数据块（DB），所以不能为 OB 声明任何静态变量。FC 也没有背景数据块（DB），同样也不能对 FC 声明静态变量。表 7-7 中打 "√" 者为允许使用的数据类型。

图 7-7   各种逻辑块允许使用的数据类型

逻辑块	声明类型	基本数据类型	复合数据类型	参数类型				
				TIMER	COUNTER	BLOCK	POINTER	ANY
OB	临时（TEMP）	√	√					√
FC	输入（IN）	√	√	√	√	√	√	√
	输出（OUT）	√	√				√	√
	输入/输出（IN_OUT）	√	√				√	√
	临时（TEMP）	√	√					√
FB	输入（IN）	√	√	√	√	√	√	√
	输出（OUT）	√	√					√
	输入/输出（IN_OUT）	√	√				√	√
	静态（STAT）	√	√					√
	临时（TEMP）	√	√					√

二、功能块的调用

一个用户程序可以由多个部分（子程序）组成，这些部分存储在不同的块内，通过块调用组成结构化程序。

块调用时，调用块可以是任何逻辑块，被调用块只能是功能块（除 OB 外的逻辑块），如图 7-18 所示。从图 7-18 中还可看到，在调用块中执行调用指令时，将终止当前块指令的执行，转而执行被调用块的指令。一旦被调用块的所有指令执行完毕，便返回调用块继续执行调用语句后的指令。

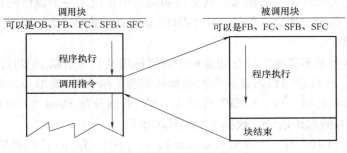

图 7-18   调用功能块

（一）逻辑块的调用过程及内存分配

CPU 提供块堆栈（B 堆栈）来存储与处理被中断块的有关信息。当发生块调用或有来自更高优先级的中断时，就有相关的块信息存储在 B 堆栈里，并影响部分内存和寄存器。图 7-19 所示为调用块时 B 堆栈与 L 堆栈的变化。

1. 用户程序使用的堆栈

堆栈是 CPU 中的一块特殊的存储区，它采用"先入后出"的规则存入和取出数据。堆栈中最上面的存储单元称为栈顶，要保存的数据从栈顶"压入"时，堆栈中原有的数据依次向后移动一个位置。在取出栈顶的数据后，堆栈中所有的数据依次向上移动一个位置。堆栈的这种"先入后出"的存取规则刚好满足块的调用（包括中断处理时块的调用）要求。因此在计算机的程序设计中得到了广泛的应用。

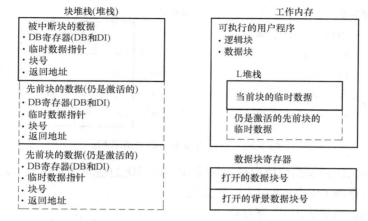

图 7-19 逻辑块调用过程中 B 堆栈与 L 堆栈的变化情况

（1）局部数据堆栈（L stack）

局部数据堆栈简称 L 堆栈，是 CPU 中单独的存储器区，可用来存储逻辑块的局部变量（包括 OB 的起始信息）、调用功能（FC）时要传递的实际参数、梯形图程序中的中间逻辑结果等。可以按位、字节、字和双字来存取，例如 L 0.0、LB9、LW4 和 LD52。

当操作系统执行一个 OB 时，将打开一个 256B 大小的局部堆栈区，供该 OB 及其中所调用的块使用。S7—300 PLC 的 CPU 中局部堆栈区的总容量为 1536B，共有 8 个优先级，每个优先级赋值 256B，因此，同时激活的优先级不可能超过 6 个。例如，如果 OB100 激活（优先级为 27），那么 OB1（优先级为 1）绝不可能激活。进一步说，只有异步错误的故障 OB80～OB87 具有优先级 28，如果在启动程序中出现故障，它们可中断 OB100。

（2）块堆栈（B stack）

块堆栈简称 B 堆栈，是 CPU 系统内存中的一部分，用来存储被中断的块的类型、编号、优先级和返回地址，中断时打开的共享数据块和背景数据块的编号，临时变量的指针（被中断块的 L 堆栈地址）。

STEP7 中可使用的 B 堆栈大小是有限制的。对于 S7—300 PLC 的 CPU，则可在 B 堆栈中存储 8 个块的信息。因此，块调用嵌套深度也是有限制的，最多可同时激活 8 个块。

（3）中断堆栈（I stack）

中断堆栈简称 I 堆栈，用来存储当前累加器和地址寄存器的内容，数据块寄存器 DB 和 DI 的内容，局域数据的指针，状态字，MCR（主控继电器）寄存器和 B 堆栈的指针。

2. 调用功能块（FB）

当调用功能块（FB）时，必须首先为其指定一个背景数据块（在调用前已生成）。当 FB 被调用时，程序可为 FB 里的形参赋予实参（对于复合数据类型的 I/O 形参或参数类型的形参，不要求赋实参）。赋实参的方法如图 7-20 所示。如果调用时没有给 FB 的形参赋予实参，FB 就调用背景数据块内的数值。该数值是在功能块的变量声明表内或背景数据块内设置的形参初值；由于 FB 被调用时实参的值被存储在它的背景数据块中，因此该数值也可能是上一次存储在背景数据块中的参数值。

背景数据块可以保存静态变量，所以只有 FB 才能使用静态变量。

当调用功能块（FB）时，会有以下事件发生：

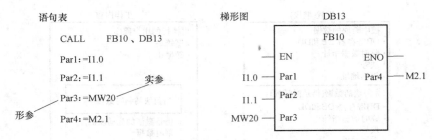

图 7-20 语句表和梯形图中调用 FB

1）调用块的地址和返回位置存储在块堆栈，调用块的临时变量压入 L 堆栈。

2）数据块寄存器 DB 内容与 DI 内容交换。

3）新的数据块地址装入 DI 寄存器。

4）被调用块的实参装入 DB 和 L 堆栈上部。

5）当功能块（FB）结束时，先前块的信息从块堆栈中弹出，临时变量弹到 L 堆栈上部。

6）DB 和 DI 寄存器内容交换。

调用指令对 CPU 内存的影响，可用图 7-21 表示。

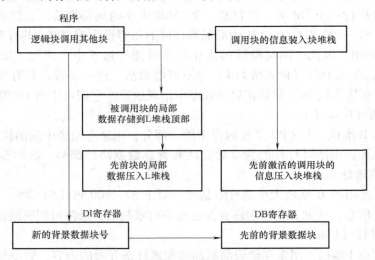

图 7-21 调用指令对 CPU 内存的影响

3. 调用功能（FC）

因为功能（FC）不用背景数据块，不能分配初值给功能（FC）的局部数据，所以调用功能（FC）时，必须给 FC 的形参分配实参，如图 7-22 所示。

当调用功能（FC）时会有以下事件发生：

1）被调用功能（FC）实参的指针存到调用块的 L 堆栈。

2）调用块的地址和返回位置存储在块堆栈，调用块的局部数据压入 L 堆栈。

3）被调用功能（FC）存储临时变量的 L 堆栈区被推入 L 堆栈上部。

4）当被调用功能（FC）结束时，先前块的信息存储在块堆栈中，临时变量弹出 L 堆栈。

以功能（FC）的调用为例，L 堆栈的操作示意图如图 7-23 所示。

STEP7 为功能（FC）提供了一个特殊的返回值输出参数（关键字 RET_VAL）。当在文本文件中创建功能（FC）时，可以在定义功能（FC）命令后输入数据类型（如 BOOL 或 INT）。对文本文件进行编译时，STEP7 会自动生成 RET_VAL 输出参数。当用 STEP7 的程序编辑器（Program Editor）以增量模式创建功能（FC）时，可在 FC 的变量声明表中声明一个输出参数 RET_VAL，并指明其数据类型。

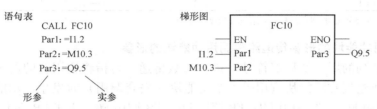

图 7-22　功能（FC）的调用

4. 块调用小结

1）块调用时分条件调用和无条件调用。当用 LAD/FBD 调用块时，EN 和 ENO 参数被加在块上，如果 EN = 0，块不被执行且 ENO = 0；如果 EN = 1，块被执行，执行过程中如果不出现错误则 ENO = 1，如果出现错误 ENO = 0，这样可根据 RLO 来调用块。在 STL 中，没有 EN/ENO 参数，CALL 指令用于调用功能块（FB、FC、SFB、SFC），与 RLO 或其他条件无关，但可以用跳转指令来实现是否调用。

2）调用 FB 或 SFB，必须指定背景数据块。

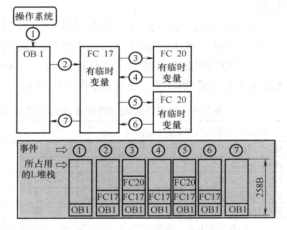

图 7-23　L 堆栈操作示意图

3）在块调用时，功能块、数据块可用绝对地址或符号地址。

4）在声明表中列出的为"形式参数"，在块调用时分配给块的地址或数值为"实际参数"。静态变量和临时变量不出现在块调用指令中。

5）功能块允许嵌套调用，但嵌套的层数与 CPU 型号和 L 堆栈中数据可能溢出有关（参见本章第一节）。

三、块调用时参数传递的限制

进行功能块调用时，给形参赋值可采用不同的方法，但赋值的数据类型是有限制的。现介绍如下：

（一）块间参数传递的规定

块调用时可给形参赋实参，一般而言，实参可以是绝对地址（物理地址）、符号或常数。而实际赋值时要注意不同类型（输入、输出、输入/输出）的形参允许赋实参的数据类型是有限制的。表 7-8 列出了给不同类型形参赋实参时实参允许使用的数据类型。如输出和输入/输出类型的形参，不能赋值常数因为输出或输入/输出参数是变化的。只能用基本数据类型的绝对地址给形参赋值。符号地址无参数类型的限制。

表 7-8　给形参赋实参时实参允许指定的数据类型

形参类型	绝对地址	符号名	常数	块局部符号
输入(IN)	1	1,2	1	1,2
输出(OUT)	1	1,2	—	1,2
输入/输出(IN_OUT)	1	1,2	—	1,2

注：1 表示可用基本数据类型；2 表示可用复合数据类型。

（二）调用功能块的形参传递给被调用功能块的形参

在表 7-8 所列的用"块局部符号"进行参数传递，是指将调用块的形参赋值给被调用块的形参。这种情况在功能块调用另一个功能块（嵌套调用）时发生。功能块间调用有以下情况：FC 调用 FC；FC 调用 FB；FB 调用 FB；FB 调用 FC。由于 FB 和 FC 形参的允许数据类型各有不同，而且形参有输入、输出的区别，因此在形参传递给被调用块时，有一定的限制：

1）调用功能块的输入类形参不能赋给被调用功能块的输出类和输入/输出类形参。

2）调用功能块的输出类形参不能赋给被调用功能块的输入类和输入/输出类形参。

3）调用功能块的形参允许传递给被调用功能块形参的类型列在表 7-9 的第一栏，对形参数据类型的限制（允许的数据类型）也列于表 7-9 中。

表 7-9　调用功能块的形参传递给被调用功能块形参允许的形参参数类型及数据类型

调用块→被调用块允许传递形参类型	FC 调用 FC	FB 调用 FC	FC 调用 FB	FB 调用 FB
输入→输入	1	1,2	1,2,3	1,2,3
输出→输出	1	1,2	1,2	1,2
输入/输出→输入	1	1	1	1
输入/输出→输出	1	1	1	1
输入/输出→输入/输出	1	1	1	1

注：1 表示可用基本数据类型；2 表示可用复合数据类型；3 表示可用参数类型中的定时器、计数器和块。

四、功能和功能块编程与调用举例

功能和功能块编程的步骤包括两部分内容：第一，定义局部变量（填写变量声明表）；第二，编写要执行的程序。

定义局部变量的工作就是在变量声明表中分别定义形参、静态变量和临时变量（FC 中无静态变量）。具体则是确定并填入各变量的声明类型（Decl）、变量名（Name）、数据类型（Data Type），有需要时还可为变量设置初值（Initial Value）和为变量加适当的注释（Comment）。在增量模式下，STEP7 将自动产生局部变量地址（Address）。

编写功能块程序可以用梯形图（LAD）、语句表（STL）或功能块图（FBD）任一种语言来编写。在编程过程中可以使用本块已定义了的局部变量（只在本块中有效）或在符号表中已定义了的符号地址（全局变量，在整个程序中都有效）。关于程序中的地址需做如下说明：

1）使用局部变量，要在变量名前加前缀（#）；使用全局变量，变量名出现在引号（" "）中，以便区别。在增量编程模式下，（#）和（" "）会自动产生。

2）直接使用局部变量的地址。这种方式只对背景数据块和 L 堆栈有效。

在调用 FB 时，必须为其指定背景数据块。背景数据块应在调用前生成，其格式顺序与关联 FB 的变量声明表必须保持一致。背景数据块中所含数据为变量声明表中所存数据。当需要时，用户在编程窗口使用菜单命令转换成数据视窗（Data View），便可以为背景数据块设置当前值（Current Value）。通过修改实际值的方法，可为同一 FB 设置不同的背景数据块，以实现不同的控制要求。

对于 S7—300，操作系统分配给每一个组织块（OB）的局部数据区的最大数量为 256B。OB 的调用自己占去 20B 或 22B，则还剩下最多 234B 可分配给 FC 或 FB。如果 FC 或块 FB 中定义的局部数据的数量大于 256B，则该 FC 或 FB 将不能下载到 CPU 中。在下载过程中将出现错误提示："The block could not be copied"。如果单击错误信息框中的 Details 按钮，将弹出帮助的信息："Incorrect local data length"。利用 Reference Data 工具可查看程序所占用的局部数据区的字节数（包括总的字节数和每次调用所占用的字节数）。

下面举例说明功能块编程与调用。

（一）　功能块编程与调用

下面以编写一个能对多个发动机（如汽油发动机、柴油发动机）进行起、停控制和速度监视的应用程序为例说明功能块编程与调用。

每个发动机起、停控制的信号和监视的速度各不相同，但控制功能是相同的。这可以采用一个通用的发动机控制功能块，指定不同的背景数据块，通过结构化编程来解决。

1. 确定功能块的参数、类型及填写变量声明表

设发动机控制功能块为 FB1，填写的变量声明表格式见表 7-10。这样便定义了功能块 FB1 的输入、输出参数及所需变量。

对功能块来说，IN、OUT、IN_OUT 和 STAT 变量存储在数据块（DB）内，临时变量 TEMP 存储在 L 堆栈中。

表 7-10　FB1 的变量声明表

变量名	数据类型	地址	声明类型	初值	注释
Switch_On	Bool	0.0	IN	FALSE	起动按钮
Switch_Off	Bool	0.1	IN	FALSE	停车按钮
Failure	Bool	0.2	IN	FALSE	故障信号
Actual_Speed	Int	2.0	IN	0	实际转速
Engine_On	Bool	4.0	OUT	FALSE	控制发动机的输出信号
Preset_Speed_Reached	Bool	4.1	OUT	FALSE	达到预置转速
Preset_Speed	Int	6.0	STAT	1500	预置转速

2. 选择编程语言，编写功能块 FB1 中的程序

采用 LAD（梯形图）和 STL 两种语言的程序如图 7-24 所示。程序中所使用声明表中的局部变量用"#"指示，全局变量出现在引号（"　"）内，如"Automatic_Mode"（"自动模式"）是在符号表中定义的，本程序中只是使用，如图 7-25 所示。

以上程序实现的功能是，在非自动模式下，按发动机起动按钮，发动机即起动；按停止按钮或发动机故障，发动机即停下。当发动机现行速度超过设定速度时，有报警信号输出。

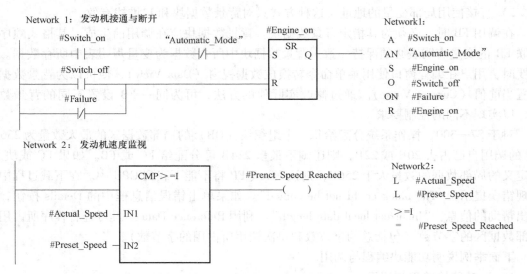

Network 1: 发动机接通与断开

Network1:
A   #Switch_on
AN "Automatic_Mode"
S   #Engine_on
O   #Switch_off
ON #Failure
R   #Engine_on

Network 2: 发动机速度监视

Network2：
L   #Actual_Speed
L   #Preset_Speed
>=I
=   #Preset_Speed_Reached

图 7-24 功能块 FB1 中的程序

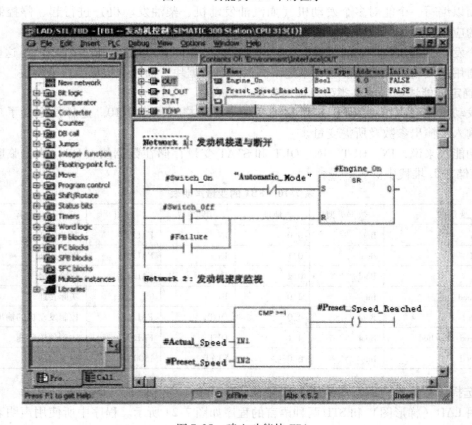

图 7-25 建立功能块 FB1

3. 生成背景数据块和修改实际值

功能块 FB1 用于控制和监视发动机。FB1 建立后可为它建立关联的背景数据块，如 DB1，建立时在实际值（Actual Value）栏的 Preset_Speed 行可输入用户所需速度设定值，如

1500，这样就为发动机定义了最大速度。其显示格式见表7-11。

表7-11 FB1 的背景数据块 DB1

地址	变量名	数据类型	初值	实际值	注释
0.0	Switch_on	BOOL	FALSE	FALSE	
0.1	Switch_off	BOOL	FALSE	FALSE	
0.2	Failure	BOOL	FALSE	FALSE	
2.0	Actual_Speed	INT	0	0	
4.0	Engine_on	BOOL	FALSE	FALSE	
4.1	Preset_Speed_Reached	BOOL	FALSE	FALSE	
6.0	Preset_Speed	INT	1500	1500	

用同样办法生成其他背景数据块，如 DB2，为它的输入速度设定值1200，这样便定义了另一台发动机（如柴油发动机）的最大速度。

4. 功能块调用

可以在 FB1 的前一级块中，编写对 FB1 的调用指令并指定相应的背景数据块，以实现对多个发动机的控制与监视。下面举例说明调用方法。

设在符号表中已定义了符号名，见表7-12。

表7-12 发动机 Engine 的符号表

符号表	地址	说明
Engine	FB1	
Petrol	DB1	
Switch_on_PE	I0.0	
Switch_off_PE	I0.1	
PE_Failure	I0.2	
PE_Actual_Speed	MW10	
PE_on	Q8.0	
PE_Preset_Speed_Reached	Q8.1	

1）用语句表编程对功能块 FB1 的调用，指定 DB1 背景数据块（用符号地址）。其程序如下：

```
CALL          "Engine","Petrol"
Switch_on              : = "Switch_on_PE"
Switch_off             : = "Switch_off_PE"
Failure                : = "PE_Failure"
Actual_Speed           : = "PE_Actual_Speed"
Engine_on              : = "PE_on"
Preset_Speed_Reached   : = "PE_Preset_Speed_Reached"
```

2）用梯形图编程对功能块 FB1 的调用，指定 DB1 背景数据块（用绝对地址）。其程序如图 7-26 所示。

同理，可编写调用 FB1 并指定背景数据块 DB2 的应用程序。

（二）功能编程与调用

在设计 S7—300 PLC 控制系统中，常使

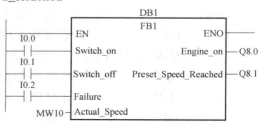

图 7-26 调用 FB1 的梯形图程序

用模拟量输入模板采集信号，当模拟量输入通道较多时，将各通道模拟量信号读入并存储比较繁琐。用户采用功能块编程可使编程工作简化，在需要时进行调用。

下面给出的是一个对功能编程的例子。FC100 中是一个对多通道进行模拟量信号采集（读入）、存入指定数据块并按指定起始地址开始顺序存放的通用程序。

1. FC100 的变量声明表

为了方便使用，将 FC100 输入变量定义了 4 项，用户可在调用时灵活改变赋值。表 7-13 为模拟量输入采样功能 FC100 的变量声明表。

表 7-13　FC100 的变量声明表

变量名	数据类型	地址	声明类型	初值	注释
PIW_Addr	INT	0.0	IN		模入模块通道起始地址
CH_LEN	INT	2.0	IN		要读入的通道数
DB_NO	INT	4.0	IN		存储数据块的块号
DBW_Addr	INT	6.0	IN		存储在数据块中的字地址首号

2. FC100 中的语句表程序

程序设计的思路是，模拟量输入模块通道的地址用地址指针，数据块的存储地址也用地址指针，循环改变地址指针，以读入相应模拟量输入通道的信号并在数据块中顺序存放。

```
        L       #DB_NO
        T       LW0              //将存储数据的块号存放在临时本地数据字 LW0 中
        OPN     DB[LW0]          //打开存储数据块(做好装采样值的准备)
        L       #PIW_Addr
        SLD     3                //形成模拟量输入模块的地址指针
        T       LD4              //在临时本地数据双字 LD 4 中存入模拟量输入模块的地址指针
        L       #DBW_Addr
        SLD     3                //形成数据块存储地址指针
        T       LD8              //在临时本地数据双字 LD8 中存入数据块存储地址指针
        L       #CH_LEN          //以要读入的通道数为循环次数并装入累加器 1(ACCUl)
NEXT:T  LW0     //将累加器 1 的值装入循环次数计数单元 LW0(临时本地数据字)
        L       LD4
        LAR1                     // 将模拟量输入模块的地址指针装入地址寄存器 1
        L       PIW[AR1,P#0.0]   //将模拟量输入模块一个通道的输入值装入累加器 1
        T       LW2              //将读入通道的模拟量输入值暂存缓冲器 LW2
        L       LD8
        LAR1                     //将数据块存储地址指针装入地址寄存器 1
        L       LW2              //将缓冲器 LW2 内容(读入通道的模拟量输入值)装入累加器 1
        T       DBW[AR1,P#0.0]   //将读入通道的模拟量输入值存入数据块
        L       LD4              //将模拟量模块的地址指针装入累加器 1
        +       L#16             //用 ACCUl +(..._0001_0000)的值调整模拟量模块的地址指针
        T       LD4              //指向下一通道的地址指针存入 LD4
        L       LD8
```

```
+        L#16
T        LD8            //调整数据块存储地址指针,指向下一个存储地址,存入 LD8
L        LW0            //将循环次数计数单元 LW0 的值装入累加器 1
LOOP     NXET           //将累加器 1 的内容减 1,若不为 0 继续循环,若为 0 则结束
```

在 FC100 中,寄存器间接寻址指令"OPN　DB [LW0]"使用了临时本地数据 LW0,变量表中定义的临时变量(TEMP)虽然也在 L 堆栈中,但不能用于存储器间接寻址,从这里可看出临时本地数据与临时变量还是有区别的。除 LW0 外,程序中 LW2、LD4 和 LD8 可以用临时变量替代。

3. FC100 的调用

在某 PLC 控制系统中,机架 0 的 6 号槽位安装了一块八模拟量输入模块 SM331(起始地址 IW288),若要将前 6 个输入通道的信号读入,存入 DB50. DBW10 开始的 6 个字单元中,可按下列程序调用 FC100:

```
CALL   FC100
PIW_Addr: = 288
CH_LEN   : = 6
DB_NO    : = 50
DBW_Addr: = 10
```

五、系统功能和系统功能块

S7 CPU 为用户提供了一些已经编好了通过程序测试的程序块,这些程序块称为系统功能(SFC)和系统功能块(SFB)。它们属于操作系统的一部分,不须将其作为用户程序下载到 PLC,用户可以直接调用它为自己的应用程序服务,不占用户程序空间。系统功能块(SFB)与功能块(FB)相似,必须为 SFB 生成背景数据块,并将其下载到 CPU 中作为用户程序的一部分。系统功能(SFC)则与功能(FC)相同。

不同的 S7 CPU 提供不同的 SFC、SFB 功能。《STEP7 系统和标准功能参考手册》对 SFC、SFB 功能及如何调用和应该设定哪些参数有较详细的介绍。系统功能和系统功能块的编号及其功能可参见表 5-2 和表 5-3。

六、时间标记冲突与一致性检查

如果修改了块与块之间的软件接口(块内的输入/输出变量:IN_ OUT)或程序代码,可能会造成时间标记(Time Stamp)冲突,引起调用块和被调用块(基准块)之间的不一致,在打开调用块时,在块调用指令中被调用的有冲突的块将用红色标出。

块中包含一个代码(Code)时间标记和一个接口(Interface)时间标记。这些时间标记可以在块属性对话框中查看。STEP7 在进行时间标记比较时,如果发现下列问题,就会显示时间标记冲突:

1)被调用的块比调用它的块的时间标记更新。

2)用户定义数据类型(UDT)比使用它的块或使用它的用户数据的时间标记更新。

3)FB 比它的背景数据块的时间标记更新。

4)FB2 在 FB1 中被定义为多重背景,FB2 的时间标记比 FB1 的更新。

即使块与块之间的时间标记的关系是正确的，如果块的接口的定义与它被使用的区域中的定义不匹配（有接口冲突），也会出现不一致性。

如果用手工来消除块的不一致性，工作是很繁重的。可用下面的方法自动修改一致性错误：

1）在 SIMATIC 管理器的项目窗口中选择要检查的块文件夹，执行菜单命令 Edit→Check Block Consistency（检查块的一致性）。在出现的窗口中执行菜单命令 Program→Compile（程序→编译）。STEP7 将自动地识别有关块的编程语言，并打开相应的编辑器去进行修改。时间标记冲突和块的不一致性被尽可能地自动消除，同时对块进行编译。将在视窗下面的输出窗口中显示不能自动消除的时间标记冲突和不一致性。所有的块被自动地重复进行上述处理。如果是用可选的软件包生成的块，可选软件包必须有一致性检查功能，才能作一致性检查。

2）如果在编译过程中不能自动清除所有的块的不一致性，在输出窗口中给出有错误的块的信息。用鼠标右键单击某一错误，调用弹出菜单中的错误显示，对应的错误被打开，程序将跳到被修改的位置。清除块中的不一致性后，保存并关闭块。对于所有标记为有错误的块，重复这一过程。

3）重新执行步骤1）和2），直至在信息窗口中不再显示错误信息。

第四节　组织块及其应用

一、概述

组织块（OB）是操作系统与用户程序在各种条件下的接口界面，用于控制程序的运行。不同 S7 系列 PLC 的不同 CPU 各有一套可编程的 OB。不同的 OB 由不同的事件启动，执行不同的功能，且具有不同的优先级。每一个 OB 在执行程序的过程中，可以被更高优先级的 OB 中断，即中断可嵌套，详见本章第一节。

（一）组织块的分类

S7 系列 PLC 的 CPU 支持的所有组织块（OB）见表7-1。它通常按以下分类：

1）启动组织块。启动组织块用于系统初始化，CPU 上电或操作模式改为 RUN 时，根据启动的方式执行启动程序 OB100 ~ OB102 中的一个。

2）循环执行的组织块 OB1。需要连续执行的程序存放在 OB1 中，执行完后又开始新的循环。

3）定期执行的组织块。包括日期时间中断组织块 OB10 ~ OB17 和循环中断组织块 OB30 ~ OB38，它们可以根据设定的日期时间或时间间隔执行中断程序。

4）事件驱动的组织块。包括延时中断组织块 OB20 ~ OB23、硬件中断组织块 OB40 ~ OB47、异步错误中断组织块 OB80 ~ OB87 和同步错误中断组织块 OB121、OB122。延时中断组织块 OB20 ~ OB23 在过程事件出现后延时一定的时间再执行中断程序。硬件中断组织块 OB40 ~ OB47 用于需要快速响应的过程事件，事件出现时马上中止循环程序，执行对应的中断程序。异步错误中断组织块 OB80 ~ OB87 和同步错误中断组织块 OB121、OB122 用来决定在出现错误时系统如何响应。

5）背景组织块。CPU 可以保证设置的最小扫描循环时间。如果它比实际的扫描循环时间长，在循环程序结束后 CPU 处于空闲的时间内可以执行背景组织块 OB90。如果没有对 OB90 编程，CPU 要等到定义的最小扫描循环时间到达为止，再开始下次循环的操作。用户可以将对运行时间要求不高的操作放在 OB90 中去执行，以避免出现等待时间。背景 OB 的优先级为 29（最低），不能通过参数设置进行修改。OB90 可以被所有其他的系统功能和任务中断。由于 OB90 的运行时间不受 CPU 操作系统的监视，用户可以在 OB90 中编写长度不受限制的程序。

不同的 CPU 所具有的组织块是不同的。S7—300 PLC 的 CPU314 共有 13 种组织块，具体见表 7-14。

表 7-14　CPU314 组织块优先级顺序表

OB 类型	说　　明	优先级
OB1 主程序循环	在上一循环结束时启动	1（低优先级）
OB10 时间中断	在程序设置的日期和时间启动	2
OB20 延时中断	受 SFC32 控制启动，在一特定延时后运行	3
OB35 循环中断	运行在一定时间间隔内（1ms～1min）	12
OB40 硬件中断	当检测到来自外部模板的中断请求时启动	16
OB80～OB82、OB85、OB87 响应异步错误	当检测到模板诊断错误或超时错误时启动	26（启动时是 28）
OB100 启动	当 CPU 从 STOP 到 RUN 状态时启动	27
OB121,OB122 响应同步错误	当检测到程序错误或接受错误时启动	与被中断的 OB 有相同的优先级

（二）组织块的变量声明表与所使用的数据类型

组织块（OB）只能由操作系统启动，它由一个变量声明表和一个用户编写的控制程序组成。用户编写的控制程序各不相同，但对 OB 中局部数据的类型是有限定的。任何 OB 都是由操作系统调用而不能由用户调用，所以 OB 没有输入、输出和输入/输出参数。由于 OB 没有背景数据块，所以也不能为 OB 声明任何静态变量，因此 OB 的变量声明表中只能定义临时变量。OB 的临时变量的数据类型可以是基本的或复合的数据类型以及数据类型 ANY。对 OB 变量声明表的这一限定用户是应当注意的。

操作系统为所有的组织块声明了由一个 20B 组成的包含 OB 启动信息的标准"变量声明表"。具体内容各组织块有所不同。安排的格式见表 7-15，用户可利用组织块变量声明表中的符号名来得到有用信息，可通过查看各种组织块变量声明表前 20B 了解其具体内容。

表 7-15　OB 的变量声明表（前 20 字节的启动信息）

地址/B	内　　容
0	事件级别与标识码，例如 OB40 为 B#16#11，表示硬件中断被激活
1	用代码表示与启动 OB 的事件有关的信息
2	优先级，例如 OB40 的优先级为 16
3	OB 块号，例如 OB40 的块号为 40
4～11	附加信息，例如 OB40 的第 5B 为产生中断的模块的类型，16#54 为输入模块，16#55 为输出模块；第 6、7B 组成的字为产生中断的模块的起始地址；第 8～11B 组成的双字为产生中断的通道号
12～19	OB 被启动的日期和时间（年、月、日、时、分、秒、毫秒与星期）

下面对 CPU 所具有的组织块简要进行介绍。

二、主程序循环组织块 OB1

OB1 是主程序循环块，是循环执行的组织块。OB1 是最重要的组织块，每一个用户程序都是需要的。如前所述，根据控制对象的复杂程度，可将所有用户程序放入 OB1 中进行线性化编程，或将程序编成不同的功能块，通过 OB1 调用这些功能块，进行结构化编程。S7—300 PLC 启动时，先执行一次 OB100，而后操作系统调用 OB1，当 OB1 运行结束后，操作系统再次调用 OB1，这样 OB1 中的程序便被循环执行。

表 7-16 为 OB1 的变量声明表，请注意，前 20B 是操作系统为 OB1 声明的标准临时变量，不能被修改，用户声明的临时变量只能排在其后。标准临时变量的意义见表 7-16 附加的说明。

表 7-16　OB1 变量声明表格式

地址	声明类型	变量名	数据类型	说明
0	TEMP	OB1_EV_CLASS	BYTE	事件级别与标识码，如 B#16#11 表示 OB1 激活
1	TEMP	OB1_SCAN_1	BYTE	用代码表示与启动 OB 的事件有关的信息 B#16#01：暖启动完成 B#16#02：热启动完成 B#16#03：主循环完成 B#16#04：冷启动完成 B#16#05：当前一个主站 CPU 停机，后备新主站 CPU 的第一次 OB1 循环
2	TEMP	OB1_PRIORITY	BYTE	优先级 1（最低）
3	TEMP	OB1_OB_NUMBER	BYTE	OB 块号，如 01 表示 OB1
4	TEMP	OB1_PRESERVED_1	BYTE	保留（备用）
5	TEMP	OB1_PRESERVED_2	BYTE	保留（备用）
6	TEMP	OB1_PREV_CYCLE	INT	上一次 OB1 的循环时间（ms）
8	TEMP	OB1_MIN_CYCLE	INT	自 CPU 启动，最短一次 OB1 的循环时间（ms）
10	TEMP	OB1_MAX_CYCLE	INT	自 CPU 启动，最长一次 OB1 的循环时间（ms）
12	TEMP	OB1_DATE_TIME	DATE_AND_TIME	OB 被调用的日期和时间
20.0	TEMP	用户定义		20.0 开始由用户自定义

OB1 中的程序为用户主程序，由用户根据需要编写。由于被调用块必须在调用前创建，所以在编写 OB1 程序前，如用结构化编程须先创建所需的功能块（FB）或功能（FC）。

在 STEP7 中，可以设置每次处理 OB1 的最长时间和最短时间。具体方法是，在硬件组态中，单击 CPU Properties 按钮，弹出 CPU 属性窗口并选择 "Cycle/Clock Memory" 选项卡，如图 7-27 所示。设置最小循环时间，则 CPU 循环系统将延时达到此时间后才开始下一次 OB1 的执行。

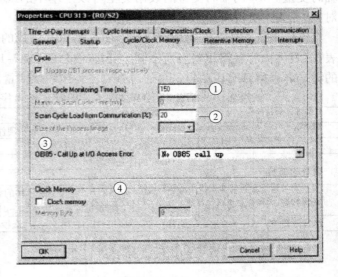

图 7-27　CPU 属性的 Cycle/Clock Memory 设置

另外，可以在 "Cycle/Clock Memory" 选项卡中设置 Clock Memory，选中图 7-27 所示选

择框就可激活该功能，并且在 Memory Byte 中输入存储字节 MB 的地址，如 MB10（输入 10 即可），此时 MB10 各位的作用是产生不同频率的方波信号。如果在硬件配置里选择了该项功能，就可以在程序里调用这些特殊的位。Clock Memory 各位的周期及频率见表 7-17。

表 7-17　　Clock Memory 各位的周期及频率

位	7	6	5	4	3	2	1	0
周期/s	2	1.6	1	0.8	0.5	0.4	0.2	0.1
频率/Hz	0.5	0.625	1	1.25	2	2.5	5	10

例如，按照图 7-27 中的设置将 Memory Byte 设为 "0"，则 MB0 就被用作时钟存储器。假如要控制一个灯以 0.5Hz 的频率闪烁，在梯形图中，只需要编写如图 7-28 所示的程序就可以了。可以看出，这种方法比用定时器实现方便得多。

图 7-28　时钟存储器的应用

三、启动特性组织块 OB100

（一）CPU 模块的启动方式

CPU 有三种启动方式：暖启动（Warm Restart）、热启动（Hot Restart）和冷启动（Cold Restart）。大多数 S7—300 CPU 只有暖启动模式，对于 CPU318—2DP 和 S7—400 CPU 还具有热启动和冷启动模式。

1. 暖启动

暖启动时，过程映像数据以及非保持的存储器位、定时器和计数器被复位；具有保持功能的存储器位、定时器、计数器和所有数据块将保留原数值；程序将重新开始运行，CPU 会自动调用启动 OB（如 S7—300 的 CPU314 会调用 OB100），然后开始循环执行 OB1。手动暖启动时，将模式选择开关扳到 STOP 位置，STOP 的 LED 亮，然后扳到 RUN 或 RUN-P 位置。

2. 热启动

在 RUN 状态时，如果电源突然失电而后又重新上电，则 S7—400 CPU 将执行一个初始化程序，自动地完成热启动。热启动从上次 RUN 模式结束时程序被中断之处继续执行，不对计数器等复位。热启动只能在 STOP 状态时没有修改用户程序的条件下才能进行。

3. 冷启动

S7—400 的 CPU417 和 CPU417H 有冷启动模式。冷启动时，过程数据区的所有过程映像数据、存储器位、定时器、计数器和数据块均被清除，即被复位为零，包括有保持功能的数据。用户程序将重新开始运行，执行启动 OB 和 OB1。手动冷启动时，将模式选择开关扳到 STOP 位置，STOP 的 LED 亮，再扳到 MRES 位置，STOP 的 LED 灭1s、亮1s，再灭1s 后保持亮。最后将它扳到 RUN 或 RUN-P 位置。

在暖启动、热启动或冷启动时，操作系统分别调用 OB100、OB101 或 OB102，S7—300 和 S7—400H 不能热启动。

（二）启动组织块及其应用

1. 启动组织块 OB100 ~ OB102

下列事件发生时，CPU 执行启动功能：

1）PLC 电源上电后。

2）CPU 的模式选择开关从 STOP 位置扳到 RUN 或 RUN-P 位置。

3）接收到通过通信功能发送来的启动请求。

4）多 CPU 方式同步之后。

5）H 系统（用 S7—400H 组成的控制系统，它是冗余设计的容错自动化系统）连接好后（只适用于备用 CPU）。

CPU318—2 只允许手动暖启动或冷启动。对于某些 S7—400 的 CPU，如果允许用户通过 STEP7 的参数设置手动启动，用户可以使用状态选择开关和启动类型开关（CRST/WRST）进行手动启动。在设置 CPU 模块属性的对话框中，选择 Startup 选项卡，可以设置启动的各种参数。表 7-18 是 OB100 变量声明表中声明的临时变量。

表 7-18 OB100 的变量声明表

变量名	数据类型	声明类型	描 述
OB 100_EV_CLASS	BYTE	TEMP	事件级别和标识码,B#16#13:激活
OB 100_STRTUP	BYTE	TEMP	启动方式 B#16#81:手动暖启动 B#16#82:自动暖启动
OB 100_PRIORITY	BYTE	TEMP	优先级:27
OB 100_OB_NUMBER	BYTE	TEMP	OB 号:100 表示 OB100
OB 100_PRESERVED_1	BYTE	TEMP	保留
OB 100_PRESERVED_2	BYTE	TEMP	保留
OB 100_STOP	WORD	TEMP	引起 CPU 停止的事件的号码
OB 100_STRT_INFO	DOUBLE WORD	TEMP	系统启动信息(32 位,有规定表示格式)
OB 100_DATE_TIME	DATE_AND_TIME	TEMP	OB100 被调用的时间和日期

为了在启动时监视是否有错误，用户可以选择以下的监视时间：

1）向模块传递参数的最大允许时间。

2）上电后模块向 CPU 发送"准备好"信号的允许最大时间。

3）S7—400 CPU 热启动允许的最大时间，即电源中断的时间或由 STOP 转换为 RUN 的时间。一旦超过监视时间，CPU 将进入停机状态或只能暖启动。如果监控时间设置为 0，表示不监控。

启动程序没有长度和时间的限制，因为循环时间监视还没有被激活，在启动程序中不能执行时间中断程序和硬件中断程序。

2. 启动组织块的应用

启动用户程序之前，先执行启动组织块。所以，用户可以通过在启动组织块 OB100 ~ OB102 中编写程序，来设置 CPU 的初始化操作，比如开始运行的初值，I/O 模块的初值等。下面以 S7—300 PLC 为例来说明如何在启动组织块中编写程序。

每当 CPU 由停止转入运行状态时，S7—300 的操作系统便调用 OB100。当 OB100 运行结束后，操作系统才调用 OB1。利用 OB100 先于 OB1 执行的特点，在 OB100 中编写用户的启动条件来提供用户设置或启动操作参数。

例 7-3 通过分析 OB100 的启动信息，可以在程序中确定启动的类型。试在 OB100 中编程，使得当手动暖启动时输出 Q0.0 被置位，而当自动暖启动时 Q 0.1 被置位。

说明：在编程时，利用比较指令比较局部变量 OB100_ STRTUP 中的值是否与启动方式相同。手动暖启动的启动方式代码为 B # 16 # 81，自动暖启动的启动方式代码为 B # 16 # 82。启动组织块 OB100 的程序如下：

Network1：是否为手动暖启动方式

L　# OB100_ STRTUP

L　B # 16 # 81

＝＝I

＝　Q0.0

Network1：是否为自动暖启动方式

L　# OB100_ STRTUP

L　B# 16#82

＝＝I

＝　Q0.0

四、定期执行的组织块 OB10、OB35

STEP7 提供了一些可以在特定时间或特定间隔下定期执行的组织块，它们是日期时间中断 OB10 和循环中断 OB35。以下对它们分别进行介绍。

（一）日期时间中断组织块 OB10 ~ OB17

1. 概述

STEP7 提供多达 8 个日期时间中断组织块 OB10 ~ OB17，这 8 个 OB 的默认优先级相同，都没有指定默认时间。但是，只有 S7—400 系列的高级 CPU 才可以使用全部 8 个 OB。S7—300 系列 CPU318 能使用 OB10 和 OB11，其余 CPU 只能使用 OB10。下面以 OB10 为例来说明其用法。

日期时间中断 OB10 可以在某一特定的日期（年_ 月_ 日）和时间（时_ 分_ 秒）执行一次，也可以从设定的日期时间开始，周期性地重复执行，例如每分钟、每小时、每天，甚至每年执行一次。

用户若需要这种特性，可在 OB10 中编入相应程序。系统已经在 OB10 中定义了一些局部变量，见表 7-19，为用户编程提供了便捷。表中参数 "OB10_ PRIORITY" 是各个 OB 的优先级，默认为 2。若用户在系统中使用了多个日期时间中断组织块，则可以通过设置这个参数实现改变中断的优先级。可以通过改变参数 "OB10_ PERIOD_ EXE" 的值设置循环间隔，注意这些设置值是固定的，与循环间隔是一一对应的关系。

只有设置了中断的参数，并且在相应的组织块中有用户程序存在，日期时间中断才能被执行。如果不满足上述条件，操作系统将会在诊断缓冲区中产生一个错误信息，并执行异步错误处理。如果设置从 1 月 31 日开始每月执行一次 OB10，只在有 31 天的那些月启动它。

表 7-19　**OB10 的局部变量**

变 量 名	数据类型	描　　述
OB10_EV_CLASS	BYTE	事件级和识别码；B#16#11 = 中断激活
OB10_STRT_INFO	BYTE	B#16#11 ~ B#16#18； 分别是启动请求 OB10 ~ OB17
OB10_PRIORITY	BYTE	分配的优先级：默认 2
OB10_OB_NUMBR	BYTE	OB 号(10 ~ 17)
OB10_RESERVED_1	BYTE	保留
OB10_RESERVED_2	BYTE	保留
OB10_PERIOD_EXE	WORD	OB 以特殊的间隔运行； W#16#000：一次 W#16#0201：每分钟一次 W#16#0401：每小时一次 W#16#1001：每天一次 W#16#1201：每周一次 W#16#1401：每月一次 W#16#1801：每年一次 W#16#2001：每月底一次
OB10_DATE_TIME	DATE_AND_TIME	调用 OB 时的日期和时间

在简单应用中，可在编程器上用 STEP7 的 CONFIGURATION 工具设置（修改日期时间中断组织块的参数）中通过给 CPU 设置参数实现，在较为复杂的应用中，可以运用系统功能 SFC28 ~ SFC31 设置、取消、重新设置或激活以及查询或监控日期时间中断，并且编程实现。例如可使用下列系统功能块：

SFC28　　　　　　SET_TINT 设置启动日期、时刻和周期

SFC29　　　　　　CAN_TINT 取消日期时间中断

SFC30　　　　　　ACT_TINT 重新激活日期时间中断

SFC31　　　　　　QRY_TINT 查询设置了哪些日期时间中断

日期时间中断在 PLC 暖启动或热启动时被激活，而且只能在 PLC 启动过程结束之后才能执行。暖启动后必须重新设置日期时间中断。

2. 应用方法

在启动日期时间中断时，必须首先设置和激活中断。以下三种方式可以设置和激活中断。

1）自动启动日期时间中断。可以通过 STEP7 设置并激活中断。具体方法如下：在 STEP7 的硬件组态窗口中，双击项目中机架 CPU 所在的行，打开 CPU 属性对话框，单击 Time-Of-Day Interrupts 选项卡，设置框就显示出当前 CPU 可以使用的日期时间中断块，用户可以选中 Active（激活）选择框激活 OB10。在 Execution 列表框内选择循环时间间隔，并在其后的两个编辑框内输入启动中断的日期和时间。设置和激活日期时间中断的方法如图7-29 所示。保存后下载硬件组态，就实现了日期时间中断的自动启动。

2）可以在 STEP7 中设置日期时间中断，但不激活 Active 选择框。然后通过程序调用

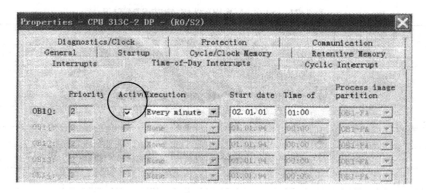

图 7-29　设置和激活日期时间中断

SFC30 "ACT-TINT" 来激活日期时间中断。

3）可以通过调用 SFC28 "SET-TINT" 设置日期时间中断，再通过调用 SFC30 ACT-TINT"，激活日期时间中断。具体方法参见例 7-4。

用同样的方法也可以在 STEP7 中取消日期时间中断。在程序中需要时可通过调用 SFC29 "CAN_TINT" 取消日期时间中断，调用 SFC31 "QRY_TINT" 查询日期时间中断。表 7-20 所示为 SFC28～SFC31 的参数说明。

表 7-20　SFC28～SFC31 的参数说明

参数	声明类型	数据类型	存储区域	参数说明
OB_NR	INPUT	INT	I,Q,M,D,L,常数	中断 OB 号（OB10～OB17）
SDT	INPUT	DT	D,L,常数	启动时间:所定义的启动时间中秒和毫秒省略,用 0 代替
PERIOD	INPUT	WORD	I,Q,M,D,L,常数	STD 启动周期; W#16#0000:一次 W#16#0201:每分钟 W#16#0401:每小时 W#16#1001:每天 W#16#1201:每周 W#16#1401:每月 W#16#1801:每年 W#16#2001:每月末
RET_VAL	OUTPUT	INT	I,Q,M,D,L	如故障发生,返回值包含故障代码
STATUS	OUTPUT	WORD	I,Q,M,D,L	日期时间中断状态

要想查询设置了哪些日期时间中断，以及这些中断什么时间发生，用户可以调用 SFC31 "QRY_TINT" 或查询系统状态表中的"中断状态表"。SFC31 输出的状态字节 STATUS 见表 7-21。

例 7-4　自 2006-2-12 的 18 点整开始，每分钟中断一次，每次中断使 MW0 自动加 1。要求用 I0.0 的上升沿脉冲设置和启动日期时间中断 OB10，用 I0.1 的高电平禁止日期时间中断 OB10。图 7-30 所示为主程序 OB1，图 7-31 所示为中断程序 OB10。

表 7-21 SFC 31 输出的状态字节 STATUS

位	取值	意 义
0	0	日期时间中断已被激活
1	0	允许新的日期时间中断
2	0	日期时间中断未被激活或时间已过去
3	0	—
4	0	没有装载日期时间中断组织块
5	0	日期时间中断组织块的执行没有被激活的测试功能禁止
6	0	以基准时间为日期时间中断的基准
7	1	以本地时间为日期时间中断的基准

Network 1: 合并日期时间项

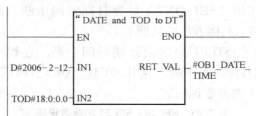

Network 2: 保持设置与激活脉冲

Network 3: 清除设置与激活脉冲

Network 4: 设置日期时间中断

Network 5: 激活日期时间中断

Network 6: 取消日期时间中断

图 7-30 主程序 OB1

说明：在 OB1 的 Network1 中调用系统 IEC 功能 FC3 "DATE and TOD to DT"，将日期（格式为 DATE）和时间（格式为 TOD）数据合并，并且转换为 DATE_AND_TIME 格式（简称 DT）的数据，并且暂时置于局部变量 OB1_DATE_TIME。因为在 SFC28 "SET-TINT" 功能块中，输入参数 SDT（设置中断的启动起始时间）的数据

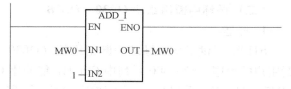

图 7-31　中断程序 OB10

类型为 DT 格式，所以必须进行数据类型的合并与转换。在 Network4 中，"OB1_DATE_TIME" 作为 SFC28 的输入参数 SDT。W#16#0201 表示每分钟中断一次（见表 7-20）。在 OB10 中，只需将 MW0 自动加 1 即可，MW0 自动加 1 表明调用 OB10 的次数。

程序保存好后就可以下载到实际 PLC 或 PLCSIM 仿真软件中了。需要注意的是，一定要把所有的程序块都下载，包括 FC3、SFC28 等。可以选中将要下载的程序块，如图 7-32 所示，再单击工具栏的下载按钮即可。

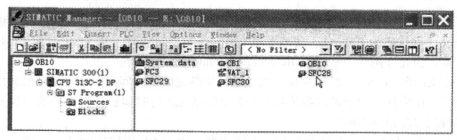

图 7-32　下载程序块

为了方便监控程序运行情况，在 STEP7 的 Blocks 中插入变量表，然后打开，填入地址 MW0、MW10、MW12 等，并单击工具栏中"眼镜（监控）"按钮，利用变量表监控程序的运行，如图 7-33 所示。在 Network2 中，用 I0.0 设置并激活 OB10，可以观察到 MW0 每隔 1min 便自动加 1；在 Network3 中，用 I0.1 取消此中断。MW10、MW12 和 MW14 分别是 SFC28、SFC29 和 SFC30 的返回值，若有故障产生，将会显示相应的故障代码。具体故障代码的含义请参考系统手册《SIMATIC S7—300/400 的系统软件和标准功能》，以后涉及的故

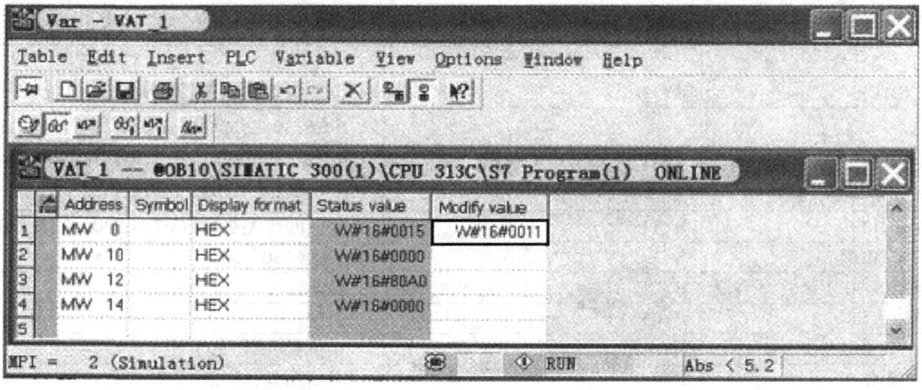

图 7-33　利用变量表监视程序运行

障代码均参考该手册。

(二) 循环中断组织块 OB30 ~ OB38

1. 概述

STEP7 提供了 9 个循环中断组织块（OB30 ~ OB38）。它们经过一段固定的时间间隔中断用户的程序。S7—300 系列中 CPU318 能使用 OB32 和 OB35，其余 S7—300 CPU 只能使用 OB35，S7—400 系列 CPU 可以使用的循环中断组织块与其型号有关。表 7-22 所示为每个循环中断组织块默认的时间间隔和优先级，用户可以设置自己需要的时间间隔和优先级。下面以 OB35 为例来说明其用法。

表 7-22　循环中断组织块默认的时间间隔和优先级

OB 号	默认的时间间隔	默认的优先级	OB 号	默认的时间间隔	默认的优先级
OB30	5s	7	OB35	100ms	12
OB31	2s	8	OB36	50ms	13
OB32	1s	9	OB37	20ms	14
OB33	500ms	10	OB38	10ms	15
OB34	200ms	11			

循环中断组织块 OB35 是按设定的时间间隔循环执行的中断程序，时间间隔由编程工具设置或修改（默认值为 100ms），其范围为 1ms ~ 1min。间隔时间从 STOP 切换到 RUN 模式时开始计算，当允许循环中断时，OB35 以固定的间隔循环运行。

用户定义时间间隔时，必须确保在两次循环中断之间的时间间隔中有足够的时间处理循环中断程序，即应保证设置的间隔值比 OB35 中程序的运行时间长，否则造成系统异常，操作系统将调用异步错误 OB80。

如果两个 OB 的时间间隔成整倍数，不同的循环中断 OB 可能同时请求中断，造成处理循环中断服务程序的时间超过指定的循环时间。为了避免出现这样的错误，用户可以定义一个相位偏移。相位偏移用于在循环时间间隔到达时，延时一定的时间后再执行循环中断。相位偏移 m 的单位为 ms，应有 $0 \leq m < n$，式中 n 为循环的时间间隔。假设 OB38 和 OB37 的中断时间间隔分别为 10ms 和 20ms，它们的相位偏移分别为 0ms 和 3ms，则 OB38 分别在 $t =$ 10ms、20ms、…、60ms 时产生中断，而 OB37 分别在 $t = 23ms$、43ms、63ms 时产生中断。

用户可以在 OB35 中，周期地调用 PID 模块（SFB41/42），完成 PID 调节，也可以在 OB35 中，调用周期的数据发送指令，完成数据发送功能等。表 7-23 所示为 OB35 的局部变量。

表 7-23　OB35 的局部变量

变　量	类　型	描　述
OB35_EV_CLASS	BYTE	事件级别和识别码 B#16#11；中断激活
OB35_STRT_INF	BYTE	B#16#30；循环中断组织块（OB）的启动请求（只有 H 型 CPU 并且明确地为其组态）B#16#31 ~ B#16#39：OB30 ~ OB38 的启动请求
OB35_PRIORITY	BYTE	分配的优先级：默认 7（OB30）~ 15（OB38）
OB35_OB_NUMBR	BYTE	OB 号（30 ~ 38）
OB35_RESERVED_1	BYTE	保留
OB35_RESERVED_2	BYTE	保留
OB35_PHASE_OFFSET	WORD	相位偏移量（ms）
OB35_EXC_FREQ	INT	时间间隔，以 ms 计
OB35_DATE_TIME	DATE_AND_TIME	OB 调用时的日期和时间

　　与 OB20 使用方法不同的是，系统没有提供专用的激活和禁止循环中断 SFC，但可以运用 SFC39 ~ SFC42 来取消、延时和再次使能（激活）循环中断。SFC40 "EN_ IRT" 是用于激活新的中断和异步错误的系统功能，其参数 MODE 为 0 时激活所有的中断和异步错误；为 1 时激活部分中断和异步错误；为 2 时激活指定的 OB 编号对应的中断和异步错误。SFC39 "DIS_ IRT" 是禁止新的中断和异步错误的系统功能，其参数 MODE 为 2 时禁止指定的 OB 编号对应的中断和异步错误。MODE 参数有多种选择，其他可查阅系统手册《SIMATICS7—300/400 的系统软件和标准功能》。以上两个 SFC 的 MODE 参数必须用十六进制数来设置。表 7-24 所示为 SFC39 ~ SFC42 的参数说明。

表 7-24　SFC39 ~ SFC42 的参数说明

参数	声明类型	数据类型	存储区域	参数说明
OB_NR	INPUT	INT	I,Q,M,D,L,常数	OB 号（OB30 ~ OB38）
MODE	INPUT	BYTE	I,Q,M,D,L,常数	定义被禁止的中断和异步故障
RET_VAL	OUTPUT	INT	I,Q,M,D,L,常数	如故障发生，返回值包含故障代码 在 SFC41 中，延迟的编号（等于 SFC41 调用的编号） 在 SFC42 中：激活报警中断调用 SFC 的次数或者故障信息

2. 应用方法

　　首先可以在 STEP7 中查看可支持的循环中断 OB。具体方法是，在 STEP7 的硬件组态窗口中，双击项目中机架上 CPU 所在的行，打开 CPU 属性对话框，单击 "Cyclic Interrupt" 选项卡，设置框就显示出当前 CPU 可以使用的循环中断块，设置循环中断如图 7-34 所示。用户可以在 "Priority" 编辑框中设置当前循环 OB 的优先级，在 "Execution" 编辑框中改变默认的间隔时间，范围是 0 ~ 60000ms。

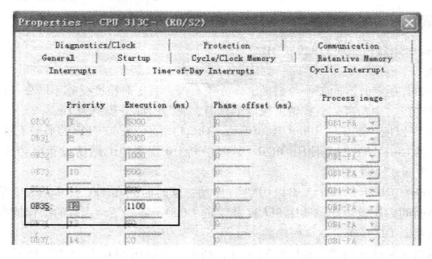

图 7-34　设置循环中断

3. 应用实例

　　例 7-5　每 3s 中断一次，每次中断使 MW0 自动加 1。要求用 I0.0 的上升沿脉冲设置和启动循环中断 OB35，用 I0.1 的高电平禁止日期时间中断 OB10。

首先在图 7-34 中设置循环间隔时间为 3000ms，表示每 3s 调用 OB35 一次。图 7-35 所示是主程序 OB1，循环中断程序与例 7-4 相同。

说明：在 OB1 的 Network3 和 Network4 中 MODE 为 B#16#2，分别表示激活指定的 OB35 所对应的循环中断 SFC40 "EN_IRT" 和禁止新的循环中断 SFC39 "DIS_IRT"。

程序保存好后就可以下载到实际 PLC 或 PLCSIM 仿真软件中了。为了方便监控程序运行情况，在 STEP7 的 Blocks 中插入变量表，方法同例 7-4。程序进入 RUN 模式后，可以观察到每 3s，MW0 自动加 1。当产生 I0.1 高电平时，循环中断被禁止，MW0 停止自动加 1；当输入 I0.0 脉冲时，循环中断又被激活，MW0 又开始自动加 1。

例 7-6 利用 OB35 产生 2Hz 的闪烁信号。

首先在硬件组态中，设置调用 OB35 的时间间隔为 250ms。把组态下载到 PLC，然后在 OB35 中编制如下中断程序：

AN Q4.0
= Q4.0

把中断程序下载到 PLC 中，令 CPU 进入 RUN 状态，Q4.0 就会以 2Hz 频率闪烁。

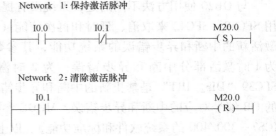

Network 1：保持激活脉冲

Network 2：清除激活脉冲

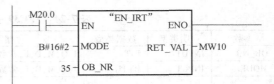

Network 3：激活循环中断

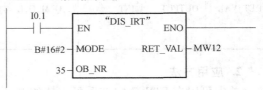

Network 4：禁止循环中断

图 7-35 主程序 OB1

五、事件驱动的组织块

（一）延时中断组织块 OB20 ~ OB23

1. 概述

PLC 中的普通定时器的工作与扫描工作方式有关，其定时精度受到不断变化的循环周期的影响。使用延时中断可以获得精度较高的延时，延时时间分辨率为 1ms。

各 CPU 可以使用的延时中断 OB（OB20 ~ OB23）的个数与 CPU 的型号有关，S7—300 CPU（不包括 CPU318）只能使用 OB20。延时中断 OB 优先级的默认设置值为 3 ~ 6 级。下面以 OB20 为例来说明其用法。

延时中断 OB20 用 SFC32 "SRT_DINT" 启动，延时时间在 SFC32 中设置，启动后经过设定的延时时间后触发中断，调用 SFC32 指定的 OB20。需要延时执行的操作放在 OB20 中，必须将延时中断 OB20 作为用户程序的一部分下载到 CPU。

如果延时中断已被启动，延时时间还没有到达，可以用 SFC33 "CAN_DINT" 取消延时中断的执行。SFC34 "QRY_DINT" 用来查询延时中断的状态。表 7-25 给出 SFC34 输出的状态字节 STATUS。表 7-26 所示为 SFC32 ~ SFC34 的参数说明。

只有在 CPU 处于运行状态时才能执行延时中断 OB20，暖启动或冷启动都会清除延时中断 OB 的启动事件。

表 7-25　SFC34 输出的状态字节 STATUS

位	取值	意　　义
0	0	延时中断已被允许
1	0	未拒绝新的延时中断
2	0	延时中断未被激活或已完成
3	0	—
4	0	没有装载延时中断组织块
5	0	日期时间中断组织块的执行没有被激活的测试功能禁止

表 7-26　SFC32 ~ SFC34 的参数说明

参数	声明	数据类型	存储区域	参数说明
OB_NR	INPUT	INT	I,Q,M,D,L,常数	OB 号(OB20 ~ OB23),延时后被启动
DTME	INPUT	TIME	I,Q,M,D,L,常数	延时值(1 ~ 60000ms)
STGN	INPUT	WORD	I,Q,M,D,L,常数	当延时中断 OB 被调用时,在起始事件信息中出现的开始标志
RET_VAL	OUTPUT	INT	I,Q,M,D,L	如故障发生,返回值包含故障代码
STATUS	OUTPUT	WORD	I,Q,M,D,L	时间中断的状态

如果下列任何一种情况发生，操作系统将会调用异步错误 OB：

1）延时中断 OB 已经被 SFC32 启动，但是没有下载到 CPU。

2）延时中断 OB 正在执行延时，又有一个延时中断 OB 被启动。

OB20 的局部变量见表 7-27，这些变量的定义为用户编程提供了方便。其中变量"OB20_PRIORITY"是代表 OB20 的优先级，默认为 3，可以通过设置这个变量参数改变优先级。

表 7-27　OB20 的局部变量

变　量	类　　型	描　　述
OB20_EV_CLASS	BYTE	事件级别和识别码 + B#16#11;中断激活
OB20_STRT_INF	BYTE	B#16#20 ~ B#16#21; OB20 ~ OB23 的启动请求
OB20_PRIORITY	BYTE	分配的优先级;默认值为 3(OB20) ~ 6(OB23)
OB20_OB_NUMBR	BYTE	OB 号(20 ~ 23)
OB20_RESERVED_1	BYTE	保留
OB20_SIGN	WORD	用户 ID;SFC32 的输入参数 SIGN
OB20_DTIME	TIME	以毫秒形式组态的延时时间
OB20_DATE_TIME	DATE_AND_TIME	OB 被调用时的日期和时间

2. 应用方法

首先可以在 STEP7 中查看可支持的延时中断 OB。具体方法是，在 STEP7 的硬件组态窗口中，双击项目中机架上 CPU 所在的行，打开 CPU 属性对话框，点击"Interrupts"选项卡，设置框中显示出当前 CPU 支持的延时中断组织块，如图 7-36 所示。

例 7-7　在主程序 OB1 中实现下列功能：

1）在 I0.0 的上升沿用 SFC32 启动延时中断 OB20，l0s 后 OB20 被调用，在 OB20 中将 Q4.0 置位，并立即输出。

2）在延时过程中，如果 I0.1 由 0 变为 1，在 OB1 中用 SFC33 取消延时中断，OB20 不会再被调用。

3）I0.2 由 0 变为 1 时，Q4.0 被复位。

项目的名称取为"OB20 例程"，下面是用 STL 编写的 OB1 程序。

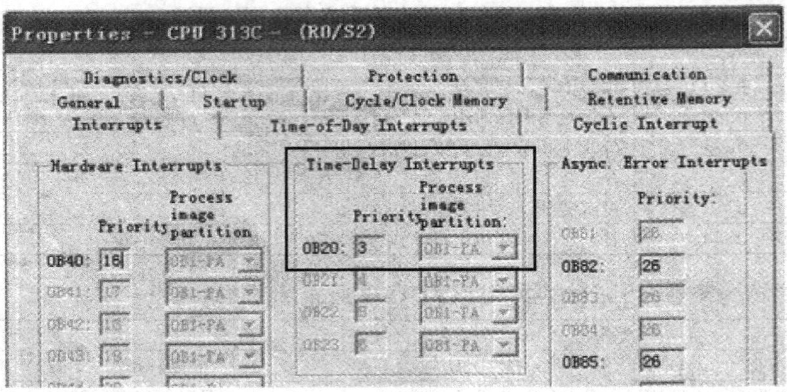

图 7-36　CPU 支持的延时中断组织块

Network1：I0.0 的上升沿时启动延时中断

```
A          I0.0
FP         M1.0            //I0.0 上升沿检测
JNB        m001            //不是 I0.0 的上升沿则跳转
CALL       SFC32           //启动延时中断 OB20
OB_NO      :=20            //组织块编号
DTME       :=T#10S         //延时时间为 10s
SIGN       :=MW12          //保存延时中断是否启动的标志
RET_VAL：=MW100            //保存执行时可能出现的错误代码,为 0 时无错误
m001：NOP0
```

Network2：查询延时中断

```
CALL       SFC34           //查询延时中断 OB20 的状态
OB_NO      :=20            //组织块编号
RET_VAL：=MWI02            //保存执行时可能出现的错误代码,为 0 时无错误
STATUS     :=MW4           //保存延时中断的状态字;MB5 为低字节
```

Network3：I0.1 上升沿时取消延时中断

```
A          I0.1
FP         M1.1            //I0.1 的上升沿检测
A          M5.2            //延时中断未被激活或已完成(状态字第 2 位为 0)时
                             跳转
JNB        m002
CALL       SFC33           //禁止 OB20 延时中断
OB_NR      :=20            //组织块编号
RET_VAL    :=MWI04         //保存执行时可能出现的错误代码,为 0 时无错误
m002：NOP0
A          I0.2
R          Q4.0            //I0.2 为 1 时复位 Q4.0
```

下面是用 STL 指令编写的 OB20 的中断程序：

Network1：

SET

　=　　　　　　　Q4.0　　　　　　　//将 Q4.0 无条件置位

Network2：

L　　　　QW4　　　　　　　//立即输出 Q4.0
T　　　　PQW4

（二）　硬件中断组织块 QB40 ~ OB47

1. 概述

延时中断组织块 OB20 ~ OB23 在过程事件出现后延时一定的时间再执行中断程序。硬件中断组织块 OB40 ~ OB47 用于需要快速响应的过程事件，事件出现时马上中止循环程序，执行对应的中断程序。即硬件中断组织块用于快速响应信号模块（SM，即输入/输出模块）、通信处理模块（CP）和功能模块（FM）的信号变化。当具有中断能力的信号模块（并非所有的信号模块都具有中断能力）将中断信号传送到 CPU 时，或者当功能模块产生一个中断信号时，将触发硬件中断。硬件中断被 SM、CP 或 FM 等模块触发后，操作系统将自动识别是哪一个槽的模块和模块中哪一个通道产生的硬件中断。硬件中断 OB 执行完后，将发送通道确认信号。

各 CPU 可以使用的硬件中断 OB 的个数与 CPU 的型号和 S7—300 的型号有关，S7—300 的 CPU（不包括 CPU318）只能使用 OB40。表 7-28 所示为 OB40 的局部变量。

表 7-28　OB40 的局部变量

变　量　名	数据类型	描　　　述
OB40_EV_CLASS	BYTE	事件级别和诊断号： B#16#11：中断被激活
OB40_STRT_INF	BYTE	B#16#41：中断通过中断行 1 B#16#42 ~ B#16#44： 中断通过中断行 2 ~ 4(只对 S7—400) B#16#45：WinAC 通过 PC 触发的中断
OB40_PRIORITY	BYTE	分配优先级：默认 16（OB40）~ 23（OB47）
OB40_OB_NUMBR	BYTE	OB 号（40 ~ 47）
OB40_RESERVED_1	BYTE	保留
OB40_IO_FLAC	BYTE	输入模块：B#16#54 输出模块：B#16#55
OB40_MDL_ADDR	WORD	触发中断模块的逻辑地址
OB40_POINT_ADDR	DWORD	数字模块：带有模板输入状态的位字段（0 位对应第一个输入） 模拟模块：带有限幅信息输入通道的位字段 CP 或 IM：模块中断状态（不是与用户相关的）
OB40_DATE_TIME	DATE_AND_TIME	被调用的日期和时间

只有用户程序中有相应的组织块，才能执行硬件中断。否则操作系统会向诊断缓冲区中输入错误信息，并执行异步错误处理组织块 OB80。

如果在处理硬件中断的同时，又出现了其他硬件中断事件，新的中断按以下方法识别和处理：

1）如果正在处理某一中断事件，又出现了同一模块同一通道产生的完全相同的中断事件，新的中断事件将丢失，即不处理它。图 7-37 中，若在数字量模块输入信号的第一个上升沿时触发中断，由于正在用 OB40 处理中断，第 2 个和第 3 个上升沿产生的中断信号将丢失。

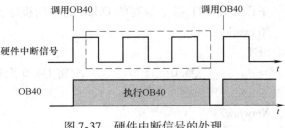

图 7-37 硬件中断信号的处理

2）如果正在处理某一中断信号时，同一模块中其他通道产生了中断事件，新的中断不会被立即触发，但是不会丢失。在当前已激活的硬件中断执行完后，再处理被暂存的中断。

3）如果有硬件中断被触发，并且它的中断模块 OB 已被其他模块中的硬件中断激活，新的中断请求将被记录，空闲后再执行该中断。

2. 应用方法

首先可以在 STEP7 中查看可支持的硬件中断组织块。具体方法是，在 STEP7 的硬件组态窗口中，双击项目中机架上 CPU 所在的行，打开 CPU 属性对话框，点击 "Interrupts" 选项卡，可以看到 CPU 支持的硬件中断块，如图 7-38 所示。在此也可以为硬件中断 OB 选择优先级。

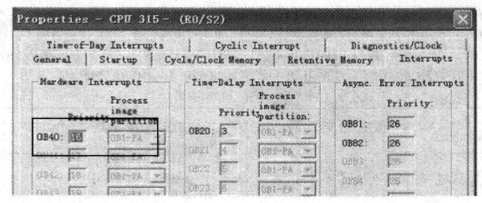

图 7-38 CPU 支持的硬件中断块

通过 STEP7 进行参数赋值，可以为能够触发硬件中断的每一个信号模板指定参数。对于可分配参数的信号模板（DI、DO、AI、AO），可以用 STEP7 的硬件组态功能 CONFIGU-RATION 工具来设定信号模块哪一个通道在什么条件下产生硬件中断，将执行哪个硬件中断 OB，OB40 被默认用于执行所有的硬件中断；对于 CP 模板和 FM 模板，利用相应的组态软件在对话框中设置相应的参数来启动硬件中断 OB。硬件中断 OB 的默认优先级为 16 ~ 23，用户可以设置参数改变优先级。

也可用 SFC39 ~ SFC42 来禁止、延迟和再次激活硬件中断。

3. 应用实例

例 7-8 用 I0.0 的上升沿作为硬件中断触发脉冲，使用硬件中断 OB40，当来一次 I0.0 的上升沿，就使 MW0 自动加 1。

首先在硬件组态中设置中断触发信号。如上所述，并不是所有的信号模块都具有中断功能。此例中，需要一个数字量输入模块。图 7-39 所示为硬件组态，其右视图硬件目录的 "DI-300" 中，有此版本软件支持的所有 SM321。单击一个模块后，右下角处将出现这个模块的基本信息。然后插入 CPU313C—2DP 和一块具有中断功能的数字量输入模板（如 SM321，订货号 6ES7321-7BH01-0AB0）。双击模块，选择"Inputs"选项卡，同时激活"Hardware interrupt" 和"TriggerforHardwareInterrupt"选项，图 7-40 所示为设置数字量输入模块的中断。

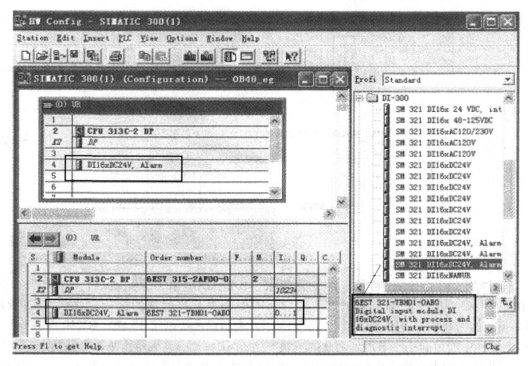

图 7-39　硬件组态

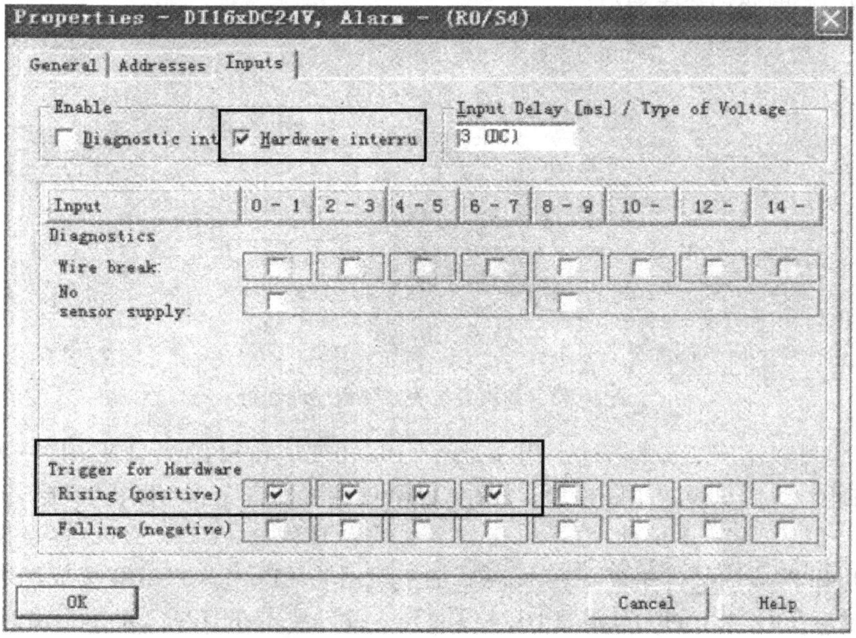

图 7-40　设置数字量输入模块的中断

图 7-41 所示为硬件中断程序 OB40。在 Network2 中利用局部变量 OB40_MDL_ADDR 和 OB40_ POINT_ ADDR，在 MW10 和 MD12 中得到输入模块的起始地址和产生的中断号。

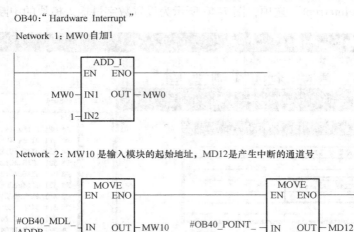

图 7-41 硬件中断程序 OB40

本例共使用了 2 个 OB40 的局部变量 OB40_MDL_ADDR 和 OB40_POINT_ADDR，用于观察中断是由哪个模块的哪个通道产生的。利用变量表监控程序的运行，如图 7-42 所示。MW0 当前值为 000D，它自动加 1 已经是 13 了，表示已经中断了 13 次；MW10 为 0000，表示这个硬件中断由起始字节地址为 0 的模块产生；MD12 为 3，表示由第 3 个通道（第 4 位）产生，即 I0.3 的上升沿产生的硬件中断。当然也可使用这个模块的其他通道，但必须在图 7-40 所示的组态时激活这些通道。

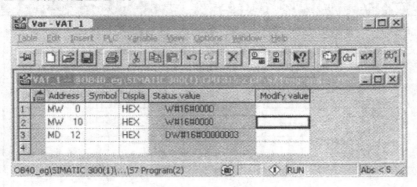

图 7-42 利用变量表监视程序的运行

说明：也可以用例 7-5 的方法，用 SFC39 "DIS_IRT" 和 SFC40 "EN_IRT" 来取消和激活中断。在此，我们只设置中断模块，并在 OB40 中编程即可完成功能，如例 7-9 所示。

例 7-9 CPU313C—2DP 集成的 16 点数字量输入 I124.0 ~ I125.7 可以逐点设置中断特性。通过 OB40 对应的硬件中断，在 I124.0 的上升沿将 CPU313C—2DP 集成的数字量输出 Q124.0 置位，在 I124.1 的上升沿将 Q124.0 复位。此外要求在 I124.2 的上升沿时激活 OB40 对应的硬件中断，在 I124.3 的上升沿禁止 OB40 对应的硬件中断。

在 STEP7 中生成名为"OB40 例程"的项目。选用 CPU313C—2DP，在硬件组态工具中打开 CPU 属性的组态窗口，由"Interrupts"选项卡可知，在硬件中断中，只能使用 OB40。双击机架中 CPU313C—2DP 内的集成 I/O "DIl6/DO16"所在的行（见图 7-43），在打开的对话框的"Inputs"选项卡中，设置在 I124.0 的上升沿和 I124.1 的上升沿来产生中断。下面是用 STL 编写的 OB1 的程序。

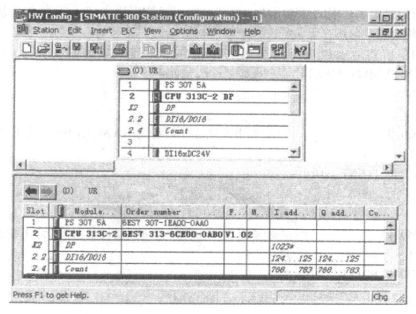

图 7-43 S7-300 的硬件组态窗口

Network1:在 I124.2 的上升沿激活硬件中断

A	I124.2	
FP	M1.2	
JNB	m001	//不是 I124.2 的上升沿时则跳转
CALL	SFC40	//激活 OB40 对应的硬件中断
MODE	:=B#16#2	//用 OB 编号指定中断(即为 2 时激活指定的 OB 编号对应的中断)
OB_NO	:=40	//OB 编号
RET_VAL	:=MW100	//保存执行时可能出现的错误代码,为 0 时无错误

m001:NOP0

Network2:在 I124.3 的上升沿禁止硬件中断

A	I124.3	
FP	M1.3	
JNB	m002	//不是 I124.3 的上升沿时则跳转
CALL	SFC39	//禁止 OB40 对应的硬件中断
MODE	:=B#16#2	//用 OB 编号指定中断
OB_NR	:=40	//OB 编号

RE_TVAL：＝MWI04 　　　　　　//保存执行时可能出现的错误代码，为 0 时无错误
m002：NOP0

下面是用 STL 编写的硬件中断组织块 OB40 的程序。在 OB40 中通过比较指令判别是哪一个模块和哪一点输入产生的中断。在 I124.0 的上升沿将 Q124.0 置位，在 I124.1 的上升沿将 Q124.0 复位。OB40_POINT_ADDR 是数字量输入模块内的位地址（第 0 位对应第一个输入），或模拟量模块超限的通道对应的位域；对于通信模块（CP）和功能模块（FM）是该模块的中断状态（与用户无关）。

Network1：
L 　　#OB40_MLD_ADDR
L 　　124
＝＝I
＝ 　　M0.0 　　　　　　//如果模块起始地址为 IB124，则 M0.0 为 1 状态
Network2：
L 　　#OB40_POINT_ADDR
L 　　0
＝＝I
＝ 　　M0.1 　　　　　　//如果是第 0 位产生的中断，则 M0.1 为 1 状态
Network3：
L 　　#OB40_POINT_ADDR
L 　　1
＝＝I
＝ 　　M0.2 　　　　　　//如果是第 1 位产生的中断，则 M0.2 为 1 状态
Network4：
A 　　M0.0
A 　　M0.1
S 　　Q124.0 　　　　　　//如果是 I124.0 产生的中断，将 Q124.0 置位
Network5：
A 　　M0.0
A 　　M0.2
R 　　Q124.0 　　　　　　//如果是 I124.1 产生的中断，将 Q124.0 复位

例 7-10 在模拟量输入模块 SM331 上，激活硬件中断，设置上下限条件如图 7-44 所示。

设置的上下限，可以在量程范围（0～27648）以内，也可以在量程范围以外，但是不可以超过最高界限，也就是不可以在 -32768～+32767 之外。

把硬件组态下载到 PLC，把希望执行的中断服务程序写在 OB40 中并且下载到 PLC。CPU 在 RUN 状态下，有硬件中断事件发生的时候（在本例中是模拟量输入超过上下限的时候），系统就会中断正在运行的程序，执行 OB40 的中断服务程序。

（三）异步错误组织块

1. 错误处理概述

西门子的大中型 PLC 具有很强的错误（或称故障）检测及处理能力。这里所说的错误

是 PLC 内部的功能性错误或编程错误、访问错误，而不是外部控制电路及其设备的错误，如外部回路接线错误、外部传感器失效或执行机构故障等。CPU 检测到某种错误后，操作系统调用与错误类型相关的错误组织块。用户可以在组织块中编程，对发生的错误采取相应的措施。对于大多数错误，如果没有给组织块编程，出现错误时 CPU 将进入 STOP 模式（即停机状态）。

系统程序可以检测出下列错误：不正确的 CPU 功能、系统程序执行中的错误、用户程序中的错误和 I/O 中的错误。根据错误类型的不同，CPU 被设置为进入 STOP 模式或调用一个错误处理组织块。

当 CPU 检测到错误时，会调用适当的错误处理组织块（见表 7-29），如果没有相应的错误处理组织块，CPU 将进入 STOP 模式。用户可以在错误处理组织块中编写如何处理这种错误的程序，以减小或消除错误的影响。

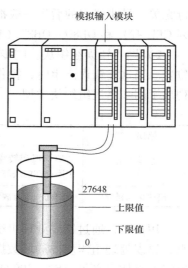

图 7-44 设置上下限

为避免发生某种错误时 CPU 进入停机状态，可以在 CPU 中建立一个对应的空的组织块。

操作系统检测到一个异步错误时，将启动相应的错误处理组织块。异步错误处理组织块具有最高等级的优先级，如果当前正在执行的 OB 的优先级低于 26，异步错误 OB 的优先级为 26；如果当前正在执行的 OB 的优先级为 27（启动组织块），异步错误 OB 的优先级为 28，其他 OB 不能中断它们。如果同时有多个相同优先级的异步错误 OB 出现，将按出现的顺序处理它们。

表 7-29 错误处理组织块

OB 号	错误类型	优先级
OB70	I/O 冗余错误（仅 H 系列 CPU）	25
OB72	CPU 冗余错误（仅 H 系列 CPU）	28
OB73	通信冗余错误（仅 H 系列 CPU）	25
OB80	时间错误	26
OB81	电源故障	26/28
OB82	诊断中断	
OB83	插入/取出模块中断	
OB84	CPU 硬件故障	
OB85	优先级错误	
OB86	机架故障或分布式 I/O 的站故障	
OB87	通信错误	
OB121	编程错误	引起错误的 OB 的优先级
OB122	I/O 访问错误	

错误处理组织块可分为以下两个基本类型：

1）异步错误组织块。异步错误是与 PLC 的硬件或操作系统密切相关的错误，与程序执行无关。异步错误的后果一般都比较严重。异步错误对应的组织块为 OB70 ~ OB73（仅 H 系列 CPU 有）和 OB80 ~ OB87（见表 7-29），有最高的优先级。

2）同步错误组织块。同步错误是与程序执行有关的错误，可以跟踪到某一具体指令的位置。当这类错误产生时，操作系统调用相应的同步错误组织块 OB121 或 OB122，表 7-30 列出了同步错误组织块类型。

表 7-30 同步错误组织块类型

错误类型	举 例	OB	优先级
编程错误	如 BDC 码转换出错，定时器或计数器错误，调用 CPU 中不存在的块等	OB121	与被中断的错误 OB 优先级相同
模块访问错误	访问一个有故障或不存在的模块	OB122	

用户可以通过错误处理组织块的变量声明表（见表 7-31）提供的信息来判断错误的类型，错误处理组织块的局域数据中的变量 OB8x_FLT_ID 和 OB12x_SW_FLT 包含有错误代码。它们的具体含义见《S7—300/400 的系统软件和标准功能参考手册》。

表 7-31 OB81 变量声明表

变量名	数据类型	声明	描 述
OB81_EV_CLASS	BYTE	TEMP	39 = 事件级别 39xx
OB81_FLT_ID	BYTE	TEMP	错误鉴别码 B#16#21 = 至少有一个主机架的备用电池失效 B#16#22 = 主机架的缓冲器掉电 B#16#23 = 主机架 24V 供电故障 B#16#31 = 至少有一个扩展机架的备用电池失效 B#16#32 = 扩展机架的缓冲器掉电 B#16#33 = 扩展机架 24V 供电故障
OB81_PRIORITY	BYTE	TEMP	优先级 = 26/28
OB81_OB_NUMBER	BYTE	TEMP	81 = OB81
OB81_RESERVED_1	BYTE	TEMP	保留
OB81_RESERVED_2	BYTE	TEMP	保留
OB81_MDL_ADDR	WORD	TEMP	模块地址：检测电源与电池相关的机架数
OB81_RESERVED_3	BYTE	TEMP	保留
OB81_RESERVED_4	BYTE	TEMP	保留
OB81_RESERVED_5	BYTE	TEMP	保留
OB81_RESERVED_6	BYTE	TEMP	保留
OB81_DATE_TIME	DATE_AND_TIME	TEMP	OB81 启动时间和日期
Integer1	INT	TEMP	梯形图编程时用的临时变量
Integer2	INT	TEMP	梯形图编程时用的临时变量

2. 电源故障处理组织块 OB81

电源故障包括后备电池失效或未安装，如 CPU 机架或扩展机架上的 DC24V 电源故障。电源故障出现和消失时操作系统都要调 OB81。用户可通过 OB81 变量声明表提供的信息来判断发生的错误类型。OB81 变量声明表见表 7-31，OB81 的局域变量 OB81_FLT_ID 是 OB81

的错误代码,指出属于哪一种故障,OB81_ EV_ CLASS 用于判断故障是刚出现或是刚消失。用户可从 OB81 程序中,取用这些信号并作适当处理,下面为示例:

L	B#16#21	//装入常数 B#16#21,该常数表示电池的电压低
L	#OB81_FLT_ID	//装入 OB81 错误标识码
= = I		//比较,OB81 错误标识码是否为电池电压故障
JC	Bflt	//若是,转向故障处理
L	B#16#22	//装入常数 B#16#22,该常数表示主机架电源故障
< > I		//比较,OB81 错误标识码是否为机架电源故障
BEC		//若不是,结束操作;若是,执行下面的程序
Bflt:S	Battery_fault	//置故障标志 Battery_fault 为 1

3. 时间错误处理组织块 OB80

循环监控时间的默认值为 150ms。时间错误包括实际循环时间超过设置的循环时间、因为向前修改时间而跳过日期时间中断、处理优先级时延迟太多等。例如,当循环中断组织块 OB35 仍在执行前一次的调用时,该组织块的启动事件发生,操作系统就调用 OB80。若 OB80 未编程,CPU 转为 STOP 方式。为 OB80 编程时应判断是哪个日期时间中断被跳过,使用 SFC29 "CAN_TINT" 可以取消被跳过的日期时间中断。

4. 诊断中断处理组织块 OB82

如果模块有诊断功能并且激活了它的诊断中断,当它检测到错误时,以及错误消失时,就输出一个诊断中断请求给 CPU(到来事件或离去事件),操作系统都会调用 OB82。当一个诊断中断被触发时,有问题的模块自动地在诊断中断 OB 的启动信息和诊断缓冲区中存入 4B 的诊断数据和模块的起始地址。OB82 在下列情况时被调用:有诊断功能的模块的断线故障,模拟量输入模块的电源故障,输入信号超过模拟量模块的测量范围等。

在编写 OB82 的程序时,要从 OB82 的启动信息中获得与出现的错误有关的更确切的诊断信息,例如是哪一个通道出错,出现的是哪种错误。表 7-32 所示为 OB82 的局部变量,可以利用这些变量得到一些诊断信息。

表 7-32 诊断中断 OB82 的局部变量

变 量 名	数据类型	描 述
OB82_EV_CLASS	BYTE	事件级别和标识:B#16#38:离去事件 B#16#39:到来事件
OB82_FLT_ID	BYTE	故障代码(B#16#42)
OB82_PRIORITY	BYTE	优先级:可通过 STEP7 选择(硬件组态)
OB82_OB_NUMBR	BYTE	OB 号(82)
OB82_IO_FLAG	BYTE	输入模块:B#16#54 输出模块:B#16#55
OB82_MDL_ADDR	WORD	故障发生处模块的逻辑起始地址
OB82_MDL_DEFECT	BOOL	模块故障
OB82_INT_FAULT	BOOL	内部故障
OB82_EXT_FALLT	BOOL	外部故障

（续）

变　量　名	数据类型	描　　述
OB82_PNT_INFO	BOOL	通道故障
OB82_EXT_VOLTACE	BOOL	外部电压故障
OB82_FLD_CONNCTR	BOOL	前连接器未插入
OB82_NO_CONFIC	BOOL	模块未组态
OB82_CONFIC_ERR	BOOL	模块参数不正确
OB82_MDL_TYPE	BYTE	位 0～3：模块级别 位 4：通道信息存在 位 5：用户信息存在 位 6：来自替代的诊断中断
OB82_SUB_MDL_ERR	BOOL	子模块丢失或有故障
OB82_COMM_FAULT	BOOL	通信问题
OB82_MDL_STOP	BOOL	操作方式（0：RUN，1：STOP）
OB82_INT_PS_FLT	BOOL	内部电源故障
OB82_PRIM_BATT_FLT	BOOL	电池故障
OB82_BUKUP_BATT_FLT	BOOL	全部后备电池故障
OB82_RACK_FLT	BOOL	扩展机架故障
OB82_RAM_FLT RAM	BOOL	故障

　　使用 SFC51 "RDSYSST" 可以读出模块的诊断数据，用 SFC52 "WR_ USMSG" 可以将这些信息存入诊断缓冲区。也可以发送一个用户定义的诊断报文到监控设备。

　　例 7-11　如图 7-45 所示，液位传感器接入模拟量输入模块，利用带有诊断中断的模拟量模块实现以下功能：当模块通道上的测量值超限时，诊断中断处理组织块 OB82 被调用，输出 Q4.1 就得电；当测量值回到允许范围内时，OB82 又将调用一次，输出 Q4.1 失电。首先进行 PLC 的硬件组态，如图 7-46 所示。双击模拟量输入模块 "AI2 × 12Bit"，将出现该模块的参数设置对话框，点击 "Inputs" 选项卡，如图7-47所示。在 "Enable" 选项框中，选中 "Diagnostic Interrupt" 和 "Hardware Interrupt When Limit Exceed（当超限时硬件中断）"，在 0 和 1 通道组中选中 "Group Diagnostics"，在 "Measuring" 选项框中设置0-1 通道组为 "4DMU（四线式电流传感器）"、"4..20mA"，在 "Trigger for Hardware" 选项框中设置通道 0 的上限值为 16mA，单击 OK 按钮确定。保存 PLC 的硬件组态配置并下载。

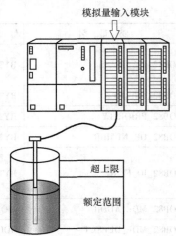

模拟量输入模块

超上限

额定范围

图 7-45　液位传感器

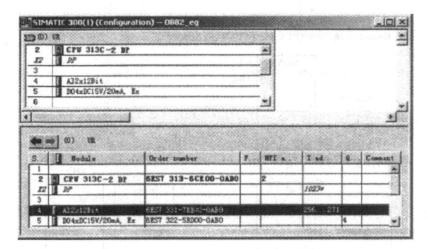

图 7-46 硬件组态

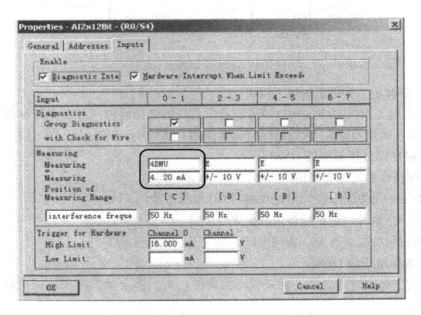

图 7-47 模块参数设置 "Inputs" 选项卡

说明：在 CPU 的 "Blocks" 中插入新组织块 OB82，新建一个局部变量 "incoming_out-going"，诊断中断程序 OB82 如图 7-48 所示。当模拟量模块的值超过上限时，操作系统调用 OB82。在 Network2 中，当中断事件到来（标识为 B#16#39，即十进制数 57），且发生故障模块的逻辑起始地址是 256 时，输出 Q4.1 得电；反之，当中断事件离去（标识为 B#16#38，即十进制数 56），且逻辑起始地址是 256 时，输出 Q4.1 失电。

5. 插入/拔出模块中断组织块 OB83

S7—400 可以在 RUN、STOP 或 STARTUP 模式下带电拔出和插入模块，但是不包括 CPU 模块、电源模块、接口模块和带适配器的 S5 模块，上述操作将会产生插入/拔出模块中断。

OB82: "I/O Point Fault"

Network 1: 将 "#OB82_EV_CLASS" 赋值给 "#incoming_outgoing" 变量

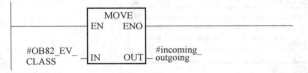

Network 2: 当中断事件到来，且中断起始地址是256，输出Q4.1得电；反之Q4.1失电

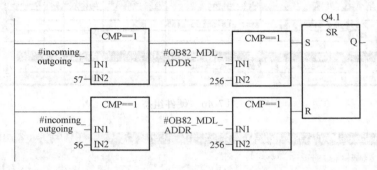

图 7-48 诊断中断程序 OB82

6. CPU 硬件故障处理组织块 OB84

当 CPU 检测到 MPI 网络的接口故障、通信总线的接口故障或分布式 I/O 网卡的接口故障时，操作系统调用 OB84。故障消除时也会调用 OB84。

7. 优先级错误处理组织块 OB85

以下情况将会触发优先级错误中断：

1）产生了一个中断事件，但是对应的 OB 没有下载到 CPU。

2）访问一个系统功能块的背景数据块时出错。

3）刷新过程映像表时 I/O 访问出错，模块不存在或有故障。

8. 机架故障组织块 OB86

出现下列故障或故障消失（到来和离去事件）时，都会触发机架故障中断，操作系统将调用 OB86。

1）扩展机架故障（不包括 CPU318）。

2）DP 主站系统故障或分布式 I/O 的故障。

故障产生和故障消失时都会产生中断。如果 OB86 未编程，当检测到上述故障时，CPU 进入 STOP 方式。

可以使用 SFC39 ~ SFC42 来禁止、延时或使能 OB86。当在通信发生问题后或者访问不到配置的机架或从站时，将执行 OB86 程序，此时程序还可能需要调用 OB82 和 OB122 等组织块。

当 OB86 执行时，可以通过它的局部变量读出产生故障的错误代码和事件类型，通过它们的组合可以得出具体的错误信息，这些信息可以通过 OB86 的在线帮助查到，同时也可以读到产生错误的模块地址和机架信息，表 7-33 所示描述了 OB86 的局部变量。

表 7-33　OB86 的局部变量

变　量　名	数据类型	描　　述
OB86_EV_CLASS	BYTE	事件级别和标识： B#16#38：离去事件 B#16#39：到来事件
OB86_FLT_ID	BYTE	故障代码（可能值 B#16#C1， B#16#C2，B#16#C3，B#16#C4， B#16#C5，B#16#C6，B#16#C7，B#16#C8）
OB86_PRIORITY	BYTE	优先级，可通过 STEP7 选择（硬件组态）
OB86_OB_NUMBR	BYTE	OB 号（86）
OB86_RESERVED_1	BYTE	备用
OB86_RESERVED_2	BYTE	备用
OB86_MDL_ADDR	WORD	根据故障代码
OB86_RACKS_FLTD	BOOL ARRAY [0..31]	根据故障代码

例 7-12　下面以一个示例演示如何应用 OB86，通过 OB86 可以得到什么信息。

首先，新建一个项目 OB86_eg，在项目中插入一个 S7—300 站，然后插入 CPU313C—2DP，选择 DP 作为主站，然后双击硬件组态中 CPU 所在的行，并打开 CPU313C—2DP 的"Interrupts"选项卡，如图 7-49 所示，从中可以看到这个 CPU 支持 OB86。

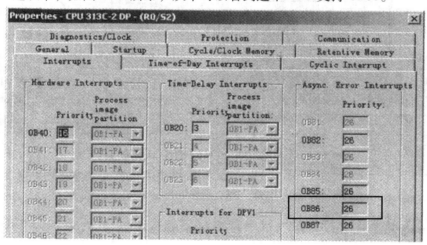

图 7-49　CPU313C—2DP 的 Interrupts 选项卡

在 DP 主站下面添加一个 ET200M 从站（在硬件目录栏中的 PROFIBUS—DP 下），并在主站中插入一个模拟量模块 SM331（订货号为 6ES7331-7KF02-0AB0），必须注意 DP 主站地址与 ET200M 从站地址（此处设置为 3，如图 7-50 所示的设置 DP 从站属性）不能相同，并且 ET200M 的站地址必须与 ET200M 模块上的实际设置地址一致，硬件组态如图 7-51 所示。接下来打开 OB86，编写机架故障组织块 OB86 程序，如图 7-52 所示。

说明：将局部变量 OB86_RACKS_FLTD 改为 OB86_Z23，类型为 DWORD。在程序中通过局部变量 OB86_EV_CLASS、OB86_FLT_ID、OB86_MDL_ADDR 和 OB86_Z23 获得系统的故障信息，分别置于 MB0、MB1、MW2 和 MD4 中。

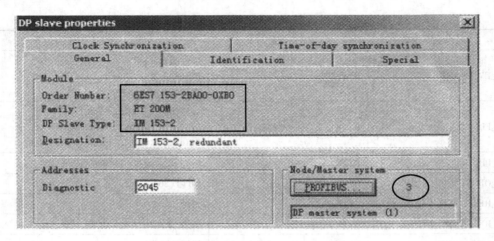

图 7-50 设置 DP 从站属性

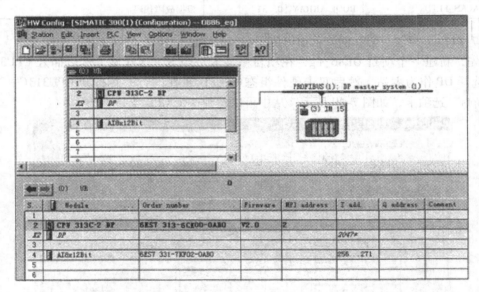

图 7-51 硬件组态

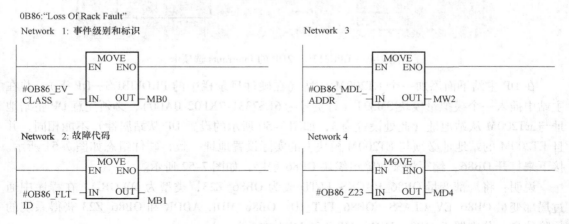

图 7-52 机架故障组织块 OB86 程序

将 OB86 和硬件组态下载到 CPU 中。插入变量表，填入存储器地址 MB0、MB1、MW2、MD4。设置好故障后，利用变量表监控程序的运行（见图 7-53）可以读到 MB0 为 "B#16#39"，表示发生故障到来的事件；MB1 为 "B#16#C4"，由此可知 DP 站有故障；MW2 为 "W # 16 # 07FFH" 表示主站逻辑地址为 2047；MD4 为 "DW # 16 # 07FD0103H"，其中 "0 ~ 7" 位

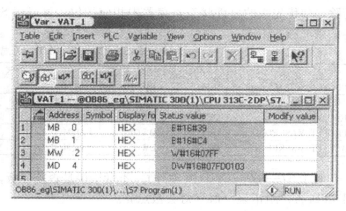

图 7-53　利用变量表监视程序的运行

表示出现错误的从站地址为 3，"16 ~ 30" 位表示从站逻辑地址为 2045（07FDH）。

9. 通信错误组织块 OB87

在使用通信功能块或全局数据（GD）通信进行数据交换时，如果出现下列通信错误，操作系统将调用 OB87。

1）接收全局数据时，检测到不正确的帧标识符（ID）。

2）全局数据通信的状态信息数据块不存在或太短。

3）接收到非法的全局数据包编号。

（四）同步错误组织块 OB121、OB122

1. 同步错误概述

同步错误是与程序执行有关的错误，可以跟踪到某一具体指令的位置。程序中如果有不正确的地址区、错误的编号或错误的地址，都会出现同步错误。当这类错误产生时，操作系统调用相应的同步错误组织块 OB121（编程错误组织块）或 OB122（I/O 访问错误组织块）。OB121 用于对程序错误的处理，OB122 用于处理 I/O 接口或模块访问错误。

同步错误组织块的优先级与检测到出错的块的优先级一致，可以作为程序的一部分来执行。因此 OB121 和 OB122 可以访问中断发生时被中断块存储的数据，如累加器和寄存器的内容，用户程序可以用它们来处理错误。当对错误进行适当处理后，可将处理结果返回被中断的块（由被中断的程序存取）。

同步错误可以用 SFC36 "MASK_FLT" 来屏蔽，使某些同步错误不触发同步错误组织块 OB 的调用，但是 CPU 在错误寄存器中记录发生的被屏蔽的错误。用错误过滤器中的一位来表示某种同步错误是否被屏蔽。错误过滤器分为程序错误过滤器和访问错误过滤器，分别占一个双字。错误过滤器的详细信息见西门子公司《S7—300/400 的系统软件和标准功能》参考手册的第 11 章。

表 7-34 中 SFC36 的变量 PRGFLT_SET_MASK 和 ACCFLT_SET_MASK 分别用来设置程序错误过滤器和访问错误过滤器，某位为 1 表示该位对应的错误被屏蔽。屏蔽后的错误过滤器可以用变量 PRGFLT_MASKED 和 ACCFLT_MASKED 读出。错误信息返回值 RET_VAL 为 0 时表示没有错误被屏蔽，为 1 时表示至少有一个错误被屏蔽。

调用 SFC37 "DMSK_FLT" 并且在当前优先级被执行完后，将解除被屏蔽的错误，并且

清除当前优先级的事件状态寄存器中相应的位。可以用 SFC38 "READ_ERR" 读出已经发生的被屏蔽的错误。

表 7-34 SFC36 "MASK_FLT" 的局域变量表

参数	声明	数据类型	存储区	描述
PRGFLT_SET_MASK	INPUT	DWORD	I、Q、M、D、L、常数	要屏蔽的程序错误
ACCFLT_SET_MASK	INPUT	DWORD	I、Q、M、D、L、常数	要屏蔽的访问错误
RET_VAL	OUTPUT	INT	I、Q、M、D、L	错误信息返回值
PRGFLT_MASKED	OUTPUT	DWORD	I、Q、M、D、L	被屏蔽的程序错误
ACCFLT_MASKED	OUTPUT	DWORD	I、Q、M、D、L	被屏蔽的访问错误

对于 S7—300（CPU318 除外），不管错误是否被屏蔽，错误都会被送入诊断缓冲区，并且 CPU 的 "组错误" LED 灯会被点亮。

同步错误组织块所响应错误的种类及鉴别码可以在 OB121、OB122 的变量声明表中查出，见表 7-35 和表 7-36。

表 7-35 OB122 变量声明表

声明类型	变量名	数据类型	说　　明
TEMP	OB122_EV_CLASS	BYTE	B#16#29：事件等级 29xx
TEMP	OB122_SW_FLT	BYTE	错误特征码：B#16#42：读取出错 B#16#43：写入出错
TEMP	OB122_PRORITY	BYTE	优先级：错误发生时的 OB 优先级
TEMP	OB122_OB_NUMBER	BYTE	122：OB122
TEMP	OB122_BLK_TYPE	BYTE	错误发生时块类型
TEMP	OB122_MEM_AREA	BYTE	错误发生时的内存区
TEMP	OB122_MEM_ADDR	WORD	错误发生时的内存地址
TEMP	OB122_BLK_NUM	WORD	错误发生时块号
TEMP	OB122_PRG_ADDR	WORD	错误发生时块地址
TEMP	OB122_DATE_TIME	DATE_AND_TIME	OB 开始的日期和时间
TEMP	Integer1	INT	要求使用梯形图指令 CMP
TEMP	Integer2	INT	要求使用梯形图指令 CMP
TEMP	Error	INT	存储来自 SFC44 的错误码

表 7-36 OB121 变量声明表

变　量　名	数据类型	描　　述
OB121_EV_CLASS	BYTE	事件级别和标识：B#16#25
OB121_SW_FLT	BYTE	故障代码（可能值：B#16#21，B#16#22，B#16#23，B#16#24，B#16#25，B#16#26，B#16#27，B#16#28，B#16#29，B#16#30，B#16#31，B#16#32，B#16#33，B#16#34，B#16#35，B#16#3A，B#16#3C，B#16#3D，B#16#3E，B#16#3F）
OB121_PRIORITY	BYTE	优先级＝出现故障的组织块的优先级
OB121_BLK_TYPE	BYTE	出现故障的块的类型（在 S7—300 时无有效值在这里记录）：B#16#88：OB，B#16#8A：DB，B#16#8C：FB，B#16#8E：FB

对于某些同步错误类型，用户可使用同步错误组织块调用 SFC44 创建一个程序，用新的数值代替错误值，以便程序能继续下去。从图 7-54 可以看出，能检测到错误的区域有：

CPU、总线（BUS）以及 I/O 模块。在 CPU 或 BUS 上检测到错误，需用 SFC44 产生替代值；如果错误发生在输入模块上，可在用户程序中直接替代；如果是输出模板的错误，输出模板将自动用组态时定义的值替代。

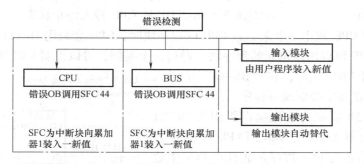

图 7-54　错误检测中替代新值的方法

2. 应用实例

例 7-13　图 7-55 显示了如果 CPU 发现输入模块没有响应，OB122 将如何被调用，并通过调用 SFC44 在累加器 1 中产生一个替代值，以保证程序运行下去，替代值虽然不一定能真实反映过程信号，但可避免程序终止及使 PLC 转入停止态。

如果在执行"L　PIW0"指令时产生了一个同步错误，操作系统就执行 OB122 中的程序。在 OB122 处理程序中，先使用临时变量错误特征码

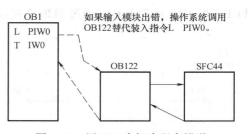

图 7-55　用 SFC 来解决程序错误

（OB122_SW_FLT）中的数值对引起的错误原因进行鉴别。如果是严重错误，例如模板不存在，就调用 SFC46 让 CPU 转入停止状态。如果错误不严重，例如偶然的读超时，就调用 SFC44 在累加器 1 中产生一个替代值，然后结束 OB122 返回 OB1，如果 SFC44 执行中有错误，CPU 也转入停止状态。下面是 OB122 中语句表程序：

```
L      B#16#42
L      #OB122_SW_FLT
==I                      //以 OB122 中的事件码与读外部 I/O 超时事件码比较
JC     Aver             //如果相同（是读超时），跳转到 Aver
L      B#16#43          //装入寻址错误（例如模板不存在）事件码 B#16#43
<>I                     //如果 OB122 中的事件码与寻址错误事件码相同，继续执
                           行程序
JC     Stop             //如果不同，跳转到 Stop
Aver:CALL  "REPL_BAL"   //调用 SFC44（REPL_VAL），将 DW#16#12 装入累加器 1（替
                           代引起 OB122 调用的值）
VAL    := DW#16#12
RET_VAL:= Error         //在 #Error 中存储 SFC 错误码
L      #Error
L      0
```

```
    = = I
    BEC                        //如果#Error 为 0,则 SFC44 无错误执行,块结束;若不为
                               0,执行下面的程序
Stop:CALL  "STP"             //调用 SFC46(STP)使 CPU 转入停止状态
```

例7-14　当 CPU 调用一个未下载 CPU 的程序块时,CPU 会调用 OB121,通过局部变量 OB121_BLK_TYPE 可得出现错误的程序块。通过这个实例,可以说明 OB121 的用法。

建立新项目 OB121_eg,在 "Blocks" 中插入 OB121 和 FC1,在其中分别编写程序。

说明:图 7-56 所示为编程错误组织块 OB121 程序,将局部变量 OB121_BLK_TYPE 的值存入 MW0,图 7-57 所示为 FC1 程序,而且在 FC1 中建立两个局部变量 in 和 out,in 控制 out 的通断。图 7-58 所示为 OB1 程序,有条件（M10.0）调用 FC1,当 M10.0 为 1 时,通过 M20.1 控制 M20.2。

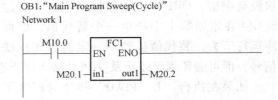

图 7-56　编程故障组织块 OB121 程序

图 7-57　FCI 程序　　　　　图 7-58　OB1 程序

先将硬件组态和 OB1 下载到 CPU 中,此时 CPU 能正常运行。在程序的 Blocks 中插入 Variable Table,填入存储器地址 MW0 和 M10.0,并单击工具栏中眼镜（监视）按钮,程序运行正常。若将 M10.0 置为 true,则 CPU 报告错误并停机。查看 CPU 的诊断缓冲区信息（见图 7-59）,发现为编程错误。将 OB121 下载到 CPU 中。再将 M10.0 置为 true,CPU 会报告错误但不会停机,此时 MW0 显示为 B#16#88,查看西门子公司《S7—300/400 的系统软件和标准功能》参考手册得知故障代码 B#16#88 表示为 OB 程序错误。检查发现 FC1 未下载,而且当 M20.1 值为 1 时,M20.2 值仍保持为 0。下载 FC1 后再将 M10.0 置为 true,CPU 不会再报告错误,程序也不会再调用 OB121。此时当 M20.1 值为 1 时,M20.2 值为 1。

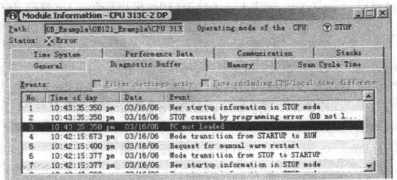

图 7-59　诊断缓冲区信息

第五节　结构化程序设计举例

PLC 应用程序的设计是 PLC 控制系统设计的核心内容，这里以工业搅拌机系统的控制程序为例，说明如何编写一个结构化程序。

一、控制对象及其控制要求

（一）控制对象的工作流程

图 7-60 左下部为一工业搅拌机系统示意图。它的功能是将送入搅拌桶的 A、B 两种液料搅拌混合，而后经出口排料阀 S 送出。液料 A、B 的输送分别由进料阀、出料阀和料送泵组成。搅拌电动机转动实现液料混合。混合后的液料开启排料电磁阀排出。搅拌桶内装有液位开关，用来检测桶内液面位置（满、低、空）。

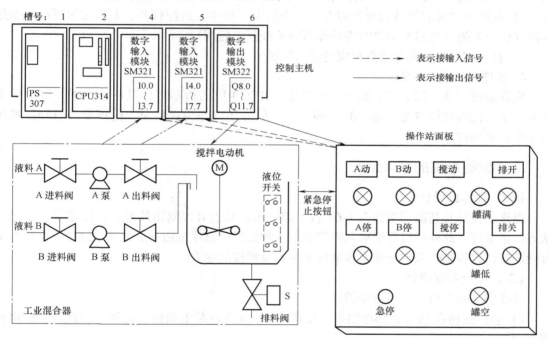

图 7-60　工业搅拌机 PLC 控制系统配置图

（二）控制要求

1. 送料泵 A（B）

1）送料泵 A（B）满足以下条件才允许工作，即"送料泵允许工作"的条件是，进料阀 A（B）已开，出料阀 A（B）已开，搅拌桶的排料阀门已关闭，搅拌桶未满，泵电动机无故障，紧急停止没有动作。

2）在满足"送料泵允许工作"的条件下，操作人员按起、停按钮可以开、停送料泵 A（B）。

3）泵电动机故障检测：泵电动机起动时，在规定时间内无反馈信号（其起动辅助触点未动作）则认为泵电动机有故障。

4）送料泵的运行和停止要有相应的指示灯显示。

2. 搅拌电动机

1）搅拌电动机满足以下条件才允许工作，即"搅拌电动机允许工作"的条件是，搅拌桶排料阀关闭，搅拌桶未空，搅拌电动机无故障，紧急停止没有动作。

2）在满足"搅拌电动机允许工作"的条件下，操作人员按起、停按钮可以开、停搅拌电动机。

3）搅拌电动机故障检测：搅拌电动机起动时，在规定时间内无反馈信号（其起动辅助触点未动作）则认为搅拌电动机有故障。

4）搅拌电动机的运行和停止要有相应的指示灯显示。

3. 排料电磁阀

1）排料电磁阀满足以下条件才允许打开，即"排料电磁阀允许打开"的条件是，搅拌桶未空，搅拌电动机已停，紧急停止没有动作。

2）在满足"排料电磁阀允许打开的"条件下，操作人员按打开、关闭按钮可以控制排料阀开启和关闭（排料阀为带有返回弹簧的单线圈电磁阀）。

3）排料阀开启和关闭要有相应的指示灯显示。

4. 搅拌桶的液位开关

设置液面"满、低、空"的三个传感器，并用相应的指示灯作其状态显示，以便供操作人员了解桶内液位情况。液位的"满、空"信号还应作为送料泵、搅拌电动机和排料阀的工作联锁条件。

二、控制系统的硬件设计

（一）操作站设计

操作站设计及其面板图如图7-60右下部所示，其上有控制用的起、停按钮及显示操作状态的指示灯，此外还设有遇事故需紧急停止的按钮。急停按钮一般是一个红色有蘑菇头带自锁的按钮，特别强调它要放在容易按又不容易错按的地方。

（二）安全回路设计

搅拌机系统采取了以下安全措施：

1）急停按钮在PLC外部电路可直接切断A、B送料泵电动机、搅拌电动机和排放电磁阀电源。

2）急停按钮信号送入PLC进行软件联锁。

（三）PLC硬件配置（设计）

1. I/O点数量的统计

根据上述的控制要求，操作站和安全回路设计的考虑，归纳统计出本系统对PLC的I/O总能力要求为开关量输入19点，开关量输出15点。

2. 硬件配置

综合考虑各方面因素及下一步发展要求，选定为西门子的S7—300PLC，CPU模块选用CPU314，具体配置见表7-37。系统配置及模块安装位置如图7-60左上部所示。

3. 地址分配

开关量I/O模块的安装位置，决定了接入系统中各模块I/O点的物理地址，用户应进行地址分配，这是程序设计时的重要依据。地址分配情况见表 7-38。

表 7-37　PLC 系统配置

序号	名　称	型　号	规　格	数量
1	电源模块	6ES7 307—1EA00—0AA0	PS307：5A	1
2	CPU 模块	6ES7 314—1AE01—0AB0	CPU314	1
3	开关量输入模块	6ES7 321—1BH00—0AA0	SM321：16 点 DI，DC24V	2
4	开关量输出模块	6ES7 322—1HH00—0AA0	SM322：16 点 DO，断电器输出	1
5	前连接器	6ES7 392—1AJ00—0AA0	20 针螺钉型	3
6	导轨	6SE7 390—1AF30—0AA0	530cm	1

表 7-38　搅拌机系统应用程序符号地址表

符号名	地址	数据类型	说明
InA_Mtr_Fbk	I0.0	BOOL	A 送料泵起动辅助触点
InA_IvIv_Opn	I0.1	BOOL	A 进料阀打开
InA_Fviv_Opn	I0.2	BOOL	A 出料阀打开
InA_Start_PB	I0.3	BOOL	A 电动机起动按钮
InA_Stop_PB	I0.4	BOOL	A 电动机停止按钮
InA_Mtr_Coil	Q8.0	BOOL	A 送料泵电动机起动线圈
InA_Start_Lt	Q8.1	BOOL	A 电动机起动灯
InA_Stop_Lt	Q8.2	BOOL	A 电动机停止灯
InA_Mtr_Fault	M10.0	BOOL	A 电动机错
InA_Mtr_Fbk	I1.0	BOOL	B 送料泵起动辅助触点
InB_IvIv_Opn	I1.1	BOOL	B 进料阀打开
InB_Fviv_Opn	I1.2	BOOL	B 出料阀打开
InB_Start_PB	I1.3	BOOL	B 电动机起动按钮
InB_Stop_PB	I1.4	BOOL	B 电动机停止按钮
InB_Mtr_Coil	Q8.3	BOOL	B 送料泵电动机起动线圈
InB_Start_Lt	Q8.4	BOOL	B 电动机起动灯
InB_Stop_Lt	Q8.5	BOOL	B 电动机停止灯
InB_Mtr_Fault	M10.1	BOOL	B 电动机错
A_Mtr_Fbk	I4.0	BOOL	搅拌电动机起动辅助触点
A_Mtr_Start_PB	I4.1	BOOL	搅拌电动机起动按钮开关
A_Mtr_Stop_PB	I4.2	BOOL	搅拌电动机结束按钮开关
A_Mtr_Start_Lt	Q8.6	BOOL	搅拌电动机起动灯
A_Mtr_Stop_Lt	Q8.7	BOOL	搅拌电动机结束灯
A_Mtr_Coil	Q9.0	BOOL	搅拌电动机起动线圈
A_Mtr_Fault	M10.2	BOOL	搅拌电动机错
Drn_Opn_PB	I4.4	BOOL	打开排料阀按钮

（续）

符号名	地址	数据类型	说明
Drn_Cls_PB	I4.5	BOOL	关闭排料阀按钮
Drn_Sol	Q9.2	BOOL	排料阀螺线管
Drn_Opn_Lt	Q9.3	BOOL	打开排料灯
Drn_Cls_Lt	Q9.4	BOOL	关闭排料灯
Tank_Low	I5.0	BOOL	搅拌液位低传感器
Tank_Empty	I5.1	BOOL	搅拌液位空传感器
Tank_Full	I5.2	BOOL	搅拌液位满传感器
Tank_Full_Lt	Q9.5	BOOL	搅拌液位满灯
Tank_Low_Lt	Q9.6	BOOL	搅拌液位低灯
Tank_Empty_Lt	Q9.7	BOOL	搅拌液位空灯
E_Stop_Off	I5.7	BOOL	紧急停止按钮
Motor	FB1	FB1	控制泵和搅拌电动机的 FB
Drain	FC1	FC1	控制排料阀的 FC
InA_Data	DB1	FB1	A 泵的背景数据块
InB_Data	DB2	FB1	B 泵的背景数据块
M_Data	DB3	FB1	搅拌电动机的背景数据块

三、应用程序设计

（一）选择程序结构

应用程序设计是 PLC 控制系统设计的关键，在未具体设计前要合理地选择程序结构。下面针对搅拌机 PLC 控制系统的程序结构进行简单讨论。

1. 线性编程

搅拌机系统整个控制程序都放在组织块 OB1 中，这是 PLC 一般的编程方法，其程序结构如图 7-61a 所示。

2. 分块编程

可将搅拌机系统自动化过程按要求分成对送料泵 A 的控制、对送料泵 B 的控制、对排料电磁阀的控制等部分。编程时每一部分就是一个块，一个块编成一个功能（FC）。这种功能块不传递也不接收参数，相当于子程序，其编程方法除分成块外，与一般编程相差不多。其程序结构如图 7-61b 所示。

3. 结构化编程

从控制要求描述中可以看出，送料泵 A、B 和搅拌电动机的控制逻辑（控制方法）是相同的，只是具体条件不同，采用结构化设计编成一个电动机控制功能块（FB），OB1 在调用时传递不同的具体参数以实现不同的控制。排料阀的控制编成功能块虽只使用一次，但使程序结构更加清晰，也给调试带来便利。综合考虑，搅拌机系统采用结构化程序，如图 7-61c 所示。下面对本例结构化编程的方法进行具体介绍。

（二）创建符号表地址

为了更容易阅读程序，用 STEP7 符号地址表定义搅拌机的共享符号（全局变量），见

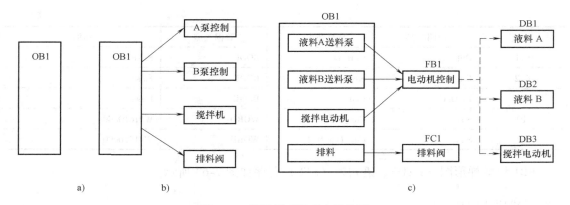

图 7-61　搅拌机系统程序结构图

a）线性编程　b）分块编程　c）结构化编程

表7-38。

（三）创建基础功能块

STEP7 要求任何被其他块调用的程序块，必须在调用前被创建。根据图 7-61c，必须在创建 OB1 程序前把其他基础功能块创建好。通过 OB1 调用这些基础功能块就构成了系统控制程序。下面是对所创建功能块的说明。

1. 创建电动机控制功能块 FB1

功能块 FB1 要实现对送料泵 A、送料泵 B 和搅拌电动机的控制，必须为 FB1 定义通用的输入、输出形参名。根据控制要求，FB1 应有如下输入、输出参数：

1）送料泵或电动机起动（Start）和停止（Stop）的输入信号。

2）送料泵或电动机起动正常（起动辅助触点动作）的反馈信号（Fbk）输入。

3）因故障检测需用定时器，所以需要输入定时器号（Timer_Num）和定时器预置值（Fbk_Tim）。

4）控制与操作站相关的运行指示灯（Start_Lt）和停止指示灯（Stop_Lt）的打开与关闭的输出信号、反映送料泵或电动机故障的输出信号（Fault）。

5）控制驱动泵或电动机线圈的"输入_输出（In_Out）"信号（Coil）。

综上所述便可得到 FB1 的输入、输出图，如图 7-62 所示，为功能块 FB1 定义局部变量即填写局部变量声明表见表 7-39。

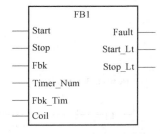

图 7-62　FB1 的输入和输出

表 7-39　FB1 的变量声明表

地址	声明类型	变量名	数据类型	初值
0.0	In	Start	BOOL	False
0.1	In	Stop	BOOL	False
0.2	In	Fbk	BOOL	False
2	In	Timer_Num	TIMER	W#16#0000
4	In	Fbk_Tim	S5TIMER	S5T#0ms
6.0	Out	Fault	BOOL	False

（续）

地址	声明类型	变量名	数据类型	初值
6.1	Out	Start_Lt	BOOL	False
6.2	Out	Stop_Lt	BOOL	False
8.0	In_Out	Coil	BOOL	False
10	Stat	Cur_Tim_Bin	WORD	W#16#0000
12	Stat	Cur_Tim_Bcd	WORD	W#16#0000

FB1 块的梯形图（LAD）、语句表（STL）程序如图 7-63 所示。

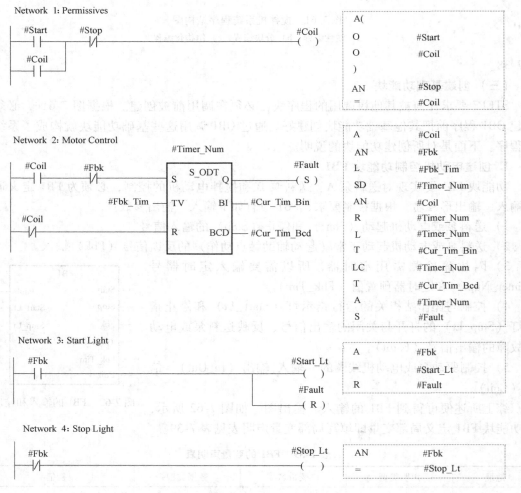

图 7-63　电动机控制功能块 FB1 中的程序

当输入起动信号（#Start）为 1 时，控制驱动泵或电动机线圈#Coil 有输出，搅拌电动机或送料泵等有关外部设备起动，同时用其状态（读#Coil 触点）参与控制定时器启动。在定时器延时时间未到之前，外部设备正常起动的反馈信号（#Fbk）已到（为 1），其常闭触点打开，定时器不动作；其常开触点闭合，有关运行指示灯亮。当定时器延时时间已到，反馈信号（#Fbk）未到（为0），则定时器动作，说明搅拌电动机或送料泵等有关外部设备故障，外部设备故障标志（#Fault）置位并输出，使起动信号（#Start）为0，停止信号（#Stop）为1，#Coil 无输出（外部设备起动停止）。定时器当前计时时间存放在#Car_Tim_Bin（二进制）和#Car_Tim_Bcd（十进制数）中。

2. 创建 FB1 的背景数据块 DB1、DB2、DB3

电动机控制功能块 FB1 用于对送料泵 A、送料泵 B 和搅拌电动机进行控制，因此必须生成相应的三个背景数据块 DB1、DB2 和 DB3 供调用 FB1 时使用。功能块的变量声明表决定了其背景数据块的结构（变量的顺序、类型、多少），生成背景数据块的方法已在本章第二节中介绍，DB1、DB2 和 DB3 的结构格式与表7-39 相同，这里从略。

3. 创建排料功能 FC1

功能 FC1 要实现对排料电磁阀的开启、关闭和信号显示。所以排料功能 FC1 的参数要有令排料阀开启（Open）和关闭（Close）的输入信号，要有控制打开排料灯（Open_Lt）和关闭排料灯（Close_Lt）的输出信号，还要有驱动电磁阀线圈的信号（Coil）。

根据以上要求的输入、输出信号，可得出排料功能 FC1 的输入、输出图，如图 7-64 所示，并确定 FC1 的局部变量，其变量声明表见表7-40。FC1 的梯形图（LAD）和语句表（STL）程序如图7-65 所示。FC1 程序中还包括搅拌桶空、低、满的指示灯显示程序。

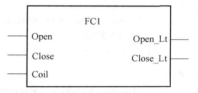

图7-64　FC1 的输入和输出

表7-40　FC1 的变量声明表

地址	声明类型	变量名	数据类型	初值
0.0	In	Open	BOOL	False
0.1	In	Close	BOOL	False
0.2	Out	Open_Lt	BOOL	False
2	Out	Close_Lt	BOOL	False
4	In_Out	Coil	BOOL	False

（四）创建组织块 OB1 中的程序

搅拌机控制系统的主程序放在组织块 OB1 中，它包括所有运行逻辑关系。另外，它还有一个 OB1 的变量声明表，对主程序设计说明如下：

1）在设计 FB1 时，考虑到 FB1 需要适用于三个对象，三个对象的"允许工作"条件（一些联锁条件）各不相同。FC1 也有一个"允许工作"条件，设计时也未包括在 FC1 块内，这些"允许工作"条件都放在 OB1 中编程。排料泵 A、排料泵 B、搅拌电动机和排料阀的"允许工作"标志分别存储在 OB1 的临时变量 Permit_A、Permit_B、Permit_M 和 Permit_Dr 中。

2）梯形图编程时，主程序四次功能块调用执行有无错误的标志，存储在 OB1 的临时变量 A_Done、B_Done、M_Done、Dr_Done 中。

3）语句表编程时，临时变量 Start_Condition、Stop_Condition 用于暂时存储中间运算结

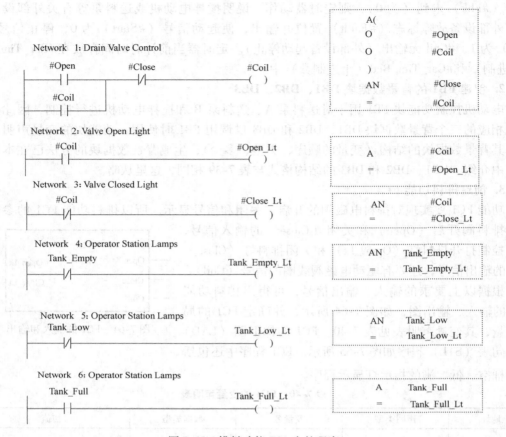

图 7-65　排料功能 FC1 中的程序

果，在梯形图编程时自动提供存储这些结果。

　　4）根据图 7-61c，在 OB1 中进行各功能块调用，OB1 中的主程序调用顺序如图 7-66 所示。

　　搅拌机控制系统主程序循环块 OB1 中的变量声明表见表 7-41，OB1 中的程序如图 7-67 所示。手写编程时，全局变量符号名无须加引号""，编程器会自动加引号""。

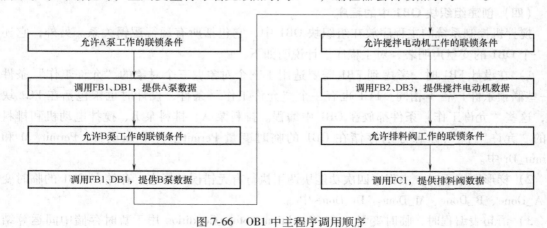

图 7-66　OB1 中主程序调用顺序

Network 1:Ingredient A Feed Pump Permissives

InA_IvIv_Opn InA_Fviv_Opn E_Stop_Off Tank_Full Drn_Sol InA_Mtr_Fault　#Permit_A

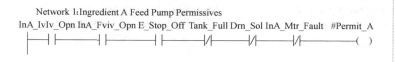

Network 2:Call Motor FB for Ingredient A

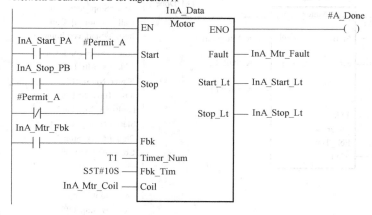

A	InA_IvIv_Opn
A	InA_Fviv_Opn
A	E_Stop_Off
AN	Tank_Full
AN	Drn_Sol
AN	InA_Mtr_Fault
=	#Permit_A

A	InA_Start_PB
A	#Permit_A
=	#Start_condition
O	InA_Stop_PB
ON	#Permit_A
=	#Stop_condition
Call	Motor,InA_Data

Start：#Start_condition
Stop: #Stop_condition
Fbk：=InA_Mtr_Fbk
Timer_Num：=T1
Fbk _Tim：=S5T#10S
Fault：=InA_Mtr_Fault
Start_Lt：=InA_Start_Lt
Stop_Lt：=InA_Stop_Lt
Coil：=InA_Mtr_Coil

Network 3:Ingredient B Feed Pump Permissives

InB_IvIv_Opn InB_Fviv_Opn E_Stop_Off Tank_Full Drn_Sol InB_Mtr_Fault　#Permit_B

Network 4:Call Motor FB for Ingredient B

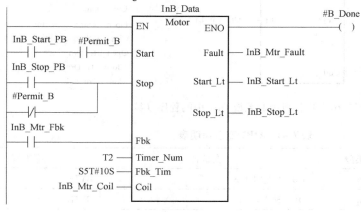

A	InB_IvIv_Opn
A	InB_Fviv_Opn
A	E_Stop_Off
AN	Tank_Full
AN	Drn_Sol
AN	InB_Mtr_Fault
=	#Permit_B

A	InB_Start_PB
A	#Permit_B
=	#Start_condition
O	InB_Stop_PB
ON	#Permit_B
=	#Stop_condition
Call	Motor,InB_Data

Start：=#Start_condition
Stop：=#Stop_condition
Fbk：=InB_Mtr_Fbk
Timer_Num：=T2
Fbk_Tim：=S5T#10S
Fanlt：=InB_Mtr_Fault
Start_Lt：=InB_Start_Lt
Stop_Lt：=InB_Stop_Lt
Coil：=InB_Mtr_Coil

图 7-67　搅拌机控制系统 OB1 中的程序

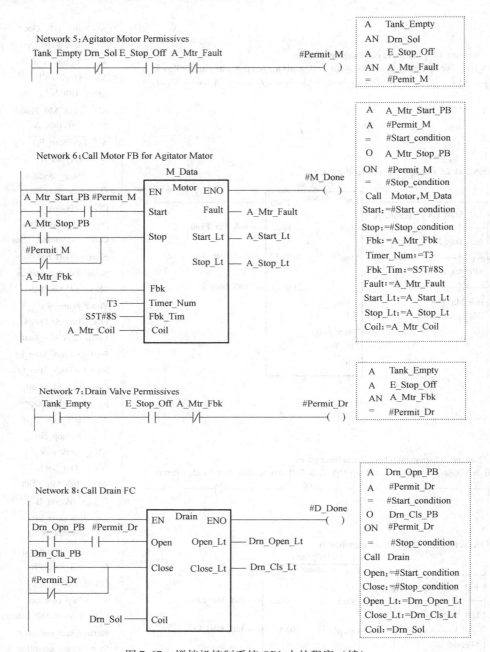

图 7-67　搅拌机控制系统 OB1 中的程序（续）

表 7-41　OB1 变量声明表

地址	声明类型	变量名	数据类型
0	Temp	OB1_EV_CLASS	BYTE
1	Temp	OB1_SCAN1	BYTE
2	Temp	OB1_PRIORITY	BYTE
3	Temp	OB1_OB_NUMBR	BYTE

（续）

地址	声明类型	变量名	数据类型
4	Temp	OB1_RESERVED_1	BYTE
5	Temp	OB1_RESERVED_2	BYTE
6	Temp	OB1_PREV_CYCLE	INT
8	Temp	OB1_MIN_CYCLE	INT
10	Temp	OB1_MAX_CYCLE	INT
12	Temp	OB1_DATE_TIME	DATE_AND_TIME
20.0	Temp	Permit_A	BOOL
20.1	Temp	Permit_B	BOOL
20.2	Temp	Permit_Dr	BOOL
20.3	Temp	Permit_M	BOOL
20.4	Temp	M_Done	BOOL
20.5	Temp	B_Done	BOOL
20.6	Temp	A_Done	BOOL
20.7	Temp	D_Done	BOOL
21.0	Temp	Start_condition	BOOL
21.1	Temp	Stop_condition	BOOL

习　题

1. 填空

（1）逻辑块包括_____、_____、_____和_____。

（2）CPU 可以同时打开_____个共享数据块和_____个背景数据块。

（3）背景数据块中的数据是功能块的_____中的数据（不包括临时数据）。

（4）调用_____和_____时需要指定其背景数据块。

（5）若 FB1 调用 FC1，应先创建两者中的_____。

（6）在梯形图中调用功能块时，方框内是功能块的_____，方框外是对应的_____。方框的左边是块的_____量，右边是块的_____量。

（7）S7—300 PLC 在启动时调用 OB_____。

（8）CPU 检测到错误时，如果没有相应的错误处理 OB，CPU 将进入_____模式。

（9）异步错误是与 PLC 的_____或_____有关的错误。

（10）同步错误是与_____有关的错误，OB_____和 OB_____用于处理同步错误，它们的优先级与出现错误时_____的优先级相同。

2. 组织块是用户编写的还是操作系统提供的？什么时候由谁调用组织块？组织块有没有背景数据块？其变量声明表中只有什么变量？组织块局域数据区的 20B 的启动信息是由谁提供的？

3. 哪些数据是共享数据？哪些数据是局域（局部）数据？

4. 延时中断与定时器都可以实现延时，它们有什么区别？

第八章 PLC控制系统设计

学习 PLC 的最终目的是把它应用到实际的工程控制系统中去。通过对前面几章的学习，对 PLC 的基本配置、指令系统和编程方法有了一定的了解之后，就可以利用 PLC 构成一个实际的控制系统，这种系统的设计就是 PLC 控制系统设计。

第一节　PLC 控制系统的设计原则、内容与步骤

PLC 是一种计算机化的高科技产品，相对继电器而言价格较高。因此，在应用 PLC 之前，首先应考虑是否有必要使用 PLC。如果被控系统很简单，I/O 点数很少，或者 I/O 点数虽多，但是控制要求并不复杂，各部分的相互联系也很少，就可以考虑采用继电器控制的方法，而没有必要使用 PLC。

在下列情况下，可以考虑使用 PLC：

1）系统的开关量 I/O 点数很多，控制要求复杂，如果用继电器控制，则需要大量的中间继电器、时间继电器、计数器等器件。

2）系统对可靠性的要求高，继电器控制不能满足要求。

3）由于生产工艺流程或产品的变化，需要经常改变系统的控制功能，或需要经常修改多项控制参数。

4）可以用一台 PLC 控制多台设备的系统。

一、设计原则

每一个成熟的 PLC 控制系统在设计时要达到的目的都是实现对被控对象的预定控制。为实现这一目的，在进行 PLC 控制系统的设计时，应遵循以下的基本原则：

1）最大限度地满足被控对象的控制要求。系统设计前，除了了解被控对象的各种技术要求外，还应深入现场进行调查研究、搜集资料，并与工艺师和实际操作人员密切配合，共同拟定电器控制方案。

2）系统结构力求简单。在满足控制要求的前提下，力求使控制系统简单、经济、操作及维护方便。对一些过去较为繁琐的控制可利用 PLC 的特点加以简化，通过内部程序简化外部接线及操作方式。

3）保证控制系统安全、可靠。控制系统的安全性、可靠性是提高生产效率和产品质量的必要保证，是衡量控制系统优劣的因素之一。为确保系统的安全性、可靠性，可适当增加外部安全措施，如急停电源等，进一步保证系统的安全，同时采取"软硬兼施"的办法共同提高系统的可靠性。

4）易于扩展和升级。考虑到系统的发展和设备的改进，在选择 PLC 容量及 I/O 点数时，应留有 20% 左右的裕量。

5）人机界面友好。对于具有人机界面的 PLC 控制系统，应充分体现以人为本的理念。

设计的人机操作界面要使用户感到方便、易懂。

二、设计内容

PLC 控制系统的设计内容主要包括硬件选型、设计和软件的编制两个方面，基本由以下几部分组成：

1）拟定控制系统设计的技术条件。技术条件一般以设计任务书的形式来确定，它是整个控制系统设计的依据。

2）选择外围设备。根据系统设计要求选择外围输入设备和输出设备。

3）选定 PLC 的型号。PLC 是整个控制系统的核心部件，合理选择 PLC 对保证系统的技术指标和质量是至关重要的。

4）分配 I/O 点。根据系统要求，编制 PLC 的 I/O 地址分配表，并绘制 I/O 端子接线图。

5）设计操作台、电气柜及非标准电器元件。

6）软件编写。控制系统的软件包括 PLC 控制软件和上位机控制软件。在编制 PLC 控制软件前要深入了解控制要求与主要控制的基本方法以及系统应完成的动作、自动工作循环的组成、必要的保护和联锁等方面的情况。对比较复杂的控制系统，可利用状态图和顺序功能图方法全面地分析，必要时还可将控制任务分解成几个独立的部分，利用结构化或模块化方法进行编程，这样可化繁为简，有利于编程和调试。

对于有人机界面的 PLC 控制系统，上位机控制软件的编制也尤为重要。因为上位机控制软件是系统的操作人员与控制系统之间交互的纽带。良好的人机界面可以让操作人员的操作更为容易，利用上位机控制软件还能制作历史趋势图、打印报表、记录数据库和故障警报等，使工作效率更加提高。因此，上位机控制软件的编制十分重要。

7）系统技术文件的编写。系统技术文件包括说明书、电气原理图、元件明细表、元件布置图、机柜接线图、系统维护手册、上位机控制软件操作手册、系统安装调试报告等。

三、设计步骤

PLC 控制系统设计步骤如下：

1）深入了解和分析被控对象的工艺条件和控制要求。被控对象就是受控的机械、电器设备、生产线或生产过程。控制要求主要是指控制的基本方式、控制指标、应完成的动作、自动工作循环的组成、必要的保护和联锁等。

2）确定 I/O 设备。根据被控对象对 PLC 控制系统的功能要求，确定系统所需的输入输出设备。常用的输入设备有按钮、行程开关、选择开关、传感器等，常用的输出设备有继电器、接触器、指示灯、电磁阀、气缸等。

3）选择合适的 PLC 类型。根据已经确定的 I/O 设备，统计所需要的 I/O 信号的点数，选择 PLC 类型，包括 PLC 机型的选择、容量的选择、I/O 模块的选择、电源模块的选择以及通信模块的选择等。

4）分配 I/O 点地址。根据所选择的 I/O 模块和其组态的位置分配 PLC 的 I/O 点地址，编制 I/O 点地址分配表并设计输入输出端子接线图。同时可进行控制柜和操纵台的设计以及现场施工。

5）设计 PLC 程序。按照系统的控制要求和控制流程要求进行 PLC 程序的设计，其中包括故障的报警和处理方式等。这是整个应用系统设计的核心工作。

6）PLC 程序的下载与调试。程序设计好后需要通过编程电缆将程序下载到 PLC 的 CPU 中，然后进行软件测试工作。由于在程序的编写过程中难免会有疏漏之处，因此在将 PLC 连接到现场设备之前，一定要先进行软件测试。如果 PLC 程序比较大，最好编写测试程序对程序进行各功能的分段测试。

7）上位机控制软件的编程与调试。对于 PLC 控制系统，上位机控制软件的编程与调试也是整个应用系统设计的重点。编程人员根据 PLC 的 I/O 点地址分配表定义上位机控制软

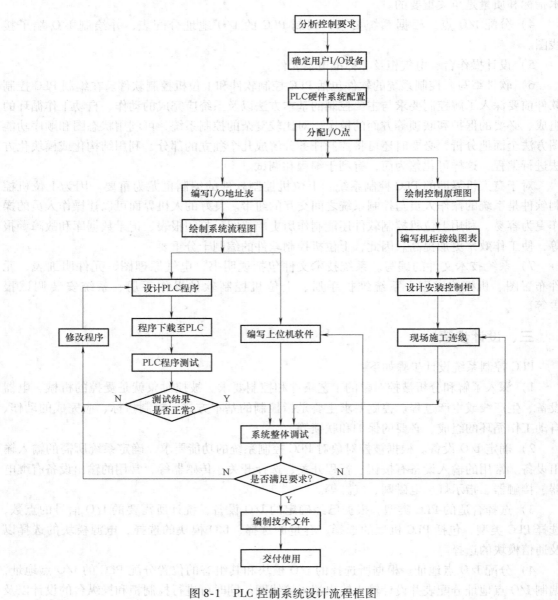

图 8-1 PLC 控制系统设计流程框图

件的地址分配表，并按照系统的控制进程要求设计上位机控制软件、绘制操作界面。

8）整个应用系统联调。当现场施工完成，控制柜接线结束，PLC程序调试通过，且上位机控制软件编程结束后，就可进行整个应用系统的联合调试。调试过程中应先将主电路断开，进行控制电路的调试。待控制电路调试一切正常后，再进行带主电路的调试。如果控制系统是由若干个部分组成的，则应先做各局部的调试，然后再做整体调试。在系统联调时，不仅仅要做正常控制过程的调试，还应做故障情况的测试，应当尽量将可能出现的故障情况全部加以测试，确保控制系统的可靠性。

9）编制技术文件。技术文件是用户将来使用、操作和维护的依据，也是整个控制系统档案保存的重要材料，因此应当给予重视。

以上是一个PLC控制系统设计的一般步骤。在具体应用时，可以根据控制系统的规模、控制流程的繁简程度等情况适当进行增减。PLC控制系统设计流程框图如图8-1所示。

第二节　PLC控制系统的硬件设计

随着PLC的推广普及，PLC产品的种类和数量越来越多。近年来，从国外引进的PLC产品加上国内厂家组装或自行开发的产品已有几十个系列，上百种型号。PLC的品种繁多，其结构形式、性能、容量、指令系统、编程方法、价格等各有不同，适用场合也各有侧重。因此，合理选择PLC对于提高PLC控制系统的技术、经济指标起着重要作用。

一、PLC的选型

机型选择的基本原则应是在功能满足要求的前提下，保证可靠、维护和使用方便以及最佳的性能价格比。具体应考虑以下几方面。

（一）结构上合理，安装要方便

按照物理结构，PLC分为整体式和模块式。整体式的每一I/O点的平均价格比模块式的便宜，所以人们一般倾向于在小型控制系统中采用整体式PLC。但是模块式PLC的功能扩展方便灵活，在I/O点数的多少、输入点数与输出点数的比例、I/O模块的种类和块数、特殊I/O模块的使用等方面的选择余地都比整体式PLC大得多，维修时更换模块、判断故障范围也很方便。因此，对于较复杂的和要求较高的系统一般应选用模块式PLC。

根据PLC的安装方式，控制系统分为集中式、远程I/O式和多台PLC联网的分布式。集中式不需要设置驱动远程I/O的硬件，系统反应快、成本低。大型控制系统常用远程I/O式，因为它们的I/O装置分布范围很广，远程I/O可以分散安装在I/O装置附近，I/O连线比集中式的短，但是需要增设驱动器和远程I/O电源。多台PLC联网的分布式适用于多台设备独立控制和相互联系，可以采用小型PLC，但是要附加通信模块。

（二）功能上要相当

要考虑控制系统对PLC指令系统的要求。

对于小型单台、仅需要开关量控制的设备，一般的小型PLC都可以满足要求，如果选用有增强型功能指令的PLC，就显得有些"大材小用"了。

对于以开关量控制为主，带少量模拟量控制的工程项目，可选用带A-D、D-A转换，具有加减运算、数据传送功能的低档机。

对于控制比较复杂，控制功能要求更高的工程项目，例如要求实现 PID 运算、闭环控制、通信联网等功能时，可视控制规模及复杂程度，选用中档机或高档机。其中高档机主要用于大规模过程控制系统、全 PLC 的分布式控制系统以及整个工厂的自动化等。

（三）机型上应统一

对于一个企业，控制系统设计中应尽量做到机型统一。因为同一机型的 PLC，其模块可互为备用，便于备件的采购与管理；其功能及编程方法统一，有利于技术力量的培训、技术水平的提高和功能的开发；其外围设备通用，资源可共享。

同一机型 PLC 的另一个好处是，在使用上位计算机对 PLC 进行管理和控制时，通信程序的编制比较方便。这样，容易把控制各独立系统的多台 PLC 连成一个多级分布式控制系统，相互通信，集中管理，充分发挥网络通信的优势。

（四）是否在线编程

PLC 的特点之一是使用灵活。当被控设备的工艺过程改变时，只需用编程器重新修改程序，就能满足新的控制要求，给生产带来很大方便。

编程可分为在线编程和离线编程。小型 PLC 一般使用简易编程器。简易编程器必须插在 PLC 上才能进行编程操作，其与 PLC 共用一个 CPU，在编程器上有一个"运行/监控/编程（RUN/MONITOR/PROGRAM）"选择开关。当需要编程或修改程序时，将选择开关转到"编程（PROGRAM）"位置，这时 PLC 的 CPU 不执行用户程序，只为编程器服务，这就是"离线编程"。当程序编好后再把选择开关转到"运行（RUN）"位置，CPU 则去执行用户程序，对系统实施控制。简易编程器结构简单、体积小、携带方便，很适合在生产现场调试、修改程序用。

图形编程器或者个人计算机与编程软件包两者配合都可实现在线编程。PLC 和图形编程器各有自己的 CPU，编程器的 CPU 可随时对键盘输入的各种编程指令进行处理；PLC 的 CPU 主要完成对现场的控制，并在一个扫描周期的末尾与编程器通信，编程器将编好或修改好的程序发送给 PLC，在下一个扫描周期，PLC 将按照修改后的程序或参数控制，实现"在线编程"。图形编程器价格较贵，但它功能强，适应范围广，不仅可以用指令语句编程，还可以直接用图形编程。目前多使用个人计算机进行在线编程，这样可省去图形编程器，但需要编程软件包的支持，其功能类似于图形编程器。

（五）是否满足响应时间的要求

由于现代 PLC 有足够高的速度处理大量的 I/O 数据和解算梯形图逻辑，因此对于大多数应用场合，PLC 的响应时间并不是主要的问题。然而，对于某些个别的场合，则要求考虑 PLC 的响应时间。

响应时间是指将相应的外部输入转换为给定的输出的总时间。其包括以下部分：

1）输入滤波器的延迟时间。

2）I/O 服务延迟时间。

3）程序执行延迟时间。

4）输出滤波器的延迟时间。

PLC 的处理速度应满足实时控制的要求。因为 PLC 工作时，从输入信号到输出控制存在着滞后现象，即输入量的变化，一般要在 1~2 个扫描周期之后才能反映到输出端，这对于一般的工业控制是允许的。但有些设备的实时性要求很高，不允许有较大的滞后时间。例如 PLC 的 I/O 点数在几十到几千点范围内，这时用户应用程序的长短对系统速度的影响会有较大的差别。滞后时间应控制在几十毫秒之内，小于普通继电器的动作时间（普通继电器的动作时间约为 100ms），否则就没有意义了。通常为了提高 PLC 的处理速度，可以用以下几种方法：

1）选择 CPU 处理速度快的 PLC，使执行一条基本指令的时间不超过 $0.5\mu s$。

2）优化应用软件，缩短扫描周期。

3）采用高速响应模块和中断输入模块，例如高速计数模块，其影响的时间可以不受 PLC 扫描周期的影响，而只取决于硬件的延时。

（六）对联网通信功能的要求

近年来，工厂自动化得到了迅速发展，企业的可编程设备（如工业控制计算机、PLC、机器人、柔性制造系统等）已经很多，将不同厂家生产的这些设备连在一个网络上，互相之间进行数据通信，由企业集中管理，已经是很多企业必须考虑的问题。

如果要将 PLC 纳入工厂自动控制网络，应选具有通信联网功能的 PLC。一般中型以上的 PLC 提供一个或一个以上的 RS-232-C 串行标准接口，以便连接打印机、CRT 显示器、上位计算机或其他 PLC。

（七）其他特殊要求

要考虑被控对象对于 PID 闭环控制、高速计数和运动控制等方面的特殊要求，可以选用有相应特殊 I/O 模块的 PLC。对可靠性要求极高的系统，应考虑是否采用冗余控制系统或热备用系统。

有模拟量控制功能的 PLC 价格较高。对于单台小型设备，可以考虑用模拟电路控制模拟量。对于精度要求不高的恒值调节系统，可以用电接点温度表和电接点压力表这类传感器提供上、下限开关量信号，将被控物理量控制在设定的范围内。

二、PLC 容量的估算

PLC 的容量指 I/O 点数和用户存储器的存储容量（字节数）两方面的含义。在选择 PLC 型号时不应盲目追求过高的性能指标，但是在 I/O 点数和存储器容量方面除了要满足控制系统要求外，还应留有裕量，以做备用或系统扩展时使用。

（一）I/O 点数的确定

PLC 的 I/O 点数的确定以系统实际的输入输出点数为基础确定。在 I/O 点数的确定时，应留有适当裕量。目前 PLC 的 I/O 点价格还较高，平均每点为 100 ~ 120 元人民币。如果备用的 I/O 点的数量太多，就会使成本增加。因此，通常在选择 I/O 点数时可按实际需要点数的 10% ~ 15% 考虑裕量。

（二）存储器容量的确定

通常，一条逻辑指令占存储器一个字，计时、计数、移位以及算术运算、数据传送等指令占存储器两个字。各种指令占存储器的字数可查阅 PLC 产品使用手册。在选择存储容量时，一般可按实际需要的 25% ~ 30% 考虑裕量。

存储器容量的选择有两种方法。一种是根据编程实际使用的节点数计算，这种方法可精确地计算出存储器实际使用容量，缺点是要编完程序之后才能计算。常用的方法是估算法。

用户应用程序占用多少内存与许多因素有关，如 I/O 点数、控制要求、运算处理量、程序结构等。因此在程序设计之前只能粗略估算。根据经验，每个 I/O 点及有关功能器件占用的内存如下：

开关量输入：所需存储器字节数 = 输入点数 × 10。

开关量输出：所需存储器字节数 = 输出点数 × 8。

定时器/计数器：所需存储器字节数 = 定时器/计数器数 × 2。

模拟量输入：所需存储器字节数 = 模拟量输入通道数 × 100。

模拟量输出：所需存储器字节数 = 模拟量输出通道数 × 200。

通信接口：所需存储器字节数 = 接口个数 × 300。

根据存储器的总字数再加上 10% ～ 25% 的备用量即可估算出所需存储量容量，作为一般应用的经验公式为

所需存储器容量（KB） = (1.1 ～ 1.25) × (DI × 10 + DO × 8 + AI × 100 + AO × 200 + T/C × 2 + CP × 300)/1024

其中，DI 为开关量输入总点数；DO 为开关量输出总点数；AI/AO 为模拟量 I/O 通道总数；T/C 为定时器/计数器总数；CP 为通信接口总数。

三、I/O 模块选择

PLC 是一种工业控制计算机，其控制对象是工业生产设备或工业生产过程，其工作环境是工业生产现场，与工业生产过程的联系是通过 I/O 接口模块来实现的。

通过 I/O 接口模块可以检测被控生产过程的各种参数，并以这些现场数据作为控制器对被控制对象进行控制的依据。同时，控制器又通过 I/O 接口模块将控制器的处理结果送给被控设备或工业生产过程，驱动各种执行机构来实现控制。外围设备或生产过程中的信号电平各种各样，各种机构所需的信息电平也是各种各样的，而 PLC 的 CPU 所处理的信息只能是标准电平，所以 I/O 接口模块还需实现这种转换。PLC 从现场收集的信息及输出给外围设备的控制信号都需经过一定的距离，为了确保这些信息的正确无误，PLC 的 I/O 接口模块都具有较好的抗干扰能力。根据实际需要，PLC 相应有多种 I/O 接口模块，包括开关量输入模块、开关量输出模块、模拟量输入模块及模拟量输出模块，可以根据实际需要进行选择使用。

I/O 部分的价格占 PLC 价格的一半以上。不同的 I/O 模块，其电路和性能不同。I/O 模块直接影响着 PLC 的应用范围和价格，应该根据实际情况合理选择。

（一）开关量输入模块选择

PLC 的开关量输入模块用来检测来自现场（如按钮、行程开关、温控开关、压力开关等）的高电平信号，并将其转换为 PLC 内部的低电平信号。

按输入点数分：常用的有 8 点、12 点、16 点、32 点等开关量输入模块。

按工作电压分：常用的有直流 5V、12V、24V，交流 110V、220V 等开关量输入模块。

选择开关量输入模块主要考虑以下两点：

1）根据现场输入信号（如按钮、行程开关）与 PLC 输入模块距离的远近来选择电压的高低。一般 24V 以下属低电平，其传输距离不宜太远，如 12V 电压模块一般不超过 10m。距离较远的设备选用较高电压模块比较可靠。

2）密度大的开关量输入模块，如 32 点开关量输入模块，能允许同时接通的点数取决

于输入电压和环境温度。一般同时接通的点数不宜超过总输入点数的 60%。

（二）开关量输出模块选择

开关量输出模块的任务是将 PLC 内部低电平的控制信号，转换为外部所需电平的输出信号，驱动外部负载。输出模块有 3 种输出方式：继电器输出、双向晶闸管输出、晶体管输出。

1. 输出方式的选择

继电器输出价格便宜，使用电压范围广，导通压降小，承受瞬时过电压和过电流能力较强，且有隔离作用。但继电器有触点，寿命较短，且响应速度较慢，适用于动作不频繁的交直流负载。当驱动电感性负载时，最大开关频率不得超过 1Hz。双向晶闸管输出（交流）和晶体管输出（直流）都属于无触点开关输出，适用于通断频繁的感性负载。感性负载在断开瞬间会产生较高的反压，必须采取抑制措施，如并接阻容吸收电路等。

2. 输出电流的选择

模块的输出电流必须大于负载电流的额定值，如果负载电流较大，输出模块不能直接驱动时，应增加中间放大环节。对于电容性负载、热敏电阻负载，考虑到接通时有冲击电流，要留有足够的裕量。

3. 同时接通的输出点数

在选用输出模块时，不但要看一个输出点的驱动能力，还要看整个输出模块的满载负载能力，即开关量输出模块同时接通点数的总电流值不得超过模块规定的最大允许电流。

（三）模拟量 I/O 模块选择

模拟量 I/O 接口是用来传送传感器产生的模拟信号和输出模拟量控制信号的。这些接口能测量流量、温度和压力等模拟量的数值，并用于控制电压或电流输出设备。PLC 的典型接口量程，对于双极性电压为 $-10\sim10V$，单极性电压为 $0\sim10V$，电流为 $4\sim20mA$ 或 $10\sim50mA$。

一些制造厂家又提供了特殊模拟接口来接收低电平信号（如 RTD、热电偶等）。一般地说，这类接口模块能接收同一模块上的不同类型热电偶或电阻温度探测器 RTD 的混合信号。用户应就具体条件向供销厂商提出要求。

（四）特殊功能 I/O 模块的选择

在选择一台 PLC 时，用户可能会面临需要一些特殊类型的且不能用标准 I/O 实现（如定位、快速输入及频率等）的情况。用户应当考虑供销厂商是否提供一些特殊的有助于最大限度减小主 PLC 控制量的模块。灵便模块和特殊接口模块都应考虑使用。有的模块自身能够处理一部分现场数据，从而使 CPU 从处理耗时任务中解脱出来。

（五）智能 I/O 模块的选择

当前，PLC 的生产厂家相继推出了一些智能 I/O 模块。所谓智能 I/O 模块，就是模块本身带有处理器，对输入或输出信号做预先规定的处理，将其处理结果送入 CPU 或直接输出，这样可提高 PLC 的处理速度和节省存储器的容量。

智能 I/O 模块有温度控制模块、高速计数器（可做加法计数或减法计数）、凸轮模拟器（用作绝对编码输入）、带速度补偿的凸轮模拟器、单回路或多回路的 PID 调节器、ASCII 处理器、RS-232C/422 接口模块等。表 8-1 所示归纳了选择 I/O 模块的一般规则。

四、电源模块选择

电源模块的选择一般只需考虑输出电流。电源模块的额定输出电流必须大于处理器模块、

表 8-1　选择 I/O 模块的一般规则

I/O 模块类型	现场设备或操作(举例)	说　明
开关量输入模块	选择开关、按钮、光电开关、限位开关、断路器、接近开关、液位开关、电动机起动器触点、继电器触点、拨盘开关	输入模块接收 ON/OFF 或 OPENED/CLOSED(开/关)信号,开关信号可以是直流的,也可以是交流的
开关量输出模块	报警器、控制继电器、风扇、指示灯、扬声器、阀门、电动机起动器、电磁线圈	输出模块将信号传递到 ON/OFF 或 OPENED/CLOSED(开/关)设备。开关信号可以是交流或直流的
模拟量输入模块	温度变送器、压力变送器、湿度变送器、流量变送器、电位器	将连续的模拟量信号转换成 PLC 处理器可接受的输入值
模拟量输出模块	模拟量阀门、执行机构、图表记录器、电动机驱动器、模拟仪表	将 PLC 处理过的输出转为现场设备使用的模拟量信号(通常是通过变送器进行)
特殊功能 I/O 模块	编码器、流量计、I/O 通信、ASCII、RF(射频)型设备、称重计、条形码阅读器、标签阅读器、显示设备	通常用作如位置控制、PID 和外部设备通信等专门用途

I/O 模块、专用模块等消耗电流的总和。以下为选择电源的一般步骤:

1)确定电源的输入电压。

2)将框架中每块 I/O 模块所需的总背板电流相加,计算出 I/O 模块所需的总背板电流值。

3)I/O 模块所需的总背板电流值再加上以下各电流值:

① 框架中带有处理器时,加上处理器的最大电流值;

② 当框架中带有远程适配器模块或扩展本地 I/O 适配器模块时,应加上适配器模块或扩展本地 I/O 适配器模块的最大电流值。

4)如果框架中留有空槽用作将来扩展用,则应做以下处理:

① 列出将来要扩展的 I/O 模块所需的背板电流;

② 将所有扩展的 I/O 模块的总背板电流值与步骤 3)中计算得出的总背板电流值相加。

5)判断在框架中是否有用于电源的空槽,若没有,将电源装到框架的外面。

6)根据确定好的输入电压要求和所需的总背板电流值,从用户手册中选择合适的电源模块。

五、外部接线设计

(一)通道分配与 I/O 点的节省方法

1. 通道分配

一般输入点与输入信号、输出点与输出信号是一一对应的。程序设计前,应按系统配置的通道与触点号,分配给每一个输入信号和输出信号,即进行通道分配。在个别情况下,也有两个信号用一个输入点的,那样就应在接入输入点前,按逻辑关系接好线(如两个触点先串联或并联),然后再接到输入点。

1)明确 I/O 通道范围。不同型号的 PLC,其 I/O 通道的范围是不一样的,应根据所选 PLC 型号,查阅相应的编程手册,绝不可"张冠李戴"。

2）内部辅助继电器。内部辅助继电器不对外输出，不能直接连接外部部件，而是在控制其他继电器、定时器/计数器时作数据存储或数据处理用。从功能上讲，内部辅助继电器和数据存储器相当于传统电控柜中的中间继电器。根据程序设计的要求，应合理安排PLC的内部辅助继电器和数据存储器，在设计说明书中应详细列出各内部辅助继电器和数据存储器在程序中的用途，避免重复使用。

3）分配定时器/计数器。程序中使用到的定时器/计数器的编号不能相同。若扫描时间较长，应使用高速定时器，以确保计时准确。

4）数据存储器。在数据存储、数据转换以及数据运算等场合，经常需要以通道为单位的数据，此时，应用数据存储器是很方便的。数据存储器中的内容，即使在PLC断电、运行开始或停止时也能保持不变。数据存储器也应根据程序设计的需要来合理安排，需详细列出各数据存储器通道在程序中的用途，以避免重复使用。

2. 输入点的节省方法

PLC输入输出点数的多少是决定控制系统价格的重要因素，因此设计控制系统时应尽量简化输入输出点数。节省PLC输入输出点数的方法很多，在完成同样控制功能的情况下，通过合理选择模块可以简化控制方案。同样，在设计PLC外部电路时，也要注意输入输出点的简化问题。下面，介绍PLC外部电路设计中输入点简化的几种常用方法。

（1）输入点合并

如果某些外部输入信号总是以某种"串联"或"并联"组合的方式整体出现在梯形图中，可以将它们对应的触点在PLC的外部串、并联后，再作为一个输入点接到PLC。

例如，图8-2中所示的SB_1和SB_2两个按钮控制同一台电动机，分别设在近处和远处。按照图8-2a的接法需要两个输入点，将两个开关并联后再输入给PLC，则仅需要一点输入。这样，PLC的输入点和相应的梯形图都可以简化，如图8-2b所示。

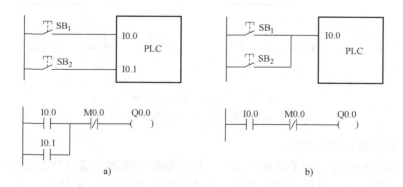

图8-2　外部信号的并联连接输入
a）一般接法　b）简化接法

同样，对于设在多处的电动机停止开关，也可以先串联后再连接到PLC，只占用一个输入点，如图8-3所示，相应的梯形图也可以得到简化。

（2）分时分组输入

有些输入信号可以按输入时机分成几组，如自动程序和手动程序不会同时执行，自动和手动两种工作方式使用的输入信号可以分成两组输入，并增加一个自动/手动指令信号，用于自动程序和手动程序的切换，如图 8-4 所示。

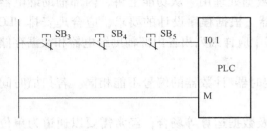

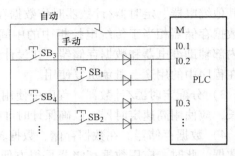

图 8-3　外部信号的串联连接输入　　　　图 8-4　外部信号的分时分组输入

注意：分时分组输入时，各开关需要串联二极管来切断寄生电路，以免错误输入的产生。

假设图 8-4 所示中没有二极管，系统处于自动状态，SB_1、SB_2、SB_3 闭合，SB_4 断开，这时电流从 M 流出，经 SB_3、SB_1、SB_2 形成回路，使输入 I0.3 错误地为"ON"。各开关串联了二极管后，切断了寄生回路，避免了错误输入的产生。

（3）减少多余信号的输入

如果通过 PLC 程序能够判定输入信号的状态，则可以减少一些多余信号的输入。

如图 8-5 所示，系统设有自动、半自动和手动 3 种工作状态，通过转换开关 S 切换。

图 8-5a 将转换开关的 3 路信号全部输入到 PLC，而图 8-5b 则用自动和半自动的"非"来表示手动，则可节省 1 个输入点。

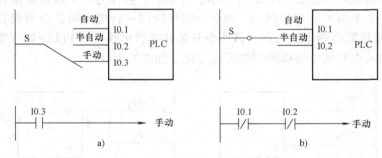

图 8-5　多余输入信号的处理

a）一般接法　b）简化接法

（4）手动开关置于 PLC 之外

系统的某些输入信号，如手动操作按钮、保护动作后需要手动复位的电动机热继电器的常闭触点等提供的信号，可以设置在 PLC 外部的硬件电路中。图 8-6b 所示中将手动操作开关直接和控制器的输出点相并联，与图 8-6a 相比可以节省大量的输入点，并可以简化梯形图。

注意：有些手动开关需要串接一些安全联锁触点，如果外部硬件联锁电路过于复杂，应考虑将有关信号送入 PLC，用软件实现联锁。

3. 输出点的节省方法

与输入点的简化相同，在 PLC 外部电路设计中也需要考虑输出点的简化问题。下面，简要说明输出点简化的几种常用方法。

（1）负载的并联使用

系统中有些负载的通/断状态是完全相同的，可以共用一个输出点来驱动。

如图 8-7 所示，用 PLC 的一点输出同时驱动负载 M 和状态指示灯 L，可节省 PLC 数字量输出点数。

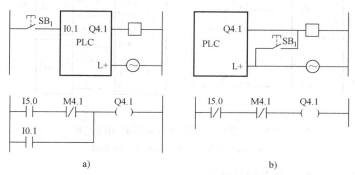

图 8-6　手动开关的处理

a）一般接法　b）简化接法

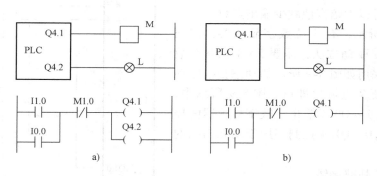

图 8-7　负载的并联连接

a）一般接法　b）简化接法

注意：负载的并联条件是负载电压必须一致，且总负载容量不能超过模块允许的负载容量。

（2）接触器辅助触点的应用

控制器输出驱动大功率负载时，往往要通过接触器进行电压或功率的转换。一般接触器除完成主控功能外，还提供了多对辅助触点，用来对有关设备进行联锁控制。

在 PLC 外部电路设计中，可充分利用这类辅助触点，使 PLC 的一个输出点可同时控制两个或多个有不同要求的负载；通过外部转换开关的切换，一个输出点也可以控制两个或多个不同时工作的负载，这样可节省 PLC 的输出点数。

（3）用数字显示器代替指示灯

如果系统的状态指示灯或程序工步很多，可以用数字显示器来代替指示灯，这样可以节省输出点数。

如图 8-8 所示，16 步的程序指示需要用 16 点输出来驱动指示灯，如果使用 BCD 码的数字显示，只需要 8 点输出来驱动两个带译码驱动的数字显示器。由于两个数字显示器可显示

数字 "00" ~ "99"，即 100 个状态，因此程序步或状态指示灯越多，用数字显示器的优越性就越大。

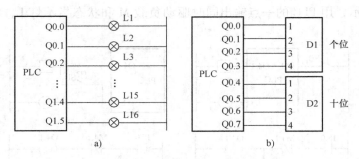

图 8-8 指示灯及数字显示器驱动的比较

a）指示灯显示 b）数字显示器显示

（4）多位数字显示器的动态扫描驱动

对于多位数字显示器，如果直接用数字量输出点来控制，所需要的输出点是很多的。使用动态扫描技术，可以大幅度地减少输出点数。

如图 8-9 所示，有 5 位数字显示器，按图 8-8b 所示的直接驱动方法，需要 $5 \times 4 = 20$ 个数字量输出点。采用如图 8-9 所示的动态扫描驱动方法，则只需要 9 点输出即可。图 8-9 所示中，显示数据由 Q0.1 ~ Q0.4 输出，数字显示器的控制端分别由 Q1.0 ~ Q1.4 控制，用于动态扫描的选通输出。

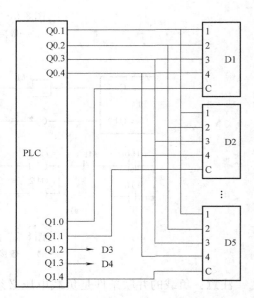

图 8-9 多位数字显示器的动态扫描驱动

（二）PLC 外部接线

在 PLC 选型和通道分配结束后，可根据手册的规定画出 PLC 外部接线。外部接线主要包括以下内容：

（1）电源

PLC 通常采用 220V 交流电源，允许一定的波动，但为了提高系统可靠性，应在输入端配置 1:1 隔离变压器（如果电网电压过高，为了安全，可取 1:0.9），且应有独立使用的断路器。

（2）接地

PLC 在大多数情况可以不做接地处理，但在条件允许时应尽量设计接地线路。在实际 PLC 控制系统中，接地是抑制干扰、使系统可靠工作的主要方法。在设计中如能把接地和屏蔽正确地结合起来使用，可以解决大部分干扰问题。

如要做接地处理，一般情况，PLC 控制系统应设置独立接地，为保证接地质量，一般要求接地电阻应小于 4Ω，实在做不到，也可与弱电系统共地。在噪声较大时，可将噪声滤波端与接地端短接。

（3）输入

PLC 可与有触点及电流型输入设备相连，但不能与电压型输入设备相连。在 I/O 接线设计时，应检查所有输入设备的兼容性，并充分考虑漏电流和负载感应电动势的影响。

（4）输出

晶体管或双向晶闸管输出型 PLC 接上负载后，当漏电流较大有可能造成设备的误动作时，应在负载两端并联一个旁路电阻，如图 8-10 所示。

图 8-10　负载并联旁路电路

当感性负载连到 PLC 输出端时，同样需要加电涌抑制器或二极管，用以吸收负载产生的反电动势，如图 8-11 所示。其中，二极管必须耐 3 倍的负载电压，并允许流过 1A 的平均电流。当负载电压为 220V 时，阻容吸收装置中 $R = 50\Omega$，$C = 0.47\mu F$。

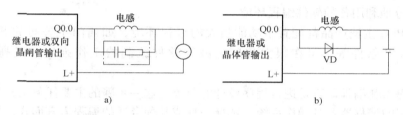

图 8-11　感性负载输出

a）继电器或双向晶闸管输出　b）继电器或晶体管输出

还需要注意的是，对于易造成伤害事故的负载。除了在 PLC 的控制程序中要加以考虑外，还应在 PLC 之外设计急停电路，设置事故开关、紧急停机装置等，使得一旦设备发生故障，能及时切断引起伤害事故的负载电源。

第三节　PLC 控制系统的软件设计

根据 PLC 系统硬件结构和生产工艺要求，使用相应的编程语言编制实际应用程序，并形成程序说明书的过程就是软件设计。

一、PLC 软件设计的一般步骤

PLC 软件设计的一般步骤可概括如下：

1）做好设计前的准备工作。

2）程序框图设计。

3）参数表的定义。

4）编写程序。

5）程序调试。

6）编写程序说明书。

下面分别叙述。

（一）程序设计前的准备工作

（1）了解系统概况，形成整体概念

这一步工作主要是通过系统设计方案了解控制系统的全部功能、控制规模、控制方式、输入和输出信号的种类及数量、是否有特殊功能接口、与其他设备的关系、通信内容与方式等。如果没有对整个控制系统的全面了解，就不能对各种控制设备之间的相互联系有真正的理解，靠想当然编制的程序是肯定无法实际运行的。

（2）熟悉被控对象，使程序设计有的放矢

将控制要求根据控制功能分类，并根据输入信号检测设备、控制设备、输出信号控制装置的具体情况，深入细致地了解每一个检测信号和控制信号的形式、功能、规模和它们之间的关系，并预见以后可能出现的问题，使程序设计有章可循。

在熟悉被控对象的同时，还要认真借鉴前人在程序设计中的经验和教训，总结各种问题的解决方法。总之，在程序设计之前，掌握的东西越多，对问题思考得越深入，程序设计就会越得心应手。

（3）充分地利用各种软件编程环境

目前各 PLC 主流产品都配置了功能强大的编程环境，如西门子公司的 STEP 7、欧姆龙公司的 CX-P 软件等，可在很大程度上减轻软件编制的工作强度，提高编程效率和质量。

熟悉编程器和编程语言是进行程序设计的前提。这一步骤的主要任务是根据有关手册详细了解所使用的编程器及其操作系统，选择一种或几种合适的编程语言形式，并熟悉其指令系统和参数分类，尤其注意研究那些在编程中可能要用到的指令和功能。

一个比较好的熟悉编程语言的方法是上机操作，并编制一些试验程序，在模拟平台上进行试运行，以便更详尽地了解指令的功能和用途，为后面的程序设计打下良好的基础，避免走弯路。

（二）程序框图设计

程序框图设计工作主要是根据控制系统的具体情况，确定用户程序的基本结构、程序设计标准和结构框图，然后再根据工艺要求，绘制出各个功能单元的详细功能框图。系统程序框图应尽量做到模块化，一般最好按功能采取模块化设计方法，因此相应的框图也应依此绘制，并规定其各自应完成的功能，然后再绘制图中各模块内部的详细功能、顺序功能图和状态图。框图是编程的主要依据，要尽可能准确和详细。如果框图是由别人设计的，一定要设法弄清楚其设计思想和方法。完成这部分工作之后就会对系统全部程序设计内容具有一个整体思想，为下一步的程序设计奠定良好的基础。

（三）参数表的定义

参数表的定义是程序设计的基础，包括对输入信号表、输出信号表、中间标志位和存储单元表的定义。

参数表的定义格式和内容根据个人的爱好和系统的情况而有所不同，但所包含的内容基本是相同的。总的设计原则是便于使用，尽可能详细。

定义输入/输出信号表的主要依据是硬件接线原理图。每一种 PLC 的输入点编号和输出点编号都有自己明确的规定，在确定了 PLC 型号和配置后，要对 I/O 信号分配 PLC 的输入、输出信号（地址），并编制成表。

一般情况下，I/O 信号表要明显地标出模块的位置、信号端子号或线号、输入输出地址号、信号名称和信号的有效状态等。表 8-2 是 I/O 信号表的典型格式，内容应根据具体情

表 8-2　I/O 信号表格式

框架序号	模块序号	信号端子号	信号地址	信号名称	信号的有效状态	备　注

况，尽可能详细。

（四）编写程序

编写程序就是根据设计出的顺序功能或状态图编写控制程序，这是整个程序设计工作的核心部分。

在编写程序的过程中，可以借鉴典型的标准程序，但必须读懂这些程序段，否则将可能给后续工作带来困难和损失。另外，编写程序过程中要编写符号表，并及时对编写出的程序进行注释，以免忘记相互之间的关系。

（五）程序测试

刚编好的程序难免存在错误和缺陷。为了及时发现和消除程序中的错误和缺陷，减少系统现场调试的工作量，确保系统在各种正常和异常情况时都能做出正确响应，需要对程序进行离线测试。程序要经调试、排错、修改及模拟运行后，才能正式投入运行。

程序测试时应重点注意下列问题：

1）程序能否按设计要求运行。

2）各种必要的功能是否具备。

3）发生意外事故时能否做出正确响应。

4）对现场干扰等环境因素适应能力如何。

经过测试、排错和修改后，程序基本正确，下一步就可到使用现场试运行，进一步察看系统整体效果，还有哪些地方需要进一步完善。经过一段时间运行，证明系统性能稳定、工作可靠并已达到设计要求，就可把程序安装到 PLC 的 CPU 中，正式投入运行。

（六）编写程序说明书

程序说明书是程序设计的综合说明文档。编写程序说明书的目的是为了便于程序的设计者与现场工程技术人员进行程序调试与程序修改工作，它是程序文件的组成部分。程序说明书一般应包括程序设计的依据、程序设计与调试的关键点等。

二、西门子 STEP7 程序设计方法

下面以 S7 系列 PLC 的应用程序设计为例，说明程序设计的方法与步骤。

（一）程序结构设计

STEP7 不仅从不同层次充分支持合理的程序结构设计，而且也简化了结构设计的复杂程度。

首先，一个复杂的自动化过程可以被分解并定义为一个或多个项目（PROJECT）；而对于每个项目，又可以进一步分解并定义给一个或多个 CPU；每个 CPU 有一个控制程序（CPU_PROGRAM）。图 8-12 所示为一个样本过程，它分成不同的项目：项目 1 和项目 2 只有一个 CPU，而项目 3 和项目 4 有多个 CPU。这样，一个很复杂的控制任务的结构设计，就被简化为各个 CPU 程序的结构设计。项目间或项目中的各 CPU 程序之间，能以某种方式联网，实现信息共享。如在 S7 系列协议支持下，用 MPI 网以全局数据通信的方式可方便地建立起联系，实现一个项目中各 CPU 共享信息。

某个工厂的过程任务：

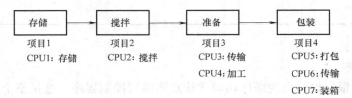

图 8-12　样本过程的项目划分

关于项目，用得最多的情况是一个过程控制任务只有一个项目，该项目下也仅有一个CPU 程序，它包含完成这项控制任务的所有程序和数据。

如前所述，S7 系列 PLC 的 CPU 程序采用块式程序结构，它有各种逻辑块和数据块。而组织块 OB1（主程序循环）中的程序是应用程序的主要的也是最复杂的部分，因此，对OB1 中的程序，设计合理的结构是十分重要的。STEP 7 提供的 3 种程序结构为线性编程、分块编程、结构化编程。用户可根据控制项目的复杂程度，选择合理的程序结构。

在 CPU 程序中，用户还可依据时间特性或事件触发特性的差异，将有关程序分别编入不同的组织块（OB）中。例如，需要以固定时间间隔循环执行的那部分程序，可编入组织块 OB35 中；为 PLC 正常运行而需进行初始化的程序编入组织块 OB100 中；由硬件触发的中断服务程序编入组织块 OB40 中；对程序执行中产生的同步错误的响应处理程序编入组织块 OB121 或 OB122 中等。这些属于中断处理程序与循环执行的 OB1 中的程序配合，共同完成 PLC 系统的控制任务。

（二）数据结构设计

STEP 7 不仅从不同层次充分支持合理的数据结构设计，而且也简化了数据设计的复杂程度。因为 STEP 7 提供了许多基本数据类型和复合数据类型，这些既丰富又实用的数据类型还可以灵活地组合在一起构成用户自定义数据类型。各种数据类型组合在一起可以构成数据块。数据块有共享数据块和背景数据块（专用数据块），数据块的共享特性使得各个功能块之间能够方便地交换信息；数据块的专有特性使得某功能块能单独占用数据块，而不必担心被其他数据块修改。

数据结构设计实际上就是设计数据块的问题。这些数据块划分了数据的存储空间，并让这些存储空间存储不同类型的信息。在数据结构设计中，应该明确规定各数据块的特性、作用、编号和数据的存放格式等内容，数据结构的设计也与程序结构的设计直接相关。

（三）编程任务

STEP 7 按项目、程序、块的层次管理用户程序，由块构成 CPU 的程序，CPU 程序又组成项目，形成一个树状目录结构。STEP 7 要求用户先创建项目名称，再创建 CPU 程序名，最后创建 CPU 程序的块名并确定块的类型和输入块的内容，所以 STEP 7 是从上至下建立结构。然而具体编程时却是按照从底向上的方法进行。在程序结构设计和数据结构设计的基础上，被调用的功能块或数据块首先建立，然后依次在更高层次上建立逻辑块，直至所有块全部建立。

编程步骤及所需完成的工作如下：

1）生成项目目录。用 STEP 7 提供的工具生成项目名、CPU 程序名、创建存储程序的目录。

2）创建用户程序块，输入程序。声明块的局部数据，编辑或写入程序。以文本方式输入程序（仅对语句表有效）或以增量方式输入程序。

3）分配符号地址。用 STEP 7 符号表可以建立符号地址，符号地址可有效减少程序错误并使程序容易被读懂。

4）配置 PLC 和设置参数。创建程序时可为 PLC 组态模块和为模块配置参数。

5）分配项目的全局数据。STEP 7 可为 CPU 间的网络通信分配共享的 CPU 内存区。

6）下载程序到 CPU。写完程序块后，将其从编程器下载到 PLC 内存中。

7）测试程序。STEP 7 提供了在线测试程序功能的工具。

8）监控 CPU 运行状态。STEP 7 提供了检测 PLC 运行状态的工具。

要对上述任务详细了解，可参看西门子公司的 STEP 7 用户手册。

用户在逻辑块中编写的程序，在有效而可靠地完成其功能的前提下，应力求简明和可读性好，容易被他人读懂，或者设计者自己在间隔一定时间后再阅读，能很快明白其意义。每段程序力求功能单一，程序中设置适当的调试标志，以便查找故障。为完成同一控制功能所编写的程序，其好坏可相差很远。

（四）程序调试

PLC 程序的调试一般要经过单元调试、功能总体调试等前期步骤和现场冷热态调试等后期步骤。前期调试在实验室进行，是后期调试的基础。由于在实验室不可能为 PLC 系统接入过程中所需要的大量 I/O 信号，因此需要采用模拟调试法。PLC 程序模拟调试时所需的信息，大体上可以分为以下 3 类：

1）程序运算中产生的。

2）操作人员输入的。

3）现场实际状态返回的。

模拟调试的基本思想是：以方便的形式模拟产生 3 类信号，为程序的运行创造必要的环境条件。根据信号产生的方式不同，模拟调试又有以下两种形式：

1）硬件模拟法：使用一些硬件设备，如用另一台 PLC 模拟产生现场的信号，并将这些信号以硬接线的方式连到 PLC 系统的输入模块中去，其特点是时效性较强。

2）软件模拟法：在 PLC 中另外编写一套模拟程序，模拟提供现场的信号。其特点是简便易行，但时效性不易保证。

在工程实践中，往往灵活组合上述两种方法。高性能的编程器提供了较完善的程序测试手段，大大减少了程序测试的工作量。

第四节　PLC 控制系统的人机接口设计

一、人机接口（界面）概述

人机接口装置简称 HMI（Human Machine Interface 人机操作界面），是用来实现操作人员与 PLC 控制系统之间的对话和相互作用的装置，或简单地说是人与机器打交道的工具或界面。

对于一个有实际应用价值的 PLC 控制系统来讲，除了硬件和控制软件之外，还应有适于用户操作的方便的人机接口或人机界面。近年来，软件的人机界面系统起着越来越重要的作用，它的好坏直接影响到软件的寿命。人机界面的设计质量，直接影响用户对软件产品的评价，从而影响软件产品的竞争力。用户可以通过人机界面随时了解、观察并掌握整个控制系统的工作状态，必要时还可以通过人机界面向控制系统发出故障报警，进行人工干预。因此，人机界面可以看成是人与硬件（计算机、PLC 等）、控制软件的交叉部分，人可以通过人机界面与计算机、PLC 进行信息交换，向 PLC 控制系统输入数据、信息和控制命令，而 PLC 控制系统又可以通过人机界面，在可编程终端、计算机上回送控制系统的数据和有关信息给用户。由此可知，人机界面充分地体现了 PLC 控制系统的 I/O 功能及用户对系统工作情况进行操作的控制功能。综上所述，所谓人机界面指的是介于人与 PLC 控制系统之间的一个界面。操作人员可以通过人机界面与 PLC 控制系统进行信息数据的处理和交流。

二、人机接口系统的选型

人机接口（HMI）设计的第一步是根据用户的要求选型。HMI 设备是控制系统的一个组成部分，它不参与具体的控制运算，因此在选型中有很大的随意性。综合 HMI 应用的情况，决定选型的因素有价格、显示与操作的复杂程度、PLC 系统的结构、HMI 的安装因素、对数据库的要求、用户的特殊要求等。

（一）价格因素

在市场经济的大环境下，商品的价格永远是第一位的。作为一个商品生产者，在产品设计或做市场规划时首要的是做价格规划。对控制系统的设计也是这样，先要了解用户对 HMI 设备的价格要求，选取基本适合用户价格要求的产品。一般而言，文本显示的可编程终端的价格在 2000 元以下，一般 6in（1in = 2.54cm）左右的触摸式可编程终端的价格在 6000 元左右，而一个较小规模的监控计算机系统软、硬件的价格至少也在 12000 元以上。

（二）显示和操作的复杂程度

显示和操作的复杂程度决定了所选用的 HMI 系统的档次，实际也决定了系统的基本价格范围。这可分为以下 3 种情况：

1）系统只有几个操作按钮，设置和显示的参数也很少，且不需图形显示的系统可选文本显示型可编程终端。

2）要求较多图形显示、操作界面简单、无大量数据统计、无打印要求的单 PLC 系统一般选用图形显示薄膜按键式可编程终端。

3）要求有大量数据统计、打印和报表功能，或多 PLC 网络系统监控的一般选用监控计算机系统。

（三）PLC 系统的结构

PLC 系统的结构主要指是单 PLC 系统还是 PLC 网络系统，一般而言，可编程终端不太适合用于同时和多台 PLC 连接来作为整个 PLC 网络的 HMI，但它可以连接网络中的一台 PLC 作为单机的 HMI。在一个控制网络中，可编程终端适合作为单机上的现场操作用 HMI；监控计算机系统适合装置在监控中心作为整个控制网络的监控站使用。

（四）HMI 的安装与操作方式

可编程终端都可以采用面板式安装，且有很高的防护等级，适合就近安装在控制柜的面板（或门）上，可取代常规的设置和操作器件，方便操作者在面板上直接操作，而面板式安装和常规电器控制的操作很接近。监控计算机系统在采用工业控制机时虽说也可以采用柜式安装，但一般它需要一个专用机柜，不适宜安装在工业现场，操作方式也多用键盘和鼠标，它适合大量的数据输入，但不适合常规电气操作人员的习惯。监控计算机系统适用于有专门的监控室和专门值班人员的场合。

（五）对数据库、打印和报表等的要求

如果系统有大量的数据需要记录，并要做一些统计、报表和打印方面的工作，监控计算机系统是最适合的选择。可编程终端的优点在其可操作性强，但要进行大量数据的记录和统计对它来讲是困难的，计算机的有些功能（如数据存盘、网络共享、报表设计等）它基本无法做到。虽然很多的中高档可编程终端也有打印接口，但它们往往只支持有限的几种打印机，一般只能复制图形或打印数据，而不能打印出有个性化的文档。

（六）用户的特殊要求

用户的特殊要求包括数据的保密方式，是否有高亮度显示，是单色显示还是彩色显示，应用环境的温度、湿度、粉尘等要求。

在 HMI 系统选型时还有一个不可忽视的要点，这就是可编程终端对 PLC 系统的支持。目前很多 PLC 生产厂家都生产多种可编程终端，但大部分都只支持自己品牌的 PLC 产品，只有很少一些品牌的可编程终端支持多个 PLC 品牌，这一点在文本显示的可编程终端中最为常见。在组态软件的选用上也有类似的问题，部分组态软件对一种品牌 PLC 的一些专用的通信协议不支持的情况也应引起选型者的注意，对于这种情况，可以通过购买该 PLC 的 I/O 驱动器的方式解决，也可以改用另一种通信方式连接，但这些都应得到组态软件供应方的确认。

三、系统设计

人机界面的主要任务是迅速获取、处理应用系统运行过程中的数据和命令，并以适当的方式显示出来。正如以上分析的那样，人机界面的形式多种多样，因此在设计时尽量采用不同的设计思路和方法。

HMI 的设计首先要了解被控制系统的工艺，然后在 PLC 选型的同时对 HMI 设备选型，下一步才是进行具体界面的设计。

界面的设计一般由以下几个步骤构成。

1）汇总所有要在界面上反映的元素，如要设置和显示的参数、操作命令元件和系统状态的指示、需要记录的参数等。

2）对元素进行分组，如依据运行状态分为调试组、单步组和自动组等，或按设备的功

能分为上料组、前加工组和后加工组等。

3）从 PLC 的编程方得到上述汇总元素的所有地址，有时也可要求 PLC 编程人员按界面编程人员指定地址进行编程。

4）按工艺要求对各元素进行分组，划分出界面的页面。

5）初步构思，勾画出界面各页的草图，找使用方的有关人员征求意见，做出适应操作而且美观的页面构思。

6）用相关的支持软件制作页面，下载给接口设备，进行模拟显示，根据显示效果调整画面。

7）连接 PLC 系统进行全面测试，并进行相应的修改和调整。

第五节　PLC 控制系统的可靠性与抗干扰设计

PLC 是专门为工业生产环境设计的控制装置，一般不需要采取什么特殊措施就可以直接在工业环境中使用。但是，如果环境过于恶劣，电磁干扰特别强烈，或 PLC 的安装和使用方法不当，都有可能给 PLC 的安全和可靠运行带来隐患。因此，在 PLC 控制系统设计中，还需要注意系统的可靠性与抗干扰问题。

一、PLC 的环境适应性设计

每种控制器都有自己适应的环境技术条件，因此用户在选用时，特别是在设计控制系统时，对实际的环境条件要给予充分的考虑。

一般情况下，PLC 及其外部电路（I/O 模块、辅助电源等）能在下列环境条件下可靠地工作：

1）温度：工作温度为 0 ~ 55℃，最高为 60℃；保存温度为：−20 ~ +85℃。

2）湿度：相对湿度 5% ~ 95%（无凝结霜）。

3）振动和冲击：满足国际电工委员会标准。

4）电源：220V 交流供电时，电压允许在 ±15% 范围内变化，频率为 47 ~ 53Hz，瞬间停电保持 10ms。

5）空气环境：周围空气不能混有可燃性、爆发性和腐蚀性的气体。

下面分别分析温度、湿度、振动和冲击、空气环境对 PLC 工作可靠性的影响，并给出在恶劣环境下改善 PLC 工作环境的措施。

（一）温度

PLC 及其外部电路都是由半导体集成电路、晶体管和电阻、电容等元器件构成的，温度的变化将直接影响这些元器件的可靠性和寿命。温度高时，容易产生下列问题：

1）半导体器件性能恶化，故障率增加和寿命降低。

2）电容元件等漏电流增大，故障率增大，寿命降低。

3）模拟回路的漂移变大，精度降低等。

如果 PLC 的周围环境温度超过极限温度（60℃），可以采取下面的措施：

1）盘、柜内设置风扇或冷风机，把自然风引入盘、柜内，使用冷风机时注意不能使其结露。

2）把控制系统置于有空调的控制室内，不能直接放在日光下。

3）控制器的安装要考虑通风，控制器的上面和下面要留有 50mm 的距离，I/O 模块配线时要使用导线槽，以免妨碍通风。

4）安装时要把发热体，如电阻器或电磁接触器等要远离控制器，或者把控制器安装在发热体的下面。

而当温度偏低时，除模拟回路精度降低外，回路的安全系数变小，超低温时可能引起控制系统的动作不正常。特别是温度的急剧变化（高低温冲击），由于电子器件热胀冷缩，更容易引起电子器件的恶化和温度特性降低。此时，系统设计中应注意以下几点：

1）在盘、柜内设置加热器，使盘、柜内温度能够保持在 0℃ 以上。设置加热器时，要选择适当的温度传感器，以便在高温时能自动切断加热器电源，在低温时能够自动接通电源。

2）停运时，不切断控制器和 I/O 模块电源，靠其本身的发热量使周围温度升高，特别是夜间低温时。

3）温度有急剧变化的场合，不要打开盘、柜的门，以防冷空气进入。

（二）湿度

大气环境中湿度的变化可能对 PLC 产生的影响有：

1）在湿度大的环境中，水分容易通过模块上半导体集成电路金属表面的缺陷处浸入内部，引起模块内部元器件的老化，印制电路板可能由于高压或高浪涌电压而引起短路等故障，造成电路板损坏。

2）在极干燥的环境下，绝缘物体上可能带静电，特别是 MOS 管集成电路，由于输入阻抗高，可能由于静电感应而损坏。

3）控制器不运行时，由于温度、湿度的急剧变化可能引起控制器凝结露水。凝结露水后会使绝缘电阻大大降低，由于高电压的泄漏，可使金属表面生锈，特别是交流 220V 的 I/O 模块，由于绝缘的恶化可能产生预料不到的事故。

因此，在系统设计时应注意如下几点：盘、柜设计成密封型，并放入吸湿剂；把外部干燥的空气引入盘、柜内；印制电路板上再覆盖一层保护层，如喷松香水等；在湿度低的场合进行检修时，应尽量不接触模块，以防人体产生的感应静电损坏器件。

（三）振动和冲击

一般情况下，PLC 能承受的振动和冲击频率为 10～55Hz，振幅为 0.5mm，加速度到 2g（g 为重力加速度），冲击为 10g。超过这个极限时，可能会引起误动作、机械结构松动、电气部件疲劳损坏以及连接器接触不良等后果。

在有振动和冲击时，应弄清振动源是什么，并采取相应的防振措施，采取的防振措施有以下几点：

1）如果振动源来自盘、柜之外，可对相应的盘、柜采用防振橡皮，以达到减振目的；同时，也可以把盘、柜设置在远离振动源的地方。

2）如果振动来自盘、柜内，则要把产生振动和冲击的设备从盘、柜内移走，或单独设置盘、柜。

3）强固控制器或 I/O 模块印制电路板、连接器等可能产生松动的部件或器件，连接线也要紧固。

（四）空气环境对 PLC 工作可靠性的影响

PLC 周围的空气中不能混有尘埃、导电性粉末、腐蚀性气体、水分、油分、油雾、有机溶剂和盐分等，否则会引起下列不良现象：

1）尘埃可引起接触部分的接触不良，或使滤波器的网眼堵住，造成盘、柜内温度上升。

2）导电性粉末可引起误动作，导致绝缘性能变差和短路等。

3）油和油雾可能会引起接触不良和腐蚀塑料。

4）腐蚀性气体和盐分可能会引起印制电路板的底板或引线腐蚀，造成继电器或开关类的可动部件接触不良。

如果 PLC 的周围环境空气不清洁，可采取下面相应的措施。盘、柜采用密封型结构；盘、柜内打入高压清洁空气，使外界不清洁空气无法进入盘、柜内部；印制电路板表面涂一层保护层，如松香水等。

二、PLC 控制系统的冗余性设计

一般情况下，使用 PLC 构成控制系统的可靠性较高。然而，无论使用什么样的硬件，故障总是难免的。特别是控制器，对用户来说就是一个黑盒子，一旦出现故障，用户一点办法也没有。因此，在进行控制系统设计时必须充分考虑其可靠性和安全性。

为了保证控制系统可靠地工作，除选用可靠性高的 PLC 并使其在允许的环境下工作外，控制系统的冗余设计也是提高控制系统可靠性的一条有效措施。PLC 控制系统设计中，可以采取以下冗余措施。

（一）环境条件上的富余

前面讲了改善环境条件的设计方法，其目的在于使控制器工作在合适的环境中。在设计中，还要使环境条件有一定的富余量。如对于温度，虽然控制器能在 55℃ 高温下工作，但为了保证可靠性，环境温度最好能控制在 30℃ 以下，即留有约 1/3 的富余量。其他环境条件的确定也是如此。

（二）控制器的并列运行

用两台控制内容完全相同的控制器，I/O 也分别连接到两台控制器，当某一台控制器故障时，可自动或手动切换到另一台控制器继续运行。

控制器并列运行方案仅适用于小规模的控制系统，I/O 点数比较少，布线容易。对大规模的控制系统，由于 I/O 点数多，电缆配线变得复杂，同时控制系统成本相应增加（几乎是成倍增加），这就限制了它的应用。

（三）双机双工热后备控制系统

用两台完全相同的 PLC 构成同一控制系统，其中一台 PLC 起控制作用，同时把控制信息传递给另一台备用 PLC。由监控器实时监控两台 PLC 的工作状况，并比较它们执行的结果。当起控制作用的工作机出现故障时，监控器把控制权交给备用 PLC，并关断工作机的控制，指示出现故障，这就是所谓的双机双工热后备控制系统。

双机双工热后备控制系统仅限于控制器的冗余，I/O 通道仅能做到同轴电缆的冗余，不可能把所有 I/O 点都冗余，只有那些不惜成本的场合才考虑全部系统冗余。

也有把备用机作为冷备机的，即冷备机平时不通电，只有工作机故障时人为接通备用机电源才通电；并切除原工作机。冷备机的优点是不需要监控器，节省投资；缺点是当工作机故障时，需要停运系统，并人为加载备用机程序，系统可靠性比热备机差。

（四）与继电器控制盘并用

在老系统改造的场合，原有的继电器控制盘最好不要拆掉，应保留其原来的功能，作为控制系统的后备机使用。对于新建项目，由于小规模控制系统中的控制器造价可做到和继电器控制盘相当，因此以采用控制器并列运行方案为好。对于中大规模的控制系统，由于继电器控制盘比较复杂，电缆线和工时都比较费，还不如采用控制器可靠，这种情况推荐使用双机双工热后备控制系统方案。

此外，在进行控制系统设计时，应设计必要的手动操作回路，作为自动控制回路的后备回路。可将手动操作开关与输出信号线并联，当控制器故障时，由手动操作开关直接驱动负载，这样仍能使系统运行。

三、PLC 控制系统的抗干扰设计

PLC 属于专用工业控制计算机，一般放置在工业现场并且工作于此，直接与被控装置及设备相连接，由于其自身工作电压较低，工作频率较高，因此现场的各种干扰对它会造成很大的影响，甚至引起误动作造成重大的损失。特别是系统的 I/O 环节，更是干扰进入的主要通道，因此在 PLC 控制系统设计中，考虑相应的抗干扰措施是极为重要的。工业现场环境条件一般比较恶劣，为此必须考虑 PLC 控制系统的合理抗干扰措施。

（一）抗电源干扰的措施

可以使用隔离变压器来抑制电网中的干扰信号，没有隔离变压器时，也可以使用普通变压器。为了改善隔离变压器的抗干扰效果，应注意两点：

1）屏蔽层要良好接地。

2）一次侧、二次侧连接线应使用双绞线，以减少电源线之间的干扰。

使用滤波器在一定频率范围内有较好的抗电网干扰的作用，但是要选择好滤波器的频率范围常常是困难的。为此，常用的方法是既使用滤波器，同时也使用隔离变压器，连接方法如图 8-13 所示。

图 8-13　滤波器和隔离变压器同时使用

注意：滤波器与隔离变压器同时使用时，应把滤波器接入电源，然后再接隔离变压器。同时，隔离变压器的一次侧和二次侧连接线要用双绞线，且一次侧和二次侧要分离开。

此外，将控制器、I/O 通道和其他设备的供电分离开也有助于抗电网干扰。

（二）控制系统的接地设计

在控制系统中，良好的接地可以起到如下的作用：

1）一般情况下，控制器和控制柜与大地之间存在电位差，良好的接地可以减少由于电位差引起的干扰电流。

2）混入电源和 I/O 信号线的干扰可通过接地线引入大地，从而减轻干扰的影响。

3）良好的接地可以防止漏电流产生的感应电压。

可见，良好的接地可以有效地防止干扰引起的误动作，控制系统的接地一般有如图 8-14 所示的 3 种方法。

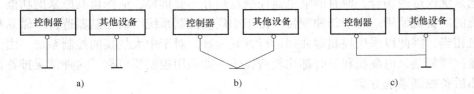

图 8-14　控制系统的接地方法

a）专用接地　b）共用接地　c）共同接地

其中图 8-14a 为控制器和其他设备分别接地方式，这种接地方式最好。如果做不到每个设备专用接地，也可使用图 8-14b 的共用接地方法。一般不能使用图 8-14c 所示的共同接地方法，特别是应避免与电动机、变压器等动力设备共同接地。

在设计接地时，还应注意以下几点：

1）采用共同接地方式，接地电阻应小于 4Ω；

2）接地线应尽量粗，一般用截面积大于 $2mm^2$ 的接地线；

3）接地点应尽量靠近控制器，接地点与控制器之间的距离不大于 50m；

4）接地线应尽量避开强电回路和主电路的电线，不能避开时，应垂直相交，应尽量缩短平行直线的长度。

（三）防止 I/O 干扰的措施

1. 从抗干扰角度选择 I/O 模块

从抗干扰的角度来看，I/O 模块的选择要考虑下列因素：

1）I/O 信号与内部回路隔离的模块比非隔离的模块抗干扰性能好。

2）晶体管型等的无触点输出的模块比有触点输出的模块在控制器一侧产生的干扰小。

3）输入模块允许的输入信号 ON—OFF 的电压差大，抗干扰性能好；OFF 电压高，对抗感应电压是有利的。

4）输入信号响应时间慢的输入模块抗干扰性能好。

2. 防止输入信号干扰的措施

输入设备的输入信号中的线间干扰（差模干扰）用输入模块的滤波可以使其衰减，然而，输入信号线与大地间的共模干扰在控制器的内部回路会产生大的电位差，这是引起控制器误动作的主要原因。为了抗共模干扰，控制器要良好接地。

如图 8-15 所示，在输入端有电感性负载时，为了防止反向感应电动势损坏模块，在负载两端并接电容 C 和电阻 R（输入为交流信号时），或并接续流二极管 VD（输入为直流信号时）。如果与输入信号并接的电感性负载大时，使用继电器中转效果最好。交流输入方式时，C、R 的选择要适当才能起到较好的效果。一般情况下的参考数值为：负载容量在 10VA 以下，选用电容为 $0.1\mu F$、电阻为 120Ω 的元件；负载容量在 10VA 以上时，选用电容为 $0.47\mu F$，电阻为 47Ω 的元件。

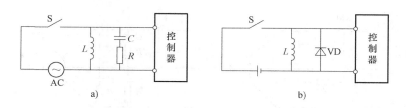

图 8-15　与输入信号并接电感性负载时的电路图

a）交流输入　b）直流输入

　　输入电路中的感应电压的存在也是产生干扰信号的一个重要因素。图 8-16 是感应电压产生示意图，由图可知，感应电压是通过下列因素产生的：

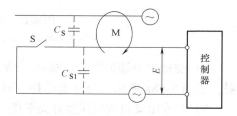

图 8-16　电路中感应电压的产生示意图

　　1）输入信号线间的寄生电容 C_{S1}。

　　2）输入信号线与其他线间的寄生电容 C_S。

　　3）输入信号线与其他线，特别是大电流线的电气耦合 M。

　　对于感应电压干扰，可以采取下面的 3 种措施：

　　1）输入电压的直流化。如果可能的话，在感应电压大的场合，改交流输入为直流输入。

　　2）在输入端并接浪涌吸收器。

　　3）在长距离配线和大电流的场合，感应电压大，可用继电器转换。

3. 防止输出信号干扰的措施

　　输出信号干扰的产生：电感性负载场合，输出信号由断开变成接通时产生突变电流；从接通变成断开时产生反向感应电动势；另外，电磁接触器等触点会产生电弧。所有这些，都有可能产生干扰。

　　根据负载的不同，防止输出信号干扰的措施主要有以下几条：

　　1）交流电感性负载的场合：在负载的两端并接 RC 浪涌吸收器，如图 8-17a 所示，电阻、电容越靠近负载，其抗干扰效果越好。

　　2）直流电感性负载的场合：在负载的两端并接续流二极管 VD，如图 8-17b 所示，二极管也要靠近负载，其反向耐压应是负载电压的 4 倍。

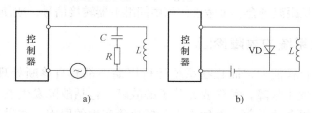

图 8-17　防止感性负载干扰的措施

a）交流电感性负载　b）直流电感性负载

　　3）在接通、断开电路时产生干扰较大的场合，对于交流负载可使用双向晶闸管输出模块。

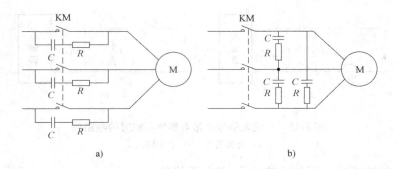

图 8-18 防止大容量负载干扰的措施

a) 触点两端连接 RC 浪涌吸收器 b) 线间采用 RC 浪涌吸收器

4）交流接触器的触点的接通、断开时产生电弧干扰，可在触点两端连接 RC 浪涌吸收器，如图 8-18a 所示。要注意的是，通过 RC 浪涌吸收器会有一定的漏电流产生。

5）存在电动机或变压器开关干扰时，可在线间采用 RC 浪涌吸收器，如图 8-18b 所示。

从防止输出干扰的角度来考虑控制器输出模块的选择，在有干扰的场合要选用装有浪涌吸收器的模块。没有浪涌吸收器的模块，仅限用于电子式或电动机的定时、小型继电器、指示灯的驱动等场合。

4. 防止外部接线干扰的措施

控制器外部 I/O 的接线不当，很容易造成信号间的干扰。为了防止或减少外部接线产生的干扰，可以采取以下措施：

1）交流 I/O 信号与直流 I/O 信号分别使用各自的电缆。

2）集成电路或晶体管设备的输入信号线，需要使用屏蔽电缆。屏蔽电缆中屏蔽线处理：在 I/O 设备一侧悬空，而在控制器一侧接地。

3）控制器的接地线与电源线或动力线分开。

4）I/O 信号线与高电压、大电流的动力线分开。

5）30m 以下的短距离时，直流和交流 I/O 信号线不要使用同一根电缆，必须使用同一根电缆时，直流 I/O 信号线要使用屏蔽电缆。

6）30～300m 中距离的场合，不管直流还是交流信号，I/O 线都不能使用同一根电缆，输入信号线一定要用屏蔽线。

7）300m 以上的长距离场合，可考虑使用中间继电器转接信号，或使用远程 I/O 通道。

四、PLC 控制系统的故障诊断

PLC 具有一定的自检能力，而且在系统运行周期中都有自诊断处理阶段。在 PLC 控制系统工作过程中一旦发生故障，首先要充分了解故障，包括故障发生点、故障现象、是否有再生性、是否与其他设备相关等，然后再去分析故障产生的原因，并设法予以排除。

一般情况下，PLC 故障的诊断先从总体检查开始，根据总体检查的情况找出故障点的大方向，然后再逐步细化，以找出具体故障点。细化检查的方向包括以下几点。

（一）电源检查

如果在总体检查中发现 PLC 的电源指示灯不亮，就需要对供电系统进行检查，检查的内容包括：

1）指示灯与熔丝正常否？

2）电源是否有供电电压？

3）电源供电电压是否在额定范围？

4）电压切换端子的设定是否正确？

5）是否有端子松动？

6）电源线是否断了？

（二）异常检查

当 PLC 的 CPU 上"运行"指示灯不亮时，说明系统 PLC 已经因为某种异常而中止了正常运行。此时，在电源指示灯亮的条件下，检查以下内容：

1）异常指示灯是否亮？

2）装上编程器后，编程器是否有指示？编程器有指示时利用编程器进行下面的检查：

① 存储器是否有异常？

② 程序中是否有 END 指令？

③ 进行 I/O 操作时，是否有异常？

④ 系统是否异常（WDT 错误）？

检查出错误应进行更正，再进行检查。对于系统异常的情况，可考虑加大看门狗 WDT 的设定值。如无法进行进一步的检查，可考虑更换模块。

（三）报警故障检查

报警故障一般不会引起 PLC 停止运行，但是仍然需要尽快查清原因，尽快处理，甚至在必要时进行停机来处理故障。

报警故障首先反映在报警灯的闪烁上，可以查阅相关手册来查找引起故障的原因，并根据提示进行相应的处理。

（四）输入输出检查

输入输出是 PLC 与外围设备进行信息交换的渠道，它能否正常工作，除了和输入输出单元有关外，还与连接线、接线端子、熔丝等元件的状态有关。检查的内容主要包括：

1）模块上输入输出的指示灯是否亮？

2）模块上输入输出的端子电压或电流是否正常？

3）接线是否正确？是否有断线？

4）接线端子是否松动？

5）熔丝是否正常？

检查出错误应进行更正，再进行检查。如无法进行进一步的检查，可考虑更换输入或输出模块。

（五）外部环境检查

如果外部环境过于恶劣，也可能影响 PLC 的正常工作。主要检查内容有：

1）温度是否在要求的范围内？

2）湿度是否在要求的范围内？

3）空气中是否有粉尘及腐蚀性气体？

4）环境噪声是否过大？

5）是否存在强电磁干扰？

一般情况下，可以认为环境各因素对 PLC 的影响是相互独立的，因此检查可以分别进行。根据检查结果，应采取相应的制冷或加热、防潮、防尘或隔离等措施，以提高 PLC 运行的可靠性。

第六节　PLC 控制系统设计举例

下面以机械手控制系统为例来说明 PLC 控制系统设计的主要过程。

一、机械手控制系统简介

为了满足生产的需要，很多设备要求设置多种工作方式，如手动方式和自动方式，自动方式包括连续、单周期、单步、自动返回初始状态几种工作方式。手动程序比较简单，一般用经验法设计，自动程序比较复杂，一般根据系统的顺序功能图用顺序控制法设计。

如图 8-19 所示，某机械手用来将工件从 A 点搬运到 B 点，操作面板如图 8-20 所示，图 8-21 是 PLC 的外部接线图。输出 Q4.1 为 1 时工件被夹紧，为 0 时被松开。

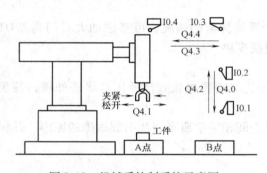

图 8-19　机械手控制系统示意图

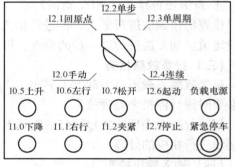

图 8-20　操作面板

工作方式选择开关的 5 个位置分别对应于 5 种工作方式，操作面板左下部的 6 个按钮是手动按钮。为了保证在紧急情况下（包括 PLC 发生故障时）能可靠地切断 PLC 的负载电源，设置了交流接触器 KM（见图 8-21）。在 PLC 开始运行时按下"负载电源"按钮，使 KM 线圈得电并自锁，KM 的主触点接通，给外部负载提供交流电源，出现紧急情况时用"紧急停车"按钮断开负载电源。

系统设有手动、单周期、单步、连续和回原点 5 种工作方式，机械手在最上面和最左边且松开时，称为系统处于原点状态（或称初始状态）。

如果选择的是单周期工作方式，按下起动按钮 I2.6 后，从初始步 M0.0 开始，机械手按顺序功能图中所示（见图 8-26）的规定完成一个周期的工作后，返回并停留在初始步。如果选择连续工作方式，在初始状态按下起动按钮后，机械手从初始步开始一个周期接一个周期地连续工作。按下停止按钮，机械手并不马上停止工作，而是完成最后一个周期的工作后，系统才返回并停留在初始步。单步工作方式时，从初始步开始，按一下起动按钮，系统转换到下一步，完成该步的任务后，自动停止工作并停在该步，再按一下起动按钮，又往前走一步，单步工作方式常用于系统的调试。

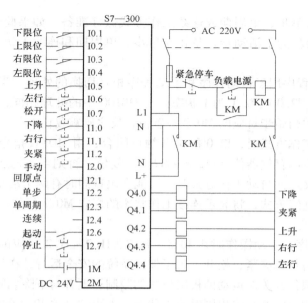

图 8-21　PLC 的外部接线图

在进入单周期、连续和单步工作方式之前，系统应处于原点状态；如果不满足这一条件，可以选择回原点工作方式，然后按起动按钮 I2.6，使系统自动返回原点状态。在原点状态，循序功能图中的初始步 M0.0 为 ON，为进入单周期、连续和单步工作方式做好了准备。

二、使用起、保、停电路的编程方法

（一）程序的总体结构

项目的名称为"机械手控制"，在主程序 OB1（见图 8-22）中，用调用功能（FC）的方式来实现各种工作方式的切换。公用程序 FC1 是无条件调用的，供各种工作方式公用。由外部接线图可知，工作方式选择开关是单刀 5 掷开关，同时只能选择一种工作方式。选择手动方式时调用手动程序 FC2，选择回原点工作方式时调用回原点程序 FC4，选择连续、单周期和单步工作方式时，调用自动程序 FC3。

在 PLC 进入 RUN 运行模式的第一个扫描周期，系统调用组织块 OB100，在 OB100 中执行初始化程序。

（二）OB100 中的初始化程序

机械手处于最上面和最左边的位置且夹紧装置松开时，系统处于规定的初始条件，称为"原点条件"，此时左限位开关 I0.4、上限位开关 I0.2 的常开触点和表示夹紧装置

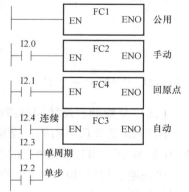

图 8-22　OB1 程序结构

松开的 Q4.1 的常闭触点组成的串联电路接通，存储器位 M0.5 为 1 状态。

对 CPU 组态时，代表顺序功能图中的各位的 MB0～MB2 应设置为没有断电保持功能，CPU 启动时它们均为 0 状态。CPU 刚进入 RUN 模式的第一个扫描周期执行如图 8-23 所示的组织块 OB100 时，如果原点条件满足，M0.5 为 1 状态，顺序功能图中的初始步对应的

M0.0 被置位，为进入单步、单周期或连续工作方式做好准备。如果此时 M0.5 为 0 状态，M0.0 将被复位，初始步为不活动步，禁止在单步、单周期和连续工作方式时工作。

（三）公用程序

图 8-24 中的公用程序用于自动程序和手动程序相互切换的处理。当系统处于手动工作方式或回原点方式时，I2.0 或 I2.1 为 1 状态。与 OB100 中的处理相同，如果此时满足原点条件，顺序功能图中的初始步对应的 M0.0 被置位，反之则被复位。

当系统处于手动工作方式时，I2.0 的常开触点闭合，用 MOVE 指令将顺序功能图中除初始步以外的各步对应的存储器位（M2.0 ～ M2.7）复位，否则当系统从自动工作方式切换到手动工作方式然后又返回自动工作方式时，可能会出现同时有两个活动步的异常情况，引起错误的动作。在非连续方式，将表示连续工作状态的标志 M0.7 复位。

（四）手动程序

图 8-25 是手动程序，手动操作时用 I0.5 ～ I0.7、I1.0 ～ I1.2 对应的 6 个按钮控制机械手的升、降、左行、右行和夹紧、松开。为了保证系统的安全运行，在手动程序中设置了一些必要的联锁，例如限位开关对运动的极限位置的限制；上升与下降之间、左行与右行之间的互锁用来防止功能相反的两个输出同时为 1 状态。上限位开关 I0.2 的常开触点与控制左、右行的 Q4.4 和 Q4.3 的线圈串联，机械手升到最高位置才能左、右移动，以防止机械手在较低位置运行时与别的物体碰撞。

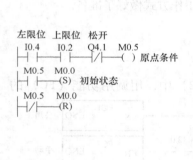

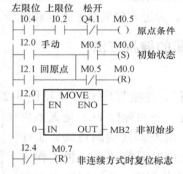

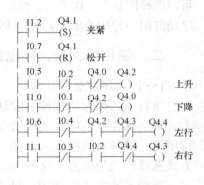

图 8-23　OB100 初始化程序　　　　图 8-24　公用程序 FC1　　　　图 8-25　手动程序 FC2

（五）单周期、连续和单步程序

图 8-26 是处理单周期、连续和单步工作方式的功能 FC3 的顺序功能图与梯形图程序。M0.0 和 M2.0 ～ M2.7 用典型的起、保、停电路来控制。

单周期、连续和单步这 3 种工作方式主要是用"连续"标志 M0.7 和"转换允许"标志 M0.6 来区分的。

1. 单步与非单步的区分

M0.6 的常开触点接在每一个控制代表步的存储器位的起动电路中，它们断开时禁止步的活动状态的转换。如果系统处于单步工作方式，I2.2 为 1 状态，它的常闭触点断开，"转换允许"存储器位 M0.6 在一般情况下为 0 状态，不允许步与步之间的转换。当某一步的工作结束后，转换条件满足时，如果没有按起动按钮 I2.6，M0.6 处于 0 状态，起、保、停电路的起动电路处于断开状态，不会转换到下一步。一直要等到按下起动按钮 I2.6，M0.6 在

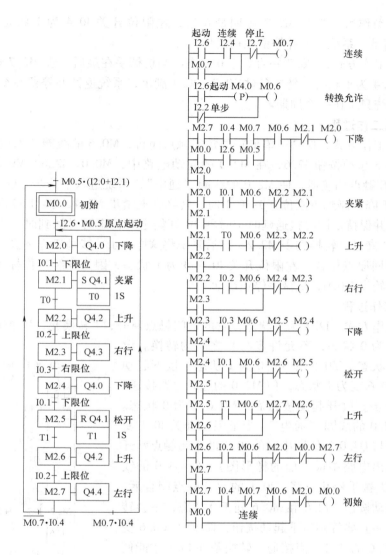

图 8-26 顺序功能图与梯形图

I2.6 的上升沿接通一个扫描周期，M0.6 的常开触点接通，此时系统才会转换到下一步。

系统工作在连续、单周期（非单步）工作方式时，I2.2 的常闭触点接通，使 M0.6 为 1 状态，串联在各起、保、停电路的起动电路中的 M0.6 的常开触点接通，允许步与步之间的正常转换。

2. 单周期与连续的区分

在连续工作方式，I2.4 为 1 状态。在初始状态按下起动按钮 I2.6，M2.0 变为 1 状态，机械手下降。与此同时，控制连续工作的 M0.7 的线圈 "通电" 并自保持。

当机械手在步 M2.7 返回最左边时，I0.4 为 1 状态，因为 "连续" 标志位 M0.7 为 1 状态，转换条件 M0.7·I0.4 满足，系统将返回步 M2.0，反复连续地工作下去。

按下停止按钮 I2.7 后，M0.7 变为 0 状态，但是系统不会立即停止工作，在完成当前工作周期的全部操作后，当步 M2.7 返回最左边，左限位开关 I0.4 为 1 状态时，转换条件 $\overline{M0.7}$·I0.4 满足，系统返回并停留在初始步。

在单周期工作方式，M0.7 一直处于 0 状态。当机械手在最后一步 M2.7 返回最左边时，左限位开关 I0.4 为 1 状态，转换条件 $\overline{M0.7}$·I0.4 满足，系统返回并停留在初始步。按一次起动按钮，系统只工作一个周期。

3. 单周期工作过程

在单周期工作方式，I2.2（单步）的常闭触点闭合，M0.6 的线圈"通电"，允许转换。在初始步时按下起动按钮 I2.6，在 M2.0 的起动电路中，M0.0、I2.6、M0.5（原点条件）和 M0.6 的常开触点均接通，使 M2.0 的线圈"通电"，系统进入下降步，Q4.0 的线圈"通电"，机械手下降；碰到下限位开关 I0.1 时，转换到夹紧步 M2.1，Q4.1 被置位，夹紧电磁阀的线圈通电并保持。同时接通延时定时器 T0 开始定时，定时时间到时，工件被夹紧，1s 后转换条件 T0 满足，转换到步 M2.2。以后系统将这样一步一步地工作下去，直到步 M2.7，机械手左行返回原点位置，左限位开关 I0.4 变为 1 状态，因为连续工作标志 M0.7 为 0 状态，将返回初始步 M0.0，机械手停止运动。

4. 单步工作过程

在单步工作方式，I2.2 为 1 状态，它的常闭触点断开，"转换允许"辅助继电器 M0.6 在一般情况下为 0 状态，不允许步与步之间的转换。设系统处于原点状态，M0.5 和 M0.0 为 1 状态，按下起动按钮 I2.6，M0.6 变为 1 状态，使 M2.0 的起动电路接通，系统进入下降步。放开起动按钮后，M0.6 变为 0 状态。在下降步，Q4.0 的线圈"通电"，当下限位开关 I0.1 变为 1 状态时，与 Q4.0 的线圈串联的 I0.1 的常闭触点断开（见图 8-27 输出电路中最上面的梯形图），使 Q4.0 的线圈"断电"，机械手停止下降。I0.1 的常开触点闭合后，如果没有按起动按钮，I2.6 和 M0.6 处于 0 状态，不会转换到下一步。一直要等到按下起动按钮，I2.6 和 M0.6 变为 1 状态，M0.6 的常开触点接通，转换条件 I0.1 才能使图 8-26 中的 M2.1 的起动电路接通，M2.1 的线圈"通电"并自保持，系统才能由步 M2.0 进入步 M2.1。以后在完成某一步的操作后，都必须按一次起动按钮，系统才能转换到下一步。

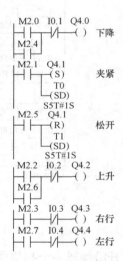

图 8-27　输出电路

图 8-26 中控制 M0.0 的起、保、停电路如果放在控制 M2.0 的起、保、停电路之前，在单步工作方式步 M2.7 为活动步时按起动按钮 I2.6，返回步 M0.0 后，M2.0 的起动条件满足，将马上进入步 M2.0。在单步工作方式，这样连续跳两步是不允许的。将控制 M2.0 的起、保、停电路放在控制 M0.0 的起、保、停电路之前和 M0.6 的线圈之后可以解决这一问题。在图 8-26 中，控制 M0.6（转换允许）的是起动按钮 I2.6 的上升沿检测信号，在步 M2.7 按起动按钮，M0.6 仅接通一个扫描周期，它使 M0.0 的线圈通电后，下一扫描周期处理控制 M2.0 的起、保、停电路时，M0.6 已变为 0 状态，所以不会使 M2.0 变为 1 状态，要等到下一次按起动按钮时，M2.0 才会变为 1 状态。

5. 输出电路

输出电路（见图8-27）是自动程序FC3的一部分，输出电路中I0.1～I0.4的常闭触点是为单步工作方式设置的。以机械手下降为例，当小车碰到限位开关I0.1后，与下降步对应的存储器位M2.0或M2.4不会马上变为OFF，如果Q4.0的线圈不与I0.1的常闭触点串联，机械手不能停在下限位开关I0.1处，还会继续下降，这种情况对于某些设备，可能造成事故。

（六）自动返回原点程序

图8-28a、图8-28b是自动回原点程序的顺序功能图和用起、保、停电路设计的梯形图。在返回原点工作方式中，I2.1为1状态，按下起动按钮I2.6，M1.0变为1状态并保持，机械手上升，升到上限位开关时，I0.2为1状态，机械手改为左行，到左限位开关时，I0.4变为1状态，将步M1.1复位，同时将Q4.1复位，机械手松开。松开后原点条件满足，M0.5变为1状态，在公用程序中，初始步M0.0被置位，为进入单周期、连续或单步工作方式做好了准备，因此可以认为自动程序FC3中的初始步M0.0是步M1.1的后续步。

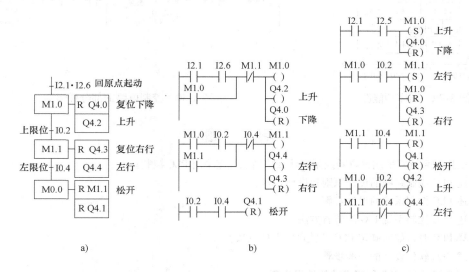

图8-28　自动返回原点的顺序功能图与梯形图

a）顺序功能图　b）用起、保、停电路设计的梯形图　c）用置位复位指令编写的梯形图

三、使用置位、复位指令的编程方法

与使用起、保、停电路的编程方法相比，OB1、OB100、顺序功能图（见图8-29）、公用程序、手动程序和自动程序中的输出电路完全相同。仍然用存储器位M0.0和M2.0～M2.7来代表各步，它们的控制电路的部分梯形图如图8-30所示。该图中控制M0.0和M2.0～M2.7置位、复位的触点串联电路，与图8-26起、保、停电路中相应的起动电路相同。M0.7与M0.6的控制电路与图8-26中的相同，自动返回原点的程序如图8-28c所示。

图8-30中对M0.0置位的电路应放在对M2.0置位的电路后面，否则在单步工作方式从步M2.7返回步M0.0时，会马上进入步M2.0。

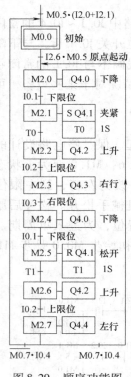

图 8-29 顺序功能图

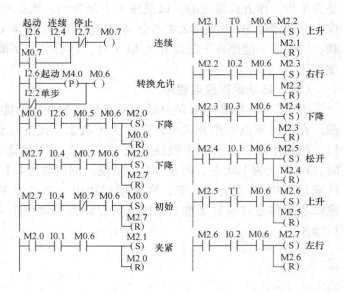

图 8-30 控制电路的部分梯形图

习 题

1. 什么控制系统宜采用继电器控制？什么控制系统宜采用 PLC 控制？

2. 简述 PLC 控制系统的设计原则和设计内容。

3. 简述 PLC 控制系统的设计步骤。

4. 简述 PLC 控制系统 I/O 的节省方法。

5. 选择 PLC 时，如何确定 PLC 开关量的 I/O 点数？

6. 简述 PLC 软件设计的一般步骤。

7. 简述西门子 STEP 7 程序设计的编程步骤。

8. 说明人机界面在 PLC 控制系统中的作用。

9. 在 PLC 控制系统中，为什么要采用冗余性设计？并说明常采用哪些冗余措施？

10. 在 PLC 控制系统设计中，常采用哪些抗干扰措施？

11. PLC 控制系统良好的接地有何作用？其接地有何要求？

12. PLC 的 I/O 回路上有哪些干扰源？分别采用什么抗干扰措施？

附录 STEP7语句表指令一览表

英文助记符	德文助记符	程序元素分类	说　明
+	+	整数算术运算指令	加上一个整数常数(16位,32位)
=	=	位逻辑指令	赋值
)	)	位逻辑指令	嵌套闭合
+ AR1	+ AR1	累加器指令	AR1 加累加器1至地址寄存器1
+ AR2	+ AR2	累加器指令	AR2 加累加器1至地址寄存器2
+ D	+ D	整数算术运算指令	作为双整数(32位),将累加器1和累加器2中的内容相加
− D	− D	整数算术运算指令	作为双整数(32位),将累加器2中的内容减去累加器1中的内容
* D	* D	整数算术运算指令	作为双整数(32位),将累加器1和累加器2中的内容相乘
/D	/D	整数算术运算指令	作为双整数(32位),将累加器2中的内容除以累加器1中的内容
? D	? D	比较指令	双整数(32位)比较 = =,< >,>,<,> =,<=
+ I	+ I	整数算术运算指令	作为整数(16位),将累加器1和累加器2中的内容相加
− I	− I	整数算术运算指令	作为整数(16位),将累加器2中的内容减去累加器1中的内容
* I	* I	整数算术运算指令	作为整数(16位),将累加器1和累加器2中的内容相乘
/I	/I	整数算术运算指令	作为整数(16位),将累加器2中的内容除以累加器1中的内容
? I	? I	比较指令	整数(16)比较 = =,< >,>,<,>=,<=
+ R	+ R	浮点算术运算指令	作为浮点数(32位,IEEE-FP),将累加器1和累加器2中的内容相加
− R	− R	浮点算术运算指令	作为浮点数(32位,IEEE-FP),将累加器2中的内容减去累加器1中的内容
* R	* R	浮点算术运算指令	作为浮点数(32位,IEEE-FP),将累加器1和累加器2中的内容相乘
/R	/R	浮点算术运算指令	作为浮点数(32位,IEEE-FP),将累加器2中的内容除以累加器1中的内容
? R	? R	比较指令	比较两个浮点数(32位) = =,< >,>,<,>=,<=

（续）

英文助记符	德文助记符	程序元素分类	说　明
A	U	位逻辑指令	"与"
A(	U(	位逻辑指令	"与"操作嵌套开始
ABS	ABS	浮点算术运算指令	浮点数取绝对值（32 位，IEEE-FP）
ACOS	ACOS	浮点算术运算指令	浮点数反余弦运算（32 位）
AD	UD	字逻辑指令	双字"与"（32 位）
AN	UN	位逻辑指令	"与非"
AN(	UN(	位逻辑指令	"与非"操作嵌套开始
ASIN	ASIN	浮点算术运算指令	浮点数反正弦运算（32 位）
ATAN	ATAN	浮点算术运算指令	浮点数反正切运算（32 位）
AW	UW	字逻辑指令	字"与"（16 位）
BE	BE	程序控制指令	块结束
BEC	BEB	程序控制指令	条件块结束
BEU	BEA	程序控制指令	无条件块结束
BLD	BLD	程序控制指令	程序显示指令（空）
BTD	BTD	转换指令	BCD 转成整数（32 位）
BTI	BTI	转换指令	BCD 转成整数（16 位）
CAD	TAD	转换指令	颠倒累加器 1 中四个字节的顺序
CALL	CALL	程序控制指令	块调用
CALL	CALL	程序控制指令	调用多背景块
CALL	CALL	程序控制指令	从库中调用块
CAR	TAR	装入/传送指令	交换地址寄存器 1 和地址寄存器 2 的内容
CAW	TAW	转换指令	交换累加器 1 低字中两个字节的顺序
CC	CC	程序控制指令	条件调用
CD	ZR	计数器指令	减计数器
CDB	TDB	转换指令	交换共享数据块和背景数据块
CLR	CLR	位逻辑指令	RLO 清零（=0）
COS	COS	浮点算术运算指令	浮点数余弦运算（32 位）
CU	ZV	计数器指令	加计数器
DEC	DEC	累加器指令	减少累加器 1 低字的低字节
DTB	DTB	转换指令	双整数（32 位）转成 BCD
DTR	DTR	转换指令	双整数（32 位）转成浮点数（32 位，IEEE-FP）
ENT	ENT	累加器指令	进入累加器栈
EXP	EXP	浮点算术运算指令	浮点数指数运算（32 位）
FN	FN	位逻辑指令	脉冲下降沿
FP	FP	位逻辑指令	脉冲上升沿
FR	FR	计数器指令	使能计数器（任意）（任意，FR C0 ~ C255）

（续）

英文助记符	德文助记符	程序元素分类	说　　明
FR	FR	定时器指令	使能定时器（任意）
INC	INC	累加器指令	增加累加器 1 低字的低字节
INVD	INVD	转换指令	对双整数求反码（32 位）
INVI	INVI	转换指令	对整数求反码（16 位）
ITB	ITB	转换指令	整数（16 位）转成 BCD
ITD	ITD	转换指令	整数（16 位）转成双整数（32 位）
JBI	SPBI	跳转指令	若 BR = 1，则跳转
JC	SPB	跳转指令	若 RLO = 1，则跳转
JCB	SPBB	跳转指令	若 RLO = 1 且 BR = 1，则跳转
JCN	SPBN	跳转指令	若 RLO = 0，则跳转
JL	SPL	跳转指令	跳转到标号
JM	SPM	跳转指令	若为负，则跳转
JMZ	SPMZ	跳转指令	若为负或零，则跳转
JN	SPN	跳转指令	若为非零，则跳转
JNB	SPBNB	跳转指令	若 RLO = 0 且 BR = 1，则跳转
JNBI	SPBIN	跳转指令	若 BR = 0，则跳转
JO	SPO	跳转指令	若 OV = 1，则跳转
JOS	SPS	跳转指令	若 OS = 1，则跳转
JP	SPP	跳转指令	若为正，则跳转
JPZ	SPPZ	跳转指令	若为正或零，则跳转
JU	SPA	跳转指令	无条件跳转
JUO	SPU	跳转指令	若为无效数，则跳转
JZ	SPZ	跳转指令	若为零，则跳转
L	L	装入/传送指令	装入
L DBLG	L DBLG	装入/传送指令	将共享数据块的长度装入累加器 1 中
L DBNO	L DBNO	装入/传送指令	将共享数据块的块号装入累加器 1 中
L DILG	L DILG	装入/传送指令	将背景数据块的长度装入累加器 1 中
L DINO	L DINO	装入/传送指令	将背景数据块的块号装入累加器 1 中
L STW	L STW	装入/传送指令	将状态字装入累加器 1
L	L	定时器指令	将当前定时值作为整数装入累加器 1（当前定时值可以是 0~255 之间的一个数字，例如 LT32）
L	L	计数器指令	将当前计数值装入累加器 1（当前计数值可以是 0~255 之间的一个数字，例如 LC15）
LAR1	LAR1	装入/传送指令	将累加器 1 中的内容装入地址寄存器 1
LAR1 < D >	LAR1 < D >	装入/传送指令	将两个双整数（32 位指针）装入地址寄存器 1
LAR1 AR2	LAR1 AR2	装入/传送指令	将地址寄存器 2 的内容装入地址寄存器 1
LAR2	LAR2	装入/传送指令	将累加器 2 中的内容装入地址寄存器 1

（续）

英文助记符	德文助记符	程序元素分类	说　明
LAR2 < D >	LAR2 < D >	装入/传送指令	将两个双整数(32 位指针)装入地址寄存器 2
LC	LC	计数器指令	将当前计数值作为 BCD 码装入累加器 1(当前计数值可以是 0 ~ 255 之间的一个数字,例如 LCC 15)
LC	LC	定时器指令	将当前定时值作为 BCD 码装入累加器 1(当前定时值可以是 0 ~ 255 之间的一个数字,例如 LCT 32)
LEAVE	LEAVE	累加器指令	离开累加器栈
LN	LN	浮点算术运算指令	浮点数自然对数运算(32 位)
LOOP	LOOP	跳转指令	循环
MCR(	MCR(	程序控制指令	将 RLO 存入 MCR 堆栈,开始 MCR
)MCR	)MCR	程序控制指令	结束 MCR
MCRA	MCRA	程序控制指令	激活 MCR 区域
MCRD	MCRD	程序控制指令	取消 MCR 区域
MOD	MOD	整数算术运算指令	双整数形式的除法,其结果为余数(32 位)
NEGD	NEGD	转换指令	对双整数求补码(32 位)
NEGI	NEGI	转换指令	对整数求补码(16 位)
NEGR	NEGR	转换指令	对浮点数求反(32 位,IEEE-FP)
NOP 0	NOP 0	累加器指令	空指令
NOP 1	NOP 1	累加器指令	空指令
NOT	NOT	位逻辑指令	RLO 取反
O	O	位逻辑指令	"或"
O(	O(	位逻辑指令	"或"操作嵌套开始
OD	OD	字逻辑指令	双字"或"(32 位)
ON	ON	位逻辑指令	"或非"
ON(	ON(	位逻辑指令	"或非"操作嵌套开始
OPN	AUF	数据块调用指令	打开数据块
OW	OW	字逻辑指令	字"或"(16 位)
POP	POP	累加器指令	弹出
POP	POP	累加器指令	带有两个累加器的 CPU
POP	POP	累加器指令	带有四个累加器的 CPU
PUSH	PUSH	累加器指令	带有两个累加器的 CPU
PUSH	PUSH	累加器指令	带有四个累加器的 CPU
R	R	位逻辑指令	复位
R	R	计数器指令	复位计数器(当前计数值可以是 0 ~ 255 之间的一个数字,例如 R C15)
R	R	定时器指令	复位定时器(当前定时值可以是 0 ~ 255 之间的一个数字,例如 R T32)
RLD	RLD	移位和循环移位指令	双字循环左移(32 位)
RLDA	RLDA	移位和循环移位指令	通过 CC1 累加器 1 循环左移(32 位)

（续）

英文助记符	德文助记符	程序元素分类	说　　明
RND	RND	转换指令	取整
RND－	RND－	转换指令	向下舍入为双整数
RND＋	RND＋	转换指令	向上舍入为双整数
RRD	RRD	移位和循环移位指令	双字循环右移(32 位)
RRDA	RRDA	移位和循环移位指令	通过 CC1 累加器 1 循环右移(32 位)
S	S	位逻辑指令	置位
S	S	计数器指令	置位计数器(当前计数值可以是 0～255 之间的一个数字,例如 S C15)
SAVE	SAVE	位逻辑指令	把 RLO 存入状态字 BR 位
SD	SE	定时器指令	延时接通定时器
SE	SV	定时器指令	延时脉冲定时器
SET	SET	位逻辑指令	置位
SF	SA	定时器指令	延时断开定时器
SIN	SIN	浮点算术运算指令	浮点数正弦运算(32 位)
SLD	SLD	移位和循环移位指令	双字左移(32 位)
SLW	SLW	移位和循环移位指令	字左移(16 位)
SP	SI	定时器指令	脉冲定时器
SQR	SQR	浮点算术运算指令	浮点数平方运算(32 位)
SQRT	SQRT	浮点算术运算指令	浮点数平方根运算(32 位)
SRD	SRD	移位和循环移位指令	双字右移(32 位)
SRW	SRW	移位和循环移位指令	字右移(16 位)
SS	SS	定时器指令	保持型延时接通定时器
SSD	SSD	移位和循环移位指令	移位有符号双整数(32 位)
SSI	SSI	移位和循环移位指令	移位有符号整数(16 位)
T	T	装入/传送指令	传送
T STW	T STW	装入/传送指令	将累加器 1 中的内容传送到状态字
TAK	TAK	累加器指令	累加器 1 与累加器 2 进行互换
TAN	TAN	浮点算术运算指令	浮点数正切运算(32 位)
TAR1	TAR1	装入/传送指令	将地址寄存器 1 中的内容传送到累加器 1
TAR1	TAR1	装入/传送指令	将地址寄存器 1 的内容传送到目的地(32 位指针)
TAR1	TAR1	装入/传送指令	将地址寄存器 1 的内容传送到地址寄存器 2
TAR2	TAR2	装入/传送指令	将地址寄存器 2 中的内容传送到累加器 1
TAR2	TAR2	装入/传送指令	将地址寄存器 2 的内容传送到目的地(32 位指针)
T RUNC	T RUNC	转换指令	截尾取整
UC	UC	程序控制指令	无条件调用
X	X	位逻辑指令	"异或"
X(	X(	位逻辑指令	"异或"操作嵌套开始
XN	XN	位逻辑指令	"异或非"
XN(	XN(	位逻辑指令	"异或非"操作嵌套开始
XOD	XOD	字逻辑指令	双字"异或"(32 位)
XOW	XOW	字逻辑指令	字"异或"(16 位)

参 考 文 献

[1] 柴瑞娟，等. 西门子 PLC 编程技术及工程应用 [M]. 北京：机械工业出版社，2007.

[2] 廖常初. 大中型 PLC 应用教程 [M]. 北京：机械工业出版社，2006.

[3] 胡健. 西门子 S7—300 PLC 应用教程 [M]. 北京：机械工业出版社，2007.

[4] 马宁，等. S7—300 PLC 和 MM440 变频器的原理与应用 [M]. 北京：机械工业出版社，2007.

[5] 高鸿斌，等. 西门子 PLC 与工业控制网络应用 [M]. 北京：电子工业出版社，2006.

[6] 高钦和. 可编程控制器应用技术与设计实例 [M]. 北京：人民邮电出版社，2005.

[7] 秦益霖，等. 西门子 S7—300 PLC 技术应用技术 [M]. 北京：电子工业出版社，2007.

[8] 刘艳梅，等. S7—300 可编程控制器（PLC）教程 [M]. 北京：人民邮电出版社，2008.

[9] 黄明琪，等. 可编程控制器 [M]. 重庆：重庆大学出版社，2003.

[10] 倪远平. 现代低压电器及其控制技术 [M]. 重庆：重庆大学出版社，2003.

[11] 巫莉，等. 电气控制与 PLC 应用 [M]. 北京：中国电力出版社，2008.

[12] 李仁. 电器控制 [M]. 北京：机械工业出版社，2006.

[13] 柳春生. 西门子 PLC 应用与设计教程 [M]. 北京：机械工业出版社，2011.

[14] 郑萍. 现代电气控制技术 [M]. 重庆：重庆大学出版社，2008.

[15] 向晓汉，等. 西门子 PLC 与工业通信网络应用案例精讲 [M]. 北京：化学工业出版社，2011.

[16] 王永华. 现代电气控制及 PLC 应用技术 [M]. 北京：北京航空航天大学出版社，2012.

读者需求调查表

亲爱的读者朋友：

您好！为了提升我们图书出版工作的有效性，为您提供更好的图书产品和服务，我们进行此次关于读者需求的调研活动，恳请您在百忙之中予以协助，留下您宝贵的意见与建议！

个人信息

姓名：		出生年月：		学历：	
联系电话：		手机：		E-mail：	
工作单位：				职务：	
通读地址：				邮编：	

1. 您感兴趣的科技类图书有哪些？

☐自动化技术　☐电工技术　☐电力技术　☐电子技术　☐仪器仪表　☐建筑电气
☐其他（　　　）以上各大类中您最关心的细分技术（如 PLC）是：（　　　　　）

2. 您关注的图书类型有

☐技术手册　☐产品手册　☐基础入门　☐产品应用　☐产品设计　☐维修维护
☐技能培训　☐技能技巧　☐识图读图　☐技术原理　☐实操　　　☐应用软件
☐其他（　　　）

3. 您最喜欢的图书叙述形式

☐问答型　　☐论述型　　☐实例型　　☐图文对照　☐图表　　☐其他（　　　）

4. 您最喜欢的图书开本

☐口袋本　　☐32 开　　☐B5　　　☐16 开　　　☐图册　　☐其他（　　　）

5. 图书信息获得渠道：

☐图书征订单　☐图书目录　☐书店查询　☐书店广告　☐网络书店　☐专业网站
☐专业杂志　　☐专业报纸　☐专业会议　☐朋友介绍　☐其他（　　　）

6. 购书途径

☐书店　☐网络　☐出版社　☐单位集中采购　☐其他（　　　　）

7. 您认为图书的合理价位是（元/册）：

手册（　　）图册（　　）技术应用（　　）技能培训（　　）基础入门（　　）其他（　　）

8. 每年购书费用

☐100 元以下　☐101～200 元　☐201～300 元　☐300 元以上

9. 您是否有本专业的写作计划？

☐否　　☐是（具体情况：　　　　）

非常感谢您对我们的支持，如果您还有什么问题欢迎和我们联系沟通！

地址：北京市西城区百万庄大街 22 号　机械工业出版社电工电子分社　邮编：100037
联系人：张俊红　联系电话：13520543780　传真：010-68326336
电子邮箱：buptzjh@163.com（可来信索取本表电子版）

编著图书推荐表

姓名：		出生年月：		职称/职务：		专业：	
单位：				E-mail：			
通讯地址：						邮政编码：	
联系电话：			研究方向及教学科目：				

个人简历（毕业院校、专业、从事过的以及正在从事的项目、发表过的论文）：

您近期的写作计划有：

您推荐的国外原版图书有：

您认为目前市场上最缺乏的图书及类型有：

地址：北京市西城区百万庄大街 22 号　机械工业出版社 电工电子分社

邮编：100037　网址：www.cmpbook.com

联系人：张俊红　电话：13520543780　010—68326336（传真）

E-mail：buptzjh@163.com（可来信索取本表电子版）